AF240671

LEÇONS SUR LA PHYSIOLOGIE

NORMALE ET PATHOLOGIQUE

DU SYSTÈME NERVEUX

DU MÊME AUTEUR

RECHERCHES SUR LA NATURE ET LE SIÉGE DE L'AMIDON ANIMAL. (Comptes rendus de la Société de Médecine de Nancy, 1861-1862.)

LA GLYCOGÉNIE JUSTIFIÉE PAR L'EXAMEN DES EXCRÉTIONS CHEZ LES DIABÉTIQUES. (Mémoires de l'Académie de Stanislas, 1863.)

ÉTUDE PHYSIOLOGIQUE SUR LE MAGNÉTISME ANIMAL. (Mémoires de l'Académie de Stanislas, 1865.)

NOTE SUR LES TUMEURS PERLÉES. (Comptes rendus de la Société de Médecine de Nancy, 1862-1863.)

NOTE SUR LA STRUCTURE DES REINS DE LA ROUSSE. (Mémoires de l'Académie de Stanislas, 1863.)

NOTE SUR LES TUMEURS CONGÉNIALES DE LA RÉGION SACRO-PÉRI-NÉALE. (Comptes rendus de la Société de Médecine.)

NOTE SUR L'ACTION PHYSIOLOGIQUE DE LA DELPHINE. (Comptes rendus de la Société de Médecine.)

RECHERCHES SUR L'ANATOMIE PATHOLOGIQUE ET LA NATURE DE LA PARALYSIE GÉNÉRALE, en collaboration avec M. le Dr BONNET. (Annales médico-psychologiques, 4e année, t. XII, septembre 1868.)

RECHERCHES SUR L'ANATOMIE ET LA PHYSIOLOGIE DE LA GLANDE THYROÏDE. (Mémoires de l'Académie de Stanislas, 1868, et Comptes rendus de la Société de Médecine, 1870.)

Nancy, imp. Berger-Levrault et Cie.

LEÇONS

SUR LA

PHYSIOLOGIE

NORMALE ET PATHOLOGIQUE

DU SYSTÈME NERVEUX

PAR

Le Docteur POINCARÉ

Professeur adjoint à la Faculté de médecine de Nancy,
Membre titulaire de l'Académie de Stanislas et de la Société de médecine de Nancy

———

TOME DEUXIÈME

Avec figures intercalées dans le texte.

———

PARIS

BERGER-LEVRAULT ET Cⁱᵉ | J.-B. BAILLIÈRE ET FILS

LIBRAIRES-ÉDITEURS | LIBRAIRES-ÉDITEURS

5, Rue des Beaux-Arts. | 19, Rue Hautefeuille.

1874

LEÇONS

SUR

LA PHYSIOLOGIE

NORMALE ET PATHOLOGIQUE

DU

SYSTÈME NERVEUX

VINGT-SIXIÈME LEÇON.

MESSIEURS,

Nous allons, sous un nouveau régime, continuer l'œuvre que nous avons commencée l'année dernière, œuvre dont on ne saurait contester l'utilité. Pendant un grand nombre d'années, les cliniciens ont accumulé des observations bien faites, mais qui, faute d'interprétation physiologique, n'ont eu souvent qu'un intérêt purement statistique. On n'en tirait pas tout le fruit qu'elles étaient susceptibles de procurer. De leur côté, les physiologistes, éloignés presque tous de la pratique médicale, multipliaient des expériences qui les faisaient, il est vrai, avancer dans la recherche des lois du mécanisme de la vie, mais qui restaient avec un intérêt presque exclusivement spéculatif. Il faut donc absolument soumettre à un frottement réciproque ces deux trésors de science que nous devons aux deux ordres d'observateurs, afin d'en faire jaillir des étincelles qui projetteront des lumières nouvelles à la fois sur la pathologie et la physiologie. Il faut absolument imposer un mariage de raison à ces deux fiancés, qui n'ont que trop de tendance à vivre éloignés l'un de l'autre.

Déjà, sur le terrain de la moelle, la tâche s'est souvent montrée au-dessus de nos forces. Les difficultés vont malheureusement grandir au fur et à mesure que nous nous élèverons dans les hautes régions de l'axe cérébro-spinal. Sur le seuil même de la partie encéphalique, dans la *protubérance,* nous allons nous heurter contre des problèmes de physiologie pathologique que l'état actuel de la science ne permet pas encore de résoudre.

Constitution anatomique de la protubérance.

La protubérance a reçu, de Sœmmering, le nom à la fois pittoresque et heureux de *nœud de l'encéphale,* parce qu'elle représente, en effet un nœud central que forment, en s'achevêtrant entre eux, les divers cordons qui la relient à toutes les autres parties de l'encéphale. C'est là qu'aboutissent, à peu de chose près, la totalité des différents faisceaux du bulbe ; c'est là que viennent converger les deux pédoncules cérébraux qui rattachent les deux hémisphères cérébraux au reste de l'axe nerveux ; c'est là, enfin, que passent toutes les fibres qui relient les deux lobes du cervelet entre eux, et forment ce qu'on appelle les pédoncules cérébelleux moyens. Elle semble ne pas avoir, pour ainsi dire, d'existence propre et résulter, comme masse, du fait même de l'intersection de toutes ces parties. Elle est la toile d'araignée résultant de la convergence de tous les fils qui prennent leur point d'appui sur les murs voisins. C'est un carrefour où viennent se rencontrer les émanations des divers renflements de l'encéphale, et, par suite, elle est le trait d'union qui les réunit entre eux. Cette constitution anatomique de la protubérance retentit sur sa physiologie et sur sa pathologie. Ses actes fonctionnels ne sont pas faciles à séparer de ceux des parties voisines. Il existe même la fusion la plus complète entre ses fonctions et celles des pédoncules cérébelleux moyens. De même, la symptomatologie de ses maladies se ressent toujours de celle des maladies du bulbe, du cervelet, des pédoncules cérébraux, des tubercules quadrijumeaux et même du cerveau. De sorte qu'elle est encore, au point de vue physiologique et au point de vue pathologique, un véritable nœud gordien très-difficile à dénouer.

Rappelons rapidement les principaux détails de sa conformation, pour nous faciliter le langage nécessaire à l'intelligence des vivisections et à la détermination du siége des lésions pathologiques de l'organe (1).

______

(1) Il est inutile de présenter ici des figures spéciales, vu que les détails indiqués peuvent être suivis sur les figures 27 et 28 (tome Ier).

Les anatomistes lui reconnaissent généralement six faces. Mais deux seulement ont une existence réelle et méritent seules de fixer notre attention, ce sont :

1° *La face antérieure,* dite *basilaire,* parce qu'elle repose sur la gouttière de ce nom. Elle est convexe et offre sur la ligne médiane un large sillon antéro-postérieur qui sert à loger l'artère basilaire. La présence de ce vaisseau en ce point a de l'importance au point de vue de la pathologie. De chaque côté de ce sillon la face antérieure est comme soulevée par deux saillies que forment les pyramides antérieures du bulbe en passant dans l'épaisseur de l'organe. Au delà, cette face s'abaisse et se rétrécit pour se fusionner avec les pédoncules cérébelleux moyens proprement dits. L'œil distingue parfaitement que la partie superficielle de cette face est formée par des fibres blanches transversales qui se rendent d'un lobe cérébelleux à l'autre. D'où le nom de *pont de Varole* donné à cette couche superficielle. Il semble que les pyramides passent sous cette couche comme l'eau d'une rivière sous un pont. C'est chez l'homme que ce pont de Varole offre le plus d'épaisseur.

2° La face postérieure qui se continue sans ligne de démarcation avec la face postérieure du bulbe et forme avec cette dernière le plancher du 4e ventricule. Elle présente sur la ligne médiane un sillon qui se continue en haut avec l'aqueduc de Sylvius, et en bas avec le sillon médian postérieur du bulbe. Dans la disposition naturelle des choses, elle est masquée par les parties qui concourent à former le plafond du 4e ventricule. Aussi ne l'aperçoit-on bien qu'après avoir enlevé le cervelet, avoir incisé longitudinalement la valvule de Vieussens, et avoir écarté les processus *cerebelli ad testes* ou pédoncules cérébelleux supérieurs. Cette disposition vous fait déjà entrevoir combien il est difficile pour l'expérimentateur d'isoler les faits qui appartiennent en propre à la protubérance de ceux qui relèvent de ces diverses parties, et comment les maladies qui siégent dans la portion postérieure de la protubérance se compliquent si souvent de symptômes qui dépendent des processus et des tubercules quadrijumeaux que ceux-ci supportent.

Quant aux faces latérales, elles n'existent réellement pas, puisque sur les côtés la protubérance se perd avec les pédoncules cérébelleux moyens. Il en est de même de la face inférieure, puisqu'elle n'est, pour ainsi dire, que la porte par laquelle s'engage le bulbe. Il en est de même aussi de la face supérieure, puisqu'elle n'est que la porte par où sortent les deux pédoncules cérébraux qui se rendent au cerveau.

Les faits d'anatomie descriptive n'avaient pour nous qu'un intérêt de langage conventionnel. Il n'en est plus de même des détails de structure, car ils sont une des bases de la physiologie normale et de l'anatomie pathologique.

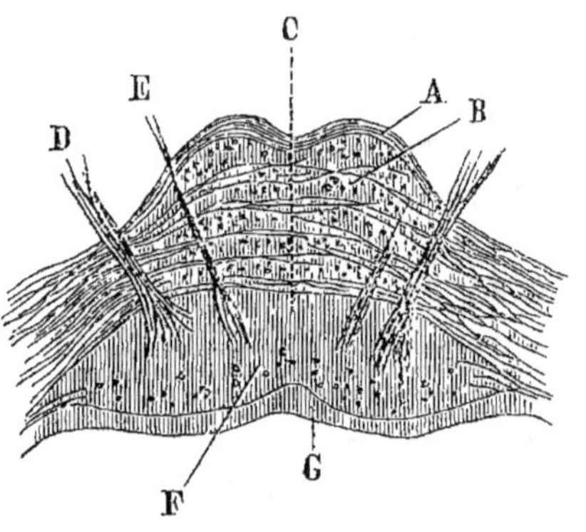

Fig. 34.

A, pont de Varole. B, points représentant la section des fibres longitudinales des pyramides. C, série de plans des fibres des pédoncules cérébelleux moyens séparés par le passage des pyramides. D, grosse racine du trijumeau. E, petite racine. F, substance grise centrale. G, plancher du 4e ventricule.

Si on fait une coupe transversale de la protubérance, on reconnaît de suite que le pont de Varole ne représente qu'un seul des plans de fibres qui semblent se rendre d'un lobe cérébelleux à l'autre; qu'au delà se trouvent d'autres couches de fibres transversales plus ou moins écartées les unes des autres, c'est-à-dire que les pédoncules cérébelleux moyens, pour traverser la protubérance, ne restent pas réunis en faisceaux. Ils s'épanouissent dans son épaisseur, en donnant naissance à des lacunes ou des mailles qui sont comblées par de la substance grise disséminée. Dans ces mailles et au sein de cette substance grise, passent des fibres longitudinales qui font suite aux fibres des pyramides antérieures, et qui, sur cette coupe transversale, ne peuvent se traduire que par un pointillé. Autrement dit, les pyramides antérieures et les pédoncules cérébelleux moyens, qui sont réunis en faisceaux compactes jusqu'à leur arrivée dans la protubérance, se mettent à se dissocier, à s'éparpiller; et comme ils ont des directions différentes, ils se croisent, s'enchevêtrent entre eux, constituent ainsi un lascis dont les vides sont comblés par de la substance grise qui forme, pour ainsi dire, le milieu, l'atmosphère dans laquelle ces fibres s'éparpillent ; ou plutôt c'est l'existence de cette substance grise qui force les fibres de ces deux ordres de faisceaux à s'écarter, et qui donne à la protubérance une individualité réelle, puisque cette substance lui est propre et n'appartient pas aux cordons qui s'entrecroisent en ce point.

Généralement on admet que les fibres transversales, celles des pédoncules cérébelleux moyens, sont continues et s'étendent d'un lobe cérébelleux à l'autre sans qu'aucune ne contracte d'anastomose avec les cellules de la substance grise de la protubérance qu'elles ne font que traverser. D'après Lhuis, il n'en serait pas du tout ainsi, les fibres des pédoncules cérébelleux moyens s'étendraient d'une cellule du cervelet à une cellule de la protubérance, de sorte que ces cordons transversaux réuniraient, non pas les deux lobes cérébelleux entre eux, mais bien ces deux lobes à la protubérance. De plus, ces fibres s'entrecroiseraient entre elles, de telle façon que le pédoncule gauche relierait le lobe gauche du cervelet à la moitié droite de la protubérance, et réciproquement le pédoncule droit, le lobe droit à la moitié gauche de la protubérance. La possibilité, je dirai même la probabilité de cette disposition, donne évidemment une plus grande importance à la protubérance, et peut jeter un grand jour sur le mécanisme physiologique et pathologique de cet organe. C'est pourquoi il importait de la signaler.

Au-dessus des divers plans formés par les pédoncules cérébelleux se trouve, de chaque côté de la ligne médiane, un amas considérable de substance grise. Ces deux amas constituent ce qu'on est convenu d'appeler la *substance grise centrale*. C'est la continuation de la colonne grise centrale de la moelle et du bulbe. Au delà reparaissent des fibres longitudinales formant, comme les pyramides, un faisceau éparpillé au sein d'un terrain de substance grise. C'est, à la partie postérieure, le pendant des pyramides. Classiquement, on regarde ces nouveaux faisceaux comme le prolongement à travers la protubérance des cordons intermédiaires du bulbe, et ils prennent ici le nom de *faisceaux innominés* ou de *renforcement*. D'après Stilling et Schrœder, il y aurait là une colonne dont les cellules recevraient les fibres des faisceaux latéraux du bulbe qui n'iraient pas plus loin. Ces mêmes cellules donneraient naissance à de nouvelles fibres qui se rendraient dans les corps striés et les couches optiques à travers les pédoncules cérébraux. Quoi qu'il en soit, il est certain qu'il y a dans la protubérance des fibres plus ou moins obliques qui lui appartiennent en propre et qui ne dépendent ni des pédoncules cérébelleux, ni du bulbe. Enfin, la partie superficielle de la face postérieure de la protubérance est formée, comme celle du bulbe, par de la substance grise qui constitue le plancher du 4e ventricule.

Si, à l'aide d'un grossissement plus considérable, on cherche à déterminer les caractères des éléments cellulaires de la substance grise de la protubérance, on constate qu'ils ont pour cachet de renfermer, comme ceux du bulbe, beaucoup plus de pigment jaune, et que le plus grand nombre d'entre eux offrent la forme et les dimensions de cellules sensitives. En voyant des cellules en général assez petites, on a prétendu qu'il n'y avait dans la protubérance que des cellules sensitives et pas de cellules motrices. Mais il ne faut pas s'attendre à trouver dans toutes les parties motrices de l'axe, des cellules aussi volumineuses que celles des cornes antérieures. Plus une cellule est chargée d'un rôle purement mécanique, plus elle est volumineuse; plus l'acte qu'elle produit tend à revêtir un caractère psychique, plus elle est petite. Or, un mouvement commence par un acte intellectuel; la volonté qui veut le mouvement, le commande. C'est l'œuvre des petites cellules corticales. L'ébranlement né à la périphérie des lobes cérébraux, a besoin, pour arriver à donner naissance à une force mécanique capable de déplacer les leviers osseux, de se transformer graduellement, de se matérialiser de plus en plus en se multipliant comme force mécanique. Il a besoin de passer par des cellules de moins en moins spirituelles et de plus en plus matérielles et massives. Or, la protubérance se trouvant à la partie moyenne de ce trajet, ne devait pas avoir des cellules aussi fines que celles des couches intellectuelles du cerveau, ni des cellules aussi grosses que celles de la moelle. De même pour les cellules sensitives. L'impression extérieure va en se modifiant, en se spiritualisant, de la périphérie au centre, et doit rencontrer sur son passage des cellules de plus en plus petites.

Fig. 33.

Spécimen des diverses cellules qu'on peut rencontrer dans la protubérance.

Une question anatomique importante, à notre point de vue spécial, est celle des nerfs qui prennent naissance dans le centre que l'on considère; car c'est par les nerfs qu'ils fournissent que les centres nerveux peuvent retentir sur des organes plus ou moins éloignés. C'est par l'intermédiaire de ces nerfs qu'ils président à telle ou telle fonction et qu'ils peuvent, dans l'état pathologique, troubler ces fonctions. Sous ce rapport, la protubérance est beaucoup moins bien partagée que le bulbe, que nous avons vu fournir un grand nombre de nerfs dirigeant des fonctions presque toutes indispensables à la vie. Un seul nerf semble prendre franchement son noyau d'origine dans la protubérance, c'est le *trijumeau* qui présente, comme vous savez, deux racines, l'une grosse, incontestablement sensitive, et l'autre petite, incontestablement motrice. Toutes deux émanent de points différents de la substance grise centrale, et viennent émerger de la face basilaire à des points distincts, mais rapprochés. Il y a, relativement à ces origines réelles, des interprétations de détail que nous pouvons négliger pour nos besoins actuels.

Il est un nerf dont l'origine est située sur la frontière du bulbe et de la protubérance, que nous avons déjà vu, pour cette raison, figurer dans la physiologie et la pathologie bulbaires, et que nous verrons jouer un rôle plus important encore dans les maladies de la protubérance; car sa présence là donnera un cachet tout à fait pathognomonique aux paralysies dues à cet organe. Ce nerf, c'est le facial. Non-seulement par le fait même de son voisinage, son noyau peut être compromis par les dégénérescences de la protubérance, mais comme les muscles faciaux sont destinés à traduire nos sentiments, la petite masse de substance grise qui alimente leurs mouvements a besoin d'être reliée au centre intellectuel et moral par des fibres qui traversent forcément la protubérance, aux destinées morbides de laquelle elles se trouvent ainsi enchaînées. Ces fibres sont au noyau du facial ce que les fibres dites encéphaliques des cordons antéro-latéraux de la moelle sont aux cellules des cornes antérieures, et les maladies de la protubérance peuvent entraver les mouvements des muscles de la face au même titre que les maladies des cordons antéro-latéraux viennent compromettre les mouvements volontaires des muscles du corps.

Un nerf qui n'appartient pas non plus en propre à la protubérance, mais au pédoncule cérébral, qui cependant la touche d'assez près pour être mis en jeu dans ses maladies et même dans ses vivisections, c'est le *moteur oculaire commun*, qui se jette dans un noyau situé au-dessous de l'aqueduc de Sylvius, près du bord antérieur de la protubérance. Il n'est pas seulement exposé à subir la compression déterminée par une tumeur de cet organe, il peut encore subir une influence réflexe, même quand la lésion de la protubérance est hors de sa portée anatomique. En effet, le trijumeau fournit la sensibilité aux muscles qui reçoivent leur mouvement de la 3e paire. Ces deux nerfs sont donc en relation réflexe d'une façon tout à fait rapprochée, et une maladie de la protubérance peut, par le trijumeau, exciter le noyau du moteur oculaire commun, comme l'irritation des cornes postérieures, dans la chorée, excite les cornes antérieures à produire des mouvements choréiques. C'est souvent par ce mécanisme que se produisent le nystagmus et les convulsions du globe oculaire dans les maladies de la protubérance. La même réflexion s'applique au *moteur oculaire externe*, qui se trouve aussi souvent mis en cause. La plupart des auteurs lui reconnaissent deux racines, dont l'une, inférieure, viendrait de la pyramide du bulbe, et l'autre, supérieure, de la partie inférieure de la protubérance. En réalité, cette seconde racine peut être aussi suivie jusque dans la pyramide, mais il n'en est pas moins vrai qu'à son émergence le nerf rase le bord inférieur de la protubérance et se trouve naturellement compromis dans beaucoup de maladies de cet organe.

Les artères chargées de nourrir la protubérance émanent du tronc basilaire. Elles donnent lieu à un réseau de capillaires assez pauvre dans la substance blanche, mais excessivement riche dans la substance grise, ce qui explique pourquoi cet organe est si souvent le siége d'hémorrhagies. On comprend aussi que ces capillaires, mal soutenus par la substance molle qu'ils irriguent, soient le siége de ces anévrysmes miliaires dont j'aurai à vous entretenir dans l'anatomie pathologique.

Chez les poissons, les reptiles et les oiseaux, il n'y a point de pont de Varole, ni de fibres transversales réunissant les lobes cérébelleux à travers la protubérance. Celle-ci n'est constituée que par la continuation du bulbe vers les pédoncules cérébraux. Cet état, qui est permanent chez eux, est transitoire dans l'embryon humain. Pendant une partie de la vie intra-utérine, nous n'avons pas de fibres cérébelleuses.

Avec ces données anatomiques, nous pouvons aborder l'étude de la physiologie normale de la protubérance. Dans cette étude, nous rechercherons successivement, comme nous l'avons fait pour la moelle et le bulbe :

1° Les résultats qu'on peut obtenir en excitant directement les diverses parties de la protubérance ;

2° La manière dont s'opère, dans la protubérance, la transmission des impressions sensitives qui, nées à la périphérie du corps, doivent nécessairement passer par elle pour se rendre au cerveau, et la transmission des ordres de la volonté qui doivent déterminer la contraction des muscles ;

3° Les phénomènes que la protubérance peut produire comme centre nerveux particulier.

Résultats de l'excitation directe des diverses parties de la protubérance.

En physiologie, on admet généralement avec Longet que toute irritation portant sur les cordons antéro-latéraux de la moelle donne lieu à des contractions musculaires. Le même genre de réaction est attribué aux pyramides antérieures du bulbe qui, du reste, paraissent être la continuation des cordons antérieurs. Conséquent avec lui-même, Longet déclare qu'on détermine encore des mouvements en irritant les portions de la protubérance qui sont immédiatement au-dessus du pont de Varole, parce que là passent à l'état de dissociation les fibres de ces mêmes pyramides antérieures. Si nous restons sur le terrain de la physiologie expérimentale, nous ne pouvons que nous ranger à l'opinion de Longet, car tous les auteurs déclarent qu'ils ont obtenu des mouvements en piquant la région antérieure, particulièrement dans ses couches moyennes. Mais les mouvements que l'on provoque alors sont, comme l'a fort bien indiqué Tood, bien différents de ceux qu'on détermine en irritant les cordons antérieurs de la moelle, surtout si on se sert de l'électricité comme excitant. Avec la moelle, on donne lieu à une contraction permanente, un état tétanique des membres. Avec la protubérance, ce sont des mouvements convulsifs, c'est-à-dire des contractions avec déplacement des segments des membres. L'animal ne reste pas raide ; il se débat comme l'enfant dans ses convulsions, l'épileptique dans ses accès, la femme dans ses crises d'hystérie. De plus, ces mouvements sont généraux. C'est là l'application de la loi de généralisation que nous avons posée à propos du pouvoir réflexe de la moelle, à savoir que toutes les fois qu'une impression sensitive intense peut se propager de bas en haut jusque dans le bulbe et la protubérance, les mouvements réflexes deviennent aussitôt généraux et convulsifs. Il était nécessaire d'énoncer ce fait physiologique, car on comprend qu'une tumeur, une lésion quelconque siégeant au-dessus du pont de Varole, puisse irriter au même titre que l'électricité et provoquer chez les malades des accès épileptiformes. Mais il y a lieu de faire une réserve que nous avons déjà faite pour les cordons, c'est qu'on n'obtient ces mouvements qu'à la condition d'employer une irritation très-forte.

Une différence existe cependant encore entre ce qui se passe dans la piqûre des cordons antérieurs de la moelle et ce qui se passe dans celle de la partie de la protubérance qui donne passage au prolongement des pyramides. Quand on pique les cordons antérieurs, non-seulement on donne naissance à des contractions tétaniques, mais l'animal jette de faibles cris; il accuse un peu de douleur. Il n'en est plus de même avec la protubérance toutes les fois qu'on évite de toucher la sphère d'épanouissement du trijumeau. C'est qu'en effet les cordons antérieurs n'ont de la sensibilité que parce qu'ils sont traversés par les racines antérieures qui apportent avec elles ce que nous avons appelé la sensibilité récurrente. Or, la partie antérieure de la protubérance ne donne naissance à aucun nerf capable de lui apporter de la sensibilité récurrente.

Longet dit que l'irritation appliquée à la région antérieure ne provoque de mouvements que d'autant qu'elle s'étend aux points traversés par les pyramides prolongées, et que lorsqu'elle reste limitée à la couche superficielle aux fibres transversales qui forment le pont de Varole, on ne détermine aucun phénomène de motilité. L'assertion n'est pas complétement juste, car si on déchire un certain nombre des fibres de cette couche, on donne lieu souvent à des mouvements de locomotion automatiques et bizarres qu'on obtient aussi, et peut-être plus sûrement, en agissant sur d'autres parties de l'encéphale et qui sont compris sous le nom générique de mouvements de *rotation*. Comme c'est la première fois que, dans notre exploration de l'axe cérébro-spinal, nous rencontrons ce genre de phénomène, nous allons en faire l'objet d'une description d'ensemble dans laquelle se trouveront forcément signalés des faits plus particulièrement applicables à d'autres régions encéphaliques. Cette description sera donc une base posée une fois pour toutes et à laquelle nous ferons appel plus tard, en temps et lieu.

Les mouvements de rotation peuvent consister en une rotation de l'animal autour de l'axe longitudinal de son corps : dès que la lésion est produite, l'opéré tombe et se met à rouler rapidement jusqu'à la rencontre d'un obstacle. Si on éloigne l'obstacle, le phénomène recommence. Dans ce premier cas, ils sont dits : *mouvements de roulement*. Dans d'autres circonstances, l'animal se met à décrire autour d'un centre fictif un cercle d'un rayon plus ou moins grand. Le mouvement est dit alors : *de manége*. D'autres fois, l'animal tourne sur lui-même autour d'un axe vertical qui raserait son train postérieur. Le mouvement est dit : *en rayon de roue*.

Longet et d'autres physiologistes avaient prétendu que le roulement était exclusivement le résultat de la lésion de l'un des pédoncules cérébelleux moyens; que le mouvement de manége résultait uniquement de la blessure de l'un des pédoncules cérébraux, et que le cercle décrit était d'autant plus petit qu'on se rapprochait davantage de la protubérance; enfin, que le mouvement en rayon de roue était dû à la lésion de la partie de la protubérance voisine des pédoncules cérébraux et ne constituait en réalité qu'un mouvement de manége avec un rayon réduit à zéro. La vérité est qu'on peut les obtenir tous avec différentes portions de l'encéphale. On les fait naître par la lésion unilatérale, soit des divers pédoncules cérébelleux, soit de la protubérance, soit du cervelet, soit des pédoncules cérébraux, soit des tubercules quadrijumeaux. On peut même les produire en lésant un des lobes cérébraux, ou un des nerfs auditifs, ou les canaux semi-circulaires d'un côté, ou enfin, mais plus exceptionnellement, un des nerfs faciaux. Tout ce que l'on peut dire, c'est que le roulement appartient de préférence aux lésions des pédoncules moyens et du pont de Varole, et le mouvement de manége au cerveau, aux pédoncules cérébraux et aux tubercules quadrijumeaux.

On peut les obtenir, non-seulement chez les mammifères et les oiseaux, mais encore chez les grenouilles. Vous voyez cette grenouille qui vient d'être privée de ses lobes cérébraux par une section complète de la partie antérieure de la tête. Je lui pique la protubérance, c'est-à-dire la partie supérieure du plancher du 4e ventricule dont la masse sous-jacente représente bien certainement la protubérance qui se trouve là comme encadrée dans le cervelet. Placée sur la table, elle ébauche un mouvement de roulement dont elle exécute deux tours et demi. Ce n'est pas franc. Mais la voici plongée dans l'eau, son milieu naturel, et elle exécute indéfiniment un mouvement de manége avec une véhémence et une rapidité qui sont tout à fait en dehors des allures de cet animal à sang froid. Cette expérience est bien propre à vous montrer qu'on peut déterminer plusieurs espèces de rotation avec une même partie encéphalique. Notez surtout que le phénomène doit ici être attribué à la protubérance elle-même, puisque les batraciens n'ont point de pont de Varole. On les réalise aussi chez les poissons, même chez les invertébrés, notamment chez les crustacés et plusieurs espèces d'insectes. Clin les a très-bien obtenus sur une courtilière. Ils s'observent encore à la première phase de la vie des animaux à métamorphoses. Rien n'est plus facile que de les produire chez les têtards.

Presque toujours les mouvements de rotation s'accompagnent d'une déviation des yeux. L'un des yeux se porte en bas et en dedans, tandis que l'autre se porte en haut et en dehors. En même temps, il y a presque toujours du nystagmus. Le roulement se fait du côté sain vers le côté opéré; celui de manége a lieu, au contraire, du côté opéré vers le côté sain. Nous retrouverons des exemples de tous ces faits dans la pathologie humaine. On a imaginé un grand nombre de théories pour expliquer ces mouvements; nous les discuterons lorsque nous rechercherons si c'est à titre de centre nerveux que la protubérance peut donner lieu à ces phénomènes. Pour le moment, poursuivons l'exploration des divers modes de réaction que l'on provoque en irritant les différentes parties de la protubérance.

Longet prétend que les piqûres de la région postérieure donnent lieu à des cris déchirants; que cela devait être, puisqu'une partie des corps restiformes passent là pour gagner le cerveau et puisque ces corps se continuent eux-mêmes en bas avec les cordons postérieurs, lesquels sont très-sensibles. Nous, nous avons reconnu, au contraire, que, d'une part, les corps restiformes ne sont pas la continuation des cordons postérieurs; qu'ils ne passent pas, même partiellement, dans la partie postérieure de la protubérance; que, du reste, les cordons postérieurs n'ont qu'une sensibilité d'emprunt qu'ils doivent au passage des racines postérieures. Aussi je pense qu'on doit attribuer la sensibilité de la partie postérieure de la protubérance, si elle existe, à la présence du noyau d'origine du trijumeau. Ce qui le prouve, c'est qu'on n'obtient des cris qu'en pénétrant assez profondément. Dans tous les cas, on ne produit pas de mouvements en piquant de ce côté, tandis que nous avons trouvé les cordons postérieurs très-

excitables, tout justement parce qu'ils constituent un organe de coordination, et cet organe est complété, non pas par la protubérance,
mais par le cervelet et les corps restiformes qui se portent en dehors
vers le premier organe sans faire partie de la protubérance.

En résumé, ce premier point de physiologie nous apprend qu'une
altération de la partie antérieure de la protubérance, chez l'homme,
pourrait et devrait même provoquer des troubles du mouvement
que pareille lésion située à la partie postérieure ne devrait pas en
déterminer; que dans l'une et l'autre position elle pourrait provoquer des douleurs du moment où elle serait à même d'intéresser les
racines du trijumeau. Nous verrons s'il en est réellement ainsi au lit
du malade.

Phénomènes de transmission dont la protubérance est le siége.

Nous avons vu que les ordres de la volonté arrivent aux muscles
par les racines antérieures, par les cordons antéro-latéraux et par la
région antérieure du bulbe. Mais avant d'arriver au bulbe, ces
actions moléculaires doivent nécessairement, dans leur marche centrifuge, passer par la protubérance, et il s'agissait de déterminer dans
quelle partie de cet organe s'opère ce passage. Malheureusement, la
situation profonde de la protubérance, surtout le voisinage du point
du bulbe que nous avons appelé nœud vital et qui est indispensable
à la vie, ne permettaient pas aux vivisecteurs de faire ce qu'ils avaient
pu réaliser sur la moelle, c'est-à-dire de pratiquer des sections variées
et de constater quelles étaient celles qui rendaient impossible la
transmission du mouvement.

Se basant uniquement sur la continuité apparente des pyramides
antérieures avec les fibres longitudinales qui traversent la partie
antérieure de la protubérance, se basant aussi sur les mouvements
que l'on provoque en irritant cette même région; tenant surtout à
généraliser son système de conductibilité; s'appuyant toutefois sur un
assez petit nombre d'observations pathologiques, Longet a fait admettre
classiquement que le mouvement passe par la partie antérieure de
la protubérance et y passe d'une manière directe; de telle sorte que,
selon lui, les maladies du cerveau et celles de la protubérance
doivent déterminer une paralysie du côté opposé du corps, tandis
que celles de la moelle en produisent toujours une du même côté.

Faute de preuves expérimentales positives, nous ne pouvons qu'enregistrer l'assertion, en la modifiant toutefois, en raison même de ce que nous avons indiqué à propos du bulbe. Dans cet organe, l'entrecroisement n'est que partiel, et puisque la marche des paralysies nous montre qu'il doit être complet immédiatement au-dessous du bulbe, il faut bien qu'il se soit déjà opéré en partie dans la protubérance, d'autant plus que le fait serait matériellement impossible plus haut dans les pédoncules cérébraux qui sont tout aussi indépendants que les lobes du cerveau entre eux. La transmission du mouvement dans le nœud de l'encéphale serait donc en partie directe et en partie croisée. Cette interprétation théorique s'accordera beaucoup mieux avec les faits pathologiques. (Voir la figure 32, tome Ier.)

D'autre part, Longet, convaincu que les impressions sensitives apportées par les racines postérieures étaient conduites plus haut par les cordons postérieurs de la moelle et la partie postérieure du bulbe, a cru devoir déclarer que ces mêmes impressions gagnaient les pédoncules cérébraux en passant aussi par la partie postérieure de la protubérance; que c'était d'autant plus probable que cette partie postérieure est sensible et que les faits pathologiques réunis par lui semblaient confirmer cette manière de voir. Mais nous ne pouvons plus le suivre dans cette voie, puisque nos études nous ont montré qu'en réalité les impressions passent, non pas par les cordons postérieurs et les corps restiformes, mais par la substance grise de la moelle et du bulbe. Logiquement, nous sommes donc conduits à penser qu'elles passent encore par la substance grise centrale de la protubérance.

Toutefois, pour nous prononcer sur cette double question : transmission du mouvement et transmission du sentiment, nous sommes obligés d'attendre les enseignements de la pathologie, puisque la physiologie expérimentale est incapable de fournir la moindre donnée à ce sujet. Dans la moelle, la physiologie a pu éclairer la pathologie sur le mécanisme de la conductibilité. Ici, c'est au contraire la pathologie qui sera appelée à éclairer la physiologie qui, livrée à elle-même, en est réduite à faire des suppositions. Nous nous contentons donc d'énoncer maintenant ces suppositions; nous réservant de poser nos conclusions quand la pathologie nous aura mis à même de nous prononcer. La physiologie sera beaucoup plus heureuse en ce qui concerne l'étude des phénomènes que la protubérance peut produire à titre de centre nerveux.

De la protubérance considérée comme centre d'innervation.

Considérons-la d'abord dans l'ordre des phénomènes de motilité, nous l'examinerons ensuite dans ceux des phénomènes de sensibilité et de nutritivité.

Rôle de la protubérance comme centre moteur. — Dans le monde on s'imagine que les mouvements complexes de la locomotion s'exécutent nécessairement tous sous l'influence incessante de la volonté ; que c'est cette faculté de nature intellectuelle et cérébrale qui, non-seulement ordonne l'acte, mais qui choisit les muscles qui doivent servir à la progression, qui les fait se contracter dans l'ordre voulu ; en un mot, qui s'occupe de tous les détails de la fonction, de sorte que, si chaque mouvement est en lui-même un phénomène d'ordre mécanique, l'ensemble de l'acte locomotion se trouve être un phénomène d'ordre intellectuel. Le fait est que ce qui se passe dans l'espèce humaine, semble justifier pleinement cette interprétation. Ce n'est que longtemps après sa naissance que l'enfant commence à marcher. Il lui faut pour cela de véritables leçons, qui paraissent s'adresser tout autant à son intelligence qu'à ses muscles. Parmi les animaux supérieurs, il en est aussi plusieurs pour lesquels la marche semble être le résultat d'un travail d'imitation d'assez longue durée. Aussi, cette opinion a-t-elle été longtemps celle, non-seulement des médecins, mais encore des physiologistes. Elle subsistait même, au moins en partie, dans l'esprit de Longet, lorsque ses expériences l'avaient conduit à regarder la protubérance comme le foyer créateur de la force motrice employée dans les actes de la locomotion. Pour lui, le cerveau n'en restait pas moins le mécanicien qui, seul, peut utiliser à son gré la vapeur produite par la chaudière. Lui seul met cette chaudière en ébullition ; lui seul en dirige la vapeur dans telle ou telle direction, en telle ou telle proportion.

L'observation de ce qui se passe chez la plupart des animaux, tant dans l'état normal que dans l'état de vivisection, a changé depuis quelques années la manière de voir des physiologistes. Aujourd'hui on admet généralement que le cerveau ne fait que vouloir le mouvement d'ensemble, le commander ; mais qu'il n'est pour rien dans le mécanisme de la locomotion, dont les agents nerveux existent en dehors de lui et se trouvent agencés anatomiquement entre eux, de façon à s'entraîner mutuellement dans un travail commun, suivant un ordre préétabli. Le cerveau se réserve seulement le droit d'ordonner à cette machine de commencer, d'arrêter ou d'accélérer son jeu. Il est le joueur d'orgue dont l'instrument porte en lui-même le mécanisme des airs qu'il est susceptible de produire, mais qui peut choisir le morceau, ralentir ou précipiter le mouvement musical. On pense qu'il en est ainsi chez tous les animaux et même chez l'homme. Si ce dernier, si le chien, si le lapin ne marchent pas ou marchent mal dans les premiers temps de leur vie, cela tient, non pas à un besoin d'éducation intellectuelle, mais à ce que leurs muscles et les centres locomoteurs de l'axe cérébro-spinal sont encore en voie de formation et ne sont pas encore arrivés à un degré de développement suffisant. Si ces moyens matériels de locomotion se trouvaient, dès la naissance, aussi perfectionnés chez eux que chez le cochon d'Inde, nul doute qu'eux aussi pourraient marcher immédiatement.

En un mot, d'après l'opinion ancienne, les mouvements de détail de la locomotion seraient tous essentiellement volontaires. D'après la nouvelle, ils seraient purement automatiques. Où se trouve la vérité ? Y a-t-il, oui ou non, dans l'axe cérébro-spinal, une machine nerveuse de la locomotion, donnée tout organisée par la nature et mise seulement à la disposition des caprices de la volonté et du cerveau ? Nous avons déjà touché à cette question à propos de la moelle. Le moment est venu de la traiter dans tout son développement, car presque tous les physiologistes accordent à la protubérance un rôle considérable dans la locomotion. Nous allons d'abord constater ce que les animaux des diverses classes peuvent faire sans lobes cérébraux, comme station et comme progression. Pour cela, le mieux sera de chercher à reproduire ici, en partie, les expériences pratiquées par M. Onimus. Puis, ces résultats constatés, comme l'animal, après la mutilation indiquée, se trouve avoir conservé nonseulement sa protubérance, son bulbe et sa moelle, mais encore son cervelet, nous chercherons à faire la part réelle de la partie qui nous occupe.

Comparez ces deux grenouilles, dont l'une est intacte et l'autre a subi l'ablation des deux lobes cérébraux, elles ont exactement la même attitude. Il vous serait impossible de trouver la moindre différence dans leur mode de station. Si, il y en a une, mais en faveur de l'animal mutilé. Chez ce dernier, l'attitude est plus ferme et plus mathématiquement régulière. En outre, elle est toujours la même à tous les moments. Elle n'est pas à chaque instant plus ou moins modifiée par une volonté capricieuse. Elle s'impose à lui. Si on place la grenouille intacte sur le dos, parfois elle y reste. La grenouille sans cerveau ne peut pas y rester. Sitôt que la main cesse de l'y maintenir, elle se retourne brusquement, comme si elle était mue par un ressort, et elle reprend immanquablement son attitude réglementaire. Quand la première se redresse, elle prend, au contraire, des maintiens variés. Un fait signalé par Onimus et que je n'arrive pas à reproduire en ce moment, mérite l'attention des pathologistes. Si on déplace très-lentement un des membres, et si on l'amène peu à peu dans une situation même difficile à tenir, ce membre reste comme figé dans la position communiquée. L'animal ne le retire pas sous lui, comme quand il possède son cerveau. Le phénomène est tout à fait identique avec le symptôme caractéristique de la catalepsie, maladie que nous rapporterons, en effet, à la protubérance.

Je pince la grenouille intacte. Un heureux hasard fait qu'en ce moment elle a la volonté de ne pas fuir. Elle se contente d'agiter le membre pincé, et elle montre qu'il est en son pouvoir de ne point céder à l'incitation étrangère. Il n'en est plus de même de l'opérée. Sitôt qu'on la sollicite, même faiblement, elle marche toujours droit devant elle, et toujours avec le même rhythme. Mises dans l'eau, les deux grenouilles ne se conduisent pas non plus de la même façon. La première va se blottir au fond du vase, parfois elle sort de son immobilité, nage un instant tantôt dans une direction, tantôt dans une autre, s'arrête, puis reprend sa course ou se blottit encore. En un mot, il est évident qu'elle est maîtresse de sa locomotion et qu'elle satisfait tous ses caprices. La seconde reste à la surface. Elle nage aussitôt en ligne droite, de la façon la plus méthodique, jusqu'à ce qu'elle rencontre la paroi du vase, où elle resterait arrêtée indéfiniment, si je ne la ramenais au centre. Je ne l'ai pas plutôt abandonnée à elle-même, qu'elle repart avec la même régularité pour s'arrêter encore contre la paroi. La première peut condamner à l'inertie la machine qu'elle porte en elle-même. La seconde est obligée de subir son travail que provoque impérieusement le milieu.

Si on plonge une petite planchette devant la grenouille intacte en marche, elle se détourne la plupart du temps et passe à côté de l'obstacle. L'opérée n'a pas plutôt touché la planchette, qu'elle s'y

cramponne dans une situation déterminée. La soumettrait-on 50 fois
à la même épreuve, dit Onimus, que toujours elle se conduirait de
la même manière et reprendrait la même situation. Quoique l'expérience n'ait pas ici un plein succès, je tiens à souligner l'assertion
de cet expérimentateur, car elle peut jeter un certain jour sur les
conditions pathogéniques de la manie, dont nous ferons la physiologie pathologique dans l'étude du cerveau.

Après avoir vu ces faits, on ne saurait nier qu'il existe réellement,
chez les batraciens, en dehors du cerveau, une machine locomotrice
tout organisée. Il paraît en être de même chez les poissons. La
carpe, privée de ses lobes cérébraux, nage aussi impérieusement en
ligne droite, jusqu'à ce qu'elle soit épuisée ou arrêtée par un obstacle. Ses mouvements de natation sont plus lents que ceux de la carpe
intacte, mais ils sont plus énergiques et plus mathématiquement
espacés. C'est une machine et non plus un artiste qui nage.

Les oiseaux auxquels on a enlevé les lobes cérébraux ont bien une
tendance à rester constamment immobiles, tant que leurs pattes reposent sur un plan leur permettant de se maintenir en équilibre ;
mais du moment où on les abandonne dans l'atmosphère, ils se
mettent à voler jusqu'au moment où le hasard leur fait rencontrer
un nouveau plan sur lequel ils peuvent reprendre leur position première d'équilibre. Dans ces circonstances, leur vol est parfait sous
tous les rapports, plus parfait même que dans les conditions naturelles. Toutefois, il n'a jamais qu'un but, c'est de lutter contre l'influence de la pesanteur, de ramener toujours un équilibre stable et
d'obtenir la possibilité d'une immobilisation complète. Quand on fait
tourner le bâton sur lequel est perché un oiseau intact, presque toujours celui-ci s'envole et abandonne la place. L'oiseau mutilé se
contente d'agiter ses ailes, de s'en servir comme d'un balancier
pour ramener son centre de gravité dans la position voulue. Il fait
le strict nécessaire pour ne pas tomber, tandis que le premier fuit
les causes de chute.

Enfin, si on pratique l'ablation du cerveau sur un lapin, c'est-à-dire
sur l'un des animaux qui ne parviennent à marcher qu'un certain
temps après leur naissance, on constate qu'il reste immobile avec le
maintien qu'il affecte habituellement dans l'état de repos. Si on le
pousse, il fait plusieurs pas d'une régularité parfaite, puis il reprend
bien vite son immobilité première. Parfois même il fait quelques
pas qui paraissent spontanés et volontaires, mais qui sont sans doute

provoqués par une impression quelconque, provenant peut-être de la plaie elle-même.

Il est bien évident, en présence de ces faits, que la station et les divers modes de progression sont possibles sans le cerveau, et qu'en dessous des lobes cérébraux il existe une machine locomotrice qui peut fonctionner d'une manière indépendante et avec une régularité mathématique qui, dans l'état normal, obéit en effet au cerveau, mais qui peut entrer en action sous d'autres influences; une machine qui, en outre, porte en elle-même un besoin impérieux de l'équilibre du corps. Elle obéit d'une manière réflexe à l'impression que ressentent les organes lorsqu'ils ne sont plus soutenus ; de sorte qu'avec elle seule le repos s'impose, tandis que le cerveau peut contrarier et contrarie à chaque instant ce besoin de la machine. C'est là un fait physiologique que nous mettrons à profit dans la pathologie.

Mais y a-t-il entre cette machine et la partie intellectuelle du système nerveux une séparation aussi nette que celle qui est admise généralement? Je ne le crois pas, tout au moins pour l'homme et les animaux supérieurs. Remarquez, en effet, que plus on s'élève dans l'échelle, plus l'absence du cerveau retentit sur les actes de la locomotion. Si rien ne paraît changé pour la grenouille, si elle nage toujours et forcément lorsqu'elle a autour d'elle un terrain aqueux libre, si le poisson progresse aussi irrésistiblement, il n'en est déjà plus de même pour l'oiseau, car il ne vole que pour ne pas tomber; et chez le mammifère, c'est à peine si on obtient de lui quelques pas en le poussant. A mesure que l'animal s'élève dans la sphère intellectuelle, il devient de moins en moins un être machine. Plus l'intelligence se développe, plus le cerveau devient prépondérant sur le reste de l'axe cérébro-spinal, et plus son intervention est indispensable au fonctionnement des autres parties. Sans lui, alors, la machine sous-jacente n'est plus qu'un instrument qui reste muet, faute d'être touché par un artiste. Elle devient une armée sans chef qui reste immobile en attendant des ordres qui ne viennent plus. Voilà pourquoi un idiot ressemble à une masse inerte, quoique les parties inférieures de ces centres nerveux aient souvent un développement suffisant. Voilà pourquoi, chez l'homme, une simple apoplexie cérébrale peut faire ce que ne fait pas chez les animaux l'ablation des lobes cérébraux, c'est-à-dire réduire à l'impuissance une moitié de l'appareil locomoteur. Chez lui, cette lésion cérébrale suffit pour interrompre toute communication entre l'artiste et l'instrument, entre le chef et l'armée. Il y a, toutefois, pour ce résultat, une autre raison plus puissante encore, c'est que, grâce à l'inextensibilité de la boîte crânienne, grâce à l'absence de vide dans sa cavité, les différentes parties de l'encéphale deviennent forcément solidaires et subissent ensemble toutes les causes de pression, quel que soit leur siége.

VINGT-SEPTIÈME LEÇON.

Messieurs,

Les expériences pratiquées par Onimus et répétées par nous, nous ont appris que la moelle, le bulbe, la protubérance et le cervelet peuvent ensemble réaliser d'une manière à peu près complète la station et la progression. Faisant en ce moment l'histoire de la protubérance, nous devons nécessairement chercher à faire la part de cet organe dans cette œuvre qui, *à priori*, pourrait être considérée comme étant commune à toutes ces parties. Pour bien vous faire saisir l'esprit qui va me guider dans cette détermination, je crois nécessaire de vous faire connaître mes idées personnelles sur la machine nerveuse de la locomotion.

Je crois que cette machine est beaucoup plus étendue qu'on ne le suppose, et qu'elle commence en réalité à la couche corticale du cerveau pour se terminer au muscle et au levier osseux. C'est par une longue série de transformations que le mouvement moléculaire qui, né à la surface du cerveau, constitue là un acte intellectuel, devient peu à peu un acte purement mécanique. Un phénomène de l'ordre spirituel ne saurait devenir sans transition un phénomène d'ordre physique. Le fonctionnement, la vibration (ce mot n'étant ici qu'une image) des cellules cérébrales, donne naissance à une manifestation de la faculté dite volonté, à une impulsion volontaire. Cette vibration se propage à travers les fibres blanches qui, parties de la substance grise corticale, convergent vers le corps strié. Là, elle trouve un nouveau centre, riche en cellules. Celles-ci se la communiquent réciproquement, entrent en vibration à l'unisson et multiplient ainsi la force initiale. De plus, elles travaillent la vibration reçue, la modifient de façon à lui ôter de son spiritualisme et à la rapprocher davantage des ébranlements physiques. Ainsi modifiée, la vibration gagne par les pédoncules la protubérance où existe une nouvelle agglomération de cellules. D'où nouvelle élaboration, nouvelle multiplication, nouveau pas vers un effet mécanique. Puis l'ébranlement, devenu déjà, ainsi, si puissant, s'augmente encore par l'intermédiaire des cellules du bulbe et de la moelle qui correspondent directement aux nerfs qui se rendent aux muscles. Il en est ici comme de ces machines industrielles où un mouvement initial faible finit par acquérir une puissance prodigieuse en passant par des agents multiplicateurs de transmission. Ce sont même ces considérations qui me portent à penser qu'il n'y a pas, pour les cellules des cornes antérieures de la moelle, de fibres encéphaliques gagnant les lobes cérébraux, sans éprouver la moindre solution de continuité, mais bien une série d'arceaux réunissant des cellules de la moelle à des cellules de la protubérance, celles-ci aux cellules des corps striés qui, à leur tour, seraient réunies par des fibres blanches partielles aux cellules cérébrales ; ce qui rentrerait tout à fait dans les tendances actuelles des micrographes allemands et hollandais. Du reste, en dehors de ces arceaux étendus d'une station à l'autre, en dehors aussi de la possibilité d'une propagation de mouvement de cellule à cellule à travers toute la colonne grise, il pourrait y avoir des fibres se rendant, sans interruptions, jusqu'à la partie supérieure du cerveau, et affectées à la production des mouvements partiels nécessités par les diverses occupations de la vie. Quoi qu'il en soit, il est bien certain que, dans cette série de mutations, la protubérance représente une des étapes les plus importantes, car elle se trouve à la jonction des parties intellectuelles et des parties purement dynamiques de l'axe cérébro-spinal. Par sa richesse en substance grise, elle doit avoir une influence considérable dans ce travail de multiplication et de transformation.

Si on laisse de côté l'hypothèse que je viens de développer, on doit tout au moins reconnaître et dire que la protubérance est un des principaux centres locomoteurs, et qu'elle acquiert sur les autres une prépondérance d'autant plus grande que l'animal est plus élevé dans l'échelle. C'est probablement pour cela qu'on la voit augmenter de volume à mesure qu'on monte, et que c'est chez l'homme qu'elle atteint les plus fortes proportions. A mesure que l'on descend, la part de la moelle dans la locomotion augmente, au contraire, beaucoup au détriment de celle de la protubérance qui, anatomiquement aussi, se montre très-incomplète. Vous vous le rappelez, la grenouille peut marcher rien qu'avec la moelle. Aussi, les assertions surprenantes que j'ai émises antérieurement sur le rôle de l'axe médullaire dans la marche, ne s'appliquent qu'aux vertèbres inférieures. Mais à partir des oiseaux, ce qu'on obtient avec la moelle seule, même en pratiquant la respiration artificielle, est tout à fait insignifiant et s'efface de plus en plus, et il y a toujours une différence énorme avec ce qu'on observe chez les animaux qui sont simplement privés de leurs lobes cérébraux ; ce qui vient donner la mesure du rôle de la protubérance dans la motilité. Il est vrai qu'il y a encore à tenir compte ici de la présence du cervelet. Mais, classiquement, on a l'habitude de le mettre facilement hors de cause et de rapporter à la protubérance seule la production de la plus grande force motrice que développe l'animal quand il la possède en même temps que la moelle. On se base pour cela sur des expériences de Flourens, que nous exposerons plus tard et qui tendent à démontrer que le cervelet n'est qu'un organe de coordination et non pas un organe producteur de force. On se base aussi sur des expériences plus directes, pratiquées par Longet. Il a enlevé, chez des mammifères, les lobes cérébraux, les corps striés, les couches optiques, les tubercules quadrijumeaux, le cervelet, ne leur laissant exactement que la protubérance, le bulbe et la moelle ; et il a toujours vu ces animaux exécuter avec leurs quatre membres des mouvements tout aussi énergiques qu'à l'état normal. Il est vrai qu'ils ne pouvaient plus marcher. Mais cela tenait évidemment, selon lui, non pas à un affaiblissement musculaire, mais à ce qu'avec le cervelet, ils avaient perdu la faculté de coordonner leurs mouvements. Lorsqu'il enlevait ensuite la protubérance, ces animaux continuaient à respirer régulièrement, mais n'exécutaient plus que de légers mouvements réflexes lorsqu'on les pinçait.

Je crois qu'on s'est montré trop exclusif dans cette circonstance. Sans doute, le cervelet est, avant tout, un agent de coordination. Il est à la fois le couronnement et l'épanouissement de l'édifice coordinateur représenté par les cordons postérieurs. Mais la physiologie expérimentale et la pathologie viendront nous démontrer plus tard qu'il est, en outre, un producteur de force, de sorte qu'il concourt avec la protubérance à former la partie principale de la machine locomotrice. Du reste, physiologiquement, il est difficile de séparer l'action de la protubérance de celle du cervelet. Ces deux organes sont complémentaires l'un de l'autre, et la locomotion véritable n'est possible que grâce à l'association de leurs deux fonctionnements ; ce qui semble justifier cette vue anatomique qui veut que chaque fibre des pédoncules cérébelleux moyens se rende d'une cellule de la protubérance à une cellule du cervelet.

La protubérance étant un centre locomoteur de premier ordre, nous devons nous demander si c'est à ce titre que son irritation peut produire les mouvements de rotation dont nous avons parlé, ou si c'est seulement en raison de ses connexions avec les parties voisines et parce qu'elle est un lieu de passage pour les actions de ces mêmes parties. Pour arriver à résoudre cette question, il nous faut passer en revue et juger les diverses théories qui ont été successivement proposées pour expliquer ces bizarres phénomènes. Cet examen s'appliquera donc, de même que la description que nous avons faite antérieurement, à tous les mouvements de rotation, quelle que soit leur origine, qu'ils soient engendrés par une lésion du cervelet, ou de la protubérance, ou des pédoncules cérébraux, ou des tubercules quadrijumeaux.

Serres et Lafargue ont prétendu que ces mouvements étaient le résultat d'une simple hémiplégie, et qu'ils tenaient à ce que les membres d'un côté se trouveraient paralysés, tandis que les autres ne le seraient pas. Lorsqu'à la suite de la lésion, l'animal resterait debout et essayerait de marcher, la moitié non paralysée entraînerait incessamment le corps de son côté et produirait ainsi le phénomène du manége. L'opéré serait alors comparable à un attelage dont un des deux chevaux tirerait seul, entraînant le véhicule suivant une ligne brisée qui, par son ensemble, équivaudrait à une circonférence. Lorsqu'au contraire l'animal tomberait au moment de la blessure, il chercherait à se relever en arc-boutant contre le sol les deux seuls membres restés actifs. Ceux-ci donneraient ainsi une impulsion qui ferait tourner l'animal autour de son axe longitudinal et qui, allant au delà du but, le ramènerait dans la position première. D'où la nécessité d'une série de nouvelles tentatives qui, toutes aussi infructueuses, ne détermineraient qu'une rotation continue. Cette explication est tout à fait inadmissible, car, dans l'espèce humaine, l'apoplexie donne lieu aux conditions indiquées par Serres et Lafargue, sans produire les mouvements en question. D'ailleurs on les obtient chez les têtards qui n'ont point de membres et qui sont, par le fait, privés des moyens de réaliser ce mécanisme. Enfin, on a pu s'assurer que, chez les animaux en rotation, il n'y a aucun muscle paralysé ni même affaibli.

Les explications de Schiff sont passibles des mêmes objections. Ce physiologiste explique le manége par la paralysie des abducteurs d'un des membres antérieurs, et celle des adducteurs de l'autre membre antérieur. Le train postérieur, jouissant de toute sa motilité, pousserait le corps directement en avant. Les membres antérieurs solliciteraient au contraire dans le sens transversal. Soumis ainsi à ces deux forces composantes, l'animal en suivrait la résultante, c'est-à-dire une ligne oblique. Le même fait se reproduisant à chaque pas, l'effet général serait un polygone à côtés très-petits, c'est-à-dire une circonférence. Quant au roulement, il serait dû, selon lui, à la paralysie des muscles de l'une des gouttières vertébrales. Leurs antagonistes entraîneraient en rotation la colonne vertébrale et, par suite, tout le corps dont elle représente l'axe.

Magendie a émis une interprétation qui, outre qu'elle a l'inconvénient de n'être qu'une hypothèse sans démonstration possible, ne saurait s'appliquer à tous les cas. Il admet, dans chacun des pédoncules cérébelleux moyens, l'existence d'une force tendant à entraîner le corps d'un seul côté. Dans les conditions physiologiques, ces deux forces opposées se feraient parfaitement équilibre, et la progression se trouverait être maintenue en ligne directe. Mais lorsqu'on aurait coupé un des pédoncules, l'autre entraînerait l'animal dans le sens voulu par la force dont il serait animé. L'animal serait comparable à ces poutres qu'on arrive à maintenir droites à l'aide de cordes les tirant dans des sens opposés, mais qui tombent du moment où on supprime une des tractions. Mais Magendie ignorait sans doute que la rotation se produit alors qu'on ne pratique aucune section et qu'on se contente d'irriter par une simple piqûre. Toutefois, Vulpian a reproduit depuis la théorie, en faisant remarquer qu'en irritant un des pédoncules, on exalte la force qu'il possède, de sorte qu'elle ne peut plus être neutralisée en totalité par celle de l'autre pédoncule. Ainsi présentée, l'hypothèse est peut-être plus acceptable. Mais comme on obtient les divers mouvements de rotation avec une seule et même partie, comme on peut les produire en agissant sur la plupart des régions de l'encéphale, il faut convenir qu'il y a là des faits qui s'allient peu avec l'idée d'une force spéciale siégeant dans un point déterminé. D'ailleurs, on ne comprend pas *à priori* la nécessité de ces forces appelées à se contre-balancer en pure perte.

Suivant Gratiolet et Leven, dans les phénomènes de rotation, la lésion encéphalique ne produirait directement qu'une seule chose, ce serait la déviation des yeux. Celle-ci entraînerait à son tour un véritable vertige visuel en vertu duquel l'animal ne pourrait juger ni de la véritable disposition des objets, ni de la direction qu'il suit dans sa marche. La rotation serait la conséquence du trouble apporté dans l'exercice de la vision. Une simple observation suffira pour condamner cette théorie, c'est que les mouvements ont encore lieu après la destruction des lobes optiques et l'ablation des globes oculaires.

Pour Brown Sequard, il attribue les mouvements de rotation, non pas à des paralysies musculaires, mais à des contractions toniques et spasmodiques de certains groupes musculaires. Ces contractions seraient de nature réflexe et ne seraient pas l'œuvre directe de la partie lésée. Celle-ci ne serait que le siége de l'impression provocatrice.

J'arrive enfin à l'interprétation d'Onimus, qui est de date beaucoup plus récente et qui a le mérite de s'appliquer à tous les cas et de mieux s'appliquer à la manière dont nous avons compris l'innervation centrale de la locomotion. Suivant Onimus, les divers ganglions encéphaliques concourent, chacun pour leur quote-part, à la réalisation et à l'équilibre des mouvements d'ensemble; et les phénomènes de rotation sont la conséquence forcée des modifications apportées à ces mouvements d'ensemble par les lésions. Toutefois, le mécanisme de ces modifications n'est pas le même dans le manége et le roulement.

Le mouvement de manége tient toujours à ce qu'une moitié latérale du système de centres locomoteurs fonctionne avec plus d'énergie que l'autre moitié. C'est pour cela qu'il se montre aussi bien lorsqu'on a enlevé un des lobes cérébraux que lorsqu'on irrite la protubérance par une piqûre. Quand on a enlevé un des lobes cérébraux, on a par le fait débarrassé de l'influence cérébrale l'une des moitiés de la protubérance, tandis que l'autre moitié continue à être soumise à l'action directe de l'hémisphère cérébral conservé. Ce dernier veut la marche et la commande. La demi-machine, qui lui correspond et lui obéit directement, entre en activité et fait contracter un des côtés du système musculaire, mais avec ce tempérament que le cerveau apporte aux actions des instruments de la locomotion. L'ébranlement né dans une des moitiés de la protubérance se propage dans l'autre moitié : autrement dit, les rouages gauches, mis en mouvement par une impulsion directe, entraînent par engrenage les rouages droits en mouvement. Et comme ces derniers sont délivrés de l'influence tempérante de leur hémisphère cérébral, ils font contracter avec une énergie beaucoup plus grande les muscles qui relèvent d'eux. Vous vous rappelez, en effet, que chez les animaux qui ont subi l'ablation du cerveau, les mouvements de progression ont beaucoup plus de force et de régularité que chez les animaux intacts. Voilà donc le corps de l'animal qui se trouve soumis à deux tractions inégales en force, et la ligne qu'il suivra devra constamment incliner vers le côté de la traction la plus forte, proportionnellement à la prépondérance de celle-ci. D'où une courbe représentant la résultante générale de tous les pas. Pour la réalisation de ce fait, il faut, non pas un attelage dans lequel un seul cheval travaille, comme le supposait la théorie de Lafargue, mais bien un attelage dans lequel les deux chevaux travaillent inégalement.

Lorsqu'on se contente de piquer un des côtés de la protubérance, comme on ne détruit rien d'une manière appréciable, il est évident qu'on ne donne lieu à aucune paralysie et que la rotation doit être attribuée à l'excitation que l'on provoque. Le côté blessé se trouvant surexcité, fonctionne avec plus d'énergie que l'autre côté. Malgré l'influence modératrice du cerveau, une des moitiés de la machine locomotrice fait contracter d'une manière plus vigoureuse les muscles qui relèvent d'elle. Il y a inégalité d'action entre les deux parties symétriques du système musculaire et, par le fait, l'animal se retrouve dans les mêmes conditions que dans le premier cas. A propos de cette explication particulière, Onimus rapporte un fait qui montre combien l'irritation de la protubérance peut engendrer dans la machine locomotrice une exaltation désharmonique que la volonté est incapable de maîtriser. Dans une chasse au marais, un canard, en train de fuir à toute vitesse le danger dont il se sent menacé, reçoit un plomb à la tête. Aussitôt, malgré sa frayeur qu'accusent ses cris de désespoir, malgré le désir manifeste de continuer et de presser sa fuite, malgré les aboiements des chiens qui s'approchent de plus en plus et qui augmentent ainsi sa terreur, il exécute irrésistiblement un mouvement de manége sur place qui ne cesse que lorsqu'il est saisi par un des limiers. A l'autopsie, on trouve le plomb logé dans un des côtés de la protubérance.

Quand l'irritation porte à la fois sur les deux côtés de la protubérance, comme les deux moitiés de la machine locomotrice se trouvent simultanément et également exaltées, au lieu d'exécuter un mouvement de rotation, l'animal se précipite en avant, en ligne directe, avec une fougue irrésistible. C'est ce qui semble en effet résulter de l'expérience suivante pratiquée par Onimus. Sur un chien, il a fait un trou très-petit à la voûte du crâne. Par cette ouverture, il injecta du mercure. L'animal sembla d'abord étourdi; il resta calme et affaissé sur lui-même. Mais du moment où le mercure, obéissant à la pesanteur, filtra vers la base du crâne pour venir s'accumuler au niveau de l'apophyse basilaire et de la protubérance, l'animal se leva tout à coup, comme s'il était mû par un ressort, et il s'élança droit devant lui. Cette expérience, qui semble aussi justifier indirectement la série d'explications qui précèdent, nous fait encore assister à la reproduction artificielle d'un phénomène morbide qu'on rencontre souvent dans l'épilepsie. A certains moments, beaucoup d'épileptiques se précipitent avec une véritable furie devant eux et vont se frapper la tête contre la muraille.

L'interprétation relative au mouvement de roulement vous paraîtra probablement moins satisfaisante. Elle n'est, du reste, que la reproduction de celle proposée antérieurement par Brown Sequard. Onimus fait remarquer que ce genre de phénomène s'observe surtout après la piqûre du cervelet et des pédoncules cérébelleux, parties qu'il semble regarder comme des agents de sensibilité et qui seraient pour cette raison très-aptes à provoquer, par l'intermédiaire des centres moteurs, des contractions spasmodiques réflexes.

Vulpian avait opposé à l'idée émise par Brown Sequard un fait vrai, c'est que, chez l'animal en roulement, les muscles du cou sont loin d'être contractés spasmodiquement, puisque l'on peut, sans éprouver la moindre résistance, lui relever la tête et même la lui tordre en sens inverse. Il avait même fait voir qu'on peut couper les muscles de la nuque sans enrayer le mouvement anormal. Onimus objecte avec raison que cela prouve seulement que ce ne sont pas les muscles du cou qui produisent le roulement, qu'il est dû au spasme d'un autre groupe musculaire. Comme il s'est assuré qu'il continue encore lorsqu'on a paralysé les membres par la section de leurs nerfs, il en conclut, par voie d'exclusion, que le spasme producteur appartient aux muscles du thorax. Il ne s'est pas contenté de développer ainsi l'idée première de Brown Sequard, il fait encore intervenir un nouvel élément auquel ce dernier physiologiste n'avait pas songé, c'est le véritable besoin d'équilibre que porte en elle-même la machine locomotrice. Il s'appuie du reste sur une expérience que tout le monde peut répéter et qu'il regarde comme prouvant l'intervention de ces deux facteurs, spasme des muscles du thorax et besoin d'équilibre.

Quand on nage, dit-il, avec un seul bras et une seule jambe, on ne dévie pas ; mais si on fait contracter les muscles du thorax d'un côté, aussitôt on penche de ce côté. Si on augmente encore cette contraction, on arrive bientôt à une position complétement latérale. À ce moment où les conditions d'équilibre semblent devoir manquer, on est irrésistiblement entraîné, par une contraction spasmodique, à exécuter un véritable mouvement de roulement qui ramène la position normale. C'est le cas de la grenouille privée de son cerveau, qui reprend toujours sa station type chaque fois qu'on la déplace. On dirait que la machine locomotrice se débat contre l'instabilité qu'on veut lui imposer. Grâce à ce besoin instinctif de l'équilibre, le corps de l'animal devient comparable à ces poupées à centre de gravité placé très-bas, qui se redressent en oscillant chaque fois qu'on veut les faire tomber. Dans le cas de roulement provoqué par une piqûre encéphalique, les choses se passent de même que chez le nageur. Au reçu de la lésion, l'animal tombe sur le côté ; le spasme réflexe des muscles d'un des côtés du thorax, qui remplace ici le mouvement de demi-rotation du nageur, le renverse sur le dos. En vertu du besoin impérieux de la station normale, des muscles plus ou moins nombreux se contractent spasmodiquement pour le ramener sur le côté qui est la position la plus favorable pour lui permettre de se relever tout à fait. Mais en raison même de la prédominance de l'action réflexe d'un des côtés du thorax, en raison aussi de la vitesse acquise, ces efforts instinctifs aboutissent à une rotation perpétuelle autour de l'axe longitudinal du corps.

La théorie d'Onimus n'est peut-être pas le dernier mot de la science. Elle est appelée, sans doute, à être tout au moins modifiée plus tard, mais elle est certainement, pour le moment, la moins défectueuse, surtout en ce qui concerne le mouvement de manége. À ce dernier point de vue, elle répond aux exigences de tous les faits expérimentaux connus, et elle s'allie parfaitement avec le véritable rôle locomoteur de la protubérance. Dans tous les cas, on peut assurer dès aujourd'hui que, lorsque le phénomène apparaît sous l'influence d'une irritation de la protubérance, celle-ci le produit, non pas en raison de ses connexions avec les parties voisines, mais bien à titre de centre locomoteur créateur. Le manége résulte d'une modification artificielle de ce rôle. C'est pour cette raison qu'il ne se montre que lorsque l'animal veut marcher, c'est-à-dire lorsque ce centre est mis en jeu.

Rôle de la protubérance dans les phénomènes de la sensibilité. — Longet, qui avait placé dans la protubérance la chaudière à peu près de toute la force motrice, y a aussi localisé ce qu'on a appelé le *Sensorium commune.* Il en a fait le centre de la sensibilité non raisonnée, de la sensibilité brute, comme il l'a nommée. Une impression sensitive qui, dans sa propagation, reste limitée à la moelle, fait naître un mouvement réflexe, mais ne détermine pas la moindre sensation appréciable pour l'animal. Si cette impression arrive jusque dans la protubérance, il en éprouve une, mais il ne peut pas encore l'apprécier. Il sent seulement qu'on l'a ébranlé; il sent qu'il sent quelque chose. Il éprouve de la douleur si l'impression a été vive, mais il n'apprécie pas la nature de cette sensation. Il ne peut pas remonter de l'effet à la cause. Ce n'est que lorsque l'ébranlement senti par la protubérance se propage jusque dans les couches intellectuelles du cerveau qu'il y fait naître une appréciation, une idée. Avant, il n'y avait que perception ; maintenant il y a sensation dans le sens philosophique du mot. Avant, la sensation n'était qu'à l'état brut. C'est le cerveau qui, comme le marteau du sculpteur, fait jaillir une statue idéale de la pierre informe qu'il a reçue.

Gerdy a, le premier, pratiqué des expériences capables de justifier cette pensée, et qui, répétées par plusieurs expérimentateurs, ont toujours donné lieu aux mêmes résultats. Voici le mode général d'expérimentation :

On enlève à un animal le cerveau, les corps striés, les couches optiques, les tubercules quadrijumeaux et le cervelet. On ne lui laisse que le bulbe, la moelle et la protubérance. Après ces mutilations, l'animal reste assoupi ; mais si on le pince fortement, il accuse la douleur qu'il éprouve par de longs cris plaintifs et par une agitation violente. Si, ensuite, on détruit la protubérance, l'animal conserve l'intégrité de sa circulation et de sa respiration, parce que c'est le bulbe qui préside à ces fonctions; quand on le pince, il peut encore crier, mais ce ne sont plus des cris plaintifs et prolongés. L'animal ne crie plus plusieurs fois pour un seul pincement. C'est un cri bref qui reste toujours le même et qui ne se produit qu'une fois pour une seule excitation. Ce sont des cris tout à fait comparables aux bruits que produisent les jouets d'enfants quand on les presse.

Longet s'est aussi appuyé sur ce qui se passe avec le chloroforme et l'éther. Dans l'éthérisation des animaux, dit-il, on crée chez eux des troubles physiologiques qui correspondent à deux périodes distinctes. Dans les premiers moments, l'agent anesthésiant n'empoisonne que les lobes cérébraux; alors l'animal reste assoupi. Mais si on le pince, il s'éveille, crie et s'agite. Plus tard, il arrive à influencer la protubérance. Alors, l'animal reste non-seulement immobile, mais on peut le blesser, le dilacérer, sans qu'il paraisse éprouver de sensation. A mes yeux, cet argument n'est rien moins qu'une pétition de principe, car c'est tout justement parce qu'on regarde la protubérance comme un centre de sensibilité et parce que cette propriété disparaît après l'intelligence, que l'on est en droit de dire que le cerveau cède à l'action toxique avant la protubérance.

Néanmoins, en raison des résultats fournis par les vivisections, je dois reconnaître que la protubérance joue un rôle de la plus grande importance dans les phénomènes de sensibilité, mais aussi je suis convaincu qu'il y a entre elle et le cerveau un intermédiaire tout aussi important, c'est la couche optique. De même que la machine locomotrice commence au cerveau pour s'étendre jusqu'au muscle, la machine des sensations commence au tégument pour s'étendre jusqu'aux couches intellectuelles du cerveau. L'ébranlement né à la périphérie se multiplie, se perfectionne et se transforme, tout en se propageant à travers la substance grise de la moelle. Dans la protubérance, il éprouve une transformation plus considérable; il se perfectionne encore dans la couche optique au point de pouvoir d'emblée faire naître une idée dans le cerveau. A travers l'axe nerveux, l'ébranlement moteur va en se matérialisant; l'ébranlement sensitif va en se spiritualisant.

La protubérance semble avoir déjà, comme la couche optique et le cerveau, la propriété d'entretenir et de reproduire l'ébranlement reçu un instant. A mes yeux, ce n'est même que pour cela que l'animal crie plusieurs fois pour une seule excitation. Le centre nerveux qui produit le cri est, comme nous l'avons établi, le bulbe. Celui-ci le produit, à titre de mouvement réflexe, toutes les fois qu'il lui arrive une excitation au point voulu. Le pincement ne lui arrivant qu'une fois, il ne répond que par un seul mouvement-cri. Mais quand la protubérance a été ébranlée, elle continue, pour ainsi dire, à vibrer après la cessation de la cause, et ces vibrations se réfléchissant en bas vers le bulbe, y réveillent successivement de nouvelles productions de cris. On dirait comme des échos qui se répercutent. La protubérance, c'est comme la boîte de l'instrument à cordes qui prolonge le son.

C'est peut-être aussi une espèce d'amplification des vibrations qui fait qu'au reçu d'une impression, la protubérance réagit par une grande agitation générale. Située du reste au centre de tous ces prolongements qui aboutissent aux divers renflements de l'axe cérébro-spinal, elle peut retentir immédiatement dans toutes les directions.

La protubérance semble aussi présider à la perception des impressions auditives et gustatives. Si, dit Vulpian, autour d'un animal, tel que le rat, auquel on a enlevé le cerveau, les corps striés et les couches optiques, on exécute un bruit, cet animal fait aussitôt un brusque soubresaut, et chaque fois que le même bruit se renouvelle, on constate un nouveau soubresaut. Si on lui met de l'aloès sur la langue, il exécute des mouvements de mâchonnement. Nous verrons, du reste, dans les maladies de la protubérance, des troubles des organes des sens. Vulpian, se basant sur les tressaillements qu'exécute le rat lorsqu'il entend un bruit, prétend enfin que la protubérance est aussi le foyer excitateur des mouvements émotionnels. C'est elle, selon lui, qui préside aux manifestations motrices provoquées par les émotions. Il pense que chez l'homme c'est elle qui préside au rire et aux pleurs, non pas à la création du sentiment, mais à sa manifestation.

Rôle de la protubérance dans les phénomènes nutritifs. — Elle paraît exercer une certaine influence sur la sécrétion salivaire. Quand on pique un peu en arrière de l'origine du trijumeau, on provoque une abondante sécrétion de salive. Souvent, pour une seule piqûre, toutes les glandes salivaires entrent en suractivité. Mais lorsque l'exagération ne se montre que d'un côté, c'est toujours du côté lésé. Il y aura peut-être à tenir compte de cette influence dans l'analyse de l'épilepsie. Elle agit aussi sur les reins. Quand on pique la partie supérieure du plancher du 4ᵉ ventricule, on produit de la polyurie. Enfin, en piquant un autre point, on produit de l'albuminurie. Avec toutes ces données, que nous venons d'emprunter à l'anatomie et à la physiologie normales, nous pouvons aborder l'étude de l'anatomie et de la physiologie pathologiques de cet organe.

Anatomie pathologique générale.

La protubérance, comme tous les organes et plus que beaucoup d'autres organes, est susceptible de se congestionner, car elle est riche en vaisseaux. L'état congestionnel accompagne, du reste, presque toutes les autres productions pathologiques qui sont généralement entourées d'une atmosphère de tissu normal injecté. Il est évident qu'elle doit aussi se produire d'une manière isolée, pendant un temps plus ou moins court. Seulement, pendant les recherches nécroscopiques, on n'a pu la constater que dans les cas de congestions générales, les seules sans doute capables de déterminer la mort. Dans ces cas, on voit que la protubérance prend part à la vascularisation générale. Toutefois, comme état congestionnel, elle se montre plus particulièrement solidaire du cervelet et du bulbe, c'est ainsi que, dans l'épilepsie, nous verrons ces trois parties gorgées de sang, alors que les lobes cérébaux seront au contraire anémiés.

Les hémorrhagies sont plus faciles à constater sur le cadavre et se prêtent mieux à l'étude. Malgré sa grande richesse en vaisseaux, la protubérance est moins souvent le siége de ce genre d'altération que les autres parties de l'encéphale. Cela tient, sans doute, à ce que son tissu est relativement plus ferme et soutient mieux les vaisseaux. Sur 386 cas d'hémorrhagies encéphaliques, Andral n'a rencontré que 9 fois celle de la protubérance. Il est vrai que Larcher l'a vue 21 fois sur 153 cas généraux. Mais il s'agissait ici d'une statistique portant sur des vieillards et l'état friable des vaisseaux qui est la conséquence habituelle d'un âge avancé explique cette plus grande fréquence. On peut la rencontrer toutefois chez des jeunes gens, mais on ne l'a pas vue au-dessous de 21 ans. Les conditions ordinaires de la vie sociale font que les hommes y sont plus exposés que les femmes. Le plus souvent, l'épanchement sanguin siége au centre. Cela s'explique, puisque c'est là que se trouve la masse de substance grise dépourvue du soutien que peut apporter le passage des fibres des pédoncules cérébelleux et des pyramides. En général, les foyers hémorrhagiques ne peuvent pas atteindre un volume considérable à cause de l'espèce de bridement que produit ce passage des pédoncules. On en a vu, cependant, occuper toute la protubérance réduite à une coque mince; mais, même dans ce cas, elle peut, pour cette raison, conserver sa forme et son volume normal. Il est bon d'être prévenu de ce fait. Même quand elle paraît saine, on doit l'inciser, car souvent on est étonné alors de la trouver remplie de plusieurs caillots. En outre des caillots, on trouve souvent des taches ecchymotiques. Une autre conséquence de l'enchevêtrement des fibres de la protubérance est de rendre le caillot très-adhérent au tissu nerveux. On a de la peine de l'en séparer par le lavage.

Les pédoncules cérébelleux, qui tendent par leur résistance à limiter l'épanchement et à conserver, malgré sa présence, la forme de l'organe, sont, par contre, parfois la cause de sa propagation dans des points éloignés. Le sang qui ne peut pas soulever le pont de Varole, en le pressant perpendiculairement, finit par fuser, comme le pus des phlegmons, entre les fibres des pédoncules, parallèlement à elles. C'est ainsi qu'on voit un foyer de la protubérance envoyer des prolongements déliés à travers un pédoncule jusque dans le lobe correspondant du cervelet. On en a vu fuser, sous le pont de Varole, dans les pédoncules cérébraux et gagner même la couche optique. D'autre part, on en a vu fuser par en bas, dans les pyramides anté-rieures du bulbe. La résistance apportée par les fibres de la protu-bérance n'est pas non plus sans limites; cet organe peut se rompre. On a vu ainsi le sang épanché dans une protubérance produire une rupture de trois lignes et se répandre par ce cratère sur toute la base du crâne. Dans d'autres cas, la rupture s'était faite vers la sur-face ventriculaire, et le sang, après avoir rempli le 4ᵉ ventricule, était remonté même dans le 3ᵉ ventricule; ou bien encore, le sang sortant du 4ᵉ ventricule par son orifice inférieur s'était répandu dans le canal vertébral. On comprend combien ces extensions, survenant brusquement, peuvent tout à coup rendre la symptomatologie beau-coup plus complexe.

Lorsque le foyer reste limité, la cavité produite et occupée par le sang se tapisse d'une membrane. Il s'opère, dès lors, un travail de résorption qui mène peu à peu à une guérison relative. Les éléments solides et colorants peuvent disparaître, et il reste un liquide citrin plus ou moins limpide. On a un kyste qui peut être stationnaire, mais dans lequel il peut aussi se former des brides qui rapprochent les parois. Parfois celles-ci se soudent même, et l'épanchement ne se traduit plus que par une cicatrice dure et résistante. Si tous les éléments colorants n'ont pas disparu, cette cicatrice se montre sous forme d'un noyau dur d'un brun jaunâtre.

Comme dans toutes les autres parties de l'encéphale, les hémorrhagies dans la protubérance ne se montrent pas toujours sous cette forme massive. Parfois le sang se répand d'une manière linéaire en formant une espèce d'atmosphère aux vaisseaux dont il dessine les contours et le trajet. Cette forme d'hémorrhagie a reçu de Pestalozzi le nom d'*anévrysmes disséquants*, parce qu'il croyait que l'épanchement se faisait dans l'épaisseur même des parois des vaisseaux en s'insinuant entre leurs divers plans. Mais il est bien établi aujourd'hui que, dans ces circonstances, le vaisseau sanguin est réellement rompu et que le sang se répand dans la gaîne lymphatique qui entoure les vaisseaux de l'encéphale, à la manière d'un manchon. Vous savez, en effet, Messieurs, que Robin a démontré que les lymphatiques de l'encéphale, au lieu de marcher comme dans le reste du corps parallèlement aux capillaires sanguins, emboîtent ceux-ci dans leur cavité, de sorte que le système d'irrigation sanguine se trouve plongé dans un bain de lymphe. Il y a là pour l'encéphale une disposition spéciale qui, bien certainement, a son but ; mais celui-ci est resté ignoré jusqu'alors. L'anévrysme disséquant des Allemands, ou l'apoplexie capillaire de Cruveillhier, n'est donc en définitive qu'une hémorrhagie qui, en vertu de certaines circonstances, n'a pas rompu la gaîne lymphatique et s'est contentée de se mélanger à son contenu.

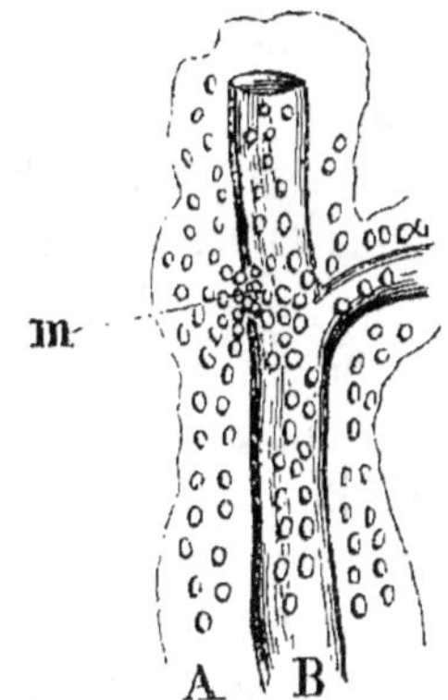

Fig. 35.

Anévrysme disséquant. A, gaîne lymphatique remplie de globules sanguins. B, vaisseau sanguin rompu en M.

On admettait aussi, pour la protubérance comme pour le cerveau, la possibilité d'hémorrhagies se faisant sous forme d'une multitude de petits points isolés les uns des autres et ressemblant à des grains rouges enchâssés dans la substance nerveuse. Cette forme avait été appelée par Cruveillhier : *Apoplexie capillaire à foyers miliaires.* Les recherches plus fines et plus récentes de MM. Charcot et Bouchard ont fait voir que ces prétendus foyers étaient constitués par de véritables anévrysmes mignons. Aussi la dénomination d'*anévrysmes miliaires* est-elle désormais consacrée. Après les couches optiques, c'est la protubérance qui, de toutes les autres parties de l'encéphale, est le plus souvent le siége de ces anévrysmes. On n'en a pas une seule fois constaté dans les circonvolutions cérébrales sans en rencontrer en même temps dans la protubérance. Souvent même il y en a dans celle-ci, alors que le cerveau n'en renferme point. On peut parfaitement les distinguer à l'œil nu, leur diamètre variant d'un millimètre à un millimètre et demi. Ils sont globuleux et d'une teinte qui varie entre le rouge violacé, le rouge brun, le noir et l'ocreux. Tantôt ils sont mous et fragiles; tantôt ils sont durs et donnent au doigt la sensation d'un grain de sable. Ils ne sont euxmêmes qu'un des effets d'une maladie plus générale qui tend à envahir tout le système vasculaire de la région. Il se fait dans les parois des vaisseaux une prolifération considérable de noyaux, en même temps que les fibres musculaires de la tunique moyenne, tendent de plus en plus à disparaître. Tout d'abord ces fibres se trouvent simplement masquées par la multiplication des noyaux et par l'épaississement de la tunique adventice. Plus tard, on constate qu'elles ont éprouvé un véritable travail de résorption; aussi les trouve-t-on très-espacées. Plus la lésion est avancée, plus elles se montrent écartées les unes des autres. Elles peuvent manquer complétement sur une étendue plus ou moins considérable. A leur place on n'aperçoit plus que des granulations graisseuses éparses, débris des noyaux, qui après avoir proliféré, meurent de dégénérescence graisseuse. C'est tout justement cette disparition progressive de la tunique moyenne qui permet la formation des anévrysmes miliaires. Çà et là, dans les points où la tunique externe ne s'est pas épaissie et n'est pas devenue capable de suppléer la musculeuse absente, la paroi ainsi réduite ne peut plus résister à la pression de la colonne sanguine. Elle cède peu à peu en se dilatant en ampoule, tandis que les points environnants, plus résistants, maintiennent à leurs niveaux le diamètre normal. En cédant ainsi de plus en plus, la petite poche finit souvent par se rompre, ce qu'elle fait d'autant plus facilement que son état graisseux la rend plus friable. Si la gaîne lymphatique n'a pas préalablement contracté des adhérences avec l'anévrysme, et si elle résiste au flot qui lui arrive, une hémorrhagie, à forme dite *anévrysme disséquant*, succède à l'anévrysme miliaire. Si cette gaîne devenue adhérente se rompt avec la poche primitive, ou si elle se brise ultérieurement, une hémorrhagie ordinaire succède soit à l'anévrysme miliaire, soit à l'anévrysme disséquant.

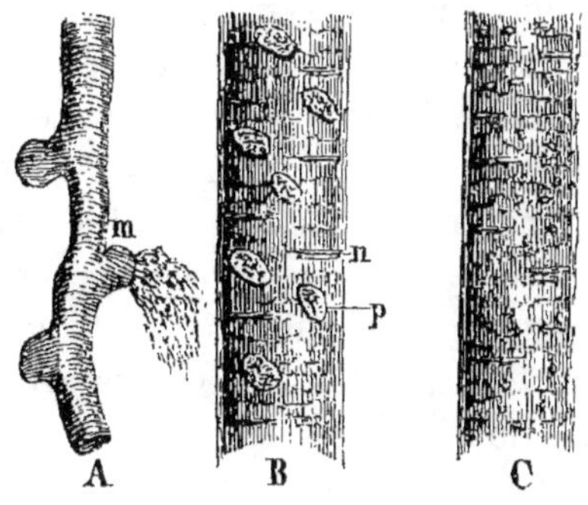

Fig. 36.

A, vaisseau portant trois anévrysmes miliaires vu à l'œil nu. M, anévrysme rompu et donnant lieu à une hémorrhagie.

B, vaisseau vu au microscope et montrant la multiplication des noyaux P et la raréfaction des fibres musculaires N.

C, vaisseau plus altéré parsemé de granulations graisseuses et n'offrant plus que quelques fibres musculaires atrophiés.

Par un sentiment bien naturel, MM. Bouchard et Charcot se montrent portés à penser que toutes les hémorrhagies de la protubérance et de l'encéphale sont engendrées par des anévrysmes miliaires, et par conséquent, par cette altération du système vasculaire. Ils prétendent qu'en cherchant bien on trouve toujours des grains anévrysmaux sur les parois des kystes hémorrhagiques, même les plus considérables. C'est probablement par trop exclusif, car les hémorrhagies qui surviennent à la suite d'un coup ou d'une chute doivent le plus souvent reconnaître une genèse purement mécanique qui n'a pas besoin d'être aidée par une altération antérieure des parois vasculaires. Dans la physiologie pathologique, nous rapporterons l'histoire d'un chat qui eut une apoplexie de la protubérance dans des conditions telles qu'il est bien certain que les vaisseaux étaient intacts au moment de l'accident. Il doit pouvoir en être de même dans l'espèce humaine.

Il fut un temps où les anatomo-pathologistes accordaient une certaine influence à l'état du terrain ambiant. Le ramollissement de la substance nerveuse leur semblait très-apte à prédisposer aux hémorrhagies en ne soutenant plus d'une manière suffisante les vaisseaux qui la parcourent. Depuis, on a changé à peu près complétement d'avis, et on pense que si les apoplexies coïncident souvent avec le ramollissement, cela tient à ce que la dégénérescence des vaisseaux, qui produit les anévrysmes miliaires, produit aussi le ramollissement du département nerveux correspondant. Mais il est évident que, tout en étant l'effet d'une même cause, le ramollissement favorise la rupture des anévrysmes déjà formés. L'influence du plus ou moins de résistance du tissu qui entoure les vaisseaux me paraît démontrée par ce fait que les hémorrhagies sont beaucoup plus rares là où le passage des pédoncules vient raffermir le terrain. Leur effet est comparable à celui des racines des arbres que l'homme plante dans les talus de terre élevés par lui.

La protubérance, de même que toutes les autres parties des centres nerveux, peut être atteinte du genre de lésion qui a reçu le nom de *ramollissement*. Toutefois, les auteurs prétendent qu'il s'y rencontre beaucoup moins souvent que partout ailleurs. Je crois que cette appréciation est bien au-dessous de la vérité et qu'elle tient à l'insuffisance des autopsies. Dans l'espace de trois mois, nous l'avons rencontré deux fois dans la clinique de l'hôpital Saint-Charles. Comme dans le cerveau et dans le cervelet, il peut être secondaire, c'est-à-dire être la conséquence d'une altération antérieure des parties voisines, ou apparaître d'une façon tout à fait spontanée. Dans l'un et l'autre cas, il peut se produire suivant deux mécanismes différents : ou bien il est engendré par un travail inflammatoire dont il représente une phase ultime, ou bien il est la conséquence d'un défaut de nutrition de la partie. Le ramollissement inflammatoire est beaucoup plus rare dans la protubérance qu'ailleurs. D'après les observations livrées à la publicité, il n'aurait encore été signalé que cinq fois. Mais, je le répète, ce sont plutôt les observations qui font défaut que le ramollissement. Il débute généralement par une injection vasculaire donnant lieu à une coloration rouge uniforme ou à des marbrures. Il se fait ensuite une prolifération des éléments cellulaires de la névroglie qui se multiplient d'une manière considérable. Beaucoup de micrographes pensent toutefois que tous ces noyaux de nouvelle formation ne sont pas l'œuvre de ce travail de prolifération et qu'un certain nombre ne sont autres que des globules blancs du sang qui ont traversé les parois des vaisseaux. Ce qui semble, entre autres raisons, justifier cette opinion, c'est que dans le même moment les gaînes lymphatiques se montrent gorgées de leucocytes. Quoi qu'il en soit, ces divers noyaux éprouvent ultérieurement la dégénérescence graisseuse. En même temps, les éléments nerveux deviennent aussi graisseux ; double source d'une production abondante de corps granuleux et d'une dissociation du tissu dont la consistance diminue, et dès lors le ramollissement est constitué. Ce travail inflammatoire peut aussi aboutir exceptionnellement à la production d'un abcès qui n'est en définitive que le résultat d'une production nucléaire plus considérable dont les éléments meurent sans devenir des corpuscules de Gluge. On n'a encore rencontré dans la protubérance que deux fois cette terminaison par abcès. L'un de ces foyers avait le volume d'une petite olive contenant environ un gramme de pus et occupait la limite postérieure de la masse latérale droite de la protubérance. Il fut constaté par Forget. L'autre, observé par Meynert, avait le volume d'une noisette et siégeait dans l'épaisseur de la couche profonde des fibres transversales.

Dans le ramollissement par défaut de nutrition, le point de départ est une altération vasculaire qui apporte un obstacle à l'entretien de la vie normale dans les éléments nerveux. Privés plus ou moins complétement de leurs moyens d'alimentation, ces éléments éprouvent la mort graisseuse. Les lésions vasculaires susceptibles d'amener ce résultat peuvent siéger isolément ou simultanément dans les veines, les artères et les capillaires. Les altérations artérielles sont de deux sortes : les oblitérations et les rétrécissements.

1° Les oblitérations artérielles sont dues, soit à une embolie, soit à une thrombose.

L'oblitération par embolie se produit surtout dans les maladies cardiaques. Un caillot formé aux orifices du cœur se détache, est entraîné et vient obstruer l'artère basilaire ou une de ses branches. Il en résulte immédiatement une stase sanguine dans toute la région irriguée par ce vaisseau ; puis, après un temps généralement assez court, les granulations normales des cellules sont remplacées par des gouttelettes de graisse. La moelle des tubes nerveux se segmente et chaque fraction finit par se résoudre en une multitude de petites granulations graisseuses. Le sang qui se trouvait dans le réseau capillaire au moment de l'arrivée de l'embolie et qui s'est trouvé condamné à l'immobilité, faute d'impulsion *à tergo*, s'est altéré lui-même sur place. Sa fibrine coagulée est devenue granuleuse ; ses globules ne sont plus représentés que par des grains de pigment, seuls débris de leur destruction spontanée ; enfin les cellules plasmatiques de la névroglie sont passées à l'état de corpuscules de Gluge. Tant que ces divers éléments restent remplis de granulations graisseuses, la région malade se montre tuméfiée et d'une consistance molle. Mais peu à peu ce contenu granulo-graisseux est résorbé en partie, et il ne reste plus qu'une substance vaguement fibrillaire, parsemée d'aiguilles de margarine et d'acide stéarique qui sont comme la momification de la graisse qui a échappé à la résorption. A ce moment, l'ensemble, loin d'être tuméfié et ramolli, se montre affaissé et doué d'une certaine résistance ; ce n'est là qu'une dessiccation apparente, car un simple filet d'eau suffit pour amener une dissociation complète. Il est des cas où la phase finale revêt un aspect tout différent. Par un phénomène moléculaire dont on n'a pu saisir le mécanisme, la partie frappée de mort se liquéfie complétement et apparaît comme un kyste rempli d'un liquide analogue à un lait de chaux ; c'est une émulsion de granulations graisseuses au sein de laquelle nagent quelques cristaux de principes gras. Il faut le dire, cette forme qui est assez fréquente dans les lobes cérébraux, est, au contraire, très-rare dans la protubérance, sans doute à cause de sa grande consistance.

On a donné le nom de thromboses aux caillots qui se forment sur place au lieu d'être apportés par le torrent sanguin de points plus ou moins éloignés de celui où on les trouve arrêtés et fixés. Mais qu'un caillot ait été l'objet d'une migration ou qu'il soit né sur place, c'est toujours au fond un seul et même obstacle mécanique qui, pour la circulation et la nutrition locale, doit toujours entraîner les mêmes conséquences. Dans l'un et l'autre cas, les moyens d'alimentation de la substance nerveuse sont supprimés, et celle-ci se trouve fatalement condamnée à la dégénérescence graisseuse qui représente la mort par inanition et inertie de tous les éléments histologiques. Toutefois, pour l'investigation microscopique, le ramollissement provoqué par des thromboses artérielles offre toujours un cachet particulier, c'est que les altérations des éléments nerveux se trouvent toujours compliquées de modifications matérielles des parois des vaisseaux. En effet, les caillots sur place sont toujours engendrés, soit par une artérite, soit par une dégénérescence athéromateuse des vaisseaux.

2° De simples rétrécissements des artères peuvent avoir les mêmes conséquences qu'une obstruction complète. Très-souvent l'artérite et la dégénérescence athéromateuse ne provoquent la coagulation que des couches sanguines les plus excentriques. Ces terrains d'alluvion ne font que rétrécir la lumière des vaisseaux sans l'obstruer tout à fait. Le sang arrive encore aux éléments nerveux, mais en si faible quantité qu'ils ne font plus que végéter. Ils s'étiolent de plus en plus et marchent à pas de plus en plus précipités vers le moment qui doit terminer leur misérable vie. Leur mort est tout aussi assurée que dans le cas d'obstruction complète. Elle a lieu à échéance plus longue, voilà tout.

L'obstruction des veines n'est déterminée que par des thromboses engendrées elles-mêmes par des phlébites. L'embolie, étant toujours arrêtée par les dernières ramifications artérielles, ne saurait, à plus forte raison, franchir le champ intermédiaire et plus étroit des capillaires. Quoique placé au delà du cercle d'irrigation de la région, le caillot n'entrave pas moins la nutrition locale en empêchant le renouvellement du sang, et l'étiolement ne tarde pas à se manifester.

Enfin, les capillaires peuvent produire le ramollissement par un mécanisme tout différent, sans être obstrués ni rétrécis par un caillot, en ayant seulement leurs parois parsemées de granulations graisseuses. Cette altération survenue dans leur structure suffit pour apporter une grande gêne dans l'échange des matériaux nutritifs. Ce n'est plus l'arrivée du sang, mais l'exhalation du plasma réparateur qui fait défaut.

Un mot encore, avant de nous quitter, pour justifier cette théorie générale du ramollissement non inflammatoire. Ce qui prouve bien que, dans toutes les circonstances précédentes, la mort du tissu nerveux est bien la conséquence de l'altération vasculaire, c'est qu'on peut la provoquer artificiellement chez les animaux en agissant sur les vaisseaux d'une manière analogue. Si on lie une artère ou une veine, ou même si on se contente de produire un simple rétrécissement à l'aide d'une ligature incomplète, on voit survenir des ramollissements identiques à ceux qu'on trouve tout formés chez l'homme.

VINGT-SEPTIÈME LEÇON.

Messieurs,

Quoique ce cours soit appelé à conserver un caractère purement physiologique, même sur le terrain de la pathologie, nous avons dû déjà consacrer un temps relativement considérable à l'anatomie pathologique de la protubérance. C'est qu'en effet l'anatomie pathologique est tout aussi inséparable de la physiologie pathologique que l'anatomie normale peut l'être de la physiologie normale. Dans l'un et l'autre cas, la partie anatomique est la base de la partie physiologique. Aussi ne vais-je pas hésiter à passer en revue encore les autres genres d'altérations qu'on a pu rencontrer dans la protubérance. D'ailleurs, les recherches expérimentales des anatomo-pathologistes, qui ont eu pour but de déterminer artificiellement quelques-unes des lésions du tissu nerveux et de nous faire assister ainsi à leur mécanisme, n'ont porté que sur l'encéphale. Là seulement, par conséquent, nous pouvions les étudier en détail et il était naturel de le faire à propos du premier organe auquel les résultats de ces recherches soient directement applicables. Les données que nous accumulons en ce moment se trouveront donc être acquises et nous dégagerons ainsi d'autant les leçons qui seront relatives au cervelet et aux lobes cérébraux.

Nous devons rapprocher du ramollissement une altération particulière, sur la nature de laquelle on a plusieurs fois varié d'opinion et qui, si j'en juge par mon observation personnelle, doit se rencontrer assez souvent dans la protubérance. Elle consiste dans la formation de petites cavités dont les plus grandes ont à peine le volume d'une lentille et qu'on appelle *lacunes ou foyers pisiformes*. Il en existe toujours beaucoup à la fois dans l'organe, de sorte qu'à la coupe il présente assez l'aspect d'un crible. D'où le nom d'*état criblé* qu'on a donné aussi à ce genre de lésion. Elles se montrent surtout dans la substance grise centrale. Durand-Fardel les attribue à des dilatations vasculaires résultant de congestions répétées. Suivant Proust, ce seraient des vides laissés par d'anciens petits foyers hémorrhagiques ou par de petits ramollissements entièrement résorbés. Suivant d'autres auteurs, ils seraient le résultat d'un mode de destruction spécial du tissu nerveux.

Après les hémorrhagies, le ramollissement et les lacunes, ce qu'on rencontre le plus souvent dans la protubérance, ce sont des tubercules. Toutefois, elle constitue un terrain moins propre à leur développement que le cervelet et le cerveau. C'est surtout dans l'enfance que le processus morbide prend cette direction, sans doute parce qu'alors la névroglie qui, seule, peut être le point de départ de ce genre de production, est dans toute sa vigueur de transformation et plus apte aux déviations de la nutrition intime. On n'en a jamais constaté au delà de 32 ans. Ce qui doit aussi donner la main à ces déviations, c'est l'activité nutritive dont la protubérance est le siége dans les premières années de la vie. A cette époque, les centres locomoteurs n'ont pas encore atteint leur complet développement, et c'est ce qui fait que chez les animaux supérieurs la marche semble avoir besoin d'une si longue éducation. Le travail morbide, une fois commencé, tend à prendre une rapide extension, car on rencontre rarement dans la protubérance des tubercules à forme miliaire. A l'autopsie, on se trouve le plus souvent en présence de véritables tumeurs qui peuvent même acquérir le volume d'un œuf. La force de développement est telle que la protubérance, malgré sa résistance habituelle, peut se déformer et augmenter considérablement de volume. Histologiquement, les tubercules se conduisent dans la protubérance absolument comme dans tous les points de l'économie. Comme partout, ils débutent par de petites nodosités de $\frac{1}{20}$ de millimètre à 2 millimètres, offrant une certaine dureté, étant comme enchâssées dans le tissu sain sur lequel elles forment une légère saillie et entourées d'une petite zone vasculaire. Comme partout, ils résultent d'une prolifération locale des cellules de la substance conjonctive, cellules qui, ultérieurement, s'étiolent et se transforment en granulations graisseuses en procédant du centre de la nodosité vers sa périphérie. De cette transformation résulte, pour l'œil, une petite masse d'aspect caséeux qui peut prendre des proportions considérables par la fusion de toutes les nodosités voisines.

De même que la moelle, la protubérance peut être atteinte de sclérose, puisque c'est là une des altérations spéciales de la névroglie, et que celle-ci existe dans tous les centres nerveux. Mais, tandis que la moelle, particulièrement les cordons postérieurs sont très-souvent sclérosés et rarement le siége de tubercules, c'est ce dernier genre de déviation de nutrition qui l'emporte sur la sclérose dans la protubérance. Comme dans la moelle, elle peut être en plaques ou diffuse. Dans ce dernier cas, ou bien elle occupe toute une moitié latérale de l'organe, ou bien elle franchit la ligne médiane, et, dès lors, elle devient presque fatalement générale et envahit la totalité de la protubérance. Au point de vue de la physiologie pathologique, il faut surtout se rappeler que là, comme partout ailleurs, elle peut parcourir deux phases : l'une inflammatoire, pendant laquelle la partie malade se montre turgescente et les éléments nerveux surexcités; l'autre atrophique, pendant laquelle la masse diminue de volume, se ratatine, et où les agents nerveux sont anéantis. Ces mouvements successifs d'expansion et de retrait ont pour résultat de déformer l'organe lorsque la sclérose est partielle. Ce n'est du reste que dans cette dernière circonstance qu'on peut trouver le durcissement et l'atrophie. Lorsque toute la protubérance est prise, la mort survient trop vite pour que la seconde période ait le temps de s'établir. Dans l'épaisseur de la partie sclérosée, on trouve quelquefois de petits foyers hémorrhagiques, accidents de la phase inflammatoire primitive. Parfois aussi on y trouve des artérioles tortueuses qui, par leur disposition, rappellent les anévrysmes cirsoïdes. Cet aspect des artères s'explique parfaitement, puisque le terrain dans lequel elles s'étalaient antérieurement tout à leur aise, s'est ratatiné. Le vaisseau qui ne diminue pas de longueur est obligé de s'onduler pour rester contenu dans un espace plus court.

La névroglie de la protubérance paraît peu apte au développement de ces tumeurs variées que l'on groupait autrefois sous le nom générique de cancer. Jusqu'à présent la science ne possède que dix cas rentrant dans cette catégorie. Dans quelques-uns seulement le microscope est venu spécialiser la véritable nature de la tumeur. Deux fois celle-ci se montra formée par des cellules fusiformes terminées par deux extrémités allongées. Il s'agissait incontestablement de la production morbide que Cornil appelle : *sarcome fasciculé*, et qui est plus généralement connue des médecins sous le nom de *tumeur fibro-plastique*. Ce n'est autre que du tissu embryonnaire qui a déjà subi une ébauche d'organisation dans le sens du tissu conjonctif. Dans un troisième cas, l'inspection permit de constater l'existence d'un *stroma* fibreux, circonscrivant un système d'alvéoles remplies de cellules libres et à forme variée. C'était nettement un carcinome.

Deux fois on a signalé la présence de kystes; mais à une époque où les procédés d'analyse étaient bien au-dessous du niveau qu'ils ont atteint aujourd'hui et les données fournies alors ne permettent pas de se prononcer ni sur leur nature, ni sur leur mode de formation.

Ajoutons enfin que la protubérance peut être lésée d'une manière traumatique dans les chutes ou les chocs qui portent sur la tête. Mais sa consistance semble la mettre plus à l'abri des conséquences de ces accidents que les autres parties de l'encéphale, car on la trouve beaucoup plus rarement atteinte. Lorsqu'il en est ainsi, on constate de petites hémorrhagies diffuses, des ruptures de fibres et par suite une désorganisation plus ou moins complète du tissu.

Physiologie pathologique générale.

Rien n'est plus mobile et surtout plus varié que l'appareil symptomatique des maladies de la protubérance. La solidarité à la fois anatomique et physiologique que cet organe contracte avec le cervelet, le bulbe, les tubercules quadrijumeaux, et même le cerveau, entraîne une solidarité pathologique tout aussi complète. Les symptômes communs à tous les malades, les symptômes constants se réduisent à fort peu de chose et sont presque toujours masqués par des symptômes que je suis tenté d'appeler d'emprunt et qui varient avec le siége de la lésion de la protubérance. Cette complication des phénomènes est d'autant plus marquée, que les lésions intimes ne s'arrêtent pas toujours juste à la protubérance et envahissent plus ou moins les cordons qui y aboutissent ou qui en émanent; d'autant plus encore que l'altération consiste souvent en une tumeur qui peut indirectement comprimer ou irriter les parties voisines.

Comme pour la moelle et le bulbe, je vais d'abord me placer à un point de vue général et étudier les troubles fonctionnels d'après leur nature et les fonctions dont ils relèvent. J'analyserai ainsi successivement les troubles de la motilité, de la sensibilité générale, de la sensibilité spéciale, de la phonation; les troubles intellectuels, urinaires, digestifs, respiratoires, circulatoires et calorifiques.

Troubles de la motilité. — Ils peuvent être de nature paralytique, c'est-à-dire consister soit en une abolition, soit en un affaiblissement des actes moteurs normaux; ou bien constituer un mode de perversion de ces actes et traduire un état d'exaltation de l'organe.

Les premiers sont de beaucoup les plus fréquents. Ils dominent dans la pathologie humaine. Ils n'ont manqué que deux fois dans les observations publiées jusqu'à ce jour. Ils peuvent porter, soit simultanément, soit isolément, sur les muscles du tronc et des membres, sur ceux de la face, sur ceux de la langue, sur ceux de l'œil.

Dans l'analyse physiologique des phénomènes paralytiques du tronc et des membres, il faut considérer successivement trois cas : 1° celui où la totalité de la protubérance se trouve compromise; 2° celui où elle n'est atteinte que dans une de ses moitiés latérales; 3° celui où la lésion n'occupe qu'un point excessivement restreint.

1° Lorsque la presque totalité de la protubérance est envahie par la lésion et surtout lorsque celle-ci s'établit brusquement, comme dans le cas d'hémorrhagie considérable, c'est une paralysie générale de tout le corps que l'on observe. Il ne saurait en être autrement, puisque la protubérance concentre en elle, comme dans un anneau coulant, toutes les fibres qui relient les muscles du tronc et des membres avec les lobes cérébraux. Tous échappent forcément à la fois à l'influence de la volonté. Une hémorrhagie d'un lobe cérébral ou d'un pédoncule cérébral ne peut jamais amener qu'une paralysie des muscles d'un seul côté du corps, parce qu'au delà de l'anneau les fibres encéphaliques qui relient les cornes antérieures au cerveau, se séparent en deux faisceaux qui correspondent exactement chacun à une des moitiés latérales du système musculaire. La protubérance seule présente les conditions anatomiques et physiologiques nécessaires pour la réalisation d'une paralysie brusque et générale. Comme les maladies du cervelet ne peuvent pas non plus donner lieu à une paralysie complète et rapide, il s'ensuit qu'on peut regarder la paralysie totale comme pathognomonique d'une destruction brusque et considérable de la protubérance. C'est cette considération qui a permis encore dernièrement à M. Liouville de poser un diagnostic qui a été parfaitement justifié par l'autopsie. Dans ces conditions, la paralysie générale est d'autant plus assurée, que la destruction de la protubérance supprime la partie la plus importante de la machine locomotrice, en même temps que la transmission des ordres de la volonté. Ce n'est pas seulement dans les hémorrhagies considérables qu'on assiste à ce résultat. Il vient presque toujours terminer la scène dans les cas de tumeur, qui, pendant longtemps, n'ont donné lieu qu'à des symptômes partiels, parce qu'à la moindre occasion, il survient une congestion ou une hémorrhagie consécutive qui viennent parachever l'œuvre commencée.

En revanche, des individus n'ayant, pendant toute leur vie, présenté aucun trouble de la motilité, ont été trouvés, à l'autopsie, porteurs d'une tumeur même volumineuse; on a émis plusieurs hypothèses pour expliquer ces faits exceptionnels.

Godelier a pensé que la protubérance n'était pas le seul lieu de passage capable de mettre en communication la moelle et le cerveau, et qu'il y avait en dehors d'elle des fibres nerveuses capables de suppléer à l'action interrompue du mésencéphale et de transmettre les ordres du cerveau. Mais, quand on regarde la disposition générale de l'encéphale, on est forcé de reconnaître que cette transmission d'occasion ne pourrait se faire que par les pédoncules cérébelleux supérieurs, le cervelet et les pédoncules cérébelleux inférieurs (de sorte que l'ébranlement moteur volontaire, qui, dans l'état normal, suivait la ligne directe A B, pourrait au besoin suivre la ligne brisée A C B). Cette supposition a d'abord contre elle d'être complétement en désaccord avec ce que l'anatomie et la physiologie expérimentale nous enseignent sur les rôles probables des pédoncules

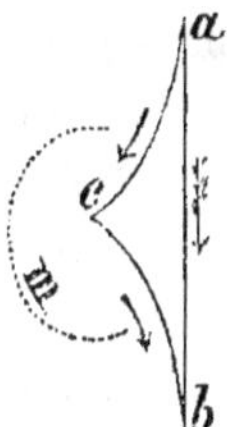

Fig. 37.

Schéma relatif à l'explication Godelier. M, courbe représentant le lobe du cervelet. *ab*, voie directe et normale à travers la protubérance. *acb*, voie de suppléance à travers les pédoncules cérébelleux supérieurs (*ac*) et les pédoncules cérébelleux inférieurs (*cb*).

cérébelleux supérieurs et inférieurs. En outre, on ne comprendrait pas pourquoi il y aurait presque toujours paralysie quand la protubérance est seule malade, et alors que ces pédoncules, ainsi que le cervelet, se trouvent parfaitements intacts. Pourquoi la nature négligerait-elle presque toujours cette ressource qu'elle se serait créée elle-même? Un suppléant entre toujours en fonctions toutes les fois qu'il le doit et que rien ne l'en empêche.

Brown Sequard a eu recours à une hypothèse tout aussi gratuite en disant qu'exceptionnellement les débris des fibres, interrompues par le développement d'un produit pathologique, peuvent communiquer entre eux d'une façon plus ou moins indirecte, par l'intermédiaire d'anastomoses avec les cellules restées intactes. Ces cellules seraient comme plusieurs leviers coudés qui rétabliraient la continuité en rendant toutefois le trajet très-sinueux, mais possible. La volonté pourrait encore ainsi, par des voies détournées, transmettre ses ordres aux fragments inférieurs de toutes les fibres encéphaliques et par conséquent aux muscles qui leur correspondent.

Dans l'impossibilité où l'on est de vérifier la précédente assertion, mieux vaut encore admettre l'explication de Funck. Selon lui, l'exception n'est possible que dans le cas de tumeurs qui se sont développées très-lentement; grâce à leurs progrès insensibles, ces productions peuvent se creuser une loge dans le tissu d'un organe sans l'entamer, écarter ses fibres sans les déchirer. Elles compriment ses éléments, les rendent plus minces, mais ne les détruisent pas. Les moyens d'action se trouvent seulement un peu affaiblis et gênés.

2° Dans le cas où la lésion occupe une moitié de la protubérance presque entièrement, la règle c'est la paralysie de tout le côté opposé du corps. On explique cette paralysie croisée par le fait de l'entrecroisement des pyramides qui a lieu au-dessous. La protubérance se trouve ainsi exactement dans la même situation que le cerveau et, comme lui, elle doit commander aux muscles du côté opposé par chacune de ses moitiés; comme lui, ses lésions unilatérales doivent donner lieu à une paralysie croisée, tandis que pour la moelle, c'est une paralysie directe que l'on observe, par la raison que cette portion de l'axe est située au-dessous de l'entrecroisement des conducteurs. Mais malheureusement la pathologie nous montre des exceptions à cette règle générale. Il est des cas où la paralysie a lieu du même côté que la maladie de la protubérance. Il y a là une difficulté théorique qu'on n'est pas encore parvenu à lever d'une manière satisfaisante.

Plusieurs auteurs, ayant remarqué que la paralysie directe avait

lieu surtout lorsque la lésion compromettait particulièrement le pont
de Varole, ont attribué à ce dernier l'effet produit, et ont pensé que
la destruction des fibres transversales de la protubérance produisait
la paralysie directe, tandis que celle des fibres longitudinales produisait, au contraire, la paralysie croisée. Restait à interpréter le
mode d'action des fibres transversales dans ces circonstances.
Carpenter, qui regarde le cervelet comme étant le centre du sens
musculaire, pense que les pédoncules cérébelleux moyens viennent
apporter aux centres créateurs du mouvement les renseignements
nécessaires pour rendre leur action efficace. Sous ce rapport, le cervelet serait, pour ainsi dire, le manomètre de la machine locomotrice. Par l'intermédiaire des pédoncules cérébelleux moyens, la
protubérance serait tenue au courant de toutes les variations de
niveau de ce manomètre, et le chauffeur serait ainsi parfaitement en
mesure de bien régler la pression. A défaut de ces renseignements
indispensables, le mécanicien-cerveau s'abstiendrait de commander
le mouvement, quoique l'intégrité des autres parties de la protubérance lui assurât la production de la force motrice. Il se passerait ici
ce qui se passe chez la grenouille qui laisse inerte la patte dont on a
sectionné seulement les fibres sensitives. La paralysie croisée résulterait toujours du défaut de transmission des ordres de la volonté,
tandis que la paralysie directe traduirait un arrêt dans l'arrivée des
renseignements fournis par le sens musculaire. Rolando et Luys
voient, au contraire, dans le cervelet un foyer producteur de force
motrice qui serait doué d'une très-grande activité. Selon eux, une
bonne partie de ses produits s'écoulerait vers la protubérance par
la voie des pédoncules cérébelleux moyens, et ce serait en entravant cet écoulement que les maladies du pont de Varole produiraient
la paralysie directe. Ces deux hypothèses supposent évidemment
l'existence de la variante anatomique que nous avons signalée dans
la structure et d'après laquelle les fibres des deux pédoncules cérébelleux moyens, en s'entrecroisant sur la ligne médiane, relieraient,
l'un le lobe droit du cervelet à la moitié gauche de la protubérance,
et l'autre le lobe gauche à la moitié droite. Comme les fibres longitudinales qui se rendent à la moelle s'entrecroisent à leur tour avant
d'y arriver, il en résulterait que le pédoncule droit agirait en définitive sur les fibres qui, après cet entrecroisement, se rendraient
aux muscles du côté droit du corps. Voilà pourquoi, dans les maladies du pont de Varole, la paralysie siégerait du même côté que la

lésion centrale. Je suis partisan de la disposition anatomique décrite par Luys; mais je ne crois pas qu'on soit tout à fait en droit d'attribuer aux pédoncules moyens les paralysies directes, car leurs maladies sont loin de les produire toujours. En effet, dans une observation signalée par Serres, je trouve que la paralysie a existé du côté opposé à celui du pédoncule détruit. Dans une autre, due à Schute, il y eut des convulsions du côté opposé sans paralysie. Dans une troisième, tous les muscles avaient conservé leur motilité. Enfin, dans une quatrième seulement, il y eut les conditions que Carpenter donne comme étant la règle générale.

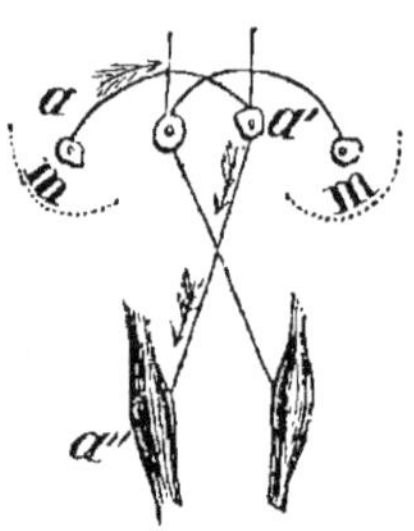

Fig. 38.

Schéma relatif aux explications de Carpenter et de Rolando. *mm*, lobes du cervelet. *a*, point malade du lobe gauche allant retentir sur le point *a'* de la moitié droite de la protubérance, lequel va à son tour retentir sur les muscles *a''* du côté gauche du corps.

Frappé de cette contradiction flagrante entre les assertions et les faits pathologiques, et s'appuyant seulement sur l'impossibilité de trouver une autre explication, Brown Sequard s'est cru autorisé à appliquer aux paralysies directes de la protubérance sa théorie des paralysies réflexes que nous avons exposée à propos de la moelle. La lésion ou la tumeur titillerait d'une manière permanente les fibres sensitives du pédoncule qui, par l'intermédiaire des centres vaso-moteurs, détermineraient une contraction réflexe et continue des vaisseaux de la moitié de la protubérance. Dans cet état d'anémie, celle-ci se trouverait dans l'impossibilité de fonctionner, et les muscles correspondants seraient condamnés à l'inertie. Dans ce mécanisme, la tumeur représenterait la maladie du rein ou de la vessie; les fibres du pédoncule, le plexus rénal qui transmet l'impression morbide aux centres vaso-moteurs, et la moitié de la protubérance, la moelle anémiée qui paralyse les membres abdominaux. Selon Brown Sequard, ce qui prouve bien que la maladie du pédoncule moyen n'agit qu'à titre de cause d'irritation, c'est tout justement la variété des résultats signalés dans les quatre observations que possède la science. Rien, dans l'innervation, n'est variable et inconstant comme les phénomènes réflexes. Ainsi, du côté de la moelle, une cause de titillation n'amène pas toujours forcément ou une paralysie, ou des convulsions. Les vers intestinaux, la dentition en déterminent chez les uns et n'en engendrent pas chez les autres. C'est pourquoi les mêmes conditions d'excitation du pédoncule moyen ont pu produire une action réflexe sur les vaso-moteurs et déterminer une paralysie, soit directe, soit croisée, en anémiant l'une ou l'autre des deux moitiés latérales de la protubérance; tandis que, dans le troisième cas, le réflexe, au lieu de retentir sur les centres vaso-moteurs, a ébranlé le centre locomoteur et a donné naissance à des convulsions; et que, dans le quatrième cas, la titillation n'a eu absolument aucun retentissement et n'a troublé en rien la motilité.

Il faut l'avouer, cette théorie a l'avantage de ne créer aucun embarras et de s'appliquer à tous les faits inexplicables. Mais c'est tout justement parce qu'elle est si élastique et parce qu'elle explique trop de choses qu'elle perd un peu, à mes yeux, sous le rapport de la rigueur scientifique. D'ailleurs, comme l'anémie partielle invoquée n'a jamais pu et ne pourra jamais être constatée *de visu*, elle reste à l'état de simple supposition et, hypothèse pour hypothèse, j'aime presque autant celle que je vais me permettre de vous proposer. La pathologie et la physiologie nous montrent qu'entre les deux pédoncules cérébraux et la moelle, les conducteurs doivent s'entre-croiser tous sans exception. La décussation qui s'opère d'une manière appréciable à l'œil, au niveau du bulbe, est véritablement insignifiante relativement à la masse de ces conducteurs. Donc, le croisement doit s'effectuer surtout ailleurs. Dans un de ses Mémoires, Brown Sequard a pensé devoir placer le maximum du phénomène anatomique au niveau de la partie supérieure de la moelle cervicale. Mais la plupart des physiologistes le placent, au contraire, dans la protubérance. C'est à cette dernière opinion que nous avons cru devoir nous ranger déjà antérieurement. Elle est de nature à nous fournir l'explication que nous cherchons en ce moment. En supposant que la décussation s'effectue à la partie inférieure de la protubérance, ce qui est probable, puisqu'elle s'achève dans le bulbe, on comprend que les maladies de cet organe devront produire une paralysie croisée toutes les fois qu'elles siégeront au-dessus du point d'entrecroisement, et une paralysie directe lorsqu'elles seront situées au-dessous. Le rapprochement de ce point avec le bulbe expliquerait aussi trèsbien la plus grande fréquence des paralysies croisées. Il est vrai que, puisque la décussation ne s'achève que plus bas, l'hémiplégie ne devrait pas être complète et un certain nombre des muscles de l'autre côté devraient être paralysés. Mais un même muscle reçoit un grand nombre de fibres motrices, et il ne répugne pas d'admettre que, par mesure de prévoyance, la nature ait fait en sorte que chaque muscle reçoive beaucoup de fibres à entrecroisement mésencéphalique et quelques fibres à entrecroisement bulbaire. Dans ces conditions, il a pu résulter, pour le groupe musculaire du côté non paralysé, un simple affaiblissement bien propre à passer inaperçu pour un observateur non prévenu.

3° Enfin, lorsque la lésion est presque insignifiante et n'occupe qu'un point très-limité de la protubérance, on peut se trouver en présence de tous les cas possibles. Il peut n'exister aucune paralysie musculaire, ou bien la perte du mouvement n'est que très-partielle et porte tout au plus, soit sur un seul bras, soit sur une seule jambe. Ces deux cas sont les plus fréquents et ils s'accordent parfaitement avec le peu d'étendue de la lésion centrale. Mais il est des circonstances où, avec les mêmes conditions anatomiques, il y a une hémiplégie complète et même une paralysie générale. Brown Sequard explique encore cette inconstance dans les résultats à l'aide de sa théorie de la paralysie réflexe. Mais en consultant les observations, on voit que les faits d'hémiplégie ou de paralysie générale se sont surtout produits sous l'influence de petites hémorrhagies. Or, nous verrons que, dans les lobes cérébraux, un petit noyau apoplectique paralyse tout autant qu'un noyau plus considérable. Cela tient à certaines dispositions qui sont moins complètes dans la protubérance que dans le cerveau, et qu'il conviendra mieux, par conséquent, de préciser à propos de ce dernier. Mais le mésencéphale les subit encore suffisamment pour nous expliquer ces cas exceptionnels de paralysies étendues.

Les muscles animés par le nerf facial se montrent aussi très-souvent paralysés dans les maladies de la protubérance. Ils peuvent l'être seuls ou l'être en même temps que les muscles des membres. C'est cette combinaison qui se présente le plus généralement; et

alors presque toujours la paralysie de la face existe du côté opposé
à celui de la paralysie du corps, c'est-à-dire que la première est
directe et correspond à la moitié de la protubérance qui se trouve
être lésée, tandis que l'hémiplégie du corps est croisée et siége du
côté opposé à la lésion. Cette combinaison a reçu le nom d'*hémiplégie alterne* ou de *paralysie dimidiée*. Les travaux de Gubler ont
surtout contribué à attirer l'attention des médecins sur l'importance
pathognomonique de cette association de paralysies. Dans les hémiplégies d'origine cérébrale, les muscles de la face et du corps sont
atteints du même côté, c'est-à-dire que la paralysie est croisée pour
la face aussi bien que pour les membres. L'alternance ne se rencontre, a-t-on dit, que dans les maladies de la protubérance, de
sorte qu'elle permettrait de les diagnostiquer à coup sûr, si elles paralysaient toujours à la fois les muscles de la face et du corps.
L'assertion est relativement vraie ; elle n'a que le tort d'avoir été
présentée d'une manière trop exclusive. Il est dans la science un
certain nombre de cas où les lésions de la protubérance donnèrent
lieu à une paralysie croisée à la fois pour la face et les membres,
absolument comme celles des lobes cérébraux. Rien n'est plus facile
que de s'expliquer la règle générale et l'exception. Il est évident que
les conducteurs qui relient les nerfs faciaux aux sphères psychiques
doivent s'entrecroiser quelque part, puisque les maladies du cerveau
produisent sur eux un effet croisé. Il est peu probable que cet entrecroisement s'opère entre les nerfs faciaux proprement dits, car ils
viennent nettement se terminer dans les cellules de deux noyaux
distincts, situés dans la partie supérieure du bulbe, et jusque-là ils
ne paraissent pas entrer en décussation d'après les dissections les
plus attentives. Il doit donc s'effectuer entre les fibres qui, nées des
mêmes cellules, vont relier ces noyaux aux parties plus élevées de
l'encéphale. C'est d'autant plus probable, que la nature obéit généralement à la loi de l'unité de plan. Ce sont les fibres encéphaliques
des nerfs rachidiens qui s'entrecroisent ; ce sont aussi les fibres
encéphaliques des nerfs faciaux qui doivent s'entrecroiser. Les
noyaux de ces nerfs sont situés tellement près de la protubérance,
que la décussation ne peut avoir lieu que dans cet organe, puisque,
d'un autre côté, elle est matériellement impossible au delà. Dès lors,
il est évident que toute altération siégeant au-dessous du point d'entrecroisement produira une paralysie faciale du même côté, tandis
que les fibres encéphaliques médullaires, qui se trouvent aussi en

souffrance, détermineront une paralysie des membres du côté opposé, parce que, elles, elles ne s'entrecroisent que plus bas. Toute lésion située, au contraire, au-dessus du point d'entrecroisement paralysera le facial du côté opposé, comme les maladies des lobes cérébraux, et on tombera dans l'exception. La pathologie elle-même nous montre en outre que ce point d'intersection doit être situé très-haut dans la protubérance, puisque les paralysies faciales directes sont beaucoup plus fréquentes que les croisées. Et c'est tout justement parce que l'entrecroisement des fibres encéphaliques des faciaux est à un niveau plus élevé que celui des fibres encéphaliques rachidiennes, que presque toujours il y a alternance. Il faut que l'altération siége très-bas pour compromettre les conducteurs rachidiens au-dessous de leur intersection, et il faut qu'elle siége très-haut pour agir sur les conducteurs faciaux au-dessus de leur décussation.

La paralysie faciale due aux maladies de la protubérance ne se distingue pas seulement par ce fait qu'elle correspond généralement au côté lésé, elle offre en outre d'autres caractères particuliers qui la différencient de la paralysie faciale engendrée par les maladies des lobes cérébraux. Dans ce dernier cas, la paralysie des muscles de la face est beaucoup moins absolue que dans le premier. L'hémiplégie faciale, d'origine cérébrale, est en effet incomplète. Constamment, le muscle orbiculaire des paupières échappe à la paralysie, ou du moins n'a pas perdu tout à fait sa contractilité et sa tonicité. Au contraire, dans l'hémiplégie faciale, d'origine mésencéphalique, la paralysie des muscles de la face est aussi complète que si on avait coupé le nerf facial lui-même dans sa totalité. Cette différence d'intensité entre les deux espèces de paralysie de la face a suscité trois explications, parmi lesquelles il nous faut faire notre choix.

Suivant Trousseau, elle serait due à ce que l'entrecroisement des conducteurs des nerfs faciaux ne serait que partiel, comme dans le chiasma des nerfs optiques. Par cette disposition, chaque nerf facial puiserait son action motrice partie dans un hémisphère, partie dans l'autre, de sorte que lorsqu'un des lobes cérébraux serait malade, les muscles de l'autre côté de la face recevraient encore un peu de force motrice de l'autre lobe. De là l'état incomplet de la paralysie. Il est vrai que de l'autre côté il devrait exister aussi un affaiblissement de la contraction musculaire. Mais s'il n'a pas été signalé jusqu'alors, cela tient à ce qu'il est assez peu marqué pour passer inaperçu, sans doute parce que les fibres entrecroisées l'emportent sur les fibres directes. Lorsque, au contraire, la protubérance est elle-même malade, elle agit sur le nerf facial, au-dessous de l'entre-croisement, alors que toutes les fibres qu'il reçoit des deux hémisphères cérébraux se trouvent réunies en un seul et même faisceau; de sorte que la moitié correspondante de la face se trouve privée à la fois de tous ses moyens d'innervation. Nous ne pouvons accepter cette première théorie, d'abord parce que l'entrecroisement partiel est un fait purement hypothétique, ensuite parce que, ainsi que Gubler l'a fait remarquer, il y a toujours un des côtés de la face qui a franchement conservé toute sa motilité; enfin, parce qu'on devrait retrouver les caractères de l'hémiplégie d'origine cérébrale toutes les fois que la maladie de la protubérance est située dans la partie supérieure, c'est-à-dire au-dessus du chiasma supposé.

Larcher attribue la persistance d'une certaine dose de contractilité dans les muscles de la face, à la suite des affections cérébrales, au grand sympathique qui viendrait, selon lui, concourir avec le facial à animer les muscles. Il se base d'abord sur une expérience de Cl. Bernard qui montre que la galvanisation du ganglion cervical supérieur fait manifestement contracter l'orbiculaire des paupières; ensuite sur ce qu'après l'ablation de la glande parotide, opération qui force à sacrifier complétement le nerf facial, on constate que cet orbiculaire est encore le siége de contractions lentes et peu énergiques. Les maladies des lobes cérébraux laissent intact le grand sympathique et, par conséquent, sa part d'action subsiste. De son côté, la section du facial respecte aussi les filets du ganglion cervical supérieur. Les conséquences doivent donc encore être les mêmes. Les maladies de la protubérance, au contraire, détruisent à la fois l'influence cérébrale et l'influence du grand sympathique, puisque celui-ci tire son principe d'action en partie du mésencéphale. Voilà pourquoi elles entraînent une paralysie absolue. Cette explication a le double mérite d'être ingénieuse et satisfaisante. Néanmoins, je ne la crois pas complétement inattaquable, car on est loin, dans l'opération de la parotide, de couper toutes les branches du facial. En outre, dans l'expérience de Cl. Bernard, la contraction de l'orbiculaire est tellement vague, qu'on se demande si le déplacement qu'on observe n'est pas une conséquence des modifications vaso-motrices que l'on provoque.

La troisième théorie, qui est due à Landry, me paraît avoir plus de chances d'être l'expression de la vérité. Elle a pour nous, en particulier, l'avantage de mieux se concilier avec la manière dont nous avons compris l'organisation du système nerveux. Le noyau du facial est tout à fait comparable aux cornes antérieures de la moelle. Il constitue un petit centre moteur spécial qui jouit d'une certaine autonomie. C'est lui qui fait contracter directement les muscles de la face. Les fibres encéphaliques qui le relient au cerveau ne font que le mettre au service du département psychique. L'ébranlement apporté par ces fibres n'est pas seul capable de l'exciter à déployer sa propre puissance. Il le fait d'une manière aussi obligatoire sous l'influence de l'arrivée d'une impression sensitive qui reste inconsciente. En un mot, il possède, de même que la moelle, le pouvoir réflexe; et de même que les maladies du cerveau ou des cordons antérieurs ne font que supprimer les mouvements volontaires sans détruire les manifestations réflexes dont la substance grise de la moelle est susceptible, de même aussi ces lésions cérébrales laissent au noyau du facial le droit de déterminer des contractions réflexes. Ce dernier continue à obéir aux incitations sensitives qui, parties de la périphérie, peuvent parvenir jusqu'à lui. C'est pour cela que, dans l'hémiplégie faciale d'origine cérébrale, on observe encore de temps en temps des mouvements qui paraissent volontaires, parce que l'impression sensitive provocatrice, qui peut souvent consister dans le simple contact de l'air, passe inaperçue. C'est pour cela que l'orbiculaire paraît surtout conserver de la motilité, car ses mouvements sont principalement déterminés par la sensation de la lumière que la lésion des lobes cérébraux n'empêche pas de se répercuter sur le noyau du facial. Dans les maladies étendues de la protubérance, au contraire, le noyau du facial est situé tellement près de cet organe, qu'il est presque toujours forcément compromis lui-même. Dès lors, tout se trouve détruit, le pouvoir réflexe comme la contraction volontaire, et la paralysie est aussi absolue que possible. Ce qui me fait encore adopter cette interprétation, c'est qu'elle va, en outre, nous fournir l'explication d'autres caractères distinctifs qui contribuent aussi à séparer nettement les hémiplégies cérébrales des hémiplégies mésencéphaliques.

Quand les muscles de la face doivent leur paralysie à une lésion des lobes cérébraux, on peut pendant longtemps les faire se contracter à l'aide de l'électricité appliquée sur la peau de la région. C'est qu'alors le pouvoir réflexe du noyau du facial persiste et peut encore obéir aux incitations électriques. Il vient cependant un moment où les résultats deviennent tout à fait négatifs. Mais cela tient à ce que les muscles et le nerf, condamnés depuis longtemps à un repos absolu, finissent par éprouver une dégénérescence qui n'est que la conséquence passive de leur inertie. Quand l'hémiplégie faciale tient, au contraire, à la protubérance, c'est de suite et avant que les muscles ne se soient altérés que l'électricité se montre impuissante. Elle ne peut plus exciter un centre qui n'existe plus.

Enfin, suivant Davaine, Rosenthal de Vienne, Duchenne, Ziemmser, dans ce dernier cas, les muscles dégénèrent et s'atrophient beaucoup plus vite, parce que les cellules du noyau facial seraient, de même que les cellules des cornes antérieures pour les muscles qui relèvent d'elles, non-seulement des centres moteurs, mais encore des centres trophiques.

Les phénomènes paralytiques n'appartiennent pas seulement aux sphères d'épanouissement des nerfs rachidiens et faciaux. Dans quelques cas, on en observe qui se rattachent, soit au nerf moteur oculaire externe, soit au pathétique, soit au moteur oculaire commun. Presque toujours aussi il y a, pour ces paralysies partielles, alternance avec l'hémiplégie des membres, c'est-à-dire que, de même que pour le facial, la perte de la motilité existe du même côté que la maladie de la protubérance. La 3e paire doit être évidemment compromise dans son tronc et son noyau plutôt que dans ses fibres encéphaliques, puisqu'elle naît au delà de la protubérance. Ce n'est que par compression, ou par extension vers les pédoncules céré-braux, que les maladies du nœud de l'encéphale peuvent l'atteindre, et, dans cette marche ascendante, elles rencontrent forcément le noyau et le nerf lui-même avant les fibres qui le rattachent au centre psychique. Le pathétique, en raison de son origine et de son trajet, ne peut entrer en scène que par suite de la compression à laquelle le développement de la protubérance l'expose. La 6e paire a son noyau dans le bulbe ; ses fibres encéphaliques traversent donc nécessairement le mésencéphale et s'y entrecroisent très-probable-ment, d'après la loi générale. Elle a, par le fait, des rapports plus intimes avec la protubérance et offre plus de prise à ses maladies ; en outre, comme elle rase à son point d'émergence le bord inférieur de cet organe, elle a tout autant de droits que la 3e et la 4e paires d'être comprimée ou envahie par propagation. On comprend dès lors pourquoi la paralysie de ces nerfs est presque toujours directe, puisqu'ils sont à peu près constamment atteints dans leurs troncs ou leurs noyaux, au-dessous, par conséquent, de toute espèce d'entrecroisement. Théoriquement, le moteur oculaire externe semblerait pouvoir donner lieu quelquefois à un effet croisé, lorsque la partie supérieure de la protubérance serait seule malade.

On observe aussi quelquefois une paralysie, ou un affaiblissement des muscles temporal, masséter, ptérygoïdiens, mylo-hyoïdien et ventre antérieur du digastrique. Cela n'a rien d'étonnant, puisque tous ces muscles sónt animés par la petite racine du trijumeau qui vient s'adjoindre au maxillaire inférieur, et puisque le trijumeau a son noyau d'origine au centre même de la protubérance. Quand bien même on admettrait, avec certains anatomistes, pour cette courte racine, une origine réelle dans le bulbe, les conséquences resteraient les mêmes, puisqu'elle aurait toujours à traverser toute l'épaisseur de la protubérance pour sortir au niveau du pont de Varole. Lorsque les nerfs masticateurs se trouvent comprimés ou détruits, non-seulement la mastication est devenue impossible, mais la mâchoire inférieure, entraînée par la pesanteur et la tonicité des muscles de la région sous-hyoïdienne, reste abaissée et la bouche est toujours béante. Si on l'élève à la main, elle retombe aussitôt qu'on l'abandonne à elle-même. Lorsque la lésion n'occupe qu'une moitié de la protubérance, c'est toujours du même côté qu'existe la paralysie. Il y a encore, même plus constamment, alternance avec la paralysie du corps. Il en résulte pour l'observateur une déviation de la mâchoire qui ressemble à une luxation.

Enfin il est un dernier nerf qui peut aussi être compromis, c'est le grand hypoglosse. Il y a alors une paralysie des muscles de la langue et, par suite, une difficulté dans l'articulation des sons et l'exécution du premier temps de la déglutition. Ici encore, quand la paralysie est unilatérale, il y a alternance avec l'hémiplégie du corps. Ce n'est évidemment que par les fibres encéphaliques que la maladie du mésencéphale agit.

VINGT-HUITIÈME LEÇON.

Messieurs,

Les maladies de la protubérance peuvent se manifester, non-seulement par des paralysies variables comme siége et comme intensité, mais encore par la production de mouvements anormaux. Toutefois, les phénomènes d'exagération et de perversion de l'action motrice seraient excessivement rares d'après les observations recueillies par Larcher. Mais ils se montrent déjà moins exceptionnels dans la collection de Ladame, moins encore dans celle d'Albert. Enfin si on étend la comparaison à tous les faits qui ont été publiés jusqu'à ce jour, d'une manière disséminée, dans les journaux de médecine , on s'aperçoit que le cas est loin de faire exception. Ces phénomènes sont excessivement variés dans leurs siéges et dans leurs formes.

Chez certains individus, ils consistent en des contractures d'une durée plus ou moins longue. Elles se montrent généralement dans un ou deux membres dont les divers segments se trouvent fortement fléchis les uns sur les autres, sans que l'observateur puisse arriver à les étendre. C'est la reproduction de ce qui arrive dans la sclérose des cordons antéro-latéraux de la moelle. Ces contractures peuvent se montrer dans les muscles du côté non paralysé. Elles dénotent probablement une excitation par congestion de voisinage ou par action réflexe. Elles apparaissent souvent dans les membres paralysés, comme dans la sclérose de la moelle. Ce fait semble justifier l'idée que nous avons émise d'une disposition en arcs s'étendant d'un segment à l'autre de l'axe pour les fibres qui sont chargées de réunir les muscles avec les couches corticales du cerveau. Dans ce mélange de contracture et de paralysie des mêmes muscles, il semble que les fibres qui partent des cellules de la protubérance pour aller aux corps striés sont détruites ou comprimées; la volonté n'a plus d'action sur tout ce qui est au-dessous et il y a paralysie volontaire. Mais ces cellules et les fibres qui vont aux pyramides et à la moelle ne sont pas encore détruites, elles sont seulement surexcitées par des moments de congestion et elles font agir les cellules de la moelle, comme une excitation portée sur les fibres encéphaliques.

Il est des cas où l'état de surexcitation du centre locomoteur se traduit par des crampes tétaniques plus ou moins étendues. On a alors un véritable tétanos partiel et on ne peut s'empêcher de penser que la protubérance doit jouer un rôle important dans le tétanos général. Du reste, comme nous l'avons annoncé à propos de la moelle, c'est dans la physiologie pathologique spéciale du mésencéphale que nous placerons l'étude physiologique de cette affection.

Une forme fréquente aussi consiste en des mouvements convulsifs des muscles de la face, particulièrement de ceux de la bouche et des joues. Plusieurs médecins ont même présenté les convulsions du visage comme le signe pathognomonique des tubercules de la protubérance; et, fait dont je prends acte au point de vue de la localisation que nous ferons de l'épilepsie, tous ceux qui ont été témoins de ce symptôme ont déclaré que c'est une véritable épilepsie limitée à la face. Évidemment ces convulsions partielles expriment une irritation passagère des fibres encéphaliques du facial, elles viennent solliciter des décharges des noyaux faciaux qui sont dans le bulbe. Le même symptôme a été signalé par Gintrac dans plusieurs cas d'anomalies congéniales de forme et de volume de la protubérance. Chez certains malades, à un moment donné, ce sont des convulsions et des mouvements spasmodiques généraux qui apparaissent par le même mécanisme; l'excitation porte à la fois sur toutes les fibres qui partent de la protubérance pour aller à l'axe médullaire. Plusieurs auteurs ont observé l'épilepsie véritable, et je suis convaincu que bien des fois la liaison qui existe entre cette maladie et les altérations de la protubérance, a échappé par suite de la négligence apportée dans les autopsies.

Les signes de perversion de la motilité peuvent aussi occuper partiellement les muscles du globe oculaire, ils consistent en des mouvements irréguliers qui ont été aussi donnés comme étant un signe de tubercules de la protubérance : tantôt ce sont des mouvements alternatifs d'élévation et d'abaissement auxquels sont constamment soumis les deux globes oculaires; tantôt ces alternatives de déplacement ont lieu dans le sens latéral. C'est le nystagmus et la reproduction de ce qui se passe chez les animaux dont la protubérance a été excitée d'un côté.

Un mode de perversion qui ne me paraît pas avoir été indiqué jusqu'alors et que vous avez pu cependant observer dernièrement à la clinique de Nancy, consiste en un tremblement plus ou moins général et tout à fait comparable à celui de la *paralysie agitante*. Ce résultat pathologique ne doit pas vous étonner puisque la physiologie expérimentale nous a démontré que la protubérance joue un grand rôle dans les actes de la station et qu'elle est pour beaucoup dans l'immobilisation des différents segments du corps.

En se rappelant la facilité avec laquelle on peut chez les animaux provoquer des mouvements de rotation à l'aide d'une irritation quelconque d'une des moitiés de la protubérance, on serait tenté de penser *à priori* que de semblables phénomènes doivent se présenter souvent dans les maladies spontanées de cet organe. Il n'en est rien cependant. Jusqu'à présent, la science ne possède que quelques faits bien avérés de rotation dans l'espèce humaine, et encore les auteurs n'ont pas cru devoir rapporter le phénomène à la protubérance elle-même. L'un de ces faits a été publié par Serres. Il s'agit d'un homme âgé de 68 ans et ayant abusé des boissons alcooliques. A la suite d'un excès de ce genre, il ne se plaignit pas de voir les objets environnants tourner autour de lui, comme cela a lieu d'habitude dans ces circonstances, mais de tourner lui-même. Ses amis ne virent dans cette assertion que le résultat d'une illusion engendrée par l'ivresse et le reconduisirent à son domicile. Il n'y fut pas plutôt arrivé, qu'il se mit en effet à tourner de la façon la plus incontestable. Ce tournoiement ne cessa que pour être remplacé subitement par une hémiplégie avec tous les signes de l'apoplexie. Il mourut épuisé par une diarrhée chronique ; à l'autopsie on trouva les hémisphères cérébraux dans un état tout à fait normal. Au centre de l'entrée du pédoncule moyen dans le lobe droit du cervelet existait une excavation du volume d'une noisette et remplie d'une bouillie de couleur brune ; la partie voisine de la protubérance ainsi que le lobe cérébelleux étaient plus consistants qu'à l'état ordinaire et offraient une teinte jaunâtre. L'autre fait a été décrit par Belhomme. Une femme qui était restée plongée dans une profonde tristesse à la suite de grands chagrins, fut prise tout à coup, pendant qu'elle se promenait dans un jardin public, d'un mouvement de roulement des plus parfaits; elle perdit connaissance, ses membres se contractèrent de telle façon qu'elle se trouva bientôt accroupie, puis elle tomba sur le côté et aussitôt se mit à rouler autour de l'axe longitudinal de son corps avec une très-grande rapidité, jusqu'à ce qu'elle vint se heurter contre un obstacle. On ne l'eut pas plus tôt dégagée de celui-ci, que cette course singulière recommença. Il en fut ainsi pendant une demi-heure; des crises du même genre se reproduisirent d'abord à des intervalles très-éloignés, mais se rapprochèrent ensuite au point d'avoir lieu cinq fois et même vingt fois par jour. Toujours, pendant le roulement, la tête et le tronc restaient fortement renversés, soit en arrière comme dans l'opisthotonos, soit latéralement comme dans le pleurosthotonos. Elle mourut subitement, et à l'autopsie on trouva deux exostoses de la base du crâne qui comprimaient directement les deux pédoncules cérébelleux moyens et qui avaient déterminé particulièrement un ramollissement au niveau des points où ces faisceaux se fusionnent avec la protubérance; cet organe était lui-même fortement congestionné; en certains points les vaisseaux étaient devenus variqueux et excessivement dilatés, enfin au centre même il y avait un noyau de ramollissement.

Ces deux observations ont été données comme démontrant que les mouvements de roulement dépendent des lésions des pédoncules cérébelleux moyens. Mais remarquez que la protubérance se trouvait presque aussi compromise que ces pédoncules, surtout dans le dernier fait. D'ailleurs les fibres blanches, quelles qu'elles soient, ne peuvent provoquer des phénomènes actifs qu'en suscitant la mise en œuvre des cellules auxquelles elles aboutissent; au cas particulier, soit les cellules cérébelleuses, soit les cellules mésencéphaliques qu'elles réunissent entre elles. Elles ne sont qu'un artifice de mécanique qui permet de frapper à la fois les touches du cervelet et celles de la protubérance. Ce n'est donc que par l'un de ces deux organes que les pédoncules peuvent donner lieu à de la rotation; il est même probable que celle-ci résulte d'une action commune de ces deux instruments. C'est pour cela qu'on est plus sûr d'obtenir le résultat avec les pédoncules eux-mêmes, parce qu'alors l'irritation est mieux placée pour retentir à la fois aux deux extrémités. Le cervelet et la protubérance appartiennent à un même département locomoteur dont toutes les parties sont complémentaires l'une de l'autre, dans la locomotion anormale comme dans la locomotion

normale. Mais dans cette œuvre pathologique commune, la protubérance semble jouer un rôle important; car dans les vivisections on
obtient peut-être plus sûrement le phénomène en se rapprochant de
la protubérance qu'en agissant sur le cervelet proprement dit. Cela
tient sans doute à ce qu'elle est le point de centralisation de toutes
les actions locomotrices; à ce qu'elle est pour ainsi dire le point
d'application de la résultante de toutes ces actions. Il est un troisième
cas fourni par Lebret, dans lequel le phénomène s'est montré aussi
très-accentué, mais pour lequel les renseignements nécroscopiques
ont manqué. Un jeune garçon, âgé de 14 ans, eut pendant son séjour
à l'hôpital des enfants, jusque cinq à six crises des plus singulières
par jour. Tout à coup il quittait ses jeux, se précipitait dans un coin
de la cour en proie à des hallucinations; puis il tombait et restait
pendant un quart d'heure, ayant seulement les membres violemment contracturés. Au bout de ce temps il se mettait tout à coup à
rouler autour de son axe longitudinal avec une rapidité incroyable.

Pourquoi les mouvements de rotation sont-ils si rares dans la
pathologie humaine, tandis qu'ils forment presque la règle constante dans les vivisections? Cela tient-il à ce que les lésions spontanées et artificielles ne se présentent pas dans des conditions
identiques; à ce que, dans les expériences, l'encéphale est presque
toujours mis à nu dans une étendue plus ou moins grande, de sorte
que l'occlusion de la cavité crânienne n'existe plus? à ce que l'irritation est plus localisée, plus brusque? Je ne le crois pas, car chez
les animaux le phénomène se montre d'une façon aussi assurée
dans des circonstances tout à fait analogues à celles qui se rencontrent dans les maladies de l'homme. Il en est ainsi dans le
tournis, affection qui est très-fréquente chez les moutons et qui est
due à la présence d'un parasite, le cœnure, dans les lobes cérébraux.
Pour ce qui concerne la protubérance en particulier, je vous ai déjà
rapporté le fait du canard d'Onimus qui reçut un plomb dans cet
organe. Quoique de nature traumatique, la lésion se rapprochait
déjà jusqu'à un certain point des cas pathologiques ordinaires. Le
rapprochement a été encore plus complet dans un autre fait publié
par Brown Sequard, puisque l'accident produisit une hémorrhagie
dans le mésencéphale et que rien n'est plus fréquent que de voir
survenir brusquement des épanchements sanguins dans l'espèce
humaine. Le fait mérite d'être décrit :

Un jeune chat, âgé de 2 mois, eut le cou serré dans une porte qu'on était en train de fermer au moment où il voulait passer. Vu la région comprimée, il n'y eut naturellement pas de fracture ni même de contusion du crâne. Mais la pression supportée par les jugulaires, jointe à la gêne de la respiration, empêcha le retour du sang veineux et il se produisit mécaniquement une hémorrhagie qui resta localisée, ainsi que le démontra l'autopsie, à la moitié latérale gauche de la protubérance, à part une légère suffusion sanguine dans les mailles de la pie-mère au niveau du pédoncule cérébelleux moyen gauche. Le résultat immédiat fut des vomissements et des mouvements convulsifs auxquels succéda une période de calme. Le 3e jour après l'accident survint un phénomène qui étonna bien le maître de l'animal; celui-ci se mit à décrire incessamment des cercles parfaitement réguliers; il avait la tête inclinée du côté gauche et dirigeait toujours de ce côté le mouvement circulaire qu'il exécutait. C'est alors qu'il fut montré à un homme de science. Celui-ci plaça le chat sur une table et constata : que les cercles décrits étaient sensiblement égaux et avaient environ un pied de diamètre; que leur centre se déplaçait chaque fois d'une petite quantité. Il en résultait que l'animal se rapprochait ainsi peu à peu de l'un des bords de la table et finissait par tomber sans paraître prendre garde à la chute imminente. On ne put savoir quelle aurait été la durée du phénomène parce qu'on sacrifia le chat par submersion.

Il est impossible de rencontrer un cas plus assimilable à la pathologie humaine. Il n'y avait pas eu pour la protubérance une blessure directe de provenance extérieure; l'hémorrhagie s'était produite par gêne de la circulation cérébrale, comme elle peut avoir lieu chez l'homme pendant le cours d'un effort considérable. Ce n'est donc pas l'état de vivisection qui favorise le phénomène. Je crois que la rareté de la rotation spontanée tient d'abord un peu à ce que, dans ses maladies, l'homme, suivant ses propres inspirations et sur les recommandations de son entourage, garde généralement le lit et ne cherche même pas à se livrer à la locomotion, qui doit être voulue et commencée pour que la rotation se substitue à la marche normale. Mais elle tient avant tout, cette rareté, à ce que chez l'homme la machine locomotrice est moins dominante que chez les animaux; à ce qu'elle est plus soumise aux ordres d'une volonté dont la puissance est capable de l'arrêter dans ses écarts. Chez lui, grâce au développement du département psychique, l'entraînement vers la rotation reste à l'état de simple besoin. Il ne s'exprime plus que par une sensation interne aux sollicitations de laquelle il résiste. Ce n'est plus qu'un vertige qui lui fait craindre de tourner, qui lui fait même croire qu'il tourne, mais auquel il ne cède pas. Toutefois, il ne se maintient qu'au prix de violents efforts de volonté, d'attention et de surveillance, au prix même de véritables efforts musculaires à action antagoniste. Dans cette lutte il n'est pas toujours vainqueur, soit parce que les facultés intellectuelles ne présentent pas chez tout le monde un développement suffisant, soit parce que l'irritation du centre locomoteur peut atteindre un tel degré d'intensité que le cerveau se trouve débordé. Mais s'il subit rarement une défaite complète, il accuse souvent qu'il plie en partie par des symptômes incomplets. C'est ce qui ressort des observations que M. Prévost a réunies dans sa thèse inaugurale intitulée : *De la Déviation conjuguée des yeux et de la rotation de la tête dans certains cas d'hémiplégie.* Dans beaucoup d'apoplexies, les deux globes oculaires se portent irrésistiblement du côté opposé à la paralysie et se tiennent souvent dans cette position forcée jusqu'à la mort. En même temps la tête est comme tordue sur le cou et se maintient tournée dans le même sens. Déjà antérieurement Vulpian avait considéré cette déviation de la tête et des yeux comme l'indice d'une tendance à un mouvement de rotation; M. Prévost est venu donner plus de solidité à cette idée première par des recherches cliniques et physiologiques. Ces symptômes sont en effet identiques à ce qu'on observe chez les animaux en rotation; il n'y a que ce dernier mouvement qui manque. L'attitude des yeux et de la tête est la même; très-souvent aussi comme chez eux il y a en même temps nystagmus. Un des malades de Vulpian, atteint d'une tumeur tuberculeuse du cervelet, avait en outre de la déviation de la tête et des yeux, une démarche chancelante, et il lui arrivait souvent de faire tourner un peu son corps de droite à gauche autour de son axe vertical. Il était évident que si le mouvement complet ne s'effectuait pas, cela tenait à ce qu'il était limité au tronc et à ce que les membres inférieurs n'y prenaient point part. La tendance qu'ont certains malades à tomber de leur lit du côté opposé à leur hémiplégie ou à se placer en travers, nous représente peut-être des rudiments de la rotation. Laborde a vu chez un vieillard un entraînement latéral et une tendance à l'incurvation en arc. Mesnet a rapporté le fait d'un individu qui était incapable de marcher directement vers le but qu'il voulait atteindre; il était toujours entraîné vers sa droite. Mais c'est surtout dans l'épilepsie, maladie où la protubérance joue peut-être le rôle le plus important, que l'on observe des phénomènes se rattachant à la rotation. Chez beaucoup d'épileptiques le début de l'attaque est caractérisé par un mouvement giratoire sur l'axe longitudinal.

Un dernier genre de perversion de la motilité, qui théoriquement doit pouvoir se rencontrer, et dont il y aura lieu de rechercher l'existence dans les observations de l'avenir, ce serait un trouble dans le fonctionnement des nerfs faciaux, trouble qui pourrait par conséquent appartenir à la fois aux maladies de la protubérance et à celles du bulbe. Il a été constaté que les deux noyaux de la 7ᵉ paire sont réunis par des fibres commissurales chargées de procurer l'unité d'action à ces deux centres. On comprend que la destruction morbide de ces fibres, en les isolant, puisse déterminer une certaine désharmonie dans les mouvements des muscles faciaux et donner à la physionomie un caractère bizarre.

Troubles de la sensibilité générale. — De même que ceux de la motilité, ils peuvent consister dans la suppression ou dans l'exaltation de l'acte normal.

L'anesthésie est beaucoup plus rare que la paralysie du mouvement. Duchek paraît ne pas l'avoir observée, même une seule fois, dans une série de 15 cas. Ladame, il est vrai, l'a rencontrée dans le tiers de ses observations. Larcher et Gubler signalent aussi cette rareté et ils l'expliquent en disant que cela tient à ce qu'au niveau de la protubérance les cordons postérieurs qui, pour eux, sont chargés de la transmission sensitive, sont rejetés en dehors, et à ce que, dans cette situation, ils échappent plus facilement aux lésions dont le nœud de l'encéphale est le siége. Nous ne pouvons que répéter ici ce que nous avons déjà eu plusieurs fois l'occasion de dire. Avec l'idée qu'on s'est faite jusqu'alors sur la continuité des fibres blanches postérieures de l'axe nerveux et si on accorde aux cordons postérieurs le rôle et le monopole de la transmission des impressions sensitives, on se trouve forcément en présence de l'une des deux hypothèses suivantes : Ou bien les corps restiformes, et par suite les pédoncules cérébelleux inférieurs, représentent le prolongement des cordons postérieurs, et alors les ébranlements sensitifs doivent se rendre dans le cervelet ou tout au moins passer par cet organe. Dans l'un et l'autre cas, les maladies des corps restiformes des pédoncules ou du cervelet, ainsi que l'ablation de l'une de ces parties, devraient donner lieu à une paralysie du sentiment. Il n'en est rien. Ce n'est donc pas parce que les impressions sensitives se dirigent vers le cervelet que les maladies de la protubérance n'altèrent qu'exceptionnellement la sensibilité. Ou bien les pédoncules cérébelleux inférieurs ne représentent qu'une partie des corps restiformes, le complément se portant directement à travers la protubérance dans les pédoncules cérébraux. (C'est là d'ailleurs l'opinion la plus répandue.) Dans ce cas, les altérations de la région postérieure de la protubérance, en détruisant ces moyens directs de transmission, devraient encore produire immanquablement l'anesthésie. Il n'en est rien encore. Car, malgré ce qu'a pu dire Larcher, il existe deux cas où la portion postérieure du mésocéphale se trouvait complétement détruite, non-seulement sur la ligne médiane, mais même dans ses parties extra-latérales et où la sensibilité n'avait subi aucune atteinte.

MM. Gubler et Larcher ne semblent donc pas avoir trouvé la véritable explication. Je crois que l'espèce d'immunité relative qui existe pour la sensibilité tient très-probablement à ce que les impressions sensitives sont transmises dans la protubérance, comme dans la moelle, comme dans le bulbe, par la substance grise centrale, et à ce que chacune d'elles se répande d'une manière diffuse dans toute l'épaisseur de la colonne grise. Grâce à ce mode de transport, pour qu'il y ait anesthésie complète, il faut non-seulement que la maladie se soit propagée jusqu'au centre de la protubérance, mais qu'elle ait détruit toute une section horizontale de la substance grise. Un seul point resté intact suffirait pour fournir une voie de transmission à l'ébranlement sensitif, quel que soit son point de départ à la périphérie. Comme dans les maladies de la moelle, la sensibilité diminuerait un peu partout à la fois, au fur et à mesure que la substance grise serait envahie, et elle ne serait complétement abolie que lorsqu'il ne resterait même plus un isthme à l'état normal. La difficulté qu'on éprouve à bien juger d'un simple affaiblissement de la sensibilité viendrait encore expliquer pourquoi les auteurs ont si rarement mentionné une modification paralytique du sentiment. Quoi qu'il en soit, les observations recueillies démontrent que lorsque l'anesthésie n'existe que d'un côté, c'est toujours dans la moitié du corps opposée à celle de la protubérance où siége la lésion. Cela devait être puisque l'entrecroisement des conducteurs sensitifs s'opère au-dessous, dans la moelle elle-même, au moment où les racines postérieures plongent dans la substance grise.

Parmi les phénomènes d'exaltation, le plus fréquent consiste en une céphalalgie qui très-souvent est excessivement violente en même temps que très-opiniâtre et qui parfois apparaît sous forme d'accès périodiques. C'est plutôt une douleur névralgique qu'une douleur réellement centrale. Le malade lui-même rapporte ses souffrances aux nerfs extérieurs de la tête, c'est-à-dire aux branches du trijumeau, qui tout justement a son noyau d'origine dans la protubérance. C'est l'application de cette loi qui veut que le moi rapporte toujours à la périphérie les sensations qu'il éprouve, quel que soit le point d'application de la cause provocatrice. C'est par le même mécanisme que les malades éprouvent des irradiations douloureuses dans les nerfs des membres et du tronc; d'autres présentent une hypéresthésie générale. Comme dans la moelle, la substance grise de la protubérance, lorsqu'elle est dans une période inflammatoire, augmente l'amplitude des vibrations moléculaires qu'elle est en train de transmettre.

Messieurs, la physiologie s'est montrée impuissante à nous faire connaître d'une manière positive les lois de la transmission des ébranlements moteurs et sensitifs à travers la protubérance; et nous avons dû attendre les enseignements de la pathologie pour poser une formule à cet égard. Maintenant que nous avons passé en revue les faits principaux indiqués par la clinique dans l'ordre de la motilité et dans celui de la sensibilité, le moment est venu de chercher à nous prononcer enfin sur cette question. Analyse faite de toutes les observations publiées, on peut déjà presque assurer :

1° Que les ordres que la volonté envoie au système musculaire, passent par la partie antérieure de la protubérance; car la destruction de cette région suffit généralement pour abolir le mouvement et celui-ci est la plupart du temps respecté par les maladies de la partie postérieure. La pathologie nous fournit donc sous ce rapport la confirmation de l'idée théorique de Longet. C'est toujours en avant que passe le mouvement, dans la moelle, le bulbe et la protubérance.

2° Que les conducteurs de ces ordres s'entrecroisent en grande partie dans les régions inférieures de la protubérance. C'est du moins l'interprétation qui se concilie le mieux avec les faits.

Quant à la marche de la sensibilité, les données sont moins positives. Il est cependant deux faits, ceux de Senac et de Rostan, qui semblent indiquer que les impressions passent particulièrement par le centre, car elles arrivent encore quand il n'y a que la couche postérieure de compromise. Ces deux faits joints à la marche même de l'anesthésie dans les maladies de la protubérance, à la rareté de ce symptôme et à ce que l'expérimentation nous a montré exister pour la moelle, me paraissent de nature à nous autoriser à conclure :

3° Que c'est la substance grise centrale qui est chargée de transmettre au cerveau les impressions sensitives et que chaque ébranlement, si localisé qu'il soit, se propage à la fois par tous les points de cette substance, de sorte que le système de conductibilité se trouve ainsi être complet et tout à fait rationnel. Il répond parfaitement au principe de l'unité de plan. Les racines postérieures déposent l'impression sensitive dans la substance grise centrale de la moelle. Une fois arrivée là, elle s'épanouit et parcourt toute la colonne cylindrique et évasée qui règne au centre de l'axe nerveux depuis la queue de cheval jusqu'à la couche optique.

Troubles de la sensibilité spéciale. — En même temps que les modifications plus ou moins étendues que nous avons vues exister du côté de la motilité et de la sensibilité générale, on observe le plus souvent dans les maladies de la protubérance des troubles très-marqués du côté des organes des sens. Ils peuvent se montrer isolément soit dans l'organe de la vue, soit dans celui de l'ouïe, soit dans celui de l'odorat, soit dans celui du goût. Mais le plus généralement ils affectent plusieurs sens à la fois chez le même sujet, et on peut se trouver en présence de toutes les combinaisons possibles. Tantôt le malade a perdu la vue et l'ouïe, tantôt l'ouïe, le goût et la vue, tantôt il n'a conservé que le goût, tantôt enfin il a perdu complétement ces quatre sens. Suivant Ladame, ces combinaisons d'altérations des appareils sensoriels seraient même caractéristiques pour les tumeurs de la protubérance et ne se retrouveraient point dans les maladies des autres parties de l'encéphale. L'assertion est évidemment exagérée, ainsi que nous le verrons dans l'étude de la couche optique.

Dans beaucoup de circonstances, la vision n'est en réalité qu'affaiblie, ou plutôt que gênée dans son exercice, sans que la sensibilité visuelle soit atteinte en elle-même. En effet, en dehors des spasmes et des paralysies des muscles de l'orbite dont nous avons

parlé plus haut et qui viennent déjà rendre indirectement la vue
moins efficace, il y a très-souvent des modifications de la pupille,
de l'insensibilité de la conjonctive et des inflammations du globe
oculaire, toutes conditions qui viennent par des mécanismes différents rendre presque inutile l'intégrité du centre visuel.

Les pupilles peuvent être dilatées, ou resserrées, ou déformées.
C'est le premier cas qui est le plus fréquent dans les tumeurs et le
second dans les hémorrhagies; mais tous empêchent évidemment
le dosage régulier de la lumière. De plus, comme le muscle de
Baumann appartient au même département nerveux, il s'ensuit que
le travail d'adaptation est aussi rendu difficile ou même impossible.
Cette perte d'un des moyens de perfectionnement de la vision suffit
pour faire croire qu'elle est compromise dans sa partie fondamentale. Larcher s'appuie sur la fréquence du resserrement de la pupille
dans les hémorrhagies du mésocéphale pour attribuer à ce dernier
l'origine de la force que le sympathique cervical va distribuer dans
la tête, puisque ce symptôme exprime une paralysie des fibres
radiées de l'iris qui sont tout justement animées par le grand sympathique. Mais la conclusion me paraît un peu forcée, car la pupille
peut se resserrer dans deux circonstances tout à fait opposées, dans
le cas où les fibres circulaires exagèrent leur contraction et dans
celui où les fibres radiées sont paralysées. Par conséquent, elle peut
alors aussi bien traduire une exaltation d'action du moteur oculaire
commun qui anime les fibres circulaires qu'une paralysie du sympathique qui préside à la contraction des fibres radiées, et puisque
nous voyons souvent la 3e paire être intéressée dans les maladies
de la protubérance, il est tout aussi naturel de lui attribuer les modifications pupillaires, d'autant plus que l'étude de la moelle nous a
montré que c'est plutôt dans la région cilio-spinale que le sympathique cervical trouve une source d'alimentation, ou mieux d'impulsion. Je crois toutefois que ce centre cilio-spinal est lui-même
en sous-ordre, et qu'il est un point qui centralise spécialement les
ordres à donner aux muscles de la vision, ce sont les tubercules
quadrijumeaux. Or, ces saillies se trouvent si près de la protubérance, qu'elles peuvent être avec la plus grande facilité engagées en
même temps qu'elle : soit par compression comme le moteur oculaire commun, soit par congestion ou inflammation de voisinage,
soit enfin comme action réflexe. Je ne nie pas cependant que la protubérance puisse retentir directement sur l'action du sympathique,

car elle se trouve sur le trajet des communications qui doivent s'établir sans cesse entre la région cilio-spinale et le centre coordinateur des mouvements du globe oculaire, c'est-à-dire les tubercules quadrijumeaux.

L'insensibilité de la conjonctive s'explique parfaitement puisque cette membrane est innervée par le trijumeau dont le noyau d'origine se trouve dans la protubérance, au foyer même de la lésion. Elle a pour effet de rendre impossible le clignement, mouvement réflexe qui ne s'exécute qu'autant qu'il est provoqué par une impression inconsciente recueillie par cette muqueuse. Les larmes ne sont plus réparties en couche uniforme, d'où réfraction irrégulière de la lumière. La poussière apportée par l'atmosphère n'est plus balayée, d'où conjonctivite qui vient fournir sa part de gêne à l'exercice de la vision. Du reste, la plupart du temps le clignement est d'autant plus impossible que la paralysie de l'orbiculaire vient s'ajouter à l'anesthésie conjonctivale.

Même lorsque la sensibilité de la conjonctive est intacte, il peut survenir des inflammations qui sont beaucoup plus graves parce qu'elles envahissent tout le globe oculaire, et qui gênent la vision d'une manière plus considérable parce qu'elles troublent la transparence des milieux et qu'elles altèrent la texture des membranes de l'œil. Magendie, le premier, a fait voir, par la section intra-crânienne du trijumeau, l'influence énorme que ce nerf exerce sur la nutrition du globe oculaire, influence qui est telle que cet organe peut se vider et être perdu complétement. On attribue généralement cette action nutritive, non pas à la 5e paire elle-même, mais aux nombreux filets sympathiques qui s'associent à elles; et on en donne pour preuve que la section faite avant le ganglion de Gasser, c'est-à-dire avant le point où s'opère cette adjonction, n'a pas les mêmes conséquences et ne détermine qu'une paralysie du sentiment. A ce compte il serait assez difficile de s'expliquer l'ophthalmie survenant dans les maladies de la protubérance, car alors le trijumeau doit aller puiser son influence morbide dans son noyau d'origine, avant toute addition de filets sympathiques. Mais tout se trouve avoir sa raison d'être, si on veut bien se reporter à ce que nous avons dit sur l'action trophique des centres nerveux. Dans les phénomènes de nutrition normaux et morbides, le grand sympathique ne fait qu'une chose, c'est d'apporter l'innervation vaso-motrice aux organes. Normalement il règle l'apport des moyens d'alimentation; pathologiquement il prive le tissu ou il l'encombre de matériaux. Quant à la formation des produits morbides, il n'y est pour rien. C'est là l'œuvre de la vie cellulaire. Toutefois le système nerveux cérébro-spinal peut exalter et faire dévier cette œuvre. C'est ainsi que dans l'état d'irritation, la moelle et les nerfs provoquent des éruptions et des troubles nutritifs de diverses natures. Par conséquent, lorsqu'on coupe le trijumeau après le ganglion de Gasser, lorsqu'on détruit ainsi avec lui les filets sympathiques, on ne fait que paralyser les vaisseaux et on produit une congestion passive, un encombrement de matériaux; quant à la déviation morbide des tissus, ce sont les fibres propres du trijumeau qui sont seules capables de la provoquer lorsqu'elles sont irritées. De même que les nerfs cutanés névralgiés donnent lieu à des herpes, au zona, de même l'ophthalmique de Willis névralgiée engendre dans l'œil des inflammations et des altérations matérielles. C'est ainsi que prend naissance l'ophthalmie rhumatismale des Allemands. Si les troubles ne surviennent pas lorsqu'on fait la section avant le ganglion, c'est que non-seulement on ne produit pas la paralysie vaso-motrice, mais même on supprime le trijumeau au lieu de l'irriter. Dans les maladies de la protubérance, ce nerf avant d'être paralysé est irrité, et c'est alors qu'il peut produire des troubles trophiques et des inflammations.

On a vu survenir chez quelques malades, qui à l'autopsie n'offrirent qu'une altération de la protubérance, une véritable amaurose. Ils perdaient la vue sans qu'il y ait eu préalablement trouble des humeurs de l'œil et sans que les membranes de cet organe se soient altérées dans leur texture. De pareils faits étaient bien de nature à faire penser que le mésocéphale fait partie à un titre quelconque du centre visuel. Mais cette idée ne peut pas tenir en présence des faits anatomiques, physiologiques et même pathologiques qui conduisent nettement à localiser le foyer des perceptions visuelles en avant de la protubérance. Dans ces cas exceptionnels il y a eu évidemment altération concomittante, soit de la rétine, soit du nerf optique, soit du centre visuel lui-même, altération qui a échappé aux observateurs, faute de l'emploi du microscope. C'est à l'avenir de donner les preuves matérielles de cette explication. Dans tous les cas, on peut assurer que ce n'est pas à titre d'organe de la vision que la protubérance donne lieu, dans ses maladies, à de l'amaurose.

Les remarques qui précèdent s'appliquent en grande partie aux autres organes des sens. Ainsi pour l'odorat, la névralgie du trijumeau s'accompagne très-souvent d'un véritable coryza. La pituitaire devient spongieuse, elle s'ulcère même et le nerf olfactif, n'ayant plus son appareil de terminaison intact, ne peut plus fonctionner. A plus forte raison, ces résultats se montrent-ils lorsque c'est le noyau d'origine du nerf lui-même qui est surexcité et enflammé. La congestion passive qui suit la suppression des filets sympathiques par la section de la 5e paire, suffit même pour empêcher complétement l'exercice de l'olfaction, au point que Magendie a voulu attribuer au trijumeau la sensibilité olfactive. L'excitation du nerf lingual suffit aussi pour altérer les papilles spéciales de l'organe du goût, sans lesquelles l'impression ne saurait se développer. De plus si, comme le veulent beaucoup de physiologistes, le nerf lingual est chargé de fournir la sensibilité gustative à la partie antérieure de la langue, on comprend encore mieux que les maladies de la protubérance puissent compromettre la gustation. Enfin, du côté de l'organe de l'ouïe, les malades se plaignent généralement d'éprouver des bourdonnements d'oreille ou d'entendre fort mal. Outre que ces troubles pourraient s'expliquer par la combinaison de la paralysie des muscles du marteau et de l'étrier qui sont en définitive animés par le facial et par les troubles nutritifs que le trijumeau est susceptible de provoquer dans l'appareil de l'audition, il est évident que le nerf acoustique en raison de son voisinage, peut être directement comprimé dans les maladies qui font acquérir à la protubérance un certain développement.

Troubles de la phonation. — Une observation de Gubler montre que la parole peut rester libre malgré une altération considérable de la protubérance. Cependant, il faut le reconnaître, beaucoup de malades articulent les mots avec une certaine difficulté. Il ne faut pas s'en étonner quoique nous ayons placé dans le bulbe la machine nerveuse de l'articulation. Cet instrument et en particulier le noyau de l'hypoglosse ont besoin d'être reliés au centre intellectuel par des fibres qui forcément traversent la protubérance. D'ailleurs ce noyau lui-même n'est pas tellement éloigné qu'il ne puisse subir une compression directe.

Troubles intellectuels. — Il semble singulier de parler de troubles intellectuels à propos des maladies de la protubérance. Cependant ils sont assez fréquents, si on considère les observations de Ladame, treize fois sur 26 cas de tumeurs. Cette grande fréquence avait même fait penser à quelques médecins que le pont de Varole jouait un rôle très-important dans les actes intellectuels. Mais il peut être complétement détruit sans que l'intelligence soit le moins du monde altérée. Les troubles psychiques doivent donc être attribués à d'autres causes. On a invoqué entre autres la compression qui peut retentir jusque sur les lobes cérébraux. On s'est appuyé sur ce que ces troubles ont surtout été observés dans les cas de tumeurs; et comme les dégénérescences même volumineuses du cervelet ne produisent jamais, ou à peu près jamais, d'altérations de l'intelligence, on a dit que cela tenait à la présence de la tente du cervelet qui gênait la transmission de la pression, tandis que le même bouclier n'existe pas entre la protubérance et les lobes cérébraux. De son côté, Brown Sequard prétend que la protubérance peut retentir sur les fonctions intellectuelles par l'intermédiaire des vaso-moteurs. Ceux-ci, en se rendant du bulbe au cerveau et au cervelet, se trouveraient irrités ou paralysés à leur passage à travers la protubérance. D'où exaltation ou affaissement intellectuel. Enfin, d'après le système de Luys, l'état d'irritation des cellules sensitives de la protubérance pourrait titiller les couches optiques, y faire naître des hallucinations qui à leur tour solliciteraient un travail erroné dans les cellules des couches corticales du cerveau. Je crois qu'il y a lieu de tenir compte de toutes ces causes, même de celles fournies par l'innervation vaso-motrice. Car il est évident que, quand même les cellules à destination vasculaire seraient concentrées dans le bulbe et dans la moelle, elles auraient encore besoin d'être reliées au cerveau, puisque les capillaires obéissent aux émotions morales. J'ajouterai que parfois il a dû y avoir concomittance d'altérations des lobes cérébraux eux-mêmes. Bien des cas de ce genre ont dû échapper, car on regarde encore aujourd'hui généralement la folie comme une maladie *sine materia,* et cependant le microscope tend de plus en plus à faire abandonner cette opinion.

Troubles de la digestion. — Du côté des voies digestives, Brown Sequard a signalé les envies de vomir. Mais si on étend le champ de son observation, on s'aperçoit bien vite que ce symptôme est au contraire très-rare; lorsqu'il existe il doit être évidemment attribué à un retentissement plus ou moins direct sur le pneumo-gastrique ou sur les fibres encéphaliques de ce nerf. En général, la digestion n'est guère troublée que dans ses fonctions de la mastication et de la déglutition. Le nerf masticateur appartient à la protubérance; il n'est donc pas étonnant que l'acte que fait accomplir ce nerf puisse être plus ou moins entravé. La dysphagie que l'on observe beaucoup plus fréquemment n'est pas aussi facile à expliquer; car la déglutition est surtout dirigée par les nerfs grand hypoglosse, glosso-pharyngien et pneumo-gastrique, dont les noyaux d'origine se trouvent dans le bulbe. Seux a prétendu et Larcher a admis avec lui que les maladies de la protubérance agissaient en interrompant la communication de ces nerfs avec le centre volontaire. Le mésencéphale étant altéré dans sa constitution, disent-ils, l'incitation volontaire émanée des lobes cérébraux s'arrête fatalement à son niveau, et ne peut pas plus se transmettre aux nerfs indiqués qu'aux cordons nerveux du bras ou de la jambe, lorsque ces membres sont paralysés. C'est une profonde erreur; car dans la déglutition la partie afférente à ces nerfs constitue un phénomène réflexe dans toute l'acception du mot, dans lequel le cerveau n'a nullement à intervenir. Les deux derniers temps de la déglutition s'opèrent parfaitement chez les animaux auxquels on a enlevé les lobes cérébraux, même chez ceux auxquels on n'a laissé que le bulbe et la moelle. Il faut donc que ces nerfs soient altérés eux-mêmes par voisinage ou qu'il y ait d'autres éléments de perturbation. Il y a d'abord, pour le premier temps, la perte de la sensibilité directrice de l'action réflexe. C'est le trijumeau qui fournit ici les renseignements nécessaires aux centres moteurs. Il y a surtout la paralysie du voile du palais qui joue un rôle si important dans cet acte mécanique. Les muscles affectés à cette membrane sont animés par le facial, pour quelques-uns même par le trijumeau. Or, le facial est si souvent compromis dans le département des muscles de la face qu'il doit l'être aussi parfois dans ses rameaux staphylins, malgré l'interposition d'un ganglion. La 7e paire peut aussi être invoquée pour les muscles digastrique, styloglosse et stylo-hyoïdien auxquels il envoie des filets concurremment avec d'autres nerfs.

Troubles de la respiration. — Les hémorrhagies considérables de la protubérance s'accompagnent ordinairement d'une respiration stertoreuse et la scène se termine presque toujours par une asphyxie complète. C'est ce qui avait conduit H. Bell à déclarer que les morts par asphyxie rapide et spontanée devaient toujours être attribuées à cette partie de l'encéphale. Mais il est trop bien établi que le centre respiratoire appartient au bulbe, pour qu'on puisse avoir, même un instant, l'idée de l'en dépouiller au bénéfice de la protubérance. Il est évident que ces phénomènes dépendent uniquement du voisinage du bulbe. C'est d'autant plus probable qu'on les observe surtout lorsque l'épanchement s'est fait jour dans le 4e ventricule et va forcément comprimer immédiatement le nœud vital. Mais même quand il reste confiné dans la protubérance, même quand il n'acquiert pas un très-grand volume, le bulbe se trouve encore compromis, comme congestion ambiante. Ce n'est même qu'en raison de ce voisinage que les apoplexies du mésocéphale sont toujours plus graves que celles du cerveau. Car, par la constitution de la protubérance, elles n'ont en réalité qu'une condition fâcheuse de plus, c'est de pouvoir amener une paralysie générale, tandis que celles des lobes cérébraux ne déterminent qu'une hémiplégie. Mais une paralysie généralisée ne détruit que les actes de la locomotion. Elle ne compromet pas immédiatement l'existence. Si la mort survient presque toujours fatalement, c'est qu'à deux pas se trouve le foyer nerveux de la fonction la plus indispensable à la vie, et ce foyer a bien plus de chances de subir rapidement l'influence comprimante ou congestionnante d'un noyau hémorrhagique qui siége dans la protubérance que de celui qui se trouve plus loin dans le cerveau. Tout se passe ici comme avec le chloroforme. Tant que l'intelligence est seule pervertie, on peut être tranquille ; mais quand l'intoxication du mésocéphale a aboli la sensibilité, il faut se tenir sur ses gardes, parce qu'en un instant le bulbe va lui-même céder. On a fait remarquer que dans les ramollissements, alors que l'on ne peut songer à un effet de compression, on constatait très-souvent une gêne permanente de la respiration. Mais qui sait où s'arrête réellement un travail de ramollissement ? Le microscope nous le fait voir effectué, mais autour n'y a-t-il pas d'autres phases préparatoires que l'investigation ne sait pas encore apprécier ? S'il se produit par embolie, la circulation bulbaire se trouve aussi certainement au moins gênée. Le bulbe est comme anémié et fonctionne mal. Si c'est un ramollissement inflammatoire, la congestion s'étend évidemment au delà de la partie réellement ramollie. D'où un nouveau genre de cause de trouble. Toutes ces modifications de voisinage sont lentes et graduelles. D'où simplement une gêne comme dans les maladies chroniques du bulbe. Mais, comme dans ces dernières, il vient un moment où tout se précipite, et alors l'asphyxie devient brusque. C'est pour les mêmes raisons que Brown Sequard a pu signaler la fréquence de la pneumonie et de l'asthme.

Troubles circulatoires, calorifiques et urinaires. — Je ne fais figurer ici la circulation que parce que Brown Sequard a assuré qu'en piquant même légèrement la protubérance, on déterminait une diminution considérable des battements du cœur, et parce que Jobert de Lamballe a observé une fois dans l'espèce humaine une semblable diminution, s'accompagnant en outre d'alternatives de pâleur et de rougeur de la face, il est évident que l'appareil nerveux de la circulation reste circonscrit dans la moelle et dans le bulbe et qu'il ne s'étend pas plus haut. L'encéphale n'a sur lui qu'une influence de réaction, et si la protubérance a sous ce rapport quelque chose de plus que le cerveau, ce n'est encore qu'en raison de sa proximité du bulbe.

Quant à la calorification, Gubler a trouvé parfois dans les membres paralysés une température supérieure à la température normale. Brown Sequard s'est appuyé sur ce fait pour déclarer que la protubérance fait tout au moins partie de l'appareil vaso-moteur et qu'elle exerce sous ce rapport une action croisée.

Enfin, du côté de la sécrétion urinaire, Potain a rencontré de la polyurie et Gubler de l'albuminurie. Si la protubérance peut retentir sur le bulbe de façon à faire naître des troubles de la respiration, il n'y a pas de raisons pour qu'elle ne puisse pas l'entraîner à produire ces modifications dans la composition de l'urine.

VINGT-NEUVIÈME LEÇON.

Physiologie pathologique spéciale.

Messieurs,

Je vais rattacher à l'histoire de la protubérance l'analyse physiologique de l'épilepsie, du tétanos, de la paralysie agitante et de la catalepsie. Je ne regarde cependant pas cette partie de l'encéphale comme le siége spécial et exclusif de ces maladies qui ont en réalité un théâtre beaucoup plus vaste et comprenant la presque totalité de l'axe nerveux. Ces quatre affections sont des modes pathologiques de l'appareil nerveux moteur. Ce sont des maladies de la locomotion et de la station. Par conséquent elles supposent presque toujours l'intervention simultanée de la moelle, du bulbe, du cervelet, de la protubérance et même du corps strié. Si je les rapporte au nœud de l'encéphale, c'est uniquement parce qu'il est le point où les actions de ces diverses parties viennent se combiner entre elles pour réaliser l'œuvre commune. Dans l'ordre pathologique comme dans l'ordre physiologique, la protubérance constitue le pivot des opérations complexes de la locomotion.

Épilepsie.

Sommaire descriptif. — C'est une maladie convulsive qui suppose presque toujours une prédisposition héréditaire. Celle-ci est loin de se manifester à travers les générations sous une seule et même forme. Le plus souvent, quand le fils est atteint d'épilepsie, le père a eu une maladie mentale ou d'autres troubles cérébro-spinaux, qui généralement ont été l'œuvre d'une intoxication alcoolique. Cette prédisposition existant, il faut encore pour l'apparition des premières manifestations l'influence d'une cause déterminante, qui peut consister dans une frayeur, l'onanisme, l'ébranlement nerveux produit par le coït et les excès alcooliques, une lésion d'un nerf ou des centres nerveux, un choc sur la tête, une affection utérine, et, chez les enfants, dans le travail de la dentition ou dans la présence de vers intestinaux. Elle se manifeste sous forme d'accès plus ou moins éloignés, qui à leur tour peuvent affecter deux physionomies essentiellement différentes et désignées par les dénominations de *grand mal* et de *petit mal*.

L'arrivée du grand mal est presque toujours précédée d'un phénomène précurseur qui a reçu le nom d'*aura*. Ce prodrome varie dans son aspect. Il peut consister en une sensation de froid, ou de chaleur, ou de chatouillement, ou de douleur. Ces sensations semblent naître d'un point quelconque de la périphérie et remonter avec la rapidité de l'éclair jusque dans l'encéphale. D'autres fois, l'aura appartient à un des organes des sens, et ce sont alors des impressions subjectives de lumière, d'odeur, ou de sons qui annoncent l'arrivée des accès. Dans d'autres circonstances, c'est du système musculaire lui-même que part le signe précurseur, et il consiste en un frémissement musculaire très-localisé. Enfin, l'aura peut appartenir à l'encéphale et consister en des hallucinations, des illusions. Un fait qu'il est bon de constater au point de vue de l'analyse physiologique, c'est qu'on a pu quelquefois empêcher l'accès en mettant une ligature sur le trajet de l'aura, et en l'empêchant ainsi de gagner la région encéphalique. Sitôt que l'aura est arrivée à sa destination, le visage pâlit; il devient exsangue. Il survient une perte de connaissance absolue, qui persistera tant que durera l'accès. A son retour à l'état normal, le malade ne se souviendra de rien. Cette perte de connaissance donne lieu à une chute immédiate. L'épileptique ne choisit pas sa place comme l'hystérique. Il tombe suivant les lois de la pesanteur, n'importe où, sur un meuble, dans le feu, dans un précipice. En même temps qu'il tombe, il pousse un cri qui représente un acte purement automatique. C'est le résultat d'un spasme réflexe des muscles de la glotte et du thorax. Dans le même moment surviennent des contractions tétaniques sans oscillation des parties. La tête est seulement étendue et contournée de côté. Le spasme tétanique porte aussi sur les actes végétatifs. La respiration est suspendue. Le cœur bat à peine, parce qu'il reste en contraction permanente. Les vaisseaux se resserrent, d'où petitesse du pouls. Il en résulte forcément une stase veineuse qui substitue une teinte bleuâtre à la teinte pâle du visage.

Au bout d'une demi-minute, la période tétanique est remplacée par une phase clonique ou convulsive. Les secousses débutent par les muscles de la face, de la langue, du larynx et du pharynx, c'est-à-dire sous l'instigation de nerfs qui viennent du bulbe. Mais en même temps il y en a dans les muscles qu'anime le seul nerf moteur partant de la protubérance, le masticateur, car il y a des mouvements de diduction de la mâchoire. Puis les convulsions deviennent très-rapidement générales. La langue est projetée au dehors et peut être divisée par les dents. Une écume abondante sort de la bouche, par suite, dit-on, de la pression que le maxillaire inférieur fait éprouver aux glandes salivaires; moi, je crois qu'il y a avant tout une hyper-sécrétion déterminée par les filets sécréteurs du trijumeau. Cette expulsion de salive sert pour ainsi dire de détente à la crise convulsive. La teinte asphyxique disparaît de plus en plus. Le pouls prend de l'ampleur. Des sueurs abondantes se produisent. Le malade tombe dans un collapsus général suivi d'un véritable coma. Il se réveille un instant pour se livrer ensuite à un sommeil réparateur. Pendant l'accès, il s'établit une ligne de démarcation très-nette entre la sensibilité spéciale et la sensibilité tactile réflexe. Celle-ci est conservée et même exaltée, tandis que la première est complétement éteinte. Si peu qu'on touche la conjonctive, les paupières se referment aussitôt. Si on jette de l'eau froide sur le corps, immédiatement les convulsions s'exagèrent d'une manière considérable. Mais la pupille reste immobile devant l'approche d'une vive lumière et conserve sa dilatation exagérée.

Il est une forme qu'on observe surtout dans les asiles d'aliénés et qui consiste en une série de crises convulsives se succédant à de courts intervalles. Entre les crises, le malade est en proie à un délire sombre, et presque toujours l'accès est suivi d'une manie furieuse avec tendance à l'homicide.

Dans le petit mal, le symptôme qui frappe le plus les yeux fait défaut. Il n'y a point de convulsions. Le malade ne tombe même pas; il a le temps de s'asseoir. Il perd la notion de tout ce qui l'entoure et de tout ce qui se passe autour de lui. Pour l'observateur, il a seulement un air d'hébétude et d'étonnement tout à fait caractéristique. Quelquefois, cependant, on aperçoit quelques oscillations des muscles de la face. C'est surtout dans cette forme qu'on a eu l'occasion d'observer des phénomènes comparables à ceux que nous avons signalés dans la physiologie normale de la protubérance. Le sujet se précipite irrésistiblement en avant, ou bien il exécute un mouvement de rotation ; puis il tombe comme étourdi et un instant après il se relève n'ayant nullement conscience de ce qui vient d'avoir lieu. Il est une manifestation plus légère encore que le petit mal et qui a reçu le nom d'*absence*. Dans une conversation, le malade s'arrête tout à coup au milieu d'une phrase, au milieu même d'un mot ; il semble mort comme être intellectuel ; puis, au bout d'un temps qui paraît long aux assistants, mais qui en réalité est excessivement court, il reprend la phrase ou le mot exactement où il l'a laissé, sans s'apercevoir le moins du monde de l'interruption. S'il est en train de se livrer à une occupation quelconque, il la suspend brusquement et la reprend ensuite sans se douter qu'il l'a cessée. Ajoutons enfin que Trousseau admet une forme qu'il a appelée *larvée*, et qui vient à l'appui de notre localisation. Certains accès seraient remplacés par une névralgie du trijumeau, qui appartient à la protubérance, ou par ce tic des muscles de la face qui se rencontre encore assez souvent dans les maladies de ce centre nerveux.

L'anatomie pathologique de cette affection est loin d'être faite et d'avoir donné des résultats identiques entre les mains de tous les observateurs. Ainsi, dans le traité de Delasiauve, on trouve 20 autopsies sans lésion et 70 cas d'altérations très-variables d'une ou plusieurs parties de l'encéphale : tubercules, foyers de ramollissement, scléroses, induration et hypertrophie du corps pituitaire, développement anormal du cerveau, ossifications des méninges, vices de conformation du crâne et par suite de son contenu. Sont aussi consignées des altérations chroniques de la moelle, des névrômes, des névrites et même toutes les espèces de troubles nutritifs dont peuvent être atteints les divers organes du thorax et de l'abdomen. Schœrer à rencontré dans les cas récents une congestion considérable de l'isthme de l'encéphale ; et dans les cas anciens, une hypérémie accompagnée d'une exsudation albumineuse. Dans ces dernières conditions, un examen plus intime lui a permis de constater un certain degré d'épaississement et d'induration des parois des vaisseaux ; un commencement de sclérose de la névroglie ; et même, dans quelques points, la dégénérescence graisseuse et le ramollissement des éléments nerveux. Jaccoud a été témoin de la première période. Mais lui, il prétend que la lésion est limitée au bulbe et qu'elle va en s'éteignant vers la protubérance. Il avoue toutefois que partout les méninges, les veines ventriculaires, les plexus choroïdes présentaient l'injection violacée qu'on observe dans toutes les asphyxies lentes. D'après Luys, les altérations ne sont pas exclusivement localisées à la région bulbaire. Elles peuvent intéresser non-seulement la protubérance, mais encore le cervelet, les pédoncules cérébraux et les corps striés. Il a réuni un grand nombre d'observations qui tendent à prouver que tout le système locomoteur est pris à la fois. Toutes ces parties présenteraient même à l'œil une teinte jaune ocrée des plus accentuées. Il a rencontré 6 fois sur 9 épileptiques des lésions des pyramides antérieures marchant de pair avec des altérations des corps rhomboïdaux et des folioles du cervelet. Deux fois les corps striés étaient atteints et la lésion occupait le corps strié du côté opposé au lobe cérébelleux malade. Ajoutons enfin que des médecins anglais, qui s'étaient attachés à rechercher l'état anatomique des centres nerveux dans la folie, ont trouvé la sclérose de la protubérance et d'une partie du bulbe, 18 fois sur 30 ; et ces 18 fous étaient en même temps épileptiques.

Analyse physiologique. — Nous venons de grouper dans le sommaire descriptif les faits d'observation fournis par la pathologie humaine. Avant de chercher à pénétrer le mécanisme de l'accès épileptique, nous devons mettre en regard des données précédentes celles, déjà nombreuses et surtout très-curieuses, que la pathologie expérimentale nous a procurées.

En faisant ses expériences sur la conductibilité, Brown Sequard constata qu'à la suite des sections faites sur la moelle, un certain nombre de cobayes devenaient épileptiques au bout de quelques jours. Il fit dès lors une série d'expériences ayant pour bùt de lui faire connaître les conditions de production de cette épilepsie artificielle. Il vit ainsi qu'on pouvait obtenir ce résultat, même en variant l'étendue et le siége de la section, soit en coupant la moelle transversalement et presque complétement, soit en sectionnant les cordons postérieurs et les cornes postérieures ; ou bien isolément les cordons postérieurs, les antérieurs, les latéraux ; soit enfin à l'aide d'une simple piqûre. Mais c'est surtout par la section des cordons postérieurs qu'on provoque le plus sûrement l'épilepsie expérimentale. On a encore bien plus de chances de succès en faisant cette section des cordons postérieurs entre la 7e dorsale et la 3e lombaire. A partir de la 3e lombaire jusqu'à la terminaison coccygienne, la moelle est de moins en moins capable de produire l'épilepsie. Des recherches de date plus récente ont démontré que les lésions de l'axe médullaire n'étaient pas seules susceptibles d'engendrer l'épilepsie artificielle. On l'obtient en coupant simplement le nerf sciatique. Jusqu'à présent le résultat n'a encore fait défaut que 3 fois. Il n'est pas toujours nécessaire de couper le nerf dans sa totalité. Il suffit souvent d'une section très-incomplète, ou même d'une simple compression exercée un instant par les mors d'une pince. Elle a même apparu dans un cas de fracture du fémur. Lorsqu'après la formation du cal le nerf sciatique cessa d'être irrité, les symptômes d'épilepsie disparurent. On produit aussi l'aptitude aux accès en coupant les racines du nerf sciatique. On l'obtient encore, mais plus exceptionnellement, par la section du nerf sciatique poplité interne. Mais jusqu'à présent il a été impossible de la produire par la division d'aucun autre nerf. Depuis, on l'a provoquée encore par l'irritation du bulbe, des pédoncules cérébraux et des tubercules quadrijumeaux. Enfin, Westphal a trouvé que l'on peut produire une attaque immédiate d'épilepsie chez les cobayes en leur frappant violemment la tête.

L'apparition de la maladie n'est immédiate que dans ce dernier cas. Après la section du sciatique, elle n'apparaît jamais au plus tôt avant le 6e jour, et elle peut se faire attendre jusqu'au 71e jour. En général, après la lésion de la moelle, elle ne se montre qu'au bout de 4 ou 5 semaines. Plus la section de la moelle est considérable, plus en général l'épilepsie est précoce. Les animaux qui sont bien nourris et bien soignés sous tous les rapports sont atteints plus tard que ceux qui sont mal alimentés, exposés au froid et à l'humidité. Plus l'animal est âgé, plus il prête à la réussite de l'expérience. Chose singulière! le climat des États-Unis, dit Brown Sequard, semble être une cause de retard. Pendant un certain temps on a cru que cette épilepsie artificielle ne pouvait prendre naissance que chez les cobayes. Mais depuis, Brown Sequard l'a obtenue chez les lapins, Talbot chez le chat. Enfin, Dieulafoy l'a vue se développer chez l'homme, sous l'influence d'une lésion accidentelle du nerf sciatique.

Une circonstance qui a fait que l'existence des épilepsies artificielles a été si longtemps méconnue, et que bien des animaux n'ont pas passé, à tort, pour avoir été rendus épileptiques, c'est que la lésion de la moelle ou du nerf sciatique ne fait que créer l'aptitude aux accès, et que ceux-ci ne se manifestent ordinairement que lorsqu'on irrite une région déterminée de la surface cutanée, à laquelle

Brown Sequard a donné depuis le nom de *surface* ou de *région épileptogène*. Chaque fois qu'on pince cette région, on détermine aussitôt un accès. Mais tant que, pour une raison ou pour une autre, il n'y a pas d'irritation portée sur cette région, l'aptitude peut rester indéfiniment à l'état latent. Brown Sequard avait bien pensé dès le début de ses recherches que les accès, comme dans l'épilepsie spontanée, devaient être provoqués par une *aura*. Mais comme, à la suite des sections partielles, il y a toujours hyperesthésie dans le membre du côté opposé, il avait supposé que l'*aura* devait partir de ce membre hyperesthésié. Ayant remarqué ensuite qu'il y a aussi des accès chez les animaux auxquels on a fait une section complète de la moelle, chez lesquels par conséquent il y a paralysie du sentiment dans tout le train postérieur, il fut conduit à rechercher le point de départ de l'*aura* dans le train antérieur. A force de chercher, il constata : que la surface épileptogène est toujours la même chez tous les animaux et après toute espèce de lésion, soit de la moelle, soit du sciatique ; que, dans tous les cas, elle existe du côté même de la lésion médullaire ou sciatique ; qu'elle occupe une partie de la face et du cou qui reçoit des nerfs venant du trijumeau et des deuxième et troisième paires cervicales ; qu'elle représente ainsi un triangle, dont le sommet correspond à l'angle externe de l'œil et dont la base se perd au niveau de la clavicule ou plutôt de l'épaule. Alors même que l'épilepsie a été engendrée par une lésion des pédoncules cérébraux ou des tubercules quadrijumeaux, c'est encore la même zone qui est épileptogène ; seulement alors elle est située du côté opposé à la lésion.

La zone épileptogène est en général plus étendue après la section des nerfs sciatiques qu'après celle d'une moitié latérale de la moelle. Un fait exceptionnel a été constaté tout dernièrement : un cobaye a eu une épilepsie avec une double zone après la section d'un seul nerf sciatique. Mais ce qu'il y a de plus important au point de vue des applications à la pathologie humaine, c'est que dans le cas de Dieulafoy, où l'épilepsie avait été provoquée chez l'homme par une lésion du nerf sciatique, il y avait une zone épileptogène et exactement la même. Une circonstance bien bizarre, c'est que chez les cobayes les poux s'accumulent toujours en quantité prodigieuse dans la région épileptogène. Brown Sequard avait déjà pensé que cela tenait à ce que la patte étant paralysée de ce côté, l'animal ne pouvait plus gratter cette place. Mais il a dû renoncer à cette idée parce

que les poux s'y accumulent encore quand cette paralysie est nulle
ou a disparu. Il croit donc que c'est par suite d'un changement dans
la nutrition de la peau de cette zone que les insectes y sont attirés.
Moi, il me semble que cela tient plutôt à ce que le cobaye ne cherche
plus à s'en débarrasser, par la raison qu'il ne les sent plus. En effet,
fait bizarre, cette zone, qui sous l'influence de certaines excitations
données provoque de suite une réaction convulsive, est cependant
devenue à peu près insensible. Dès le début de l'opération, sa sensibilité est diminuée d'une façon appréciable, et elle va sans cesse en
s'effaçant. Au fur et à mesure que la sensibilité à la douleur décroît,
la faculté épileptogène augmente. Chose bien remarquable aussi! si
on irrite directement les nerfs qui se rendent à la région épileptogène, on ne produit pas d'attaque. D'autre part, tandis que si on
chatouille cette région on produit une attaque, on n'en détermine
pas en pratiquant sur elle une incision.

Au début de l'affection, il faut absolument provoquer les attaques
par l'irritation de la zone. Mais il paraît pouvoir en survenir de spontanées après plusieurs crises suscitées. Les premiers accès ne sont
jamais francs. L'irritation de la zone n'a d'abord pour résultat que
de faire courber le corps en arc et de déterminer la torsion de la
tête. Plus tard, on obtient des contractions des muscles du tronc et
de la face, particulièrement de l'orbiculaire des paupières. Ces contractions deviennent de plus en plus intenses et prennent de plus en
plus le caractère convulsif. Enfin, l'attaque se montre complète et
alors on peut observer toutes les phases de l'épilepsie humaine :
perte de connaissance, chute, cri réflexe, état tétanique, asphyxie,
convulsions générales et stupeur.

Une fois acquise, la maladie tend à persister toujours. Cependant
la guérison n'est pas impossible ; mais elle n'a jamais lieu que
lorsque la patte opérée a retrouvé la sensibilité qu'elle avait perdue,
c'est-à-dire lorsque la continuité du nerf sciatique s'est rétablie. De
plus, en même temps que la zone perd sa faculté épileptogène, elle
recouvre la sensibilité à la douleur. Dans beaucoup de circonstances,
l'épilepsie provoquée par la section du sciatique, loin de se guérir,
devient héréditaire. Les enfants des cobayes naissent avec les pattes
de derrière altérées dans leur nutrition. L'épilepsie se montre peu
de temps après leur naissance et ils ont aussi la zone épileptogène.

Dans un autre ordre d'expériences, Brown Sequard a constaté un
fait qui va vous paraître condamner complétement la place que

nous avons attribuée à l'étude de l'épilepsie, et dont nous aurons par conséquent à tenir compte lorsque nous chercherons tout à l'heure à la justifier. Il a encore obtenu des accès après avoir enlevé le cerveau, le cervelet et une partie de la protubérance. Il en a produit alors que l'animal ne possédait plus que sa moelle et son bulbe; et même il a pu causer une attaque assez forte, après avoir coupé d'emblée le bulbe en travers, immédiatement au-dessus de l'origine du pneumo-gastrique. Pour cela il fut obligé de pratiquer la respiration artificielle, non-seulement pendant l'expérience, mais même pendant 10 minutes avant. La zone épileptogène se trouvait alors évidemment impuissante, puisque l'action du trijumeau avait disparu avec la protubérance, mais il put produire une excitation suffisante pour exalter le pouvoir réflexe de la moelle et du tronçon de bulbe, en pinçant la peau du dos et de la partie inférieure du cou.

Enfin Brown Sequard a cherché à voir si l'expérimentation justifiait la pratique empirique de certains médecins qui prétendent arrêter les accès en plaçant des ligatures sur les membres ou en tiraillant les premiers muscles contracturés. Il est arrivé en effet, chez ses animaux, à enrayer l'attaque en détordant la tête du sujet au moment où elle venait de prendre la disposition en vrille. Il obtint le même résultat à l'aide de la transfusion sanguine.

Les sections pratiquées sur le système nerveux ne sont pas seules capables de développer une épilepsie artificielle. L'expérimentateur peut encore engendrer à son gré cette terrible affection à l'aide de certaines substances dont l'action peut être considérée comme toxique.

Depuis longtemps les médecins avaient remarqué que les individus qui se livrent à l'abus des boissons alcooliques, peuvent devenir épileptiques. Des recherches, tant cliniques qu'expérimentales, pratiquées par M. Magnan sont venues démontrer que parmi les boissons en usage, une seule, l'absinthe, devait être accusée de ce résultat; et que même de toutes les essences qui entrent dans la composition de cette liqueur, il n'y avait que celle qui lui a donné son nom qui fût capable de développer des accès épileptiformes. Quand on injecte, dit-il, dans les veines ou qu'on introduit dans l'estomac d'un chien 3 à 4 grammes d'essence d'absinthe, on observe de légers frémissements dans les muscles du cou. A ces frémissements succèdent de petites secousses brusques, saccadées, semblables à des décharges électriques. Le phénomène s'étend bientôt aux muscles des épaules et du dos, et la partie antérieure du corps est ainsi soulevée sur place par saccades. Dans quelques cas, l'animal s'arrête tout à coup, reste immobile, comme hébété, la tête basse, le regard morne. Il conserve cette attitude pendant 30 à 120 secondes; puis il reprend ses allures habituelles. On a là l'analogue de ce qu'on appelle chez l'homme le petit mal. Si la dose est plus forte, c'est la reproduction du haut mal que l'on obtient : trismus, spasme tétanique, convulsions cloniques avec claquement des mâchoires, écume aux lèvres, morsures de la langue, respiration stertoreuse, évacuations involontaires d'urine et de fèces, tout y est. Dans l'intervalle des accès, on observe même chez quelques animaux, comme chez l'homme, de véritables hallucinations de la vue et la plupart manifestent une grande frayeur.

On voit survenir des convulsions épileptiformes dans la maladie de Bright et dans quelques affections graves du foie. On les a considérées comme un effet toxique soit de l'urée ou du carbonate d'ammoniaque, soit des principes excrémentitiels de la bile. Les expériences tentées à cet égard ne sont pas encore suffisantes pour qu'on puisse attribuer d'une façon certaine une pareille influence à ces substances. Quant à ce qui concerne l'urée, nous nous sommes déjà prononcé sur la nature primitivement nerveuse de la maladie qui engendre l'altération des reins; et en raison même de cette nature, les convulsions peuvent aussi bien en être regardées comme une conséquence directe. Mais il est une matière minérale qui doit être réellement placée sur le même rang que l'absinthe, c'est le plomb. Les sels plombiques produisent l'épilepsie; la chose est incontestable. Olivier avait prétendu que par le fait de leur élimination ils altéraient les reins, d'où une urémie qui était la véritable cause des convulsions. Les expériences de Rosenstein semblent infirmer cette interprétation. Chez les chiens l'intoxication saturnine ne produit ni albuminurie, ni altération des reins., et cependant la vie se termine au milieu de crises épileptiques qui sont même beaucoup plus permanentes que celles qu'on observe chez les albuminuriques. Du reste, on ne trouve dans le sang ni urée, ni carbonate d'ammoniaque. En revanche, on peut extraire de la substance cérébrale une quantité notable de plomb. Rosenstein attribue la production de l'épilepsie à l'action que le plomb exerce sur les éléments musculaires des vaisseaux du cerveau. Il altérerait ceux-ci comme il altère les fibres lisses de l'intestin et de l'utérus.

Munis ainsi de toutes les données cliniques et expérimentales, nous allons pouvoir juger avec plus de vérité scientifique les diverses théories qui ont été proposées pour l'épilepsie. De tous temps on a cherché à préciser le siége et la nature de cette terrible maladie qui a toujours été considérée comme une des plaies les plus affreuses de l'humanité. Hippocrate l'attribuait à l'engorgement du cerveau par la sérosité et à l'effort spasmodique de cet organe pour repousser cette humeur morbide. Pour lui, la perte de connaissance et les convulsions n'étaient que la traduction de ces violents efforts. Platon, qui n'était cependant pas médecin, semble avoir entrevu la relation qui existe entre les dartres et les maladies des centres nerveux. Car il dit que l'humeur morbide appelée *pituite* produit la lèpre lorsqu'elle se répand dans la peau, et l'épilepsie quand elle monte vers la tête. Galien, se plaçant à un point de vue purement psychique, voit dans cette maladie une déviation de la faculté volonté. Fernel, frappé du genre de sensation accusée par le malade lors du prodrome *aura*, attribue la crise à une vapeur subtile, à un principe délétère impondérable transmis au cerveau d'un point quelconque de l'économie. Il compare l'*aura* aux germes des fièvres pestilentielles. Bouchet, formulant du même trait la pathogénie de la folie et de l'épilepsie, fait dépendre la première de l'inflammation de la substance grise du cerveau et la seconde de l'inflammation de la substance blanche. Marshall, Hall entra le premier dans des conceptions réellement physiologiques. Pour lui les convulsions épileptiformes sont le résultat d'une exaltation du pouvoir réflexe de la moelle et du bulbe ; et cette exaltation peut se produire dans deux conditions différentes. D'où deux formes distinctes d'épilepsie : 1° la forme directe qui est d'origine centrale et qui est due soit à une altération de nature inflammatoire de la substance grise de l'axe nerveux, soit à un ébranlement des centres par une grande émotion ou des excès vénériens ; 2° la forme réflexe qui est d'origine périphérique et dans laquelle l'axe nerveux ne se montre exalté que parce qu'il est trop fortement titillé par des nerfs sensitifs émanant soit de la muqueuse digestive, soit de la vessie, soit de l'utérus, etc. Dans l'une et l'autre forme, l'excitation de la substance grise retentit d'abord et surtout sur les muscles du larynx qui produisent ainsi le cri et l'occlusion de la glotte, et sur les muscles du cou qui, en comprimant les veines jugulaires, amènent la congestion de la face et du cerveau. La fermeture de l'entrée du larynx complète cette congestion en donnant lieu aux phénomènes de l'asphyxie, et de là naissent à la fois la perte de connaissance et les convulsions générales.

Depuis, Wilks a exhumé l'idée de Galien en lui donnant une tournure plus en rapport avec la science moderne. A ses yeux le point de départ est dans une irritation de la substance grise des circonvolutions cérébrales qui donnerait à la volonté une puissance irrésistible. Dans cet état morbide cette faculté exciterait l'appareil locomoteur d'une façon exagérée et désordonnée. L'épilepsie serait une maladie de la volonté et non des centres de la locomotion, du cerveau et non de l'isthme de l'encéphale. Ce serait tout justement l'état d'intégrité de la protubérance qui lui permettrait de produire des convulsions; si elle était elle-même altérée, elle ne pourrait engendrer que des paralysies. En localisant dans le cerveau le siége anatomique de cette affection, on s'expliquerait beaucoup mieux pourquoi elle conduit à l'imbécillité.

Cette théorie devait naturellement passer presque inaperçue à côté de celle plus rationnelle de Brown Sequard. Suivant lui, la réunion de deux conditions principales est nécessaire à la production d'un accès d'épilepsie : 1° l'accroissement de l'excitabilité réflexe des centres locomoteurs; 2° la perte de l'intelligence et de la volonté, par suite, la perte du contrôle que dans les conditions normales la volonté possède sur la faculté réflexe. L'*aura*, l'excitation périphérique, partie de la zone épileptogène ou de n'importe où, provoque une contraction réflexe des vaisseaux de la tête. De là vient la pâleur du visage et l'anémie du cerveau. La privation de sang qui en résulte pour cet organe a pour résultat d'en supprimer le fonctionnement. D'où la perte de connaissance complète. Tous les actes intellectuels, la volonté comprise, sont supprimés. Elle ne pourra plus dès lors servir de frein à l'exaltation des centres locomoteurs qui vont être libres de toute leur puissance. Cette première condition se trouve créée d'emblée chez les animaux auxquels on a enlevé les lobes cérébraux. Voilà pourquoi les cobayes rendus épileptiques ont encore des accès facilement, quand même on leur a pratiqué l'ablation du cerveau. Chez eux l'effet d'anémie n'est même plus à produire. Cette réflexion vers les vaso-moteurs peut s'accompagner d'une action portant sur les fibres du sympathique cervical qui animent les fibres radiées de l'iris, d'où résulte, en même temps que la pâleur et que la perte de connaissance, la dilatation de la pupille qu'on observe chez quelques sujets.

La même impression qui, en arrivant dans le centre principal de l'innervation vaso-motrice de la tête, produit la contraction des vaisseaux de l'encéphale, détermine en même temps un acte réflexe vers les nerfs du pharynx et du larynx, d'où le cri mécanique dont nous avons parlé; vers les muscles du cou et du thorax, d'où la période tétanique qui entraîne l'asphyxie et la congestion ultérieure de la face. Cette asphyxie détermine à son tour une congestion de la moelle et des parties de l'encéphale qui appartiennent aux centres locomoteurs. Cette congestion s'opère d'autant plus complétement qu'à ce moment les vaisseaux contractés du cerveau n'admettent pas de sang. Si le cerveau a moins de sang, il y en a d'autant plus dans les autres parties de l'axe. En outre, c'est un sang sursaturé d'acide carbonique dont la propriété est d'exciter des convulsions, de sorte que la période convulsive n'est pour ainsi dire qu'une conséquence indirecte de la maladie qui, par elle-même, par son *aura*, ne produit directement que l'anémie du cerveau et le spasme tétanique. Les convulsions sont l'œuvre directe de l'asphyxie et se montrent ici au même titre que dans toute asphyxie et que dans tout empoisonnement par l'acide carbonique. Voilà pourquoi aussi la compression des carotides peut arrêter l'accès. Elle empêche l'aliment sanguin de venir déterminer la congestion des centres locomoteurs et leur empoisonnement par l'acide carbonique. Les attaques ont lieu surtout pendant le sommeil, parce que cet acte physiologique est déjà une semi-asphyxie et que le défaut d'oxygène est la même chose que le défaut de sang. Quant au petit mal, il tient à ce que la contraction des vaisseaux cérébraux n'est pas toujours générale et régulière. Quand elle est partielle, il peut y avoir simple trouble, perte d'un ou plusieurs sens, d'une ou plusieurs facultés sans perte de connaissance.

Toutefois cette aptitude des centres nerveux à produire cette série de phénomènes suppose quelque chose d'exceptionnel dans leur tissu. Il faut qu'il y ait préalablement une modification qui les rende plus excitables. Tantôt les centres locomoteurs sont altérés directement dans leur nutrition, comme dans l'épilepsie syphilitique, scrofuleuse ou rhumatismale. Tantôt l'altération de nutrition est indirecte et due à quelque irritation d'une partie périphérique ou centrale du système nerveux. Dans l'action périphérique, il faut une impression d'irritation non perçue, et non pas une sensation douloureuse. C'est à l'excitation non perçue qu'il faut donner le nom d'*aura epileptica*.

Telle est la théorie simplifiée de Brown Sequard, théorie qui est tellement en rapport avec les faits d'observation et d'expérimentation que tous ceux qui se sont occupés depuis de la question n'ont fait que broder sur le même thème et se sont surtout préoccupés de préciser l'organe qui devient le siége principal de ces phénomènes morbides. Brown Sequard a varié lui-même d'opinion sur cette question de détail. Dans les premiers temps, il avait admis que la congestion et l'empoisonnement par l'acide carbonique portaient sur tout ce qui n'était pas le cerveau proprement dit, et comme siége nerveux de l'accès convulsif, il parlait vaguement de la base de l'encéphale sans mieux préciser. Depuis il a placé le centre de la scène morbide dans le bulbe et la partie supérieure de la moelle cervicale, à l'exclusion de la protubérance, du cervelet et des corps striés. Il se base sur l'expérience que je vous ai déjà relatée, à savoir : qu'en agissant sur la partie supérieure du dos il a pu provoquer un accès chez un animal qui n'avait plus que son bulbe et sa moelle, et sur ce qu'on détermine une crise immédiate en irritant le bulbe et la région supérieure de la moelle cervicale.

Schrœder, van der Kolk et Jaccoud l'ont suivi dans cette voie. D'après eux, l'excitation du bulbe par l'*aura* est le fait initial. C'est elle qui produit en même temps les convulsions tétaniques de la première période et la contraction spasmodique des vaisseaux de la pie-mère. Elle produit des contractions générales, parce que, d'après la loi de généralisation du pouvoir réflexe, il suffit qu'une impression vive gagne le bulbe pour que le fait ait lieu. Elle produit le spasme anémique des vaisseaux parce que le bulbe est le centre de l'innervation vaso-motrice. Dans la deuxième période ou convulsive, la cessation du spasme vasculaire et l'asphyxie rendent compte des convulsions. Ils s'appuient sur ce que les premières contractions ont lieu dans les muscles qui sont animés par des nerfs qui ont leur origine dans la moelle allongée et sur ce que ce n'est que consécutivement qu'elles s'irradient dans le reste du corps. Ils s'appuient avant tout sur les lésions dont nous avons parlé et que ces auteurs ont toujours rencontrées dans le bulbe. Schrœder en particulier divise les épileptiques en deux catégories, ceux qui se mordent la langue et ceux qui ne se la mordent pas. Chez les premiers, il y aurait hypérémie de l'origine des hypoglosses; chez les seconds, hypérémie de l'origine des pneumo-gastriques. C'est pour cette raison que chez ces derniers la mort subite est beaucoup plus fréquente, à cause de la suspension de la respiration. Le même auteur attribue le coma à l'épuisement de la force nerveuse, et l'intermittence des accès à la nécessité où se trouverait le centre locomoteur de faire une abondante provision de force. Il compare les cellules du bulbe à une bouteille de Leyde qui, une fois déchargée, a besoin d'un certain temps pour accumuler une nouvelle quantité d'électricité.

Ac. Foville s'est aussi rangé à la localisation bulbaire et tient compte à la fois de l'excitation du pouvoir réflexe qu'avait indiquée Marshall, Hall et de l'aménie cérébrale par action vaso-motrice qui forme le point le plus original de la théorie de Brown Sequard. Il s'est surtout attaché à rechercher le mécanisme de la mort chez les épileptiques. Il l'attribue tantôt à l'asphyxie, tantôt à l'épuisement du système nerveux. Selon lui, l'asphyxie ne tuerait pas toujours d'une manière brusque et au moment même de l'accès. Elle pourrait le faire après coup et d'une manière indirecte. Alors que le spasme musculaire qui enrayait la respiration a cessé, les organes continuent encore à recevoir pendant un temps assez long du sang noir impropre à leur nutrition et à leur fonctionnement, et il peut en résulter une mort tardive. Il se passe dans ces cas ce qui se produit souvent à la suite de l'opération de la trachéotomie. L'entrée de l'air est libre, dit Foville, mais le contact trop prolongé du sang noir avec les tissus y a déjà causé des désordres irréparables.

Luys donne plus d'extension à ce qu'il appelle la *région convulsive*; il y comprend le cervelet. Pour lui l'inuervation cérébelleuse joue même un rôle plus important que la puissance excito-motrice du bulbe et de la moelle qui, suivant son expression, n'est que secondairement mise en réquisition. C'est le cervelet qui produit surtout l'énorme quantité de force motrice qui se dépense dans chaque accès. Cette chaudière principale est déjà mise en jeu dans la période prodromique. Les courants d'innervation qu'envoie le cervelet sont dès le début troublés dans leur distribution périphérique. C'est pour cette raison que certains épileptiques ont déjà des convulsions partielles; que d'autres sont en proie à des impulsions irrésistibles qui les poussent en avant, qui les font reculer ou pivoter sur eux-mêmes avant de tomber. La chaudière est en pleine ébullition et la vapeur encore maintenue parvient cependant à produire des fuites dans certains points. Dans cette période prodromique, que ces fuites se produisent ou non, il s'accumule des réserves d'influx cérébelleux dans la protubérance et le bulbe par l'intermédiaire des pédoncules cérébelleux. Les cellules de ces organes se mettent à l'unisson par une sorte d'hypersécrétion de force excito-motrice. Bientôt la tension y acquiert son maximum et alors la moindre impression apportée par un nerf sensitif provoque une décharge générale, d'où l'état convulsif de tout le système musculaire.

Parmi les théories qui se rapprochent de celle de Brown Sequard, nous devons encore signaler les interprétations de Sierreking, de Reynolds et de Radcliffe. Les deux premiers attribuent aussi la perte de connaissance à l'anémie cérébrale par excitation des vaso-moteurs, et les convulsions à l'action toxique que le sang noir exerce sur les centres locomoteurs. Le troisième, tout en restant dans le même ordre d'idées, part cependant d'une base tellement originale, que ses déductions revêtent un aspect singulier et donnent à l'ensemble de la théorie un cachet qui fait qu'elle semble au premier abord essentiellement différente de toutes celles qui précèdent. Il suppose que les muscles ont leurs molécules dans un état électrique tel qu'elles s'attirent et tendent à raccourcir les fibres musculaires beaucoup plus qu'elles n'arrivent à le faire. Le système nerveux avec ses nerfs moteurs a la propriété de lutter constamment contre cette tendance. Son rôle actif est de contrarier les attractions électriques des molécules des muscles et de maintenir ceux-ci dans le relâchement. Ce n'est que lorsqu'il suspend momentanément son action que le muscle, ayant alors ses coudées franches, peut obéir aux sollicitations attractives de ses molécules, qu'il se raccourcit et qu'il se contracte par conséquent. De sorte que, pour le système musculaire, l'appareil nerveux ne serait qu'un frein appelé à se relâcher seulement de temps en temps. Loin d'être actif pendant la contraction, comme tout le monde l'admet, il serait au contraire passif. Le repos apparent des muscles correspondrait à la période d'activité des centres moteurs et l'activité des muscles correspondrait au contraire à l'inertie de ces centres. Appliquant cette donnée générale à l'épilepsie, il prétend que l'accès est la conséquence d'une impuissance absolue des centres locomoteurs, impuissance qui se trouverait être plus complète encore que lors de la contraction physiologique. Cet affaissement si considérable du système nerveux serait lui-même dû au défaut d'alimentation par le sang. Au début de la crise, il y aurait anémie dans le véritable sens du mot, absence de sang par suite de la contraction des vaisseaux cérébraux ; ensuite, pendant la période asphyxique, le défaut de nutrition continuerait, malgré l'arrivée du sang, uniquement parce que ce liquide se trouverait privé d'oxygène.

Que faut-il penser de tous ces efforts de la physiologie expérimentale et de toutes ces conceptions de cabinet pour arriver à surprendre le mécanisme intime de l'épilepsie? Devons-nous, avec Falret, condamner à peu près complétement toutes ces théories en disant : qu'elles ne sont que d'ingénieuses hypothèses présentées avec art, appuyées de preuves plus spécieuses que réelles, qui ne résisteront pas à l'épreuve du temps et de l'observation médicale et qui, du reste, sont incapables de nous éclairer réellement sur la nature de cette maladie; qu'elles ont le tort de vouloir expliquer par un seul et même mécanisme des phénomènes qui apparaissent dans des circonstances essentiellement différentes pour le médecin, urémie, éclampsie, épilepsie proprement dite, convulsions partielles, convulsions générales? Je crois le reproche mal fondé, car les théories réellement physiologiques, les modernes, n'ont jamais eu la prétention de nous faire connaître la nature même de cette cause primitive et générale qui fait que l'épilepsie se perpétue chez un individu et se transmet à ses descendants. Elles avaient seulement pour objectif d'expliquer les conditions physiologiques du phénomène convulsif, conditions qui peuvent et doivent même être toujours identiques, quelle que soit la cause dont ce phénomène n'est qu'un des effets. A ce titre, il est bien évident que les tentatives de la pathologie expérimentale sont loin d'avoir été infructueuses.

On peut d'abord déclarer que l'accès, même considéré dans son ensemble, est un phénomène réflexe ou plutôt qu'il est un composé de phénomènes réflexes.

La partie sensitive du mécanisme réflexe existe, quoi qu'on en dise, et on peut la retrouver dans toutes les circonstances, même quand la cause première de l'épilepsie est centrale. Un tubercule de la moelle ou des lobes cérébraux ne provoque des accès, à certains moments d'exaltation ou de congestion ambiante, que parce qu'il constitue une épine dont l'action stimulante va se réfléchir dans les centres locomoteurs. Les crises déterminées par une impression morale sont encore dues à un ébranlement qui, parti des cellules de la couche corticale, vont dans ces mêmes centres se réfléchir vers le système musculaire. A plus forte raison est-il facile de la saisir lorsque l'épilepsie est déterminée et entretenue par une maladie viscérale, ou par des blessures soit accidentelles, soit artificielles des nerfs; lorsqu'elle est créée par la présence d'un corps étranger dans les téguments, ou dans les fosses nasales, ou dans l'oreille. Dans ce dernier cas, l'influence de l'impression est tellement incontestable qu'il suffit de supprimer le corps étranger pour guérir radicalement l'affection convulsive.

Dans l'épilepsie d'origine périphérique, l'*aura* dessine même pour ainsi dire le trajet du courant sensitif provocateur. C'est si vrai que des médecins ont pu arrêter des crises en plaçant une ligature sur le parcours de l'*aura* et en l'empêchant ainsi d'arriver à destination. Plusieurs auteurs regardent l'*aura* comme l'image d'un courant, non pas centripète, mais centrifuge, comme une irradiation sensitive du centre nerveux malade qui, dans son état d'exaltation, ébranlerait à la fois les nerfs moteurs et les nerfs sensitifs. Il est très-possible que les choses se passent en effet de cette façon dans quelques circonstances, et que parfois l'*aura* ne soit qu'une sensation subjective traduisant la surexcitation morbide d'un centre sensitif. Mais c'est tout justement parce qu'il est sensitif que ce centre doit être distinct du foyer moteur où s'élabore la force convulsive; et en même temps qu'il engendre en lui-même la sensation subjective, il peut par un conducteur sensitif central envoyer un courant inconscient vers le foyer locomoteur.

Dans l'épilepsie artificiellement créée chez les cobayes, les caractères offerts par la zone épileptogène prouvent encore la nécessité d'une impression provocatrice et la puissance plus grande qu'acquiert cette impression lorsqu'elle est inconsciente. Il semble qu'alors l'ébranlement échappe à une cause de dissémination et qu'il se concentre plus complétement vers le centre moteur. L'existence d'un courant partant de cette surface est démontrée par ce fait qu'il suffit de couper les filets qui s'y rendent pour lui enlever sa propriété. Ce courant, à aptitude spéciale, paraît avoir besoin de se développer avec toutes les conditions anatomiques que les filets nerveux terminaux trouvent dans les téguments, car l'irritation de ces filets dans leur continuité ne donne lieu à aucun résultat.

Si l'impression résultant du courant centripète est simple, il n'en est plus de même des réactions qu'elle provoque. Les courants centrifuges sont multiples et donnent lieu à des phénomènes morbides de physionomies différentes. L'axe cérébro-rachidien semble répercuter l'ébranlement qu'il a reçu tout d'abord sur le grand sympathique. Celui-ci exprime sa mise en activité en faisant contracter outre mesure les fibres musculaires des vaisseaux qu'il tient plus particulièrement sous sa domination. Cette excitation est générale et retentit à la fois sur toutes les parties du sympathique et par suite sur tout le système vasculaire, comme l'atteste le pouls qui est petit et comprimé par le spasme du contenant. Les douleurs viscérales, les borborygmes, l'émission du sperme, la sueur des mains, les troubles hépatiques sont aussi des conséquences de la perturbation du système nerveux ganglionnaire. Toutefois, l'action réflexe atteint son plus haut degré dans le département du sympathique cervical. Là, la contraction vasculaire est tellement intense qu'elle aboutit à l'effacement complet de la lumière des vaisseaux. D'où la pâleur si caractéristique du visage. La même surexcitation se produit dans les filets ciliaires qui, émanant des ganglions cervicaux, vont animer les fibres radiées de l'iris. Celles-ci luttent avec le plus grand succès contre les fibres circulaires qui reçoivent leur innervation du moteur oculaire commun, et il en résulte une dilatation active de la pupille. Le resserrement des vaisseaux n'est pas limité à la face. Il a lieu dans toute la tête et par conséquent dans le cerveau. Cet organe devenant ainsi exsangue, ne peut plus fonctionner, et à la pâleur du visage vient s'ajouter un nouveau résultat, la perte de connaissance qui entraîne elle-même la chute du corps. Ce sommeil de l'intelligence me semble en effet devoir être attribué à l'anémie des lobes cérébraux; car tout se passe ici comme dans une syncope qui survient pendant un bain de pieds ou lorsqu'on passe brusquement à la station debout après être resté longtemps dans le décubitus dorsal, alors que le sang est dévié de l'extrémité céphalique, comme dans le cas du bain de pieds, ou qu'il ne peut plus y atteindre parce que le cœur n'a pas proportionné ses efforts systoliques aux nouvelles conditions que lui impose tout à coup la station verticale. Car l'électrisation du sympathique cervical reproduit exactement la même série de faits, surtout si on agit, comme l'ont fait Donders et Callenfels, sur les rameaux qui se rendent à la base du crâne. . Enfin, une saignée trop abondante donne lieu au même résultat chez l'homme que chez les animaux, et il en est de même surtout après la ligature des carotides.

Lorsque le sympathique subit seul l'action réflexe, tout se borne à la pâleur du visage, la perte de connaissance et la chute. On a alors le petit mal. Si l'incitation est faible, si l'effacement des vaisseaux et l'anémie ne sont point complets, il n'y a pas chute, il y a simplement vertige et absence de courte durée. Si la contraction est irrégulière et si elle se fait seulement par places, les points restés vascularisés peuvent engendrer des idées délirantes. Une autre conséquence beaucoup plus éloignée de ces anémies, soit générales, soit partielles, est la démence. On comprend en effet que les cellules cérébrales finissent par éprouver la dégénérescence graisseuse à la suite d'accès répétés qui sont venus tant de fois troubler leur nutrition.

Toutefois, même dans ce qu'on est convenu d'appeler le petit mal, l'excitation réflexe n'est pas toujours limitée au grand sympathique. Elle peut retentir sur le noyau du facial et sur celui du nerf masticateur, et donner lieu à quelques convulsions partielles des muscles de la face et des mâchoires, convulsions qui restent souvent à l'état d'ébauche. Dans le grand mal, à ces contorsions d'avant-garde succèdent bien vite des contractions tétaniques dans les muscles de la glotte, du cou et du tronc, ce qui indique que les centres moteurs de l'axe cérébro-spinal prennent, en même temps que le sympathique, une large part à l'action réflexe provoquée par l'impression sensitive. Le spasme de la glotte produit, au moment où il débute, le cri mécanique qui coïncide avec la chute. Celui des muscles du cou comprime les jugulaires et apporte une gêne au retour du sang du département céphalique. Celui des muscles du tronc vient entraver la respiration et déterminer une asphyxie mécanique qui contribue encore à produire une stase veineuse. C'est à ce moment que le visage passe de la pâleur à une rougeur livide. Il est donc assez naturel d'attribuer avec Brown Sequard ce changement de coloration à la gêne de la circulation déterminée par le spasme tétanique. Cependant M. Bresson voit là l'effet d'une simple réaction vasculaire. Tous les vaisseaux préalablement resserrés se dilateraient, comme ils le font après qu'on les a forcés à se contracter sous l'influence du froid, ou de l'alcool, ou d'un acide. Il regarde même cette dilatation consécutive au resserrement comme tout à fait active, et il l'attribue à des fibres musculaires et à des nerfs dilatateurs que personne n'a jamais pu voir. Je suis loin de nier complétement la possibilité de cette congestion de réaction, puisqu'elle semble en effet être dans les lois de l'innervation vasomotrice. Il y a donc peut-être lieu d'en tenir compte. Mais je crois que dans tous les cas elle est ici tout à fait secondaire et que l'état congestionnel de la tête tient surtout aux phénomènes tétaniques des muscles de la respiration et de ceux du cou, car la rougeur et le gonflement de la face sont tels qu'il est évident que la cause invoquée par Bresson serait insuffisante. En voyant un accès d'épilepsie, on reste convaincu qu'il y a identité avec le spectacle offert par l'asphyxie. L'épileptique a la tête congestionnée à la façon d'un homme qu'on étrangle.

C'est lorsque cette imminence d'asphyxie va atteindre son plus haut degré qu'éclatent les convulsions cloniques qui se substituent ainsi aux contractions tétaniques. En vertu de quoi s'opère cette substitution et quel est le mécanisme de la période convulsive? Il est d'abord une condition qu'il me paraît difficile de ne pas accepter, quoiqu'elle soit inexplicable, c'est que les lobes cérébraux continuent à rester anémiés, tandis que le reste de l'encéphale et la tête se congestionnent de plus en plus. Pour des raisons qui nous échappent, les vaisseaux du cerveau ne se relâchent point. Leur spasme persiste comme si leurs vaso-moteurs étaient plus irritables et sentaient davantage l'effet de l'impression sensitive. Ce qui le donne à supposer, c'est que la perte de connaissance continue et est tout aussi complète que dans la première période. Il est vrai que certains auteurs ont pensé qu'un afflux considérable de sang dans le cerveau pouvait enrayer son fonctionnement aussi bien que la privation de ce liquide alimentaire; et que, commencée par le mécanisme de l'anémie, la perte de connaissance se continuait par le mécanisme de la congestion. Mais les autopsies, en nous montrant que la protubérance, le bulbe, le cervelet sont seuls congestionnés, semblent donner raison à la première opinion. Quoi qu'il en soit, il est bien certain que le cerveau n'intervient qu'en se supprimant lui-même. Il ne joue pas un rôle actif. La physiologie expérimentale nous le démontre du reste en nous faisant voir qu'on obtient encore des accès chez les animaux auxquels on a enlevé les lobes cérébraux. C'est donc à tort qu'on a dit que les convulsions étaient engendrées par la congestion du cerveau succédant à son anémie. En réalité, la condition qui semble dominer la période convulsive est celle-ci : anémie et mort fonctionnelle des lobes cérébraux, afflux de sang dans le reste de l'encéphale et persistance de son fonctionnement. C'est tellement vrai que dans l'ordre de la sensibilité nous voyons la même démarcation exister. La sensibilité générale réflexe persiste. Le contact du doigt fait fermer les paupières qui obéissent au trijumeau et au facial. Dans le même moment l'œil est insensible à la lumière, parce que la sensibilité visuelle a son centre définitif dans la couche optique qui suit les destinées des lobes cérébraux.

Non-seulement les centres locomoteurs sont en situation de fonctionner, mais ils sont évidemment exaltés, puisqu'ils donnent lieu à des convulsions intenses. Cette exaltation doit, selon moi, être attribuée au concours de plusieurs circonstances. En premier lieu, par le fait même de l'inertie du cerveau, les centres locomoteurs se trouvent débarrassés du frein qui, dans l'état physiologique, tempère leur énergie. Comme chez les animaux auxquels on a enlevé le centre intellectuel, toutes les manifestations motrices acquièrent un plus haut degré d'intensité. En outre, l'être psychique n'est plus là pour rectifier les écarts de l'appareil nerveux de la locomotion En second lieu, le propre même de l'épilepsie est d'amplifier le pouvoir réflexe des cellules motrices et de les maintenir dans un état d'exaltation tel que la moindre étincelle suffit pour donner lieu à une réaction considérable. C'est cette aptitude du terrain qui constitue le fond même de la maladie, la prédisposition spéciale. Une troisième circonstance est représentée par la congestion dont les parties postérieures de l'encéphale deviennent le siége, à l'exclusion du cerveau. Toutefois, Kussmall et Tenner supposent pour ces parties une condition tout à fait opposée au moment des convulsions. A la suite d'expériences qui ont consisté les unes en saignées abondantes, les autres en ligatures placées sur les artères se rendant à la tête, ils ont cru pouvoir conclure que l'anémie du cerveau produisait le vertige et la perte de connaissance, tandis que l'anémie de la région postérieure de l'encéphale produisait les convulsions. Il est bien vrai que les pertes de sang et la ligature des carotides peuvent amener des troubles convulsifs, mais elles n'agissent probablement qu'en créant la condition première de l'accès, c'est-à-dire en rendant exsangues les lobes cérébraux. Chez l'homme, du reste, et chez plusieurs animaux, la ligature des carotides réalise tout justement le mélange d'anémie en avant et de congestion en arrière, puisque les parties postérieures reçoivent leur sang des vertébrales qui restent libres et qui s'efforcent même de suppléer les carotides. Mais ce qui condamne avant tout l'interprétation de ces auteurs, c'est que dans les autopsies cette congestion partielle se montre de la manière la plus évidente. Enfin, il est un quatrième élément qui joue bien certainement le rôle capital, c'est l'action toxique de l'acide carbonique. On ne peut le contester, puisqu'il y a asphyxie, d'où accumulation de ce gaz dans le sang, et puisqu'il est démontré que les convulsions font partie de la symptomatologie de l'empoisonnement par l'acide carbonique. C'est même cette intoxication qui donne la forme clonique, car l'état primitif de surexcitation ne devrait que faire continuer le tétanos. Elle agit d'autant plus qu'elle trouve un terrain dont le pouvoir réflexe est exalté. Il est probable aussi que c'est l'asphyxie elle-même qui vient ultérieurement mettre un terme aux convulsions qu'elle a provoquées. Il arrive un moment où le défaut d'oxygène rend les centres moteurs tout à fait incapables de la moindre manifestation, d'autant plus qu'ils sont épuisés par l'énorme dépense qu'ils viennent de fournir.

TRENTIÈME LEÇON.

Messieurs,

J'ai cherché à déterminer physiologiquement le mécanisme des différentes phases de l'accès épileptiforme. Je dois maintenant exposer les raisons qui m'ont conduit à placer cette maladie dans l'histoire de la protubérance. Je pourrais au besoin m'appuyer sur un précédent fourni par Notnagel, qui a publié un mémoire dans lequel il a réuni un certain nombre d'observations tendant à prouver que le mésocéphale est le seul et véritable siége de l'épilepsie. Mais je ne crois pas devoir être aussi exclusif que cet auteur. Il me paraît en effet évident qu'au moment de l'accès, toutes les parties des centres nerveux qui sont affectées au mouvement entrent en scène, et que par conséquent, à ce moment, le siége de la maladie s'épanouit de manière à envahir à la fois la protubérance, le corps strié, le bulbe, la moelle et même le cervelet; mais je pense que dans ce jeu d'ensemble la protubérance représente le plus souvent le foyer d'où s'irradie l'impulsion morbide, car elle seule se prête, par sa position anatomique et ses connexions, à ces irradiations dans tous les sens. Elle est le nœud de l'encéphale, le carrefour d'où l'ébranlement peut se porter à la fois dans toutes les directions. Il semble aussi que c'est elle qui subit la première l'influence de l'aura, et que c'est là que l'étincelle vient tout d'abord mettre le feu aux poudres. En effet, si on observe avec attention le début d'une attaque, on constate qu'avant que les membres et le tronc n'entrent en scène, avant que l'asphyxie ne commence, les mâchoires sont spasmodiquement resserrées, ou que le maxillaire inférieur exécute des mouvements de diduction. C'est donc le nerf masticateur qui transmet la première action réflexe, et ce nerf a son noyau d'origine dans la protubérance. Il est vrai que presque toujours les muscles de la face se contractent en même temps d'une manière grimaçante, et que par conséquent le facial, nerf à origine bulbaire, entre aussi immédiatement en scène. Mais il est si près de la protubérance qu'il est mis en jeu dans toutes les maladies de cet organe, et qu'il prend naturellement part de suite à son exaltation. Partie du centre mésencéphalique, la conflagration se propage même en haut avant de s'étendre plus loin dans le bulbe ; car les mouvements désordonnés du globe oculaire sont là pour attester que les moteurs oculaires communs, qui prennent naissance sur les pédoncules cérébraux, sont mis en réquisition de très-bonne heure. Ce n'est qu'après que, suivant la traînée descendante, le feu vient envahir les noyaux des hypoglosses et des glosso-pharyngiens et provoque les convulsions de la langue et le spasme du pharynx. Plus tard encore, il gagne le pneumo-gastrique et le spinal, et finit par embrasser successivement de haut en bas tous les nerfs rachidiens. Cet envahissement progressif se faisant simultanément au-dessus et au-dessous de la protubérance, prouve bien que celle-ci est le point de l'appareil de la locomotion que vient frapper l'aura ; qu'elle est le quartier général des opérations convulsives de la crise épileptique. Elle n'est peut-être pas le point de départ de tous les phénomènes de l'accès, car rien ne prouve qu'elle commande l'innervation vaso-motrice de la tête ; mais elle est certainement.le pivot autour duquel viennent se grouper tous les symptômes appartenant au système musculaire de la vie de relation.

D'autres faits viennent encore abonder dans le même sens. Il paraît démontré que les convulsions s'établissent beaucoup plus facilement lorsque l'impression provocatrice part d'un point innervé par les branches du trijumeau, et qu'elle est ainsi amenée à la protubérance d'une façon tout à fait directe. C'est pour cela que les crises se montrent si fréquemment et si rapidement chez les enfants en travail de dentition et chez l'adulte atteint de carie dentaire. Tissot a vu une épilepsie engendrée par la présence d'un corps étranger dans l'oreille. Chez un autre malade, elle était due à l'existence de larves dans les sinus frontaux. Dans ces deux cas, l'expulsion ou l'extraction de ces causes de titillation du trijumeau suffirent pour amener la guérison. Un individu est devenu épileptique après avoir reçu des plombs dans les téguments de la partie supérieure du cou. Trousseau n'a-t-il pas été conduit par sa haute expérience à faire rentrer dans l'épilepsie ces affections que l'on comprend en clinique sous la désignation de *tic douloureux*, et qui consistent en une névralgie de la 5ᵉ paire avec convulsions épileptiformes des muscles de la face.

Dans la transmission par hérédité, l'épilepsie pourrait se réduire à des manifestations partielles et concentrées, pour ainsi dire, dans la sphère d'action de la protubérance. La physiologie expérimentale vient elle-même justifier cette interprétation de l'enchaînement des phénomènes convulsifs, puisqu'elle nous montre que chez les animaux la région épileptogène reçoit sa sensibilité du trijumeau. Il semble que l'impression inconsciente a besoin d'arriver aussi directement que possible à la protubérance pour donner lieu à l'explosion de l'ensemble symptomatique de l'accès. Il semble même que c'est plus spécialement le mésocéphale qui est rendu malade par la section du sciatique ou de la moelle, puisque ce centre et le seul nerf qu'il fournit sont devenus ineptes à la sensibilité tactile. L'anesthésie est en effet une des conditions les plus indispensables de la zone épileptogène. On dirait que la section a pour effet de déterminer des troubles de nutrition du système nerveux, qui ont pour résultat de modifier la partie du mésocéphale affectée à la sensibilité, de telle façon qu'elle devient impropre à sentir et que tous les ébranlements qu'elle reçoit se reportent immédiatement en totalité sur la partie affectée à la motilité.

Une autre preuve, pour moi, du rôle capital que joue ici la protubérance, c'est la salivation si caractéristique de l'accès épileptique; car le trijumeau peut être regardé, d'après ce qui se passe dans les névralgies, comme un des nerfs stimulateurs de la sécrétion salivaire. Du reste, nous avons vu dans la physiologie normale que l'irritation de la protubérance provoque manifestement une hypersécrétion salivaire.

Tel est, Messieurs, le mécanisme probable des convulsions des épileptiques. Ainsi compris, il peut s'appliquer aussi bien aux convulsions de l'éclampsie et de l'urémie et même à la plupart des convulsions des enfants. Car, je le répète, la physiologie, dans l'état actuel de la science, ne peut que chercher le mode de génération des phénomènes convulsifs, sans prétendre pénétrer la nature intime de l'affection générale qui leur donne naissance chez les épileptiques. La seule chose qu'on puisse donner comme probable, c'est que l'épilepsie n'est pas une névrose; qu'elle est la conséquence d'une modification matérielle des centres locomoteurs, puisque les recherches faites en France, en Angleterre et en Hollande, démontrent que ces parties de l'axe sont spécialement altérées. Il est à supposer aussi que les sections de la moelle et du nerf sciatique n'engendrent l'épilepsie qu'en faisant éprouver des altérations secondaires à ces mêmes centres. C'est d'autant plus probable, qu'il est bien établi aujourd'hui que les résections des troncs nerveux donnent lieu à des dégénérescences ascendantes de la moelle. Celles-ci pourraient parfaitement s'étendre jusque dans l'isthme de l'encéphale. Je me propose de vérifier le fait sur ces deux cobayes, dont l'un vient d'avoir le nerf sciatique réséqué et dont l'autre est soumis à l'intoxication lente par l'essence d'absinthe, qui, comme toutes les boissons alcooliques, produit des troubles de nutrition dans l'encéphale. Il est à penser enfin que ces altérations des centres locomoteurs, qu'elles soient spontanées ou qu'elles soient la conséquence de résections, agissent en exagérant le pouvoir convulsif de ces régions.

Tétanos.

Sommaire descriptif. — Cette affection peut apparaître dans quatre circonstances différentes : 1° sous l'influence d'une blessure quelconque, particulièrement de piqûres intéressant l'extrémité périphérique des nerfs, ou de plaies renfermant des corps étrangers susceptibles d'irriter les filets nerveux; c'est le cas le plus fréquent, et le tétanos est dit *traumatique*; 2° sous l'influence du froid humide; ce cas se rencontre surtout dans les pays où la fraîcheur de la nuit contraste avec la chaleur du jour; le tétanos est dit alors *à frigore*; 3° sous l'influence de l'introduction dans le sang de certaines substances qui sont la strychnine, la brucine, la picrotoxine, la caféine; le tétanos prend dans ce cas le nom de *toxique*; 4° enfin il peut se montrer d'une manière spontanée, sans qu'il soit possible d'invoquer une des causes précédentes. La forme traumatique offre seule des prodromes bien appréciables et caractéristiques. Ils consistent dans le brusque tarissement de la suppuration et dans l'apparition d'irradiations douloureuses qui suivent un trajet ascendant. Dans toutes les formes, le premier symptôme consiste généralement dans ce qu'on a appelé le *trismus*. Les muscles élévateurs du maxillaire inférieur deviennent le siége d'une crampe permanente tellement intense, que les mâchoires restent fortement serrées l'une contre l'autre et qu'il devient impossible de les écarter, même avec un levier. Pendant un certain nombre d'heures, c'est là la seule manifestation que l'on observe.

De là la contraction tonique s'étend, mais avec un degré beaucoup plus faible, aux muscles de la face. Il en résulte un tiraillement des commissures labiales que l'on désigne par les mots : *rire sardonique*. Puis vient le tour des muscles du pharynx, ce qui rend la déglutition difficile. En même temps les muscles de la nuque se contractent énergiquement et maintiennent la tête renversée en arrière. Bientôt le spasme tonique se propage rapidement à tous les muscles du tronc et des membres, et le tétanos apparaît dans tout son développement. L'ensemble du corps, malgré ses nombreux segments, se trouve immobilisé et comme transformé en un seul levier inflexible. Les parois thoraciques maintenues dans une position fixe par les efforts antagonistes de tous les muscles inspirateurs et expirateurs, ne peuvent plus dilater et resserrer alternativement la cavité qu'elles circonscrivent, et l'asphyxie devient la conséquence de cette action exagérée et incessante des agents de la respiration. Les muscles du tronc ne se font pas toujours parfaitement équilibre et il peut en résulter une incurvation en arrière, *opisthotonos*; en avant, *emprosthotonos*; latéralement, *pleurosthotonos*. En général les membres supérieurs sont maintenus dans une flexion forcée, les membres inférieurs dans l'extension. Tout en étant permanente, la contraction présente des moments d'exacerbation et de détente relatives. Les exacerbations sont provoquées d'une manière réflexe par un contact quelconque, si léger qu'il soit; même par un simple courant d'air. Elles apparaissent aussi sous l'influence d'un faible ébranlement communiqué par le lit. Chose remarquable qui vient bien à l'appui de notre opinion sur le mécanisme de la motilité, la volonté elle-même, la simple intention d'un mouvement quelconque suffisent pour en déterminer. Les fibres encéphaliques excitent les cellules des cornes antérieures au même titre que les fibres réflexo-motrices. Quant aux détentes, elles indiquent un anéantissement partiel de la force nerveuse. L'intelligence reste intacte jusque dans les derniers moments et elle ne se trouble que sous l'influence de l'acide carbonique que l'asphyxie accumule dans le sang. Le pouls est toujours très-accéléré et la température s'élève jusqu'à 40 degrés. Il y a des sueurs abondantes, et il se produit quelquefois une éruption miliaire. Le tétanos possède déjà une anatomie pathologique en grande voie de formation; mais ce que nous connaissons actuellement sur ce sujet sera mieux placé dans la discussion physiologique.

Analyse physiologique. — Le tétanos est généralement regardé comme étant une maladie du système nerveux. Un seul médecin a voulu échapper à l'impression commune en le localisant dans le système musculaire. C'est Martin de Pedro, de Madrid. Selon lui, le muscle est seul mis en jeu, comme troubles fonctionnels et comme siége primitif de la maladie. L'affection est de nature catarrho-rhumatismale et reconnaît comme cause l'action du froid. Le tissu conjonctif qui entoure les fibres musculaires s'altère au même titre que le tissu fibreux des ligaments articulaires dans le rhumatisme généralisé. Dans cet état d'inflammation spécifique, il empêche les phénomènes d'hématose dans les fibres musculaires qu'il enveloppe, et il détermine dans l'ensemble des muscles une contraction permanente. Martin de Pedro prétend qu'il existe la plus grande analogie entre le cours du tétanos et celui du rhumatisme; que dans les deux maladies les phénomènes critiques s'opèrent de même par la peau et les reins; et que, dans les deux cas, la convalescence s'annonce par l'apparition d'une grande quantité d'acide carbonique dans les urines. Ces arguments généraux sont bien vagues. Quant à l'existence de lésions anatomiques dans les muscles, cet auteur ne s'appuie, pour l'admettre, que sur un seul cas, et pour moi, il est évident qu'il s'agissait d'un commencement de coagulation du suc musculaire sous l'influence de l'élévation de la température. En outre, il serait assez difficile de comprendre que cette maladie du muscle puisse être provoquée indifféremment par une action *à frigore* ou par une cause traumatique. Aussi mon désir d'être complet m'a seul engagé à vous parler de cette théorie qui n'a pour elle qu'un certain cachet d'originalité. La nature nerveuse du tétanos s'impose à l'observateur au même titre qu'un axiome et il ne saurait y avoir d'hésitation que sur le mécanisme particulier de cette affection du système nerveux. Sous ce rapport, il est déjà à peu près incontestable que les contractions tétaniques traduisent une exaltation considérable du pouvoir réflexe de l'axe cérébro-spinal. Reste à trouver ce qui exalte ainsi ce pouvoir excito-moteur. C'est ici que les opinions varient.

Il est un certain nombre de médecins qui classent le tétanos parmi les maladies infectieuses, comme le choléra, le typhus, etc. Au cas particulier, l'infection se traduirait anatomiquement par une *méningo-myélite* qui exagérerait le pouvoir réflexe des centres nerveux. Ils s'appuient sur : 1° le début insidieux du tétanos qui rappelle les allures de toutes les épidémies de cette nature; 2° la marche très-variable de l'affection, sa bénignité relative dans certains cas, sa gravité extrême dans d'autres cas, ce qui est aussi en rapport avec la marche des maladies infectieuses; 3° ce fait, déjà souvent observé, que dans une salle d'hôpital deux ou trois malades, ordinairement voisins les uns des autres, sont atteints en même temps; 4° la fréquence du pouls et la haute élévation de la température qui semblent indiquer l'existence d'une pyrexie; 5° la tendance qu'ont toutes les maladies infectieuses à empoisonner les centres nerveux et à les altérer plus ou moins dans leur texture; 6° la possibilité de développer le tétanos à l'aide de substances toxiques. Se basant sur toutes ces preuves indirectes, les partisans de cette théorie pensent qu'elle peut expliquer aussi bien le tétanos traumatique que le tétanos spontané. Dans le premier, la plaie servirait de porte d'entrée aux germes d'infection. Dans le second, l'introduction se ferait par les muqueuses et la peau; cette forme spontanée serait moins fréquente, parce que la voie serait moins ouverte que dans le cas de plaie. Il serait aussi très-facile de s'expliquer pourquoi le tétanos règne d'une manière endémique dans l'Inde, sans avoir à invoquer l'action des grandes fraîcheurs de la nuit. Le climat de ce pays serait tout simplement plus propice au développement des miasmes. Par ses conditions climatériques et météorologiques, l'Inde, qui est déjà le berceau du choléra, deviendrait aussi un foyer de tétanos. Cette opinion semble trouver un argument assez puissant dans un fait de Griesinger. Chez un tétanique, cet observateur a constaté, avec une anémie du foie et de la rate, un gonflement des plaques de Peyer et une obstruction des pyramides rénales par des cylindres récents, toutes altérations qui rappellent celles qu'on rencontre dans les pyrexies. Mais un seul fait ne saurait entraîner une conviction, d'autant plus qu'il a pu n'y avoir là qu'une coïncidence. C'est pourquoi MM. Arloing et Tripier ont pensé devoir s'adresser à la pathologie expérimentale pour juger la question. Ils ont pensé, avec raison, que s'il existait réellement un poison quelconque, un véritable virus tétanique, celui-ci devait se trouver dans le sang ou dans le pus sécrété par la plaie; et que, par conséquent il devait suffire, pour engendrer le tétanos, d'inoculer à un animal, soit du sang, soit du pus d'un tétanique. Partant de là, ils ont d'abord injecté dans les veines de divers animaux, tantôt du sang, tantôt du pus empruntés à des hommes atteints de tétanos. Ils ne purent jamais donner naissance à des convulsions tétaniques, même partielles. Comme on pouvait objecter que le tétanos n'était peut-être pas susceptible de se transmettre d'un homme à des animaux, ils ont profité d'une occasion d'agir entre animaux de même espèce. Ils prirent du sang d'un cheval tétanique et l'inoculèrent à un autre cheval, sans rien obtenir. Il semble donc que le tétanos, dans son mode de transmission ou plutôt de création, n'obéisse pas à la loi qui régit la genèse des maladies infectieuses.

Une interprétation qui compte beaucoup plus de partisans est celle qui attribue l'exaltation des centres moteurs à leur titillation permanente par une lésion d'un ou plusieurs nerfs sensitifs. Dans certaines blessures, les filets nerveux, se trouvant constamment et considérablement irrités, viendraient solliciter de la part des cellules motrices des décharges continues et puissantes. Dans le tétanos *à frigore*, l'impression périphérique serait sans doute plus faible; mais comme elle porterait à la fois sur tout le système nerveux périphérique, il y aurait encore une somme d'excitations suffisante pour amener le même résultat. Cette seconde opinion se base sur ce que: 1° le début du tétanos coïncide souvent avec l'apparition de vives douleurs dans la plaie; 2° la maladie se montre surtout à la suite des plaies des membres et particulièrement de celles des doigts et des orteils qui sont très-riches en filets sensitifs et qui leur offrent des appareils de perfectionnement périphériques, tandis que ce genre de complication survient rarement dans les plaies du tronc où les mêmes conditions ne se rencontrent pas; 3° les blessures par piqûre ou par écrasement ou compliquées de la présence d'un corps étranger, c'est-à-dire celles où les causes d'irritation sont plus vives, développent bien plus facilement le tétanos que les plaies simples. Cette théorie a été poursuivie jusque dans ses conséquences pratiques, il y a déjà un grand nombre d'années. Ainsi, sous le premier Empire, Larrey avait pensé qu'en supprimant la cause d'irritation périphérique, on devrait naturellement enlever aux centres nerveux l'aliment indispensable de la maladie, et il a proposé dans cette vue l'amputation du membre lésé. J'ignore si le succès a jamais répondu à son attente. Depuis, Rizzoli de Bologne, dans un cas de tétanos traumatique, a obtenu une guérison immédiate en faisant la désarticulation du genou. Mais l'ablation de la totalité d'un membre était une mesure trop radicale et trop exagérée aux yeux de la raison et de la physiologie. Aussi ne cherche-t-on plus aujourd'hui qu'à enlever le corps qui irrite les ramuscules nerveux ou à produire une solution de continuité entre l'axe cérébro-spinal et l'extrémité périphérique du nerf, soit par une section transversale portant indistinctement sur toutes les parties molles, soit par une résection directe du cordon nerveux. Un cas de trismus déterminé par une carie dentaire fut guéri par l'extraction de la dent. Un tétanos très-grave céda à l'extirpation d'un ongle incarné. La seconde voie compte aussi quelques résultats heureux. Larrey fit cesser momentanément des accidents tétaniques par la section du nerf sus-orbitaire. Un tétanos engendré par une piqûre de la main fut enrayé à son début par une incision transversale pratiquée au-dessus de la piqûre. Wood a obtenu, par la section du nerf saphène, la guérison d'un tétanos développé à la suite d'une fracture de la jambe. Murray réussit de même en sectionnant le nerf tibial postérieur, dans un cas de piqûre du pied. Fayrer a été aussi heureux en incisant le nerf médian chez un brahmine qui s'était enfoncé un bambou dans la main.

Mais Létiévant de Lyon, qui a porté si loin l'art des résections nerveuses, n'a encore pu obtenir, je crois, qu'une seule guérison. Il reste néanmoins un des défenseurs convaincus de l'origine périphérique du tétanos, et il attribue la persistance des accidents tétaniques à la seconde blessure que nécessite l'opération de la résection. On a pensé aussi que les résultats négatifs tenaient à ce que, pour interrompre toute communication fonctionnelle ou toute propagation d'altération, il fallait se mettre à l'abri des ressources des anastomoses et sectionner tous les nerfs du membre. Mais Ollier a échoué même après avoir réséqué le médian, le radial et le cubital dans l'aisselle.

Vous le voyez, la médecine opératoire n'est pas encore assez riche de faits dé ce genre pour que la névrotomie soit pleinement justifiée et pour fournir la confirmation de la théorie de l'exaltation du pouvoir réflexe par irritation périphérique. C'est pourquoi MM. Arloing et Tripier ont cherché à juger celle-ci par l'expérimentation directe, eu essayant de donner naissance au tétanos par des blessures artificielles, au lieu de tenter d'arrêter le tétanos établi, par des sections nerveuses. Ils ont broyé des nerfs de grenouilles ; ils ont même broyé l'extrémité entière d'une patte sans rien obtenir. Il en a été de même sur des lapins qui n'ont offert que ceci de particulier, qu'ils maigrirent très-rapidement et qu'ils tombèrent dans un affaissement considérable ; mais ils moururent tous sans avoir présenté la moindre raideur. Sur des chiens, ils ont fait en arrière de la malléole une incision de 4 à 5 centimètres; après avoir mis le nerf tibial à nu, ils ont fait passer en dessous un fil métallique, pour pouvoir le trouver facilement. Deux fois par jour ils le pressaient pendant 3 ou 4 minutes avec des pinces à mors plats; quand le nerf était broyé et devenu insensible en un point, ils remontaient plus haut; ils ont bien obtenu des tremblements, mais pas de contractures. Le résultat a été tout aussi négatif sur un cheval. Il était nécessaire du reste d'expérimenter au moins une fois sur ce dernier animal; car jusqu'à présent la médecine vétérinaire n'a pas encore rencontré le tétanos ni chez les lapins, ni dans l'espèce canine; enfin ils ont eu recours à des courants continus appliqués directement sur des nerfs de chevaux; ces animaux ont bien montré de l'inquiétude, ils ont poussé de profonds soupirs, mais, quoique l'expérience ait été prolongée pendant huit jours, il n'y eut point de contractions tétaniques; il fallut les tuer par effusion sanguine, et à l'autopsie on constata seulement une périnévrite dans une étendue de 15 à 20 centimètres.

La rareté des succès obtenus par la névrotomie et les résultats négatifs des expériences précédentes suffisent-ils pour condamner la théorie nerveuse du tétanos? Je ne le crois pas, car la clinique nous montre que, pour produire cette maladie, les blessures ont besoin de présenter diverses circonstances qui ont pour caractère commun de multiplier et de prolonger les causes d'irritation que les filets nerveux rencontrent ordinairement dans les plaies. Car il y a au début des douleurs vives dont la direction ascendante marque, pour ainsi dire, la marche centripète du processus morbide, car le spasme musculaire s'exagère au moindre contact ressenti par l'appareil de la sensibilité. Il est évident pour l'observateur que le tétanos est un phénomène réflexe, dans le mécanisme duquel l'élément sensitif joue un rôle de premier ordre. D'ailleurs il n'est pas aussi impossible de provoquer cette maladie par une blessure artificielle que semblent le croire MM. Arloing et Tripier. Brown Sequard l'a produite en plantant un clou dans la patte d'un chien. Chez les grenouilles la section des racines postérieures des nerfs d'un ou plusieurs membres est presque toujours suivie d'un tétanos temporaire et partiel qui occupe les membres anesthésiés. Or, évidemment, ces sections doivent tout au moins donner lieu à des courants douloureux dans les segments centraux de ces racines. Si le tétanos n'est pas ordinairement la conséquence des expériences directes; s'il n'apparaît pas non plus à la suite de toutes les plaies accidentelles qui présentent un caractère suffisant de gravité et d'irritation, cela tient, je pense, à ce qu'il faut que ces plaies entraînent des altérations matérielles auxquelles tous les terrains ne se prêtent pas également. C'est qu'il ne s'agit pas ici, comme beaucoup d'auteurs semblent le croire, d'un simple trouble fonctionnel des centres moteurs, provoqué par une impression trop irritante. Il faut non-seulement que cette titillation périphérique existe, mais aussi que le travail inflammatoire de la plaie se soit propagé jusque dans l'axe cérébro-spinal; qu'il se soit développé une névrite qui ait entraîné ultérieurement une modification inflammatoire de la substance grise. Cette modification inflammatoire peut sans doute naître aussi sur place, apparaître d'emblée dans les centres nerveux sans succéder à une névrite préalable. C'est pour cette raison qu'il y aurait des tétanos spontanés. On comprend aussi pourquoi la section des racines postérieures chez les grenouilles détermine si souvent des phénomènes tétaniques, parce qu'alors le travail inflammatoire n'a qu'un très-court trajet à faire pour gagner la moelle. Il est à remarquer que dans ces expériences les contractures ne se montrent qu'au bout de deux jours, lorsquè l'inflammation a eu le temps de s'établir.

Les vues qui précèdent semblent confirmées par l'anatomie pathologique. En effet, même à l'œil nu, on constate souvent une injection anormale des nerfs du membre lésé; il peut même y avoir des épanchements sanguins sous le névrilemme. Ces troubles de vascularisation tendent parfois à se généraliser et ne restent pas toujours limités au segment qui a été blessé. Ainsi, Michaud a rencontré cette congestion et ces ecchymoses sur les nerfs sciatiques, alors que le tétanos avait été provoqué par une plaie de poitrine. Au microscope on trouve une augmentation des noyaux de la gaîne de Schwann, beaucoup de tubes atrophiés et privés de myéline. D'après Michaud, les méninges sont le plus souvent intactes; quelquefois cependant il y a des signes de méningite spinale. Dans ce dernier cas, on constate, en dehors de l'injection vive de la pie-mère et des adhérences nombreuses unissant l'arachnoïde avec la face interne de la dure-mère, l'existence d'éléments nouveaux disséminés sur la surface de la séreuse. Ce sont des noyaux ovalaires portant à chaque extrémité un prolongement de substance amorphe. Si on fait une coupe de la moelle, n'importe à quel niveau, on voit que la substance grise présente une coloration uniforme d'un rouge hortensia; la même couleur se retrouve dans le bulbe et la protubérance. Quant au cerveau, il conserve son aspect normal. Si on a recours aux moyens grossissants, on aperçoit de suite une multiplication de noyaux, comme dans toute espèce de myélite. Cette multiplication existe dans la moelle, le bulbe et la protubérance. Jamais elle n'a lieu dans le cerveau. Ils sont beaucoup plus nombreux dans la substance grise que dans la substance blanche. Ils y sont tellement abondants que, par pression réciproque, ils prennent une forme un peu quadrilatère. Partout les vaisseaux sont énormément dilatés, leur diamètre est triplé; il peut même y avoir des raptus hémorrhagiques ainsi que Joffroy l'avait signalé antérieurement. Aux environs des vaisseaux, on rencontre ces lacunes que Lockart-Clarcke a appelées *plaques de désintégration granuleuse et semi-fluide*. Ce dernier regarde ces lacunes comme résultant d'une mortification du système nerveux. Pour Michaud, dans le tétanos elles résultent d'une exsudation du

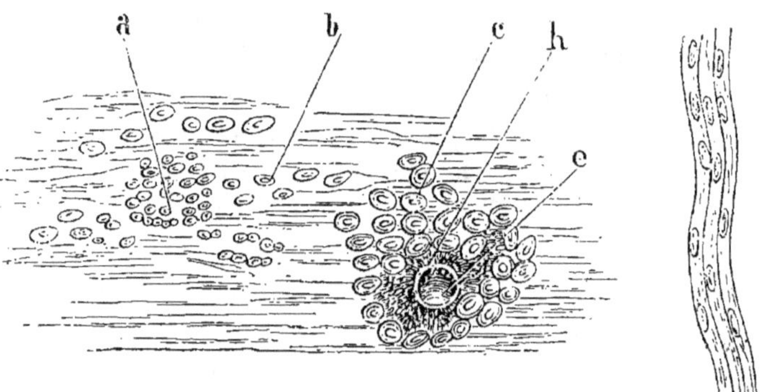

Fig. 39.   Fig. 40.

Coupe horizontale prise au centre de la moelle. — *a*, canal central oblitéré par des noyaux petits et serrés. — *b*, noyaux déjà plus volumineux et disposés en séries linéaires. — *c*, amas de noyaux en plein développement. — *e*, artère. — *h*, lacune remplie du plasma exsudé.

Tube du nerf sciatique avec prolifération des noyaux de la gaîne de Schwann et en voie d'atrophie médullaire.

plasma hors des parois vasculaires. Le plasma inonde les tubes voisins, les écarte les uns des autres. Souvent, après s'être répandu entre les tubes nerveux juxtaposés, il dessine entre eux des canaux étroits qui aboutissent à des espaces plus larges. En outre, Michaud prétend avoir trouvé une lésion caractéristique dans l'apparition d'éléments nucléaires dans la commissure grise. Vers le commencement de la région lombaire et sur les côtés du canal central, qui est lui-même oblitéré par un amas de noyaux, on voit les mêmes éléments nucléaires disposés les uns en petits groupes, les autres en séries allongées comme les grains d'un chapelet. Il conclut de là que le tétanos est une véritable myélite centrale suraiguë. Quoi qu'il en soit, je crois qu'on peut assurer qu'il consiste en une maladie réellement matérielle de l'axe nerveux central, maladie qui peut se développer directement dans cet axe ou être déterminée par une altération préalable et d'origine traumatique du système nerveux périphérique; maladie qui exalte tellement la puissance des cellules motrices qu'à la moindre excitation venue des téguments ou du cerveau, elles donnent lieu à une contraction violente et permanente des muscles.

Quant à localiser le siége de cette affection dans tel ou tel point de l'axe nerveux, je répéterai ce que j'ai déjà dit. Une maladie qui met en jeu à la fois tout le système musculaire ne saurait dépendre d'un seul segment du système nerveux. Évidemment toutes les parties des centres locomoteurs doivent intervenir, chacune pour leur part. Je ne comprends pas que Michaud et d'autres l'aient localisée exclusivement dans la moelle, d'autant plus que le premier a déclaré lui-même que les lésions caractéristiques existaient aussi dans le bulbe et la protubérance, qu'elles ne manquaient que dans le cerveau. Pour moi, j'ai rapporté l'étude du tétanos à la protubérance, uniquement parce que c'est d'elle que part la fusée de signal qui consiste dans le trismus. Dans le tétanos comme dans l'épilepsie, c'est elle qui fournit la première manifestation motrice. Tandis que le bulbe est le premier rouage de la plupart des actes de la vie de nutrition, respiration, circulation et innervation vaso-motrice, la protubérance est le premier rouage des actes morbides et physiologiques de la locomotion; elle renferme pour ainsi dire la détente de leur mécanisme.

A cette discussion générale, j'ajouterai une considération de détail relative à l'élévation de température qui se produit dans le tétanos. Cette forte production de calorique a été attribuée par Ziemssen à la contraction tonique de tous les muscles. Cet auteur, de concert avec Guntz, a démontré que les muscles en contraction tonique émettent plus de chaleur que dans la contraction clonique. C'est l'application du principe de l'équivalent mécanique de la chaleur. Toutes les fois qu'un muscle se contracte il brûle davantage et produit plus de calorique; lorsque cet excès de calorique est employé à produire un effet mécanique utile, il reste à l'état latent pour le thermomètre et la sensation. Lorsqu'il n'est pas utilisé mécaniquement, il reste sensible aux moyens thermométriques, il reste de la chaleur proprement dite; c'est tout justement ce dernier cas qui se présente dans le tétanos. Les muscles se contractent vigoureusement sans déplacer les segments des membres et sans soulever de fardeaux. La grande quantité de calorique qu'ils produisent ne peut que rester à l'état de chaleur. Arloing attribue l'élévation de la température plutôt à l'inflammation de la moelle, et il s'appuie sur cette observation de Charcot que toutes les inflammations du système nerveux développent bien plus de calorique que les autres. Mais évidemment les deux causes doivent intervenir ici. Elles s'imposent toutes deux, la première comme tous les phénomènes d'ordre physique, la seconde comme étant une observation clinique incontestable.

Le tétanos, qui apparaît généralement à la suite de blessures du système nerveux périphérique, mais qui se montre aussi quelquefois avec une origine toute spontanée, peut encore être créé artificiellement par l'injection ou l'inoculation de certaines substances toxiques que nous avons désignées dans le sommaire descriptif. L'étude du tétanos toxique doit bien certainement trouver place dans un chapitre consacré à la physiologie pathologique, d'autant plus que l'expérimentateur domine pour ainsi dire la maladie qu'il provoque; qu'il peut la diriger à son gré de façon à mieux en apprécier les détails et à en mieux pénétrer le mécanisme; qu'il peut, par suite, découvrir des faits applicables aux sujets fournis par la clinique ordinaire. De toutes les substances capables d'engendrer des phénomènes tétaniques, la strychnine est celle qui a été le plus expérimentée. C'est donc d'elle que nous allons nous occuper avant tout.

Dans l'espèce humaine, lorsque l'empoisonnement a été produit par erreur ou par une main criminelle, l'effet se fait sentir au bout de dix à vingt minutes. Les premiers symptômes consistent seulement dans de l'agitation, du malaise, de l'inquiétude; bientôt une certaine raideur s'empare des muscles et il se produit un opisthotonos des plus marqués. La face est pâle, l'intelligence est respectée, la parole est seulement entrecoupée, le trismus suit de près le début de la rigidité du tronc, mais il ne la précède pas comme dans le véritable tétanos. C'est là une différence légère, peu apparente surtout, mais qui suffit pour qu'on n'admette pas une identité complète. Il semble qu'ici la protubérance abdique un peu son rôle de premier rouage du mécanisme morbide, et que la moelle peut subir l'influence du poison sans attendre l'entrée en scène du méso-céphale. La raideur devient de plus en plus générale et intense, la respiration est courte et convulsive, la face se congestionne et se tuméfie. Au moment où le malade paraît devoir succomber, l'accès cesse pour être bientôt suivi d'une série d'autres accès plus violents qui se présentent avec une respiration plus oppressée, une plus grande irrégularité des battements du cœur, une teinte bleuâtre de tous les téguments, la fixité des yeux et la dilatation des pupilles; puis le malade meurt brusquement. Pour constater les lésions ana-tomiques déterminées par la strychnine, on n'a pas encore eu recours au microscope; mais à l'œil nu on a observé des altérations qui se rapprochent certainement de celles du tétanos. En dehors de l'état de congestion des poumons qui se rattache à l'asphyxie on a noté l'hypérémie, l'apoplexie et le ramollissement de la moelle épinière.

Chez les animaux, les effets de la strychnine ne sont pas rigou-reusement identiques avec ceux observés chez l'homme, ce qui prouve que dans l'échelle animale le système nerveux présente, au point de vue fonctionnel, de nombreuses variantes du type général. Ainsi, d'après les expériences de Stevenson Mac-Adam, chez le cheval les contractures tétaniques se compliquent de tremblements qui se répètent fréquemment et qui reproduisent l'image d'un frisson in-tense. Le même fait se présente aussi souvent chez le chien. Le canard offre, lui, un trémoussement tout particulier des ailes. Vous voyez que sur ces grenouilles qui ont reçu de la strychnine, les unes dans l'estomac, les autres sous la peau, l'intoxication se manifeste très-rapidement. Toutes commencent par croiser fortement leurs pattes antérieures sur leur poitrine; puis elles se dressent brusquement dans les bocaux qui les renferment. Leurs membres postérieurs se mettent dans une extension forcée et elles projettent le corps de l'animal en haut, d'une manière intermittente. Il en résulte une véritable danse qui leur donne quelque chose de bouffon. La gre-nouille offre ceci de particulier qu'on peut mieux étudier chez elle les phases ultimes de l'action toxique de la strychnine. Comme le développement de sa respiration cutanée lui permet de se passer de la respiration pulmonaire, elle échappe à l'asphyxie qui, chez les mammifères, amène généralement la mort avant que l'intoxication ait parcouru toutes ses périodes. On constate alors que la contraction tétanique finit par faire place à un état d'affaissement du système musculaire qui équivaut à une véritable paralysie. C'est pendant cette période d'épuisement que la mort survient chez la grenouille.

Cl. Bernard pense que la strychnine agit directement sur les nerfs sensitifs et non sur la moelle. Elle est pour lui le poison spécial des nerfs de la sensibilité, comme le curare est le poison spécial des nerfs du mouvement. Elle exalterait tout d'abord leur sensibilité et les paralyserait ensuite. Autrement dit, dans une première période elle déterminerait l'hypéresthésie, et dans une seconde l'anesthésie du système nerveux périphérique. Quant aux manifestations fournies par les nerfs moteurs, elles ne seraient qu'une conséquence fonctionnelle de l'empoisonnement des nerfs sensitifs, en vertu même de la relation naturelle qui existe entre les deux espèces de nerfs. Au début, la surexcitation de la fibre nerveuse sensitive surexciterait par action réflexe la fibre nerveuse motrice qui surexciterait à son tour la fibre musculaire. Ultérieurement, la strychnine produirait la mort des nerfs sensitifs, mort qui du reste ne serait peut-être que la conséquence de l'épuisement provenant de son excès d'action. N'étant plus surexcité par le système sensitif, le système moteur se maintiendrait dans l'inertie, d'autant plus qu'il aurait été lui-même épuisé antérieurement par les convulsions du début.

Ces assertions se trouvent étayées sur les expériences suivantes : 1° Lorsque sur une grenouille on coupe toutes les racines sensitives et qu'on l'empoisonne ensuite par la strychnine, on ne voit pas apparaître de convulsions. Cependant, dans ces conditions, la moelle et les nerfs moteurs sont baignés par le poison qui est répandu dans toute la masse sanguine; ce n'est donc pas parce que la moelle est empoisonnée qu'elle détermine des contractions, mais parce qu'elle y est suscitée par les nerfs sensitifs que l'empoisonnement a plongés dans un grand état de surexcitation; de sorte que le tétanos d'origine toxique se produit exactement comme le tétanos traumatique, c'est-à-dire par les nerfs; 2° si sur une grenouille strychnosée, dont on a respecté les racines postérieures, on pince la peau pendant la période convulsive, l'état d'exaltation des nerfs sensitifs se traduit aussitôt par une exacerbation réflexe des contractions musculaires. Si, pendant la période de collapsus, on cherche à irriter la peau par tous les moyens possibles, on constate qu'elle est devenue complètement anesthésiée; 3° pendant cette même période de collapsus, alors que les muscles livrés à eux-mêmes restent inertes si on les excite, ainsi que les nerfs moteurs à l'aide de l'électricité, on produit des mouvements. La paralysie musculaire n'est donc qu'apparente, elle tient à ce que l'élément sensitif excitateur fait défaut ; 4° comme preuve complémentaire, Cl. Bernard coupe chez une grenouille strychnosée un des nerfs sciatiques ; il empêche ainsi le bout périphérique de s'épuiser dans des convulsions, et il constate qu'il a conservé son excitabilité, tandis que le nerf intact l'a perdue.

L'opinion de l'illustre physiologiste se trouve fortement compromise par les expériences de Van Deen, de Marshall-Hall, de Brown Sequard, de MM. Martin et Buisson, de Vulpian qui tous ont été conduits à conclure que l'action de la strychnine porte tout d'abord sur la moelle épinière elle-même, sur sa substance grise et non sur les nerfs. Van Deen a reproduit maintes fois l'expérience de la section des racines postérieures, et il a vu les convulsions apparaître ou persister comme à l'ordinaire. Brown Sequard a lié chez une grenouille l'aorte un peu avant sa bifurcation terminale, de façon à empêcher le sang et, par suite, le poison d'aller agir sur les nerfs des membres abdominaux. Cette ligature posée, il fit absorber la strychnine, et les convulsions apparurent dans les quatre membres. L'effet toxique ne put évidemment retentir sur le train postérieur que par l'intermédiaire de la moelle. Chez une autre grenouille, il coupa la moelle à l'origine des nerfs du bras, puis il sectionna toutes les artères qui vont de l'aorte au rachis, de façon à mettre le tronçon inférieur de la moelle à l'abri du poison ; les convulsions ne s'établirent point dans le train postérieur, et cependant les nerfs sensitif de ces train étaient soumis à l'influence toxique. Comme Cl. Bernard avait déclaré qu'il suffisait d'un seul nerf sensitif empoisonné pour exciter la moelle à faire contracter tous les muscles du corps, la première expérience de Brown Sequard se trouvait perdre de sa valeur, puisque les nerfs empoisonnés des membres antérieurs pouvaient avoir forcé la moelle à convulser les pattes de derrière. Aussi MM. Martin et Buisson ont cherché à la modifier de manière à lui faire éviter cette objection. Ils ont mis à découvert la partie inférieure de la moelle jusqu'à deux millimètres au-dessus de l'origine des nerfs lombaires. A ce point, ils l'ont coupée transversalement, puis ils ont coupé toutes les racines postérieures du tronçon caudal. Ils ont ensuite lié l'aorte à quatre millimètres au-dessus de sa bifurcation. Ils ont inoculé la strychnine au bras, et le train postérieur fut néanmoins le siége de convulsions ; il était impossible, cette fois, d'accuser les nerfs antérieurs d'avoir excité le tronçon caudal de la moelle, puisque la section avait détruit toute communication entre ce tronçon et celui auquel aboutissaient ces nerfs. D'autre part, les nerfs postérieurs, vu la ligature, avaient échappé à l'intoxication. Les convulsions du train postérieur avaient donc dû être engendrées directement par le segment caudal de la moelle qui recevait du sang, pendant que les nerfs qui en émergeaient n'en recevaient point.

En voyant un si grand nombre d'expérimentateurs arriver à une même conclusion en suivant des voies différentes, on ne peut s'empêcher de penser qu'ils doivent être dans le vrai, et que Cl. Bernard a été induit en erreur par quelques circonstances. Il est probable que la grenouille à laquelle il avait coupé toutes les racines postérieures était tellement affaiblie que le poison ne trouva plus qu'une machine inerte ou incapable d'agir en l'absence d'un stimulant sensitif. Du reste, il a déclaré lui-même qu'il suffit de laisser une seule racine pour qu'il se produise un tétanos général. Il serait assez singulier qu'un seul nerf empoisonné puisse suffire pour exalter le pouvoir réflexe de toute la moelle sans que celle-ci soit malade. Il est bien plus rationnel d'admettre que le nerf n'est utile que pour apporter une impulsion provocatrice à la moelle qui est par elle-même en état d'exaltation morbide. Le poison donne bien à la moelle le tétanos en puissance, mais le concours d'un nerf sensitif est parfois nécessaire pour mettre le feu aux poudres. Il est encore un fait signalé par Cl. Bernard lui-même, qui plaide en faveur de la localisation médullaire, c'est que chez les invertébrés la strychnine ne produit jamais de convulsions; et cependant chez ces animaux il y a aussi des nerfs sensitifs et des nerfs moteurs qui sont mis entre eux en relations réflexes. Il ne leur manque que la moelle, et cette absence suffit pour rendre les phénomènes tétaniques impossibles. C'est donc bien l'axe central qui est le véritable siége de l'empoisonnement; il est le centre morbide dans le tétanos toxique comme dans le tétanos ordinaire. Je me suis servi jusqu'à présent, avec les auteurs, du mot moelle; mais il est probable qu'il s'agit ici de tous les centres locomoteurs et que la protubérance prend part à la production du tétanos aussi bien que la moelle. En effet, non-seulement il y a trismus, mais la grenouille strychnosée a perdu la faculté du besoin d'équilibre et du maintien de l'attitude normale. Mise sur le dos, elle ne cherche jamais à se relever.

Tout ce qui précède est parfaitement applicable à la brucine. Vous pouvez constater, du reste, sur cette grenouille, que les symptômes qu'elle provoque sont identiques avec ceux que l'on observe à la suite de l'intoxication par la strychnine. Mais je tiens à vous faire voir que l'abus du café et du thé, qui sont regardés comme des boissons des plus hygiéniques, peut cependant ébranler le système nerveux; car les deux principes immédiats qu'elles renferment et qui n'en forment peut-être qu'un, la caféine et la théine, engendrent le ténanos tout aussi bien que la strychnine. Remarquez même que chez ces grenouilles qui ont reçu tout au plus un centigramme de caféine, les convulsions surviennent avec plus de rapidité et plus d'intensité que chez celles qui ont été soumises à l'action de la strychnine. On comprend d'après cela qu'à faible dose, ces boissons puissent exercer sur les centres nerveux une stimulation que l'on peut regarder jusqu'à un certain point comme favorable et qu'elles arrivent à augmenter la puissance musculaire. Elles se distinguent de la strychnine en ce qu'elles portent leur action aussi bien sur les lobes cérébraux et l'intelligence que sur les centres locomoteurs.

Catalepsie.

Sommaire descriptif. — Quelques instants avant l'accès, le malade accuse une douleur de tête; il éprouve des vertiges et des bâillements incoercibles. Le trijumeau qui naît dans la protubérance vient accuser par un spasme réflexe que cette région ressent du moins une des premières l'influence de la névrose. Puis, tout à coup, au moment où on s'y attend le moins, il reste comme pétrifié; il ne tombe pas, il reste comme figé dans l'attitude qu'il présentait auparavant. Plus de mouvements volontaires, plus de mouvements réflexes, mais la contraction tonique de la station est portée à son maximum. Elle s'exagère même par action réflexe toutes les fois qu'une main étrangère cherche à étendre ou à fléchir les membres. Cette contraction tonique ne communique pas toutefois une résistance bien considérable aux différents segments du corps. Ceux-ci conservent une souplesse que l'on a comparée à celle de la cire. On peut à volonté imposer à ces membres toutes les positions possibles; non-seulement ils se laissent faire, mais ils gardent la situation communiquée. Quand la position n'est pas trop contrariée par la pesanteur, elle peut persister pendant toute la durée de l'accès. Dans le cas contraire, elle peut être conservée trois ou quatre fois plus longtemps que dans l'état normal. Au moment où les membres vont quitter cette position par trop difficile à tenir, ils deviennent un instant le siége de tremblements; ils semblent lutter un certain temps par des décharges intermittentes contre la pesanteur, puis ils finissent par succomber et lui obéir. Le plus souvent l'intelligence, la sensibilité, tant générale que spéciale, sont complétement abolies. Mais il y a à cet égard de nombreuses exceptions partielles. Pendant l'accès, les mouvements de la vie végétative continuent à s'exécuter; seulement ils sont considérablement affaiblis. Les mouvements respiratoires sont juste ce qu'il faut pour qu'il n'y ait pas asphyxie; on les voit à peine, malgré l'observation la plus minutieuse. L'oreille seule peut s'apercevoir que ceux du cœur continuent. Les sphincters remplissent encore leur office. Si on introduit un bol alimentaire au fond de la cavité buccale, la déglutition s'achève avec la plus grande facilité. Tels sont les principaux faits de description qui importent à notre point de vue spécial.

Analyse physiologique. — Quoique très-rare, cette maladie devait, par la bizarrerie même de ses manifestations, attirer l'attention des médecins. Aussi a-t-on cherché, à toutes les époques et dans toutes les écoles médicales, à trouver le secret de sa nature. Hippocrate voyait en elle une conséquence directe des excès vénériens; Galien plaçait la cause provocatrice dans l'estomac, et le siége du mécanisme nerveux dans la partie postérieure de l'encéphale qui se trouvait alors atteinte de ce qu'il appelait le refroidissement sec du cerveau. Cette localisation est remarquable en ce sens qu'ici comme en bien d'autres circonstances, Galien a pressenti des vérités physiologiques qu'il ne pouvait démontrer. Son instinct scientifique, si je peux m'exprimer ainsi, le poussait à attribuer des troubles de la motilité à des parties qui réellement sont des centres locomoteurs. Certes, son interprétation, quelque vague qu'elle fût, avait quelque chose de plus sérieux que toutes les divagations que le moyen âge apporta sur la catalepsie, comme sur toutes les questions médicales, et dont voici un spécimen. Bernard Gordon, une des célébrités de l'université de Montpellier, a écrit : que la catalepsie tient à une mauvaise complexion, froide et sèche, à une humeur mélancolique; qu'elle survient plus aisément chez les personnes qui mangent des fruits gelés et boivent de l'eau froide ou tout autre liquide glacé; qu'il résulte de ce régime un épaississement des esprits qui ne leur permet plus de pénétrer jusqu'aux membres qui se trouvent alors privés de sentiment et de mouvement. L'opinion de Fernel, quoique moins ancienne, est de la même valeur. Il attribuait la catalepsie à une irruption vers le cerveau d'un mélange de pituite et de bile jaune. Rondelet brisait déjà moins avec le bon sens en l'attribuant à une distension des veines et des artères du cerveau par suite d'un afflux momentané de sang. Petetin a développé cette idée de congestion en l'accusant de produire une compression : 1° dans la partie du cerveau qui est le siége de l'intelligence, d'où perte de connaissance; 2° à l'origine des nerfs qui président aux mouvements volontaires, d'où suppression de ceux-ci; 3° à l'origine des nerfs sensoriaux, d'où l'anesthésie générale. Vint ensuite Broussais qui, englobant la catalepsie dans son système par trop simple et par trop général, la considérait comme le résultat d'une irritation cérébrale. Enfin, vers la même époque à peu près, Jolly voyait dans cette maladie l'expression de ce qu'il appelait une *surcharge du système nerveux*. Bourdin, qui est l'auteur d'un bon traité sur la catalepsie, déclare que cette dernière théorie est encore la moins défectueuse de toutes. Elle est trop vague pour nous satisfaire. Toutefois, je crois qu'il y a du vrai dans cette expression de surcharge. C'est ce dont nous allons nous apercevoir en essayant d'établir, avec les données actuelles de la physiologie, la pathogénie de la catalepsie.

Comme question préalable, doit-on lui conserver une place spéciale dans le cadre nosologique? Ou doit-on, comme le veut Falret, la considérer comme un simple symptôme pouvant apparaître dans une foule de maladies nerveuses essentiellement différentes? Il est bien vrai que les faits sont loin de reproduire exactement la description type présentée dans le sommaire. En effet, si on passe en revue toutes les observations rapportées à la catalepsie, on voit que l'anesthésie n'est pas un fait constant; que la sensibilité générale peut persister à un certain degré; qu'un ou plusieurs sens peuvent continuer à fonctionner d'une manière plus ou moins parfaite; que l'intelligence n'est pas toujours abolie; qu'elle peut encore se manifester par quelques lueurs; que, même exceptionnellement, la rigidité musculaire peut perdre de son caractère spécial et tendre à se fondre soit avec la contraction volontaire, soit avec la contraction tétanique. Mais en définitive, sous ce rapport, la catalepsie se conduit absolument comme toutes les maladies. Les entités les mieux établies, la fièvre typhoïde, la pneumonie, sont loin de se ressembler toujours. Il est une foule de cas où leur pénombre tend à se fusionner avec celle d'autres affections. Il est bien vrai aussi que le phénomène de l'immobilisation des membres vient souvent se montrer dans l'hystérie, l'extase, l'épilepsie, etc. Mais cela tient uniquement à ce que les diverses parties du système nerveux sont tellement liées entre elles qu'elles sont portées à s'entraîner mutuellement dans toutes sortes de déviations et à donner lieu à des composés morbides excessivement variés. D'ailleurs, symptôme ou maladie, l'aspect si caractéristique des agents du mouvement dans la catalepsie constitue évidemment un état particulier de l'innervation, un état qui, bien certainement, doit avoir un mécanisme différent de celui de l'épilepsie, de l'hystérie, etc. Et pour le médecin physiologiste, il y a toujours lieu de rechercher les détails probables de ce mécanisme.

On peut déjà assurer que le fait en lui-même constitue une aberration de la station, comme l'épilepsie et le tétanos sont de leur côté une aberration de la locomotion, c'est-à-dire de la fonction des mouvements. C'est une infraction aux lois de l'attitude. Les muscles se contractent sous l'impulsion du système nerveux, non-seulement lorsqu'ils déterminent de véritables mouvements avec déplacements dans l'espace des divers segments du corps, mais encore lorsqu'ils servent à maintenir ces segments immobiles dans une situation déterminée, malgré les sollicitations de la pesanteur. Cette action latente n'est pas l'œuvre de la propriété dite *tonicité*, laquelle n'est en réalité qu'une conséquence de l'élasticité du muscle qui tend à ramener celui-ci dans sa situation moléculaire naturelle, lorsque la position des points d'insertion ne vient plus la contrarier. Elle résulte d'une contraction active des fibres musculaires provoquée d'une manière réflexe par les impressions apportées incessamment par les fibres nerveuses sensitives des muscles, et ces impressions sont elles-mêmes la conséquence de la position des parties, des contacts qu'elles subissent et des effets de l'attraction terrestre. Cette contraction imperceptible est moins intense que celle qui aboutit aux mouvements, mais elle est continue et non intermittente comme celle-ci. Les courants électriques continus et intermittents nous fournissent une image assez exacte de ces deux espèces de contraction. La première a reçu des physiologistes le nom de *tonus* pour la distinguer de la contraction de mouvements. Blasius désigne l'action du système nerveux dans cette circonstance par les mots d'*innervation de stabilité*, ceux d'innervation de motilité devant s'appliquer à l'action qui engendre des déplacements. Eh bien! c'est ce tonus, cette innervation de stabilité, qui se trouve troublé dans la catalepsie. Même dans la station la plus facile, pendant l'état physiologique, il n'y a pas de stabilité absolue et de longue durée. La loi de l'intermittence d'action vient à chaque instant reprendre ses droits. Il faut que nous fassions à chaque moment éprouver à la station des modifications partielles. Nous varions l'inclinaison du tronc, nous nous portons davantage sur un membre, puis sur l'autre. Nous faisons reposer quelques minutes certains muscles, primitivement mis en jeu, pendant que nous en faisons travailler d'autres. De plus, si on regarde de près un homme qui se tient debout, on constate que même le membre qui travaille le plus exécute des oscillations imperceptibles de façon à déplacer d'une quantité minime la ligne de gravité du membre et à faire fonctionner davantage tantôt les extenseurs, tantôt les fléchisseurs. Le courant électrique est rémittent alors qu'il semble continu. Dans la catalepsie, rien de tout cela. La loi de l'intermittence devient non avenue. Le courant devient à la fois intense, continu et invariable. La force de stabilité est capable de maintenir le travail musculaire nécessaire à la station sans avoir besoin de l'alternance du travail ni de la moindre oscillation. L'immobilité n'est plus seulement apparente, elle est mathématique. Non-seulement elle peut maintenir les diverses parties du corps et son ensemble dans une immobilité beaucoup plus absolue et beaucoup plus invariable qu'à l'état normal, mais elle le peut dans les conditions statiques les plus mauvaises et les plus difficiles à vaincre.

Quelle est la modification des centres nerveux qui produit cet état de choses. Luys pense qu'il tient uniquement à l'abolition des aptitudes physiologiques d'un point limité de la couche optique, qu'il regarde comme le point de convergence des conducteurs du sens musculaire. Ce serait ce point qui transmettrait, en dernière analyse, à l'intellect la notion des divers états de tension des fibres musculaires. Chez les cataleptiques il serait momentanément paralysé par une anémie due à une contraction spasmodique de ses vaisseaux. Ils perdraient ainsi la conscience de la position de leurs membres et des efforts que leurs muscles seraient obligés d'effectuer pour lutter contre la pesanteur. La lutte se continuerait d'une manière inconsciente et serait entretenue par les impressions que les muscles contractés enverraient incessamment aux centres moteurs. La contraction ainsi que le poids titilleraient constamment les filets du sens musculaire qui à son tour exciterait la contraction.

Cette explication est logique. Il est probable que cette influence de l'inconscience des actes musculaires est un des éléments du mécanisme dans les cas de catalepsie complète et qu'elle vient augmenter l'intensité du phénomène. Mais il n'est pas le seul et il ne doit même occuper qu'un rang secondaire, car le phénomène caractéristique peut se produire sans qu'il y ait perte complète de l'intelligence, alors que le malade sent la situation anormale imposée à ses membres et qu'il se trouve impuissant à la modifier. Il est probable que la cause principale gît dans les centres locomoteurs eux-mêmes et qu'elle consiste dans une véritable hypersécrétion de l'innervation de stabilité. C'est en ce sens que les mots, *surcharge de force nerveuse,* avaient quelque chose de vrai. C'est de la force nerveuse qui reste à l'état de tension au lieu de s'échapper sous forme de décharges intermittentes. C'est de la vapeur maintenue qui continue à s'accumuler.

Par contre, dans la catalepsie complète, la force motrice active de déplacement est perdue. Toute la puissance des centres moteurs est absorbée par la station, au détriment de la locomotion. Pour perfectionner ainsi la fonction station, ces centres semblent absorber toutes les forces vives de l'économie, non-seulement au détriment de la locomotion, mais encore au détriment de l'activité cérébrale qui est complétement abolie, et à celui de la vie végétative qui est considérablement affaiblie. C'est tout justement, du moins en partie, parce que le cerveau est inerte que le centre locomoteur trouve cette puissance au profit de la station. Cela est démontré expérimentalement par ce qui se passe chez les animaux privés de leurs lobes cérébraux. Ils conservent alors toujours la même attitude, et celle-ci est toujours plus parfaite et surtout beaucoup plus ferme qu'à l'état physiologique, où les caprices de la volonté viennent à chaque instant la modifier et lui enlever son caractère de machine. Il est probable que cette inertie cérébrale se produit, comme dans l'épilepsie, par une anémie provenant d'un spasme vasculaire. Dans les deux maladies, les centres locomoteurs se trouvent débarrassés du frein cérébral, mais ils n'expriment pas de la même façon leur mise en liberté dans les deux affections. Dans l'épilepsie, c'est par l'exaltation de l'innervation de motilité; dans la catalepsie, c'est par l'exaltation de l'innervation de stabilité. Cette dernière maladie se rapproche plus des faits expérimentaux que l'épilepsie, car pour produire des crises épileptiformes, l'ablation des lobes cérébraux ne suffit pas, tandis qu'elle est presque suffisante pour produire l'état cataleptique. Onimus affirme que si chez un animal ainsi mutilé, on déplace lentement un des membres, celui-ci reste dans la position qu'on lui a communiquée; si le phénomène n'est pas aussi accentué que dans la catalepsie, c'est que sans doute dans celle-ci, en outre de la suppression du fonctionnement du cerveau, la force du tonus se trouve pathologiquement exaltée. Ce qui rapproche encore l'état cataleptique de celui de l'animal qui a été privé de ses lobes cérébraux, c'est qu'il y a des malades qui, mis en mouvement par une impulsion étrangère, continuent à marcher comme des automates, jusqu'à ce qu'on les arrête ou qu'un obstacle s'oppose à leur progression. Toutefois, l'inertie du cerveau est une condition excessivement favorable, mais non indispensable, car il est des cataleptiques chez lesquels cet organe fonctionne encore un peu. Ils perçoivent encore les sensations; ils créent encore des idées; ils ont encore de la volonté; ils veulent encore exécuter des mouvements; ils savent comment on doit s'y prendre pour les exécuter, mais, malgré tous leurs efforts de volonté, ils sont impuissants à les réaliser. Ils se voient forcés de conserver la position fatigante qu'on a imposée à leurs membres. Il est probable que dans ces cas le trouble d'inertie, au lieu d'exister dans les couches corticales du cerveau, siége dans les fibres qui relient ces couches aux corps striés. L'intelligence a perdu momentanément ses moyens de communication avec les centres locomoteurs; elle ne peut plus leur transmettre ses ordres.

Quant à la manière dont s'établit cette double condition de la catalepsie, inertie cérébrale et exaltation de l'innervation de stabilité, il nous est pour le moment à peu près impossible de la déterminer. Tout ce qu'on peut dire, c'est que cette maladie semble pouvoir surtout être engendrée par toutes les causes capables de déprimer le moral et l'intelligence, telles sont les passions tristes, amour malheureux, haine, jalousie, terreur, chagrins; la mélancolie, la vie mystique, les fatigues intellectuelles trop considérables. Il semble que l'anémie cérébrale a ici quelque chose de passif, tandis que dans l'épilepsie elle est brusque et spasmodique. Du reste, il est remarquable que les causes susceptibles de produire cette dernière maladie sont au contraire de nature excitante, colère, ambition, excès alcooliques; cette surexcitation est sans doute aussi nécessaire pour exalter les centres locomoteurs et donner lieu à une explosion des forces motrices. Dans la catalepsie, la surexcitation de ces centres est faible et semble comme contenue. L'épilepsie trouvait un poison générateur dans l'absinthe, la catalepsie semble aussi avoir le sien.

Un enfant a été rendu cataleptique par l'ingestion de baies de douce-amère. Il est une cause de catalepsie qui, quand elle sera mieux étudiée dans ses effets, pourra peut-être nous faire pénétrer plus avant dans le mécanisme intime de cette affection. Dans un grand nombre de cas la foudre a plongé les individus atteints dans un accès de catalepsie sans leur enlever la vie. L'électricité exerce sur le fonctionnement du système nerveux une influence tellement considérable, qu'on comprend fort bien qu'elle puisse faire brusquement ce que peuvent faire plus lentement les passions dépressives, c'est-à-dire placer les centres nerveux dans des conditions telles que le mécanisme de la catalepsie se trouve facilement réalisé. Aussi n'est-ce pas dans les cas de ce genre qu'on pourra trouver de nouveaux enseignements. C'est plutôt dans ce fait que la foudre produit très-souvent une véritable catalepsie cadavérique. Vieussens a vu deux moissonneurs qui, tués par le tonnerre, avaient les membres raides et immobilisés dans la position où l'accident était venu les surprendre. De plus, dit Vieussens, leurs bras restaient dans la situation qu'on leur donnait quand on les remuait, de sorte qu'ils auraient ressemblé parfaitement à des hommes saisis d'une catalepsie parfaite, s'ils n'avaient été privés entièrement de la respiration et du pouls. Cardan rapporte l'histoire de huit moissonneurs qui, ayant été frappés par la foudre pendant qu'ils prenaient leur repas sous un arbre, conservèrent tous l'attitude qu'ils avaient au moment de la mort. Une chèvre fut retrouvée tuée et restant accrochée à un rocher, tenant dans sa bouche le feuillage qu'elle venait de couper. Y a-t-il là une modification du suc musculaire qui aurait éprouvé une espèce de coagulation pâteuse ? Si l'on songe aux effets calorifiques que peut produire l'électricité ; si l'on songe qu'on a vu aussi la foudre produire des morts par congélation, on se trouve porté à penser qu'il en est peut-être ainsi. Y a-t-il une modification moléculaire semblable mais passagère dans la véritable catalepsie ? Le système nerveux peut-il, par sa force propre, la déterminer comme la foudre ? Ou bien, dans l'un et l'autre cas, y a-t-il seulement un état électrique du système nerveux qui modifie l'état électrique statique des muscles ? Ce sont là autant de questions que les chercheurs doivent s'efforcer d'élucider. Il y aura surtout lieu d'examiner, le cas échéant, l'état matériel des muscles chez les personnes tuées par la foudre.

TRENTE ET UNIÈME LEÇON.

———

MESSIEURS,

Il est une dernière maladie qui me paraît se rapporter à la protubérance et devoir être opposée à la catalepsie comme exprimant un autre mode de trouble de la fonction station. C'est la *Paralysis agitans*.

Paralysis agitans.

Sommaire descriptif. — Comme l'indique son nom, cette maladie est essentiellement caractérisée par une association de tremblement et de faiblesse musculaire qui aboutit même à une véritable paralysie. Le premier de ces deux symptômes est celui qui attire tout d'abord l'attention du malade; le plus souvent il se développe lentement, mais il peut apparaître brusquement sous l'influence d'une émotion morale. Au début, il n'est ordinairement que partiel et siége soit dans l'un des membres, soit à la tête. Parfois il se montre et reste confiné longtemps dans une moitié latérale du corps, c'est-à-dire qu'il affecte une forme hémiplégique; mais tôt ou tard il devient toujours général. Sans avoir rien de bien pathognomonique, il se distingue cependant un peu de ceux que peuvent engendrer l'alcool et le mercure, en ce sens qu'il est plus intense, à impulsions beaucoup plus fortes et qu'il détermine des déplacements très-apparents des parties. A chaque instant les genoux s'entrechoquent avec bruit, les talons frappent le sol, le malade semble trépigner parfois. Les bras sont lancés en dedans au point que les mains viennent frapper l'une contre l'autre; la tête est projetée tantôt dans un sens, tantôt dans l'autre. En général, dans le tremblement mercuriel ou alcoolique, les oscillations sont plus légères et ont moins d'amplitude. Il se distingue aussi des mouvements de la chorée en ce sens qu'il a lieu aussi bien pendant toute espèce de station que pendant la marche. Généralement, le choréique ne tremble que lorsqu'il n'a pas même un petit point d'appui. Dans la *paralysis agitans*, lorsque le corps est soutenu, le tremblement ne fait que diminuer. On peut toutefois le suspendre momentanément par une question imprévue. Un effort considérable de volonté du malade peut avoir le même résultat; il s'accroît sous l'influence de l'usage des boissons alcooliques, du thé et du café. Il cesse pendant le sommeil, quoi qu'en dise Parkinson. Lorsqu'il survient accidentellement une hémiplégie, il disparaît pour se montrer de nouveau lorsqu'elle est guérie. Quand les malades veulent marcher, ils vont d'abord lentement, à pas mesurés, puis, malgré eux, ils pressent de plus en plus leur progression; comme l'a dit fort heureusement Trousseau, on dirait qu'ils courent après leur centre de gravité qui semble leur échapper. La propulsion est irrésistible, ils se précipitent jusqu'à ce qu'ils tombent. Graves et Romberg en ont vu qui, au contraire, avaient une tendance au recul. Ce qu'il y a de remarquable, c'est que pendant que le tremblement va sans cesse croissant, la force musculaire diminue de plus en plus. La sensibilité reste généralement intacte. Il en est de même de toutes les fonctions végétatives. Ce n'est qu'à la fin que les facultés psychiques s'affaissent, mais il y a toujours les signes d'une caducité précoce.

Analyse physiologique. — La nature nerveuse de cette affection ne saurait être mise en doute. Un trouble aussi général de la motilité ne peut être attribué au système musculaire lui-même. Évidemment il ne saurait être produit que par le grand chef d'orchestre qui préside à tous les actes de la motilité. La physiologie expérimentale peut, du reste, nous fournir à cet égard des preuves presque directes. Ainsi que Cl. Bernard l'a fait voir le premier, quand on introduit sous la peau d'une grenouille une goutte de nicotine pure, cet animal est pris au bout de quelques instants de tremblements qui agitent tous les muscles du tronc et des membres. Ces tremblements, par leur aspect, sont l'image fidèle de ce qu'on observe chez les individus atteints de *paralysis agitans*, de sorte qu'on est presque en droit d'appliquer à cette maladie les résultats de l'expérimentation. Or, de son côté, Vulpian a constaté que le tremblement n'apparaît pas lorsque avant l'inoculation de la nicotine on a eu soin de soumettre la grenouille à l'action du curare, substance qui a tout justement pour effet de paralyser le système nerveux moteur. Il a vu aussi que le tremblement ne se produit pas non plus lorsqu'on a détruit préalablement le centre cérébro-spinal. Le système nerveux est donc nécessaire à la production du tremblement de la nicotine et il doit en être de même dans la *paralysis agitans*.

La nature nerveuse de l'affection étant établie, cherchons maintenant quelle est la partie de l'axe cérébro-spinal qui représente le véritable foyer générateur. Trousseau, qui, avec raison, a toujours été regardé comme une autorité dans toutes les questions intéressant les progrès de la science, a été le premier à placer ce siége dans la protubérance. Il arrivait, du reste, avec des preuves matérielles à l'appui: avec l'observation de Leubuscher, où pour toute lésion anatomique il y avait une tumeur fibroïde occupant toute l'épaisseur de la protubérance; avec celle d'Opolzer, où il existait une induration sclérosique du pont de Varole et du bulbe; avec celle de Parkinson, qui signale aussi une augmentation de volume et de consistance du pont de Varole et du bulbe. Deux des observations, publiées par Charcot, semblent cependant ébranler un peu la valeur de ces preuves matérielles, car dans ces deux cas la protubérance et le bulbe furent trouvés parfaitement intacts. Jaccoud, qui a eu connaissance de ces deux faits négatifs avant la publication de son traité de pathologie, n'en persiste pas moins à maintenir la localisation de Trousseau. Seulement, pour lui les lésions anatomiques n'ont absolument aucune signification. Elles ne sont qu'un épiphénomène ou une conséquence indirecte de la maladie. Elles peuvent varier de nature ou de siége, elles peuvent exister ou ne pas exister; peu importe. La *paralysis agitans* est primitivement et toujours une simple névrose *sine materia*. Il croit devoir la rapporter à la protubérance, uniquement parce que le tremblement est général et s'étend à la totalité du système musculaire; il fait observer que les lésions en deçà ou au delà du mésocéphale ne déterminent que des tremblements partiels qui diffèrent du reste, à beaucoup d'égards, de celui de la *paralysis agitans*. L'année dernière, Joffroy a publié dans les archives de physiologie trois observations qui l'ont autorisé à battre en brèche, d'une manière sérieuse, l'opinion de Trousseau et de Jaccoud, et qui l'ont conduit à localiser l'affection dans la moelle. Dans ces trois cas, Joffroy a constaté une oblitération du canal central de la moelle par des éléments dus à la prolifération de la couche épithéliale de l'épendyme; une pigmentation plus ou moins forte des cellules de la moelle, notamment de celles de la colonne de Clarcke; enfin une apparition en quantité variable de corps amyloïdes. Joffroy fait observer en outre que ces trois espèces d'altérations arrivent chez tout le monde, d'une manière moins prononcée et moins générale, sous l'influence des progrès de l'âge. En conséquence, il croit que la *paralysis agitans* doit être attribuée à une sénilité prématurée et exagérée des éléments de la moelle, d'autant plus que le tremblement devient l'apanage de presque tous les vieillards. Depuis, Ball a donné communication d'un fait inédit qui vient indirectement à l'appui de la localisation de Joffroy. Dans ce fait, il n'y avait rien du côté de la protubérance. Dans la moelle existait une forte congestion de la substance grise, le canal était rempli par un exsudat coagulable, mais il n'y avait pas de pigmentation ni de corps amyloïdes.

Quant à mon opinion personnelle, vous pouvez presque la prévoir. Avec l'idée de segmentation que j'ai élevée à la hauteur d'un principe fondamental de l'innervation, il m'est impossible d'admettre une localisation exclusive. Chaque segment du corps relève d'un segment déterminé de l'axe cérébro-spinal, et les segments du système nerveux sont étagés à peu de chose près comme ceux du corps lui-même. Par conséquent, tout trouble qui porte à la fois sur toutes les zones du corps, suppose l'intervention de tous les segments correspondants du système nerveux. Mais ceux-ci sont agencés entre eux de façon à associer leurs actes dans un certain ordre. Dans cette série de rouages engrenés, il y en a toujours un qui commence l'action morbide, qui entraîne les autres et qui continue à les dominer dans l'œuvre pathologique commune. Eh bien! ce rouage initial et principal de la *paralysis agitans* est incontestablement pour moi dans la protubérance. Cette affection est une maladie de la station. Or, les vivisections nous le montrent, la protubérance est la cheville ouvrière de l'attitude et de la station. C'est elle qui réalise et impose la même attitude quand les caprices de la volonté sont supprimés par l'ablation du cerveau. C'est elle qui impose le besoin d'équilibre, qui ramène celui-ci chaque fois qu'une main étrangère tend à le détruire. C'est donc elle qui doit faire défaut, avant tout, quand cet équilibre n'est presque plus réalisable, ainsi que l'indique l'expression de Trousseau. Mais elle entraîne dans les mêmes errements les agents qui sont sous ses ordres, comme la moelle. Voilà pourquoi celle-ci prend aussi part au concert de désordre. Le rôle capital que la protubérance joue dans la *paralysis agitans* est aussi démontré par une expérience pratiquée par Vulpian à l'aide de la nicotine dont les effets sont parfaitement assimilables à cette maladie. Il a inoculé cette substance chez une grenouille à laquelle il avait préalablement enlevé l'encéphale, moins la protubérance et le bulbe. Le tremblement se produisit absolument comme si l'animal avait été intact. Du moment où il détruisit la protubérance et une partie du bulbe qui, chez la grenouille, se confond avec elle dans un même renflement, les tremblements cessèrent malgré la persistance de l'intégrité de la moelle. Blasius fait remarquer aussi avec raison que le nystagmus qui accompagne les maladies de la protubérance est un tremblement partiel. Il aurait pu aller plus loin et déclarer que parfois aussi les tumeurs du mésocéphale donnent lieu à des accès de tremblement. Ce que les cliniciens appellent *la sclérose en plaque généralisée* est caractérisé anatomiquement par des dépôts de tissu cellulo-fibreux dans certains points de la protubérance et du bulbe. Entre autres symptômes, cette maladie donne lieu à un tremblement intense ; toutes les fois que le sujet se met ou veut se mettre en mouvement, tôt ou tard ce tremblement devient constant et se confond tout à fait avec celui de la *paralysis agitans*. D'ailleurs, n'est-ce pas cette aptitude de la protubérance à produire un trémulus général qui a fait dire à Vulpian qu'elle était un centre émotionnel ?

Quel est le mode d'action de la protubérance dans la production de la *paralysis agitans?* Il consiste évidemment à fournir au système musculaire un tonus arrivant par secousses et non sous forme d'un courant d'apparence continue, comme cela a lieu dans l'état normal. Quant à la manière dont s'établissent ces secousses, il me paraît bien difficile de le décider dans l'état actuel de la science. Ferrand prétend qu'elles sont la conséquence d'un affaiblissement de la production nerveuse de la protubérance. Il se base avant tout sur les belles expériences de Marey qui ont démontré d'une manière incontestable que la contraction normale du muscle se compose d'une série de secousses produites successivement, mais à de courts intervalles, de telle sorte qu'elles se fondent entre elles, tout justement parce que chacune d'elles n'est pas encore achevée quand la suivante commence. Dans ces conditions, la contraction nous paraît continue, absolument comme un charbon incandescent que l'on fait tourner rapidement nous donne la sensation d'une circonférence continue. Pour Ferrand, le tremblement serait, dans la contraction active comme dans le tonus, une contraction normale, mais faible et décomposée en ses éléments successifs, par suite de la faiblesse et de la lenteur de l'agent stimulant. Il traduirait une faiblesse et une lenteur de propagation de la force nerveuse. Il cite à l'appui de son interprétation un individu qui, en même temps que le tremblement, avait aussi une lenteur dans l'arrivée des impressions. Deux autres circonstances lui sont encore incontestablement favorables, c'est que la *paralysis agitans* se montre surtout chez les vieillards et qu'elle s'accompagne d'un affaiblissement considérable de la motilité volontaire, affaiblissement qui peut même aboutir à une paralysie complète.

Vulpian et Charcot pensent au contraire que les secousses sont engendrées par une irritation des centres créateurs du tonus. Le fait qu'une hémiplégie intercurrente suspend le tremblement pendant toute sa durée; qu'il en est de même dans certaines maladies graves et dépressives et à la suite des crises d'épilepsie qui tendent à épuiser la force nerveuse, plaide certainement en faveur de cette seconde hypothèse. La paralysie qui constitue la dernière scène de la *paralysis agitans* serait la conséquence de l'usure du centre nerveux par l'excès de contractions antérieures, comme dans l'alcoolisme la démence se trouve être la conséquence naturelle de l'exaltation première des facultés intellectuelles.

Il est difficile, je le répète, de se prononcer pour l'une ou pour l'autre de ces deux opinions. Tout ce qu'on peut dire, c'est que la *paralysis agitans* est surtout provoquée, soit par le froid humide, soit par des émotions violentes et soudaines, comme la frayeur, toutes causes susceptibles de produire des irrégularités dans le fonctionnement du système nerveux.

DU CERVELET

Constitution anatomique du cervelet.

Le cervelet, ou portion de l'encéphale qui se trouve correspondre aux fosses inférieures de l'occipital, représente une masse moins considérable que celle du cerveau. Le poid relatif entre ces deux parties est comme 1 est à 9. Chez le fœtus, comme il est moins avancé dans son développement que le cerveau, le rapport est comme 1 est à 14. Ce fait a sa signification physiologique, car c'est peut-être pour cette raison que le jeune enfant ne peut ni marcher ni tenir son équilibre. La substance du cervelet se putréfie assez vite, ce qui peut induire en erreur et faire croire à l'existence d'un ramollissement. Cela tient à la position déclive de l'organe, soit pendant la vie, soit après la mort, et à sa grande richesse en substance grise. Quant aux détails de conformation, ils n'ont aucun intérêt pour nous. Pour la moelle, le bulbe et la protubérance, il était indispensable de rappeler, à la fois par des figures et des descriptions détaillées, les différentes faces de ces centres nerveux, parce que dans les vivisections les résultats variaient suivant le point lésé et qu'il était nécessaire aussi pour le physiologiste de bien préciser le point d'origine des nerfs. Il n'en est plus de même pour le cervelet. Jusqu'à présent, on s'est trouvé en présence des mêmes phénomènes, en agissant tantôt sur un point, tantôt sur un autre. Les vivisections n'ont besoin que d'une chose, c'est de porter sur la masse cérébelleuse. De plus cette masse ne donne naissance à aucun nerf, quoiqu'on ait prétendu le contraire. Tout ce que nous avons besoin de savoir, c'est qu'on lui distingue trois lobes, l'un moyen qu'on appelle *médian,* et deux latéraux qu'on appelle *hémisphères cérébelleux*; que chez l'homme les lobes latéraux sont très-développés, tandis que le lobe médian est très-petit; que chez les mammifères le lobe médian prend plus de développement que les latéraux; que chez les oiseaux, les reptiles et les poissons le cervelet n'est représenté que par le lobe médian qui alors acquiert un certain volume. Un fait qu'il est utile aussi de se rappeler, c'est que cet organe contribue à circonscrire le quatrième ventricule.

Quand on fait une coupe horizontale et qu'on l'examine à l'œil nu, on voit que, contrairement à ce qui existe dans la moelle et la protubérance, la substance blanche est au centre et la substance grise à la périphérie. Au milieu de la substance blanche, on aperçoit une membrane jaunâtre plissée sur elle-même. C'est le corps *rhomboïdal* ou *olive cérébelleuse.* La substance blanche envoie dans la grise des prolongements qui, par leur ensemble, constituent l'arbre de vie. Elle envoie d'autre part des prolongements extrinsèques qui forment les divers pédoncules cérébelleux. Le supérieur se porte au-dessous des tubercules quadrijumeaux; le moyen vers la protubérance et l'inférieur vers le bulbe.

Si maintenant nous nous servons du microscope, nous constaterons que la substance grise est composée de deux couches : 1° la superficielle, d'une teinte de rouille, très-molle et caractérisée par de grosses cellules d'une forme spéciale, qui ont reçu le nom de cellules de *Purking*. Elles sont disposées en séries régulières. Elles présentent une extrémité renflée qui regarde le centre de l'organe et qui est munie de prolongements très-fins ; et une portion effilée composée de plusieurs prolongements volumineux et tournés vers la périphérie. A la surface externe de cette couche se trouve une lamelle mince de très-petites cellules sous-jacentes à la pie-mère et recevant les prolongements des grosses cellules. 2° La couche profonde de couleur grise est composée presque exclusivement d'une quantité prodigieuse de petites cellules sphériques et brillantes. Celles-ci ont le volume des globules du sang et sont dix fois plus petites que les cellules de Purking. Robin les regarde comme des myélocites ne contractant aucune connexion avec les prolongements des cellules de Purking, qui se contenteraient de traverser leur masse. Luys prétend qu'elles ont des prolongements propres, très-déliés, qui s'anastomosent entre eux en formant un lacis inextricable et qui de plus viennent s'accoler aux prolongements de Purking en entourant chacun d'eux d'un véritable chevelu. Pour mon compte, je ne suis pas encore arrivé à les apercevoir. La substance blanche est formée de tubes nerveux dont les cylinder-axis font suite aux prolongements des cellules de Purking qui, là, se trouvent débarrassées du voisinage des petites cellules ou myélocites de Robin. Suivant Luys, là se retrouveraient aussi les petits filaments provenant de ces petites cellules et accolés aux tubes précédents. Quoi qu'il en soit, les tubes flanqués ou non de ces filaments convergent vers les cellules du corps rhomboïdal, comme les fibres du cerveau convergent vers le corps strié. Du corps rhomboïdal partent alors de nouvelles fibres qui se disposent en trois faisceaux qui deviendront les trois pédoncules cérébelleux. D'après Luys, ces trois faisceaux viendraient se terminer dans les cellules du côté opposé du bulbe, de la protubérance et des pédoncules cérébraux ; ces cellules d'aboutissement formeraient un tout continu, qu'il appelle *substance grise cérébelleuse périphérique* et qui serait réuni par de nouvelles fibres, d'une part avec le corps strié, d'autre part avec les pyramides antérieures. Elles seraient toutes grosses et appartiendraient à la catégorie des cellules motrices. Cette disposition, si elle existe (et elle semble se confirmer de plus en plus), indique que le cervelet se rattache aux parties cérébrales de l'axe cérébro-spinal qui sont affectées au mouvement et qu'il est un des agents centraux de la locomotion. Le schéma suivant va vous donner une idée de la forme des éléments qui entrent dans la composition du cervelet, de leur disposition et de leurs connexions tant intrinsèques qu'extrinsèques. Je m'abstiendrai toutefois d'y représenter les filaments des petites cellules sur l'existence desquels je ne suis pas encore édifié. Il est inutile de dire que, dans ce schéma, il n'y aura d'observé que les proportions relatives des cellules. Pour tenir compte de celles qui existent entre les parties blanches et grises, il faudrait donner à l'ensemble de la figure une

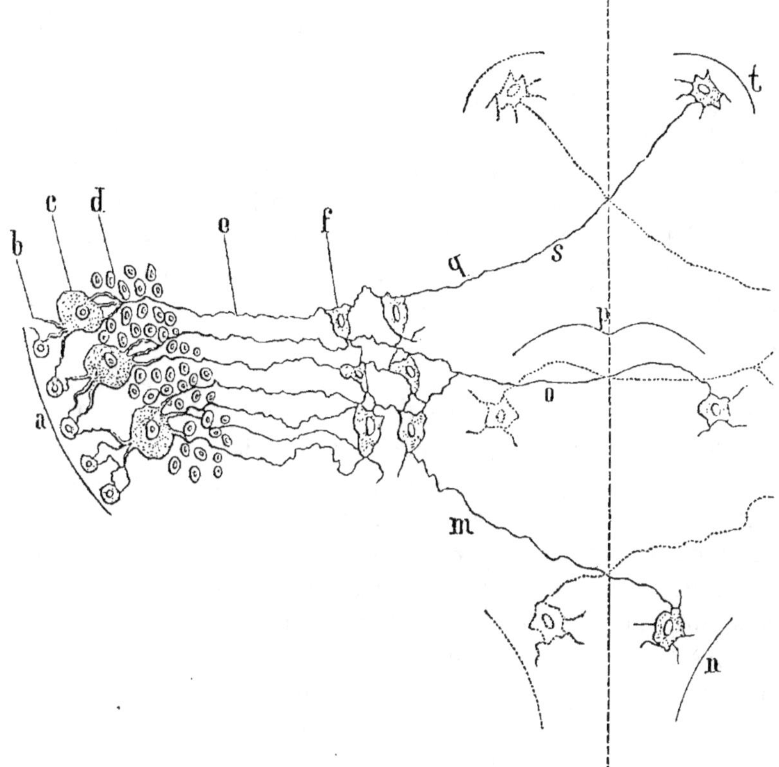

Fig. 41.

a, ligne représentant une petite portion de la courbe du cervelet. — *b*, couches de petites cellules formant le premier plan de la substance grise. — *c*, seconde couche formée par de grosses cellules à forme spéciale. — *d*, large couche de myélocytes. — *e*, arbre de vie où les prolongements des grosses cellules se trouvent débarrassés du voisinage des myélocytes. — *f*, cellules du corps rhomboïdal recevant les prolongements précédents. — *m*, fibre du pédoncule cérébelleux inférieur aboutissant à une cellule du bulbe représenté par la ligne limitante *n*. — *o*, fibre du pédoncule cérébelleux moyen aboutissant à une cellule de la moitié opposée de la protubérance représentée par la ligne limitante *p*. — *q*, fibre du pédoncule cérébelleux supérieur aboutissant à une cellule du corps strié représenté par la courbe *t*.

étendue à laquelle ne pourrait satisfaire aucun tableau ni aucun format de livre.

Physiologie normale.

La quantité de théories et d'expériences dont le cervelet a été l'objet est prodigieuse et tout à fait désespérante. Mais le sentiment d'impartialité que j'ai toujours cherché à apporter dans ces leçons me force à les mentionner toutes. Je le ferai aussi succinctement que possible, sans suivre aucun ordre bien rigoureux, cherchant seulement à allier l'ordre chronologique avec le besoin de variété, sans laquelle l'étude devient monotone et se poursuit sans grand profit. Quand on reste toujours dans le même genre de vue, les simples variantes finissent par ne plus frapper l'esprit. Cet exposé historique une fois terminé, nous nous efforcerons de nous créer une opinion, si c'est possible, au milieu de ce dédale d'hypothèses et de conclusions.

Si on remonte aussi loin que possible, on voit que Malacarme plaçait dans le cervelet le siége de l'âme. Viennent ensuite plusieurs médecins qui, quittant le point de vue spiritualiste et ne se plaçant qu'au point de vue physiologique, attribuaient au cervelet, ou la mémoire seule, ou l'intelligence tout entière et les instincts. Cette dernière supposition a encore trouvé un défenseur, en 1864, dans M. Bourillon qui a fait sa thèse inaugurale sur ce sujet. Cette exhumation par un moderne d'une idée ancienne nous forcera à la réfuter dans la discussion générale. La première hypothèse sérieuse mise en avant, le fut par Villis. Suivant lui, le cervelet préside aux mouvements involontaires et aux fonctions de la vie organique. C'est de là qu'il faisait partir ce qu'on appelait alors les *esprits vitaux* destinés à animer les viscères. Sa théorie était uniquement basée sur l'anatomie, et il partait du reste d'une donnée fausse. Il faisait provenir le pneumo-gastrique du cervelet, particulièrement d'une petite saillie qui conserve encore aujourd'hui le nom de *lobule du nerf vague*. Comme ce nerf se distribue à peu près à tous les organes du thorax et de l'abdomen, il était logique de penser que ces viscères recevaient leur force vitale du foyer-cervelet, dont la dixième paire représentait le système de conduits de distribution.

Une théorie qui a eu beaucoup de succès, surtout en dehors du monde médical, est celle de Gall. Il plaçait dans le cervelet l'instinct de la propagation et le penchant à l'amour physique. Il s'appuyait sur un assez grand nombre d'arguments qu'il nous sera facile de condamner dans la discussion : 1° sur l'existence constante de cet organe chez tous les animaux qui s'accouplent et sur son plus grand développement chez ceux qui se livrent le plus fréquemment à la copulation ; 2° sur ce que le cervelet suivrait dans son développement les phases de l'amour physique ; qu'il augmenterait considérablement de volume à l'époque de la puberté pour s'atrophier pendant la vieillesse ; 3° sur ce que la femme, qui est moins portée que l'homme vers les rapports sexuels, a le cervelet plus petit que lui ; 4° sur ce qu'il acquiert au contraire un grand développement chez les idiots, qui tous se font remarquer par une grande salacité ; 5° sur ce que chez les animaux le cervelet se montrerait turgescent au printemps, époque des amours, et presque exsangue pendant l'hiver ; 6° sur ce qu'il s'atrophierait chez les animaux soumis à la castration ; 7° sur ce que, dans l'espèce humaine, les arrêts de développement marcheraient de front du côté des organes génitaux et du côté du cervelet ; 8° sur ce que les maladies de cet organe produiraient le priapisme ou bien l'impuissance, suivant qu'elles seraient de nature inflammatoire ou de nature paralysante.

Rolando, ayant remarqué que les animaux chez lesquels il avait mutilé le cervelet étaient atteints d'une telle faiblesse musculaire qu'ils étaient devenus tout à fait incapables de marcher et même de se tenir debout ; tandis que ceux chez lesquels il se contentait d'irriter l'organe se montraient possesseurs d'une puissance musculaire bien au-dessus de la normale, en a conclu que le cervelet devait être considéré comme le centre où se crée toute la force motrice mise au service de la volonté. Il comparait même, sous ce rapport, le cervelet à une pile voltaïque. L'enchevêtrement des replis de substance grise et de substance blanche dans l'arbre de vie donnait presque un appui matériel à cette hypothèse et rappelait l'alternance des disques de métaux différents de la pile.

Pourfour du Petit, Saucerotte et, depuis, Foville, ont fait du cervelet le siége du *sensorium commune*. Selon eux, il représenterait le foyer où sont perçues toutes les impressions afférentes à la sensibilité générale, sensations de toucher, de température, de chatouillement, de douleur. Le point de départ moderne de cette idée a été une erreur à la fois anatomique et physiologique que nous avons déjà eu maintes fois l'ocasion de réfuter. On s'est basé tout d'abord sur ce que les pédoncules cérébelleux inférieurs semblent être la continuation des cordons postérieurs et sur ce qu'on croyait ceux-ci chargés de transmettre les impressions sensitives. Nous savons qu'il n'en est rien. On s'est appuyé aussi sur ce que les maladies du cervelet donneraient lieu à une céphalalgie très-intense, sur ce que dans ces mêmes maladies, il y aurait altération de la sensibilité générale, hypéresthésie ou anesthésie. Nous verrons dans la physiologie pathologique qu'il est loin d'en être toujours ainsi. Développant le système primitif de Saucerotte, Foville a prétendu que c'était là que s'opérait aussi la perception des impressions visuelles et auditives. Aux faits pathologiques qui, en effet, montrent que, dans les maladies du cervelet, la vision et l'audition peuvent être compromises, il a cherché à joindre des preuves anatomiques, et il pense avoir suivi les racines du nerf auditif à travers les corps restiformes jusque dans le cervelet, et il admet dans les pédoncules cérébelleux supérieurs l'existence d'une lamelle blanche spécialement chargée de relier les points d'origine du nerf optique avec le cervelet.

Flourens est venu donner une tout autre direction aux idées classiques par des expériences qui, en raison même de la constance des résultats, lui font encore compter aujourd'hui parmi ses partisans la plupart des médecins. Comme Rolando, il voit dans le cervelet un organe affecté à la locomotion. Comme lui, il a constaté que la destruction du cervelet donnait lieu à des troubles du mouvement tels que la locomotion devenait presque impossible. Mais il est arrivé, par une observation minutieuse, à une autre conclusion. Selon lui, l'ablation partielle ou complète du cervelet altère la fonction locomotion, non pas parce que la force motrice vient à manquer, comme le pensait Rolando, mais parce qu'elle est mal dirigée et que les mouvements sont mal coordonnés, mal associés entre eux. Le cervelet est, non pas un foyer de force motrice, mais un organe d'équilibration et de coordination qui règle les actes des véritables centres du mouvement. Chez un grand nombre d'oiseaux il a enlevé le cervelet par couches successives. L'ablation des premières couches ne produisit qu'un léger manque d'harmonie dans les mouvements. Lorsque les couches moyennes furent enlevées, il se manifesta une agitation presque universelle, les mouvements devinrent brusques et déréglés. La faculté de sauter, de voler, de marcher, de se tenir debout se montra très-altérée. Les oiseaux n'arrivèrent plus à se tenir debout qu'en s'appuyant sur leurs ailes et sur leurs queues. Ils marchaient absolument comme s'ils étaient ivres. Ils tombaient souvent et roulaient sur eux-mêmes. Lorsque les dernières couches furent retranchées, la marche, le vol, la station, devinrent tout à fait impossibles. Placés sur le dos, les animaux étaient tout à fait incapables de se relever. « En un mot, dit Flourens, la volition, les « sensations, les perceptions persistent: la possibilité d'exécuter des « mouvements d'ensemble persiste aussi. Mais la coordination de « ces mouvements en mouvements de locomotion réglés et déter-« minés est perdue. Dans le cervelet il existe donc une propriété « qui consiste à coordonner les mouvements voulus par certaines « parties du système nerveux, excités par d'autres. » Dans une autre série d'expériences, Flourens a obtenu des résultats qui avaient déjà été signalés par Magendie, et qui, selon lui, viennent à l'appui de la première conclusion. Les lésions de la partie postérieure du cervelet ont souvent produit une tendance à marcher ou à courir en avant; et les lésions des parties postérieures une tendance au recul. Il attribue ces effets à ce que les lésions partielles ne pouvaient que troubler les conditions d'équilibre. Duchenne de Boulogne va plus loin que Flourens. Se basant uniquement sur des faits pathologiques, il voit dans le cervelet quelque chose de plus qu'une machine bien organisée de coordination. Il en fait le siége d'une certaine faculté psychique d'harmonisation des mouvements.

Un physiologiste italien, Lussana, a, comme tout le monde, constaté la vérité des faits signalés par Flourens. Il reconnaît aussi que ces faits ne doivent pas être attribués à une faiblesse musculaire. Mais il prétend que le cervelet n'est pas non plus un agent de coordination; que ce qu'on supprime en lésant cet organe, c'est le sens musculaire, et que le défaut d'harmonie n'est que la conséquence de cette suppression. Pour lui, le cervelet serait le centre de perception des impressions nées dans les muscles. Il serait l'agent central de cette sensibilité particulière qui nous donne la faculté de mesurer et par suite de gouverner les contractions musculaires. Dans l'échelle animale, il y aurait une correspondance parfaite entre la finesse du sens musculaire et le développement du cervelet. Ce sens, en effet, est assez prononcé chez les poissons qui montrent tant d'agilité à la nage. Il l'est peu chez les reptiles qui rampent ou sautent sans me-sure. Aussi leur cervelet est-il plus petit que chez les poissons. Les oiseaux, qui, anatomiquement, sont mieux favorisés que les animaux précédents, ont déjà un sens musculaire plus délicat; car ils nuancent parfaitement leur vol. Mais c'est chez les quadrupèdes plus riches encore en masse cérébelleuse que les mouvements sont le plus souples et le moins saccadés. Lussana signale une expérience qui, à ses yeux, prouve bien la nature du désordre. Lorsqu'un dindon, privé de son cervelet, veut saisir un morceau de pain, il pointe son bec bien nettement. Mais il ne mesure pas bien la force de projection et il va pointer à un pouce de distance. Il essaye de nouveau et tombe toujours à côté. Le mouvement est bien coordonné dans ses détails, mais il n'est pas bien dosé. Dans d'autres expériences plus récentes et plus nombreuses, il a obtenu des résultats qu'il regarde encore comme confirmant son idée. Lorsqu'il se contentait d'irriter l'organe sans ablation d'aucune de ses parties, il n'observait aucun trouble des mouvements volontaires. Il en était de même lorsqu'il n'en enlevait qu'une très-faible portion, ou tout au moins, les troubles étaient tellement peu apparents qu'ils passaient inaperçus, parce qu'alors le sens musculaire n'était qu'un peu affaibli. Ils ne devenaient appréciables que dans l'obscurité, parce qu'alors la vue ne pouvait plus rectifier les erreurs dues à l'affaiblissement du sens musculaire. Lorsqu'enfin il enlevait la plus grande partie du cervelet, la perte du sens musculaire était telle, qu'il semblait y avoir une paralysie réelle, absolument comme chez la grenouille à laquelle on a coupé toutes les racines postérieures. Lussana complète son système en annexant les renseignements fournis par l'audition et la vision à ceux qui sont apportés par les nerfs sensitifs du système musculaire. Le cervelet centraliserait en lui toutes les impressions capables d'éclairer l'action des muscles dans la locomotion, qu'elles soient d'ordre tactile, ou visuel, ou auditif. Selon lui, la membrane nerveuse blanche, décrite par Foville et qui s'étendrait depuis la couche corticale du cervelet jusqu'aux tubercules quadrijumeaux, existerait réellement et serait chargée d'établir les rapports nécessaires entre le centre visuel et celui du sens musculaire. Ce serait grâce à elle que, toutes les fois qu'on incise le cervelet, les bulbes oculaires sont aussitôt saisis de contractions violentes. Sans doute qu'alors naissent des hallucinations visuelles, comme si les objets tournaient autour des animaux. Ce serait grâce à elle que les lésions spontanées du cervelet peuvent produire de l'amaurose ou tout au moins de l'affaiblissement de la faculté visuelle. Cette corrélation aurait surtout pour but d'aider le cervelet dans la direction générale des mouvements volontaires. D'un autre côté, dans le même but, le cervelet s'associerait aussi l'action de l'audition par l'intermédiaire du nerf vestibulaire qui apporterait les renseignements fournis par la direction des sons. Mettant toujours à profit les vues anatomiques de Foville, Lussana fait remarquer que la branche limacéenne, qui est pour la tonalité et qui ne peut en rien aider le sens musculaire, prend naissance dans le bulbe de même que le nerf du goût, tandis que la branche vestibulaire va au cervelet.

En 1865, Luys a publié sur le système nerveux un ouvrage des plus remarquables où se presse une foule de vues nouvelles rehaussées par un style des plus imagés. Dans ce livre, il reprend l'idée de Rolando en la développant et en la mettant au niveau de la science actuelle, et il attaque de front l'interprétation rendue classique par Flourens. Il reconnaît que les résultats qu'il a obtenus sur les animaux rappellent ceux signalés par Flourens et qu'au premier abord ils semblent justifier l'opinion de ce physiologiste. Les pigeons auxquels il avait enlevé successivement, dit-il, diverses portions du cervelet, se mouvaient en chancelant dans toutes les directions, d'une manière tout à fait irrégulière. Placés sur un bâton ou sur une table, ils cherchaient incessamment à se maintenir en équilibre, tantôt en balançant leurs ailes, tantôt à l'aide de leurs queues. Ils étaient en titubation continuelle et toujours sur le point de tomber en avant ou en arrière. Les phénomènes étaient encore plus apparents chez les poissons de rivière à forme plate. Ils n'avaient plus qu'une sorte de balancement latéral, irrégulier, qui portait immédiatement à comparer ces poissons à des corps flottants, dépourvus de lest, et réduits à l'état d'équilibre instable. Toutefois, en raison de son observation propre, il n'hésite pas à attribuer ces résultats, non pas à un défaut de coordination, mais à un affaiblissement de la force musculaire. Après les lésions du cervelet, la marche serait désordonnée comme chez les convalescents, uniquement parce qu'elle n'aurait plus assez de force à sa disposition. Pour lui, le cervelet représente le plus puissant centre de force motrice; par les pédoncules moyens, il déverse dans la protubérance, pour les besoins de la locomotion, une partie de la force qu'il produit. Par les pédoncules inférieurs, il contribue à l'innervation motrice du cœur, de la respiration, de l'intestin et de la vessie. Par les pédoncules supérieurs, non-seulement il va prendre une part active dans le rôle que le corps strié remplit dans la locomotion, mais il exerce même une véritable influence psychique. L'influx envoyé par le cervelet dans le corps strié réveille l'action des cellules intellectuelles et leur donne de l'initiative. Il est pour beaucoup dans les déterminations de la volonté. L'insuffisance de cet influx peut au contraire produire l'asthénie morale. Peut-être même, faut-il chercher dans cette insuffisance la cause de la pusillanimité et de la timidité; à un degré moins avancé, chez d'autres, la circonspection et l'absence d'entraînement; chez d'autres enfin, où l'insuffisance est plus grande et même morbide, la mélancolie.

Messieurs, les théories dont je vous ai entretenus jusqu'à présent étaient basées sur des interprétations en partie enfantées par des vues systématiques. Depuis, les médecins ont cherché à entrer dans une voie peut-être un peu vague mais plus impartiale. Ils ont pratiqué des vivisections, ils ont interrogé la nature, enregistrant tous les faits sans s'inquiéter des déductions plus ou moins contradictoires auxquelles conduisaient leurs expériences. Ce sont ces groupes d'expériences, qui n'ont différé entre eux que par le procédé opératoire, qu'il me reste à vous indiquer.

MM. Lewen et Olivier se sont servis d'une aiguille d'acier fortement trempée, permettant de piquer l'organe à travers le crâne. Comme cette aiguille ne donnait lieu à aucune déchirure grave des parties molles extérieures et à aucune hémorrhagie capable de comprimer le cervelet, ils ont pensé avec raison qu'ils se plaçaient ainsi dans des conditions non complexes et aussi nettes que possible. De plus, l'aiguille étant munie d'un curseur, on pouvait limiter à volonté l'étendue de pénétration de l'aiguille. Les autopsies faites après coup leur ont permis de diviser leurs expériences en deux catégories, celles où il n'y eut point d'hémorrhagie cérébelleuse et où les phénomènes restèrent simples et non compliqués; celles au contraire où il y eut épanchement de sang déterminant des phénomènes afférents aux organes voisins. De la première catégorie d'expériences ils ont pu conclure :

1º Que les piqûres simples du cervelet ne déterminent jamais la mort et que, même au bout de huit à quinze jours, tout paraît rentré dans l'ordre ;

2º Qu'elles ne troublent jamais ni la sensibilité générale, ni les organes des sens ;

3º Qu'elles ne produisent jamais ni vomissements, ni diarrhée, ni perte d'appétit ;

4° Qu'elles ne déterminent jamais que des troubles de motilité qui sont très-inconstants et très-variables. Le plus souvent il en résulte seulement une certaine lenteur dans la progression; parfois une hémiplégie incomplète, double fait qui viendrait peut-être à l'appui de Luys. D'autres fois on observe des mouvements de rotation ou de manége, ou des inflexions de la tête sur le tronc. Si on pique un seul lobe, la rotation commence de suite et s'exécute avec une grande rapidité. L'animal fait plusieurs tours en une minute, la vitesse diminue ensuite; puis quand il revient au repos, il reste couché sur le côté lésé.

Dans la deuxième série d'expériences, ils ont constaté, en outre des phénomènes précédents, de l'incontinence d'urine, des déjections alvines fréquentes. Lorsque l'hémorrhagie avait envahi le bulbe, l'animal tombait dans un état de mort apparente pendant quelques secondes; puis, douze heures après, survenaient des mouvements convulsifs. La respiration devenait anxieuse. Il y avait des vomissements fréquents; puis la mort terminait la scène.

D'après Vagner, lorsqu'on n'enlève que 70 à 80 milligrammes des couches superficielles du cervelet, on n'observe rien. Si on enlève plus profondément, on constate en effet un certain défaut d'équilibration. Mais ce défaut ne persiste pas: bientôt il ne reste plus qu'un peu d'incertitude; puis, plus tard, tout rentre dans l'ordre. Aussi croit-il que les troubles du début sont dus au tiraillement des parties plus profondes, telles que les pédoncules cérébelleux. Si on enlève la presque totalité du cervelet, l'animal reste couché sur le ventre; les extrémités postérieures tendent de plus en plus à se placer dans l'extension. Si on touche l'animal, aussitôt l'extension s'exagère. On dirait un animal strychnosé. Le cou se tourne de plus en plus en spirale; puis, par moments, l'animal est pris d'un tremblement analogue à la *paralysis agitans* qu'exagère le moindre contact. Quelquefois surviennent des vomissements et une diarrhée aqueuse.

Plus récemment encore, Weir-Michell a interrogé la nature par divers procédés. Il a injecté du mercure; il a lié diverses parties de l'organe; il a enfoncé des tiges de bois dans plusieurs directions; il a eu aussi le premier recours à la congélation qu'il produisit surtout avec la rhigoline. Le premier phénomène a toujours été un renversement de la tête en arrière qui donnait à la démarche des oiseaux un air de fierté. Il a vu la marche en avant et la marche à reculons, toutes les deux produites par une seule et même lésion de la région postérieure du cervelet: Le premier effet du froid était d'abord la marche en avant; puis après venait le recul; on aurait dit le premier effort d'un animal égaré qui cherche à fuir. Il a vu aussi de la titubation; mais il croit que cette confusion dans les mouvements pourrait bien provenir d'actions musculaires réflexes. Ces actions réflexes contre-balanceraient pendant quelque temps l'influence des centres de la volonté, qui d'ordinaire sont tout-puissants. De l'ensemble de ses expériences, il conclut que le cervelet n'est point un centre particulier dont l'irritation ou la suppression retentisse sur une fonction déterminée; qu'il n'est sans doute qu'un renflement, qu'un épanouissement du système spinal; que sa substance grise a absolument les mêmes propriétés et les mêmes fonctions que la substance grise de la moelle; qu'il n'est en définitive qu'un moyen de renforcement de l'axe médullaire. Notons enfin l'opinion plus radicale encore de Brown Sequard qui déclare que le cervelet ne possède aucune des fonctions qu'on a voulu lui attribuer jusqu'à présent, et que les phénomènes si variés qu'on observe dans les vivisections ne sont que l'expression de retentissements réflexes de cet organe sur les diverses parties du système nerveux, d'où l'inconstance de ces résultats.

Messieurs, nous venons de passer en revue les nombreuses hypothèses physiologiques dont le cervelet a été l'objet jusqu'alors. Je vous avoue que je suis bien embarrassé de formuler une opinion personnelle, au milieu de ce conflit d'assertions et d'expériences. Cependant il me paraît possible de circonscrire un peu les débats et d'arriver pas à pas à une solution provisoire qui pourra peut-être se fortifier encore sur le terrain de la pathologie. En effet, toutes ces théories, toutes ces expériences, quelque disparates qu'elles puissent paraître, peuvent être rapportés aux cinq chefs suivants : 1° le cervelet est préposé à l'exercice des facultés intellectuelles ou instinctives; 2° il est le centre nerveux de la génération; 3° il est un centre moteur pour les phénomènes mécaniques des fonctions végétatives; 4° il est un centre de sensibilité générale et spéciale; 5° il est un centre affecté à la locomotion et à la station. Tels sont en définitive les divers points de vue qu'il nous faut chercher à juger.

1° On peut déjà, sans la moindre hésitation, passer condamnation sur la première de ces idées. Le cervelet n'est pour rien dans la formation des idées. Il n'est pas non plus, quoi qu'ait pu dire Bourillon, le centre des facultés instinctives. Tous les expérimentateurs ont reconnu, ainsi que Flourens l'avait annoncé, que les animaux privés

de leurs lobes cérébraux se montraient complétement dépourvus
d'intelligence, malgré l'intégrité de leur cervelet; que ceux, au contraire, dont on avait respecté le cerveau, après avoir détruit leur cervelet, prouvaient par leur physionomie et leurs actes qu'ils possédaient
encore leur degré ordinaire d'intelligence. Ce pigeon auquel nous
venons d'enlever une bonne partie de sa masse cérébelleuse, présente
bien certains troubles dont nous aurons à tenir compte ultérieurement, mais il ne paraît pas avoir perdu quelque chose de son mo-
deste entendement. Il en est de même pour les instincts. Ainsi que les
oiseaux de Flourens, celui-ci mange, cherche lui-même sa nourriture. Il a conservé toutes les tendances instinctives préposées à la
nutrition et à la conservation de l'individu. Il est accessible au
sentiment de la peur, il évite ce qu'il croit être un danger pour lui,
il prend des précautions contre les causes d'accident. La chose est
parfaitement jugée depuis longtemps du reste : le cervelet n'est
pas un agent direct des phénomènes psychiques. La pathologie
viendra encore confirmer cette donnée des plus positives de la physiologie. Les cellules de la couche corticale du cerveau sont seules
affectées à ces phénomènes. Quant à savoir si le cervelet peut indirectement venir fouetter ces cellules et les provoquer à agir avec
plus d'impétuosité et de ténacité comme le veut Luys, c'est là une
supposition que la physiologie n'autorise ni à rejeter ni à accepter.
Les faits pathologiques ont pu seuls lui faire prendre naissance dans
un esprit aussi judicieux. Nous verrons s'ils sont de nature à lui
donner raison.

2° La seconde idée, celle de Gall, est loin aussi d'être bien établie,
car presque tous les arguments que cet auteur a mis en avant sont
passibles d'une réfutation facile. On ne peut pas déclarer que le cervelet est d'autant plus développé qu'il s'agit d'une espèce plus portée
vers les rapports sexuels, puisque cet organe est presque nul chez
la grenouille rainette, les crapauds et les vipères qui se livrent à des
accouplements fréquents; puisqu'il a des proportions mesquines
chez les singes cynocéphales qui se font remarquer par leur lasci-
vité. Il n'est pas vrai non plus qu'il existe une espèce de parallélisme entre le développement du cervelet et celui des organes génitaux, puisque ce centre nerveux acquiert des proportions presque
définitives avant la puberté, et puisqu'il ne s'atrophie pas dans la
vieillesse. La femme a bien, comme le dit Gall, le cervelet un peu
plus petit que celui de l'homme, mais c'est au même titre que le cer-

veau lui-même, en raison de ses conditions physiques et sociales particulières. Du reste, il est loin d'être prouvé qu'elle a moins d'instincts érotiques que l'homme. C'est aussi une erreur de prétendre que le cervelet est moins volumineux chez les animaux qui ont été soumis à la castration, car tous les vétérinaires s'accordent à dire que, dans l'espèce chevaline, c'est le contraire qui a lieu. C'est une prétention, non-seulement erronée, mais même ridicule, que de dire que le cervelet est plus turgescent au printemps qu'en hiver. L'argument relatif aux idiots est beaucoup plus rationnel que ceux qui précèdent, car en général, chez eux, les proportions du cervelet contrastent avec l'atrophie du cerveau, mais ce n'est là ordinairement qu'un effet de comparaison. Serait-il du reste réellement plus développé, que cela pourrait tout aussi bien se rattacher aux convulsions épileptiformes dont ces êtres sont très-souvent atteints.

Les vivisections ne semblent pas non plus capables d'apporter une lumière bien grande sur ce sujet, car elles ont conduit depuis Gall à des résultats tout à fait contradictoires. Segalas déclare n'avoir rien observé du côté des organes génitaux en irritant le cervelet. Budge et Valentin prétendent au contraire avoir vu les trompes et les vésicules séminales se contracter manifestement dans les mêmes circonstances. Vulpian, Brown Sequard ont eu des résultats variables, tantôt positifs, tantôt négatifs. D'autre part, Flourens a vu l'instinct de la propagation parfaitement conservé chez un coq qui avait survécu à l'extirpation du cervelet, tandis que Lussana déclare qu'un dindon, qui s'était toujours montré très-libidineux avant l'extirpation du cervelet, resta désormais parfaitement calme quoique restant en rapports continuels avec ses anciennes femelles. Somme toute, la physiologie ne permet pas de rejeter complétement l'idée de Gall. Nous verrons qu'il en sera de même pour la pathologie. Il semble y avoir là en effet une certaine influence, mais qui est si peu marquée et si inconstante que Vulpian n'hésite pas à l'attribuer à la propagation de l'irritation au bulbe, et Brown Sequard à une irritation sensitive agissant d'une manière réflexe sur un autre centre nerveux. Lussana, qui regarde l'effet comme constant, l'attribue, non pas à une action psychique, ni à une action motrice, ni à une action sécrétoire, mais uniquement à la perte du sens musculaire qui donnerait aux organes génitaux, comme aux organes de la locomotion, une paralysie apparente. Quoi qu'il en soit, que l'influence génitale du cervelet existe ou n'existe pas; qu'elle soit directe ou indirecte, il n'en est pas moins évident que ce genre d'action serait secondaire et que le cervelet serait en même temps affecté à des fonctions plus importantes; car on ne peut pas admettre que la nature ait attribué uniquement à la propagation de l'espèce une partie si considérable de la masse encéphalique. Évidemment ce rôle ne pourrait être qu'un point de détail, qu'une des facettes du fonctionnement du cervelet.

3° L'idée de Villis, qui de sa part n'était en définitive qu'une conception d'amphithéâtre, ne saurait non plus être admise dans son entier. Plusieurs expérimentateurs modernes prétendent que les lésions du cervelet retentissent sur les battements du cœur ou sur les mouvements de l'intestin. Cl. Bernard lui-même dit avoir arrêté la sécrétion du jabot sur des pigeons par une blessure du cervelet. Mais, outre que le fait est contesté par Vagner, on peut encore opposer à ces assertions, celles d'un plus grand nombre d'observateurs qui, tous, déclarent que les phénomènes mécaniques des fonctions végétatives ne sont pas troublés par l'ablation du cervelet. La pathologie humaine nous conduira aussi aux mêmes conclusions. De sorte qu'il est bien probable que les influences signalées plus haut étaient dues exceptionnellement à une action réflexe. Aussi Luys est-il à peu près seul aujourd'hui à lui accorder une intervention directe dans les actes moteurs de la vie organique. Quant à Lussana, il n'admet qu'une influence indirecte due à la perte du sens musculaire.

4° Le cervelet n'est pas non plus un centre de sensibilité générale ou spéciale. Ce quatrième point de vue n'a absolument pour lui que quelques faits cliniques qui, au premier abord, semblent favorables à cette théorie et sur lesquels nous aurons à nous prononcer plus tard; et les résultats des dissections particulières de Foville qui sont loin d'être acceptés par les anatomistes les plus autorisés. Mais sur le terrain de la physiologie expérimentale, elle ne rencontre que des données qui lui sont tout à fait opposées. Flourens, Vulpian, etc., n'ont jamais observé le moindre affaiblissement de la sensibilité, après avoir lésé le cervelet de mille manières et très-profondément, même après l'avoir enlevé complétement. Vulpian a rencontré quelquefois une exagération de la sensibilité. Mais l'examen des faits expérimentaux l'a convaincu qu'il s'agissait d'une hyperesthésie due à une irritation des parties voisines, de sorte que, classiquement, il est à peu près établi aujourd'hui que les maladies et les vivisections n'ont jamais pu troubler la sensibilité générale qu'à la condition d'avoir retenti sur la protubérance elle-même. D'autres expériences de Flourens démontrent que l'exercice de la vision et de l'audition reste intact après l'ablation du cervelet. Quand on approche, chez un animal ainsi mutilé, la main de l'un des yeux, il retire sa tête pour éviter le coup. De même il cherche à fuir quand on fait un bruit intense. Ce pigeon voit parfaitement et entend de même. Il sent aussi le moindre contact, n'importe où on le touche. D'ailleurs un résultat contraire aurait été de nature à nous faire renoncer complétement à tout ce que nous avons admis antérieurement. Nous avons reconnu que les impressions sensitives sont transmises uniquement par la substance grise. Or il n'y a pas, entre le cervelet et les autres parties du centre cérébro-rachidien, continuité de cette substance.

5° Nous voilà donc conduits par voie d'exclusion à n'avoir plus en face de nous que le cinquième point de vue qui regarde le cervelet comme étant avant tout un organe attaché à la locomotion. Cette opinion ne va pas être pour nous un simple pis-aller, car elle s'impose évidemment à toute personne qui n'est pas dominée par un esprit de système. En effet, il est une chose qui me paraît parfaitement acquise aujourd'hui, c'est que la suppression ou même la diminution d'action du cervelet amène des désordres dans la locomotion ou dans la station, chez tous les animaux. Tous les expérimentateurs modernes signalent même l'apparition d'une grande ataxie dans les mouvements. Flourens, Magendie, Duchenne, Lussana, Luys, Lewen et Olivier, Weir-Michell le déclarent de la façon la plus unanime. Un seul prétend qu'ils ne sont pas constants, c'est Vagner. Vous pouvez constater, d'ailleurs, qu'il en est ainsi sur notre pigeon. Pour les modernes, il n'y a de dissentiment que sur l'interprétation à donner de cette ataxie. Flourens veut qu'elle tienne à ce que le cervelet a pour mission de coordonner les mouvements voulus par le cerveau, engendrés par la protubérance et l'axe médullaire. Luys ne voit en elle que l'expression d'un affaiblissement de la force motrice à la création de laquelle le cervelet prendrait une large part. Enfin, Lussana veut qu'elle soit due à ce que le cervelet serait le centre du sens musculaire qui doit fournir les renseignements nécessaires à la juste exécution des actes de la locomotion. Il est incontestable que les faits dont on est témoin dans les vivisections peuvent également s'expliquer par l'une ou l'autre de ces trois hypothèses, de sorte qu'en s'en tenant au point de vue rationnel, on se trouve fort embarrassé de faire un choix. On serait réellement forcé d'accepter une seule de ces interprétations à l'exclusion des autres, que moi, médecin, je n'hésiterais pas à me prononcer pour celle de Luys. Car si la physiologie expérimentale nous fournit généralement des faits qui nous procurent l'image d'une machine détraquée et non affaiblie, si, autrement dit, elle paraît donner raison plutôt à Flourens, la pathologie au contraire donne, d'une manière plus complète encore, raison à Luys, vu que, dans les maladies du cervelet, la faiblesse musculaire est des plus évidentes. Mais, même sans tenir compte des faits cliniques, moi qui crois à l'existence d'une machine coordinatrice dans le système nerveux central, je déclarerais encore que le cervelet, tout en faisant probablement partie de cette machine est avant tout un foyer créateur, vu qu'il renferme une grande quantité de cellules. Dans le système nerveux, des agents de coordination ne peuvent consister qu'en des fibres commissurantes réunissant entre elles deux cellules déterminées et les associant dans un travail d'ensemble. Les cordons postérieurs que nous avons regardés comme constituant la partie coordinatrice des actions motrices de la moelle ne sont formés que par un amas de fibres remplissant cette destination ; il doit en être de même pour le cervelet. Là aussi les cellules doivent représenter les agents de création et les fibres, les moyens d'association. Là, la machine coordinatrice doit être constituée par les fibres blanches qui, en se rendant au corps rhomboïdal, font converger vers un nouveau centre plus restreint toutes les actions de détail de la substance grise de la périphérie, et surtout par les pédoncules cérébelleux qui combinent entre elles les actions des cellules du cervelet et avec celles des corps striés, de la protubérance et de la moelle. Le cervelet, c'est la moelle grossie et étalée qui se retrouve là. avec ses cornes antérieures et ses cordons postérieurs affectant une nouvelle disposition respective. Dans la machine locomotrice, la partie coordinatrice ne peut pas être séparée de la partie créatrice. Ces deux parties sont forcément complémentaires l'une de l'autre. Elles se fusionnent entre elles anatomiquement et physiologiquement. Voilà pourquoi le cervelet doit être considéré comme étant à la fois un centre créateur et coordinateur, et c'est à ce double titre que ses lésions produisent de l'ataxie. Voilà pourquoi les deux interprétations de Flourens et de Luys sont peut-être également vraies. Dussé-je être accusé de vouloir faire de l'éclectisme à tout prix, j'ajouterai que je ne serais pas étonné qu'il y eût aussi du vrai dans l'interprétation de Lussana, puisque si le sens musculaire existe réellement, il ne saurait être efficace qu'à la condition de venir surtout retentir là-même où s'engendre le mouvement. C'est d'autant plus probable que ce sens est à peu près inconscient. Il ne serait donc pas étonnant que le cervelet, qui est un centre considérable de production de force motrice et de coordination des actes moteurs, le cervelet qui, par sa position et son développement, domine les autres centres du mouvement, soit en même temps (passez-moi l'expression) un bureau de renseignements nécessaire pour l'accomplissement de ces actes.

Anatomie pathologique générale.

Après tous les détails dans lesquels nous sommes entrés sur les résultats nécroscopiques à propos de la moelle et surtout de la protubérance, nous n'avons que fort peu de chose à dire ici. Le cervelet s'est montré passible de toutes les altérations qu'on a pu rencontrer dans les autres centres nerveux, et celles-ci n'y présentent même aucun caractère particulier. Elles sont là, au microscope comme à l'œil nu, ce qu'elles sont partout ailleurs. La production morbide qu'on y rencontre le plus fréquemment est le tubercule. Viennent ensuite, comme fréquence, les hémorrhagies. Les tumeurs se montrent presque aussi souvent que les épanchements de sang. Il est vrai que, jusque dans ces dernières années, la sclérose a été confondue avec les tumeurs fibreuses. Le ramollissement occupe le quatrième rang. Le ramollissement inflammatoire paraît y aboutir à la suppuration avec la plus grande facilité, car on y rencontre très-souvent des abcès qui acquièrent même un volume considérable. Quant aux kystes, ils se tiennent, pour la fréquence, à une grande distance de toutes les lésions précédentes. Dans un des cas relatés par Andral, les parois s'étaient ossifiées en partie. Un fait digne de remarque, c'est que ces altérations, quelle qu'en soit la nature, siégent excessivement rarement dans le lobe médian. Elles occupent presque toujours un des lobes latéraux et plus souvent le droit que le gauche. Disons, enfin, que cet organe se prête à des absences congéniales portant sur un des lobes et même sur le cervelet entier. Ce dernier cas a été observé par le docteur Combettes sur une jeune fille qui a même vécu jusqu'à l'âge de 21 ans. Ce fait est même très-embarrassant pour toutes les théories qui ont été enfantées jusqu'à ce jour, puisqu'il n'a donné lieu qu'à une symptomatologie presque nulle.

TRENTE-DEUXIÈME LEÇON.

MESSIEURS,

Les altérations anatomiques, qui siégent dans le cervelet et dont j'ai indiqué la nature dans la dernière leçon, donnent lieu à des troubles variés qui ne concordent pas toujours parfaitement avec les résultats fournis par la physiologie expérimentale. Nous allons, dans une étude générale, soumettre à l'analyse physiologique les plus importants dé ces troubles.

Physiologie pathologique générale.

Troubles de la motilité. — Examen fait de toutes les observations publiées jusqu'à ce jour, on peut assurer que les troubles de la motilité consistent, le plus souvent, dans un affaiblissement progressif de la force musculaire. Cette faiblesse peut porter sur tout le système musculaire, ou sur une partie seulement. Elle peut même rester localisée dans un groupe très-restreint de muscles. Au début, elle ne se traduit que par un simple sentiment de lassitude. Le malade se sent fatigué. Il est incapable de fournir une dépense, même ordinaire, de mouvements. Cette incapacité se prononce de plus en plus et finit par se transformer en un accablement profond et même en une résolution presque complète. Le malade exprime lui-même l'état dans lequel il se trouve par le mot affaiblissement. Il dit qu'il perd ses forces de jour en jour. Il veut toujours rester couché et il tombe dans une apathie telle, que ce n'est que par des menaces qu'on arrive à le faire lever. Il ne peut marcher qu'à l'aide d'un bâton et il est obligé de se reposer à chaque instant. Cet affaiblissement progressif des forces a réellement quelque chose de caractéristique. Dans les hémiplégies produites par les maladies du cerveau, du corps strié ou de la protubérance, dans les paraplégies produites par les maladies de la moelle, la paralysie est presque toujours complète pour les muscles atteints. Dans les maladies du cervelet, il y a rarement des paralysies complètes. Elles sont toujours lentes à s'établir, au point que, pendant longtemps, elles peuvent passer inaperçues. C'est qu'en effet, dans le premier cas, la lésion, par le fait même de son siége, interrompt brusquement et tout à fait la communication entre les ordres de la volonté et les muscles qui doivent obéir. Dans le second cas, cette communication persiste. Il n'y a de perdu, pour le mouvement, que la part de force que les cellules cérébelleuses sont appelées à fournir; et cette perte ne peut se faire sentir que graduellement, parce que l'altération anatomique ne supprime elle-même que peu à peu les cellules créatrices. Même quand cette suppression est arrivée à être aussi complète que possible, il ne saurait encore y avoir une paralysie absolue, parce que le corps strié, la protubérance et les cornes antérieures de la moelle peuvent encore alimenter la contraction musculaire et se mettre au service de la volonté.

Quelques auteurs ont signalé au lieu de cet affaiblissement général, une hémiplégie qu'ils assimilaient complétement à celles que peuvent déterminer les maladies du cerveau. D'autres ont même indiqué l'existence d'une paraplégie identique à celles qu'engendre la moelle. Mais en lisant attentivement ces observations exceptionnelles, on constate qu'à part celles où le cerveau et la protubérance ont été mis en cause, directement ou indirectement, ainsi que l'attestaient les troubles intellectuels ou l'état comateux, ces hémiplégies ou ces paraplégies se sont établies avec une certaine lenteur, et que jamais elles ne sont devenues absolues. Au fond, il s'agissait d'affaiblissements partiels qui, pour des raisons qu'il est impossible de connaître actuellement, se trouvaient nettement localisés à une moitié du corps. Il n'y avait, du reste, nullement lieu à rapprocher ces hémiplégies de celles qui sont d'origine cérébrale. Celles-ci sont toujours en correspondance régulière avec l'hémisphère cérébral du côté opposé. Il n'en est plus de même pour le cervelet: tantôt la paralysie siégeait du même côté que la lésion, tantôt du côté opposé. Le plus souvent, un seul lobe malade suffit pour affaiblir en même temps les deux moitiés du corps. Il est absolument impossible d'établir une relation fixe entre la région paralysée et le point malade du cervelet. Notez, du reste, que les faits d'hémiplégie véritable se sont surtout

montrés dans les cas d'Hillairet, c'est-à-dire dans les apoplexies cérébelleuses. Or, les épanchements sanguins, en raison même de leur
formation brusque, font retentir la compression qu'ils exercent sur
toutes les parties de l'encéphale et, malgré la présence de la tente du
cervelet, le foyer de sang qui s'est formé instantanément dans le
cervelet, peut agir sur le cerveau ou la protubérance.

Le tableau que je viens de tracer de l'état de la motilité dans les
maladies du cervelet n'est certainement pas applicable à tous les cas.
Il est des sujets chez lesquels il semble n'exister aucun affaiblissement musculaire, mais ils forment des exceptions tellement rares
qu'on peut se demander s'il n'y a pas eu un degré d'asthénie assez
faible pour échapper à l'observateur non prévenu. Je n'ai encore été
témoin que de deux cas de maladies du cervelet vérifiées par l'autopsie, et j'ai été frappé de cette paralysie progressive qui m'a rappelé
tout à fait celle que nous rencontrerons dans la maladie appelée
paralysie générale des aliénés. Dans tous les cas, je crois qu'elle est
assez constante pour que le médecin physiologiste n'hésite pas à
déclarer que le cervelet est avant tout un centre locomoteur, et qu'il
n'est pas seulement un centre coordinateur, comme le veut Flourens.

Poursuivons du reste notre analyse des phénomènes morbides, et
voyons jusqu'à quel point la thèse de Flourens peut être soutenue
au lit du malade et s'il y a lieu d'annexer ce rôle de coordination
au précédent. Beaucoup de malades présentent, dès le début, une
certaine irrégularité dans la démarche. Leurs pas semblent se faire
avec une grande hésitation, ils trébuchent à chaque instant et tombent même souvent; ils sont, comme le dit Luys, constamment à
l'état d'équilibre instable. Il y a des moments où ils sont tout à fait
incapables de se tenir debout. Quelques-uns présentent même une
telle désharmonie dans la locomotion et la station, qu'ils reproduisent
exactement l'aspect d'un homme ivre. Il s'est passé à Paris un fait
qui prouve bien cette ressemblance avec l'ivresse. Une femme de
42 ans se présente dans un hôpital. Tout le monde reste convaincu
qu'elle est ivre et on la met à la porte. Elle fait une nouvelle tentative
dans un autre hôpital où elle est enfin admise. Elle y meurt au bout
de 5 jours et à l'autopsie on trouve des tumeurs gommeuses dans le
cervelet. Lallemand avait du reste déjà rapporté un fait analogue.
Sans doute les choses ne sont pas toujours aussi prononcées, mais il
y a, la plupart du temps, des troubles du même genre assez apparents
pour que Lewen et Olivier aient pu déclarer que, dans les maladies

du cervelet, la station et la marche sont difficiles et même impossibles ; pour que Shearer, de Liverpool, ait pu conclure de sa collection personnelle de faits que les malades présentent un défaut de coordination, qu'ils font des chutes fréquentes, qu'ils semblent parfois ivres ; pour qu'Hillairet, qui a surtout réuni les cas d'apoplexies cérébelleuses, ait posé en règle générale la difficulté et même l'impossibilité de la station, de l'équilibration et de la progression. Une simple commotion cérébelleuse peut même, d'après Castan, produire ce résultat d'une manière passagère. Il paraît aussi en être de même chez les animaux, dans leurs maladies spontanées du cervelet. Pœlman a vu un chien non paralysé, mais incapable de coordonner ses mouvements volontaires. A l'autopsie, on constata dans le cervelet un nombre considérable de concrétions calcaires. Il est vrai qu'Andral a déclaré qu'il n'a rencontré aucun fait qui tende à confirmer l'opinion de Flourens ; mais on ne peut voir là qu'un effet du hasard, car tous les observateurs ont été, sous ce rapport, plus heureux que lui. Il est vrai aussi que Toulmouche a voulu ôter de leur valeur à quelques-uns des faits connus. C'est ainsi qu'il reproche aux cas observés par Dufour de Montargis, Maclean, Marugin de Lubeck d'avoir présenté des lésions concomitantes du cerveau suffisantes pour expliquer la titubation observée, sans avoir recours à celles du cervelet. Mais, devrait-on renoncer à faire entrer ces cas en ligne de compte, qu'il en resterait toujours assez pour autoriser à déclarer que très-souvent il y a du désordre dans les fonctions locomotrices. Le même auteur, qui s'attache à réfuter l'opinion de Flourens, rapporte plusieurs observations de maladies du cervelet qui ne donnèrent lieu à aucun trouble de la locomotion. Mais ces faits négatifs ne sont pas suffisants pour la condamner, car en pathologie il y a toujours des exceptions à toutes les lois générales, par la raison que les conditions ne sont jamais identiques et qu'il suffit souvent d'une circonstance qu'on ne peut pas toujours apprécier pour changer les résultats. Tout ce qu'on peut dire, c'est que l'affaiblissement musculaire est encore plus constant que la désharmonie des mouvements. C'est pourquoi je regarde le rôle créateur du cervelet comme étant mieux établi que son rôle coordinateur.

Tout en reconnaissant l'existence de ces troubles de coordination, tout en les décrivant exactement, comme les autres auteurs, Luys ne les attribue cependant pas au défaut de fonctionnement d'un centre chargé d'associer les mouvements entre eux. Il ne voit en eux que la conséquence toute naturelle d'un affaiblissement de la force motrice. Mais je crois que la faiblesse ne suffit pas pour tout expliquer. Le convalescent chancelle bien, mais cela ne va jamais jusqu'à simuler l'ivresse. D'ailleurs, chez certains sujets, on a vu un défaut considérable de coordination apparaître dès le début, bien avant que l'affaissement des forces musculaires soit devenu appréciable. Il est évident que la titubation doit dépendre d'une autre cause que la faiblesse, puisque les deux phénomènes ne sont pas proportionnels l'un à l'autre.

Contrairement à Voisin qui déclare que l'ataxie cérébelleuse est tellement identique avec la maladie dite *ataxie locomotrice,* que celle-ci doit provenir d'un état pathologique du cervelet (comme si l'altération des cordons postérieurs ne venait pas indiquer le véritable siége de cette affection), Duchenne place au contraire tout un abîme entre les désordres du mouvement produit par la sclérose des cordons postérieurs et ceux qu'engendrent les maladies du cervelet. Il réserve le mot *ataxie* pour les premiers, et il désigne les seconds par le mot titubation. S'appuyant sur des faits publiés par Cusco, Vigla, Mesnet et Hérard, il déclare que le malade du cervelet n'exécute jamais des mouvements brusques et saccadés comme l'ataxié; que son membre, en se portant en avant, ne va pas non plus, comme chez ce dernier, au delà du pas et ne retombe pas sur le sol en le frappant du talon; mais qu'il se balance et qu'il décrit des zigzags comme un homme ivre. L'ataxié, dit-il, fait des oscillations plus brusques, plus courtes et plus rapides. Il ressemble à un danseur qui veut se tenir sur une corde sans balancier. Les muscles ont des spasmes visibles à l'œil. Le malade du cervelet se balance tranquillement et mollement. Sa titubation n'est pas produite par le défaut de coordination des mouvements. Elle est causée par des vertiges. Les vertiges sont, en effet, le premier symptôme des affections cérébelleuses. Les ataxiés ne se plaignent pas de vertiges. Ils disent eux-mêmes que l'équilibration ne leur manque que dans les jambes. Telles sont les remarques qui ont conduit Duchenne à attribuer au cervelet une faculté psychique d'harmonisation générale, dominant l'action plus locale et toute mécanique de la coordination médullaire.

Sans doute l'action coordinatrice du cervelet est supérieure à celle de la moelle puisqu'elle correspond à la partie de l'encéphale où se centralisent tous les actes de la locomotion, et puisque, dans la superposition des segments autonomes du système nerveux, le cervelet occupe à la fois un rang plus élevé et une place plus considérable. Mais il n'est pas vrai de dire que le simple ataxié n'a rien de l'homme ivre, car dernièrement j'ai vu un homme incontestablement atteint de sclérose médullaire être accusé devant un tribunal de se livrer à la boisson.

J'ai déjà donné à entendre comment je comprenais une machine nerveuse de la coordination. L'agencement des actes résulte lui-même de l'agencement des moyens anatomiques. Les agents d'association des actions cellulaires sont les fibres blanches qui réunissent les cellules entre elles et qui peuvent ébranler à la fois les deux éléments qu'elles portent à leurs extrémités. Dans le cervelet, ces agents d'association ont surtout pour but de combiner suivant un ordre préétabli l'action des éléments cérébelleux avec celle des éléments du corps strié, de la protubérance et de l'axe bulbo-médullaire. Quand la substance grise du cervelet est seule compromise par la maladie, il ne peut en résulter que de l'affaiblissement dans la force motrice, puisque celle-ci a perdu ses moyens de production. Quand la substance blanche est seule atteinte, c'est au contraire le désordre sans faiblesse qui se produit, parce que la machine se trouve détraquée dans ses moyens d'association. Lorsque la lésion porte à la fois sur les deux substances, la faiblesse se mêle à l'incoordination en la rendant plus manifeste encore. Voilà pourquoi, sans doute, on rencontre dans les maladies du cervelet, tantôt un simple affaiblissement, tantôt de la titubation avec ou sans faiblesse. L'affaiblissement progressif, c'est la démence du cervelet, analogue à celle qui se produit dans l'ordre psychique, lorsque les cellules des lobes cérébraux agonisent et meurent de dégénérescence graisseuse. La titubation, c'est *l'incohérence des actes locomoteurs*, l'analogue de celle qui se montre dans l'association des idées chez l'aliéné. J'ajouterai qu'il est probable que l'ivresse cérébelleuse tient encore plutôt à l'excitation pathologique des fibres blanches qu'à leur destruction. Irritées elles-mêmes, elles viennent provoquer follement la mise en activité de cellules qui ne devraient pas encore intervenir. Ce sont des doigts qui frappent au hasard, çà et là, plusieurs touches d'un clavier. Comme l'a fait observer Castan, quand on analyse de près les mouvements de la titubation cérébelleuse, on constate qu'aux mouvements voulus et commandés s'en mêlent d'autres involontaires, d'où le chancellement et l'incertitude. Ce qui fait supposer encore qu'il en est ainsi, c'est que, dans l'ivresse alcoolique qui vient passagèrement produire des phénomènes analogues, l'alcool n'agit qu'à titre d'excitant des éléments nerveux. Ce n'est que de cette façon que je comprends et que j'accepte le rôle coordinateur du cervelet. Il n'est pas, comme on a cru le lire dans la pensée de Flourens, un centre, un pendule régulateur des actes produits par d'autres centres. S'il en était ainsi, le désordre devrait être à son maximum lorsque le cervelet est complétement enlevé. A ce moment les centres locomoteurs, dont l'existence a été respectée, devraient pouvoir fonctionner encore, mais sans ordre, parce qu'ils auraient perdu leur régulateur. Or, après cette ablation, ils ne fonctionnent même plus, pour ainsi dire. Flourens dit lui-même que l'animal tombe ivre-mort. En réalité, par ses moyens anatomiques, le cervelet coordonne ses propres actes entre eux et avec ceux des autres centres moteurs; et c'est cette combinaison qui fait défaut dans les altérations de cet organe. Tout s'écroule dans un édifice lorsqu'une des assises principales vient à manquer. Dans l'état normal, les cordons postérieurs coordonnent les actes locomoteurs propres à la moelle. Le cervelet, par ses épanouissements blancs qui vont dans toutes les directions, coordonne les actes de la partie encéphalique des centres moteurs, c'est-à-dire de la partie la plus importante de tout le système.

En résumé, il ressort de tout ce que nous venons de dire qu'en face des faits pathologiques, le cervelet doit être considéré comme étant, avant tout, un centre de production de force motrice; qu'il constitue sous ce rapport une pièce importante du système locomoteur encéphalique représenté par les corps striés, la protubérance, le bulbe et lui; que, par ses pédoncules qui viennent se concentrer en lui vers le corps rhomboïdal, il se trouve renfermer la plupart des moyens d'association des actes collectifs de ce système; que, par suite, à son rôle d'agent producteur se trouve annexé un rôle d'agent coordinateur. De ce double rôle naît l'appareil symptomatique mixte qui caractérise les maladies de cet organe.

Devons-nous admettre, dans la production de cette symptomatologie, l'intervention d'un troisième élément? Dans les maladies du cervelet les opérations du sens musculaire se trouvent-elles compromises et le trouble de la locomotion est-il augmenté par l'absence des renseignements dus à ce sens? Lussana, je vous l'ai dit, va beaucoup plus loin. Pour lui, le cervelet n'est que le centre où viennent se rendre toutes les impressions d'origine musculaire, visuelle et auditive capables de guider la marche. La titubation n'est que la conséquence de ce manque de renseignements. La faiblesse ou la paralysie n'est qu'apparente et tient à ce que le malade, ne pouvant plus réaliser une locomotion régulière faute de ces données sensorielles, est entraîné instinctivement à ne même plus chercher à se servir des moyens de locomotion qu'il possède encore. A l'appui de sa thèse, il cite les propres expressions d'un jeune ouvrier atteint d'un fongus de la dure-mère comprimant le cervelet, et qui disait lui-même : que ce qui l'empêchait de bien marcher, c'est qu'il ne sentait pas la résistance du sol; il rappelle que Renzi cite un paysan qui attribuait sa démarche insolite à la même cause; il met aussi en avant la malade de Fournet qui marchait mal, uniquement parce qu'elle avait une grande défiance d'elle-même, et qu'elle craignait de tomber; il dit enfin qu'il a soigné un jeune homme atteint d'une tumeur du lobe droit du cervelet, qui paraissait paralysé uniquement parce qu'il n'osait pas confier son corps au terrain qu'il ne sentait pas. On n'a pas encore appliqué, que je sache, aux personnes atteintes de titubation cérébelleuse, le procédé expérimental dont Jaccoud s'est servi pour l'ataxie locomotrice. Mais les détails consignés dans beaucoup d'observations autorisent à déclarer que l'espèce d'insensibilité accusée par les malades précédents est loin d'être un fait fréquent. Beaucoup même, dans les mouvements partiels de leurs membres supérieurs, étaient capables d'un dosage régulier de force musculaire, et pouvaient apprécier des nuances de résistance. On ne saurait donc voir là la cause unique du désordre de la locomotion; mais est-ce à dire pour cela qu'il n'y a pas là une condition dont il faille tenir un certain compte? Évidemment les moyens de communication indirects par lesquels les ébranlements sensoriels peuvent influencer les actions motrices du cervelet doivent être parfois interrompus par les altérations de cet organe. La pathologie, comme la physiologie, nous conduit donc à attribuer au cervelet, dans l'ordre de la motilité, avec une certaine certitude, un rôle à la fois créateur et coordinateur auquel viendrait s'ajouter, peut-être, une intervention dans l'exécution des phénomènes centraux du sens musculaire.

A côté de la faiblesse musculaire et de l'incoordination peuvent se montrer, dans les maladies du cervelet, des troubles de motilité consistant, tantôt dans des mouvements convulsifs, tantôt, mais beaucoup plus rarement, dans des phénomènes plus ou moins rudimentaires de rotation. Du moment où le cervelet constitue un organe très-actif du système locomoteur, du moment où il forme avec les autres renflements nerveux de ce système un tout dont les diverses parties sont physiologiquement inséparables, du moment où il travaille en collaboration avec elles, particulièrement avec la protubérance, il est évident qu'il a sa part à réclamer dans les écarts pathologiques de cet ensemble et qu'il joue un rôle important dans toutes les maladies que nous avons rapportées au mésocéphale. Son intervention dans l'épilepsie est même matériellement démontrée par les altérations anatomiques signalées par Luys. Mais, même quand il est seul malade, il peut engendrer des phénomènes convulsifs qui sont son œuvre propre et non pas celle d'un retentissement réflexe vers d'autres centres, comme le veut Brown Sequard. Seulement ils sont moins généraux, moins complets, tout justement parce qu'ils puisent leur origine dans un seul département de la région locomotrice. Tantôt ce sont des convulsions cloniques qui siégent dans les muscles de la face ou dans ceux du cou, tantôt ce sont des contractions tétaniques ou des contractures qui occupent particulièrement les extrémités des membres, tantôt ils prennent l'aspect de mouvements choréiformes. Dans tous les cas, ces symptômes traduisent un état de surexcitation de la substance cérébelleuse. Vagner a rencontré des tremblements tout à fait identiques à ceux de la *paralysis agitans*. Il y a alors, très-probablement, affaissement du tonus d'origine cérébelleuse.

Les phénomènes de rotation sont en général peu marqués. Le plus souvent ils consistent en un simple entraînement latéral. On observe aussi fréquemment une incurvation du corps en arc, ou bien une torsion de la tête sur le cou et du cou sur le tronc. Quelques-uns ont une tendance au recul qui, la plupart du temps, aboutit presque tout de suite à une chute à la renverse. Lussana, qui attribue tous ces mouvements anormaux à un trouble dans le fonctionnement du sens musculaire, explique en particulier le mouvement de recul en disant que le sujet, sentant que la résistance du sol lui manque, recule comme l'homme qui verrait un abime s'ouvrir sous ses pieds. Ce pigeon que vous voyez se livrer de temps en temps à des mouvements de recul a bien dans sa physionomie l'expression de l'effroi, mais le voilà qui tourne autour de son axe vertical, sans même regarder devant lui. Ce n'est évidemment pas pour chercher s'il aperçoit un terrain plus sûr dans une autre direction. D'ailleurs, le malade qui recule déclare toujours qu'il est entraîné irrésistiblement et que ce n'est pas la sensation d'un vide qui le fait agir ainsi.

Troubles de la sensibilité. — Lewen et Olivier, Hillairet, Shearer, Combettes, Vagner, s'accordent tous à déclarer que la sensibilité générale est parfaitement conservée dans toutes les maladies du cervelet, même dans celles qui sont arrivées à détruire complétement cet organe. Non-seulement elle n'est ni abolie ni amoindrie, mais encore elle n'est ni pervertie ni exaltée; elle reste en un mot tout à fait normale. Ilen était ainsi, entre autres, chez la jeune fille de Combettes, qui était née sans le moindre atome de cervelet. Un seul auteur pose une réserve insignifiante, c'est Hillairet. Il dit qu'elle s'émousse au moment de l'agonie, mais c'est là un résultat qui se montre dans toute espèce d'agonie. En présence d'une pareille unanimité, on reste étonné que Serres et Foville aient pu regarder le cervelet comme un centre de sensibilité; car tous les centres de ce genre, comme la couche optique, la protubérance, ceux même qui ne servent qu'à la transmission, comme la moelle, donnent lieu à des modifications de la sensibilité, lorsqu'ils sont malades. Ils s'appuient bien sur quelques observations, mais dans lesquelles les lésions n'étaient pas limitées exclusivement au cervelet.

Il est cependant un fait, à peu près constant dans ces maladies, qui cadre mal avec cette impuissance du cervelet sur les phénomènes de sensibilité tactile, c'est la céphalalgie. Elle siége ordinairement à la région occipitale; elle répond même au lobe cérébelleux malade. Elle semble donc bien prendre naissance dans l'organe lui-même. Toutefois, elle peut aussi siéger loin du cervelet, au front ou à la tempe, mais c'est exceptionnel. Souvent elle ouvre la scène symptomatologique et peut même rester toujours le seul symptôme apparent. Elle se développe d'une manière toute spéciale. Elle commence sous forme d'accès nettement intermittents, soit tous les jours, soit avec un jour ou deux d'intervalle. Beaucoup de médecins ont même cru devoir administrer du sulfate de quinine, mais toujours sans le moindre succès. Elle a aussi pour cachet d'être excessivement intense et douloureuse; les malades poussent des cris déchirants et se roulent convulsivement dans leur lit. Une condition remarquable aussi, c'est qu'elle s'exagère considérablement dans la position verticale, tandis qu'elle diminue et peut devenir presque nulle dans le décubitus dorsal, ce qui, avec la faiblesse, conduit les malades à rester constamment couchés. Ce symptôme est pour moi une énigme, car, non-seulement le cervelet ne semble pas être un organe affecté à la sensibilité, mais en outre, dans les vivisections, il se montre insensible. Vulpian pense que cette céphalalgie tient à l'irritation des parties voisines, telles que la protubérance et le bulbe. Mais ce fait qu'elle peut correspondre mathématiquement au seul lobe latéral malade, n'est pas en faveur de cette explication. On ne peut voir là qu'une sensibilité purement morbide, analogue à celle que peut faire naître l'inflammation dans les organes même les moins sensibles, comme les os.

Troubles de la vision. — Les pupilles sont presque toujours dilatées. Suivant Hillairet cette dilatation serait presque caractéristique, car, quand les parties voisines sont comprimées, c'est le resserrement que l'on observe au contraire. Le regard devient fixe et hébété. Ces deux symptômes semblent indiquer une certaine inertie des fibres circulaires de l'iris et des muscles de l'orbite. Il est probable que ces muscles subissent, comme ceux du corps, l'influence de la diminution de la force motrice produite par le cervelet. C'est d'autant plus probable que Lussana, Lewen et Olivier ont constaté qu'il suffit de piquer le cervelet, c'est-à-dire de l'irriter, pour provoquer des convulsions du globe oculaire. Il est à remarquer du reste que les pupilles, tout en étant dilatées, ne sont pas tout à fait immobiles, comme quand le moteur oculaire commun est comprimé. Elles se resserrent encore un peu et lentement sous l'influence de la lumière. Ce n'est, comme pour les muscles du corps, qu'une simple faiblesse et non une paralysie complète. C'est de la même façon que s'établit aussi le strabisme incomplet qu'on observe très-souvent dans les maladies du cervelet. Ce strabisme est simple ou double, le plus souvent croisé. Il tient évidemment à ce que la faiblesse est inégalement répartie dans les muscles de l'orbite. Beaucoup de malades se plaignent d'avoir la vue excessivement affaiblie. Cette amblyopie est loin de traduire, comme le croient la plupart des médecins, une semi-paralysie de la rétine. Elle n'est très-souvent que la conséquence d'un trouble dans le travail d'adaptation, de sorte qu'il y a là encore un effet moteur, comme les précédents, et non un effet sensoriel. En réalité, il s'agit tantôt d'une paralysie du muscle de Baumann, tantôt d'une excitation spasmodique de ses fibres, correspondant soit à un affaissement, soit à une irritation du cervelet. Comme le dit Gubler, plusieurs malades restent normalement impressionnables à la lumière, mais sont seulement incapables de lire à la distance ordinaire. Il faut, suivant les sujets, ou rapprocher ou éloigner considérablement les objets pour que la vision puisse s'exercer convenablement.

On est obligé de le reconnaître cependant, il est des malades qui se montrent incontestablement atteints d'une véritable amaurose et qui semblent donner raison à Foville. Vous vous rappelez que ce dernier faisait du cervelet un centre de sensibilité spéciale et qu'il lui attribuait, notamment, la perception des impressions visuelles et auditives. Quand bien même l'existence de l'amaurose, dans les maladies du cervelet, resterait un fait à jamais inexplicable, je crois qu'on ne devrait pas encore accepter cette opinion, car chez les animaux, la mutilation et l'ablation du cervelet n'altèrent en rien le fonctionnement de la rétine. La jeune fille de Combettes, quoique privée du cervelet depuis sa naissance, voyait parfaitement. Or, une fonction sensorielle devrait forcément disparaître avec son centre nerveux spécial. Évidemment les maladies du cervelet ne peuvent entraîner des troubles dans la sensibilité visuelle que d'une manière indirecte, mais il est bien difficile de préciser quelle est cette manière indirecte. Andral y voit une conséquence des rapports anatomiques établis entre le cervelet et les tubercules quadrijumeaux à l'aide des *processus ad testes*. Vulpian objecte que si l'amaurose était due à ces rapports anatomiques, elle devrait s'observer dans la plupart des cas des maladies du cervelet, ce qui est loin d'être ; qu'en outre une tumeur ou un ramollissement siégeant dans l'un des lobes du cervelet devrait toujours ne paralyser la vue que d'un des deux yeux, vu que les deux processus sont tout à fait indépendants l'un de l'autre ; que du reste il n'est pas prouvé qu'il y ait des fibres allant des processus à l'intérieur des tubercules quadrijumeaux qui, pour l'œil, semblent seulement reposer sur les pédoncules. Lussana, qui admet l'existence de la lame blanche décrite par Foville, mais qui voit en elle le moyen matériel par lequel le centre visuel envoie ses renseignements spéciaux au centre du sens musculaire, pense qu'elle est aussi la voie par laquelle les maladies du cervelet retentissent sur les centres visuels. Cette interprétation est passible des mêmes objections que celle d'Andral. Longet invoque l'influence nutritive que le trijumeau exerce sur les organes des sens. Il fait observer que la cinquième paire a des connexions intimes avec les pédoncules cérébelleux moyens dont elle écarte les fibres à son point d'émergence. L'irritation du cervelet pourrait retentir sur ce nerf par l'intermédiaire du pont de Varole. Mais les connexions qui existent entre ce pont et le trijumeau sont si insignifiantes, qu'on ne peut guère admettre une influence aussi considérable. Beaucoup de médecins pensent que le cervelet, tuméfié par une tumeur ou par un état inflammatoire, peut très-bien exercer une compression capable d'étendre ses effets jusque sur les tubercules quadrijumeaux; mais on a vu l'amaurose survenir chez des malades dont le cervelet avait conservé ses proportions normales, tandis qu'au contraire la vue était restée intacte chez des individus qui, à l'autopsie, offrirent d'énormes tumeurs du cervelet. Dans l'état actuel de la science, il n'y a qu'une seule explication possible. L'amaurose serait le résultat d'une action réflexe, fonctionnelle ou nutritive. Dans l'amaurose *sine materia* (s'il en existe), il y aurait une paralysie réflexe analogue à celle que peuvent produire les vers intestinaux. La lésion cérébelleuse serait le corps titillant de ce mécanisme réflexe. Dans l'amaurose avec altération anatomique de la rétine, ou du nerf optique, ou du centre visuel, il y aurait une désorganisation sympathique envahissant à la fois le cervelet et les agents nerveux de la vision, comparable à celle qui se produit dans l'ataxie locomotrice.

Troubles de l'audition. — Cette fonction est beaucoup moins souvent atteinte que la vision dans les maladies du cervelet. Sur 100 cas on n'a rencontré que 9 fois de la surdité. Cette rareté prouve par elle-même que Foville a eu tort de faire du cervelet un centre de perception auditive. Dominé par son idée préconçue, il prétend avoir suivi jusque dans la substance grise du cervelet une des branches du nerf auditif, la branche vestibulaire. Lussana utilise encore cette assertion anatomique de Foville, mais il l'interprète tout autrement. Pour lui, le limaçon et la branche limacéenne sont seuls affectés à la perception du son et de sa tonalité, et tout justement cette branche ne naît pas dans le cervelet. Quant au vestibule et à la branche qui lui doit son épithète, ils ne servent qu'à fournir la notion de la direction des sons. Voilà pourquoi cette branche se rend dans le cervelet qui a pour but de réunir en lui toutes les impressions capables d'aider à la direction de la locomotion. Dans les maladies cérébelleuses, elle serait directement intéressée et pourrait entraîner dans sa dégénérescence la branche limacéenne qui vient s'adjoindre à elle. Quoique nous n'ayons pas condamné en dernier ressort la théorie de Lussana dans son ensemble, nous ne pouvons cependant pas accepter cette explication particulière, car s'il en était ainsi, la surdité devrait se rencontrer plus fréquemment. Le rôle moteur que nous avons accordé au cervelet nous permet bien de lui attribuer une influence indirecte sur l'exercice de l'audition par l'intermédiaire des muscles du marteau qui tendent ou relâchent la membrane du tympan pour atténuer ou accentuer l'intensité des vibrations sonores; ces muscles pourraient fort bien, comme tous les autres, être solidaires des états d'exaltation ou de dépression du cervelet; mais il ne pourrait en résulter qu'un défaut de perfectionnement dans l'exercice de l'audition, et on ne saurait trouver là la cause d'une surdité complète. Celle-ci tient très-probablement à une compression directe du nerf acoustique qui, en définitive, n'est pas hors de la portée du cervelet.

Troubles de la génération. — Lussana n'accorde pas seulement au cervelet une influence sur les actes moteurs de la génération par l'intermédiaire du sens musculaire: dans une de ses lettres, il entre plus franchement dans les vues de Gall, et il attribue au lobe médian le siége du sens érotique. Il prétend que chaque fois que ce lobe est intéressé, et uniquement quand il l'est, il existe des troubles de la fonction génératrice. Chez le séminariste auquel il a donné des soins, et dont le lobe médian était manifestement malade, il y avait une tendance continuelle et effrénée aux rapports sexuels. Chez le paysan de Renzi, dont l'état anatomique était analogue, il y avait des emportements sexuels avec priapisme. Un jeune homme, dont le lobe médian passa par une période inflammatoire avant sa destruction, montra au début de sa maladie des penchants vénériens très-vifs; puis il manifesta de la froideur et devint tout à fait impuissant. Il fait observer, en outre, que ceux qui ont abusé des plaisirs vénériens sont souvent atteints d'une espèce toute particulière de vertige, ayant pour caractères de la titubation, de la faiblesse et un défaut notable du sens musculaire. Il a bien paru, en outre, dans les journaux, çà et là quelques observations favorables à cette opinion; mais que signifient ces quelques faits à côté de ceux, beaucoup plus nombreux, qui semblent indiquer que le cervelet n'exerce aucune influence sur les organes génitaux? D'ailleurs, puisque la pathologie et la physiologie s'accordent à nous montrer que les facultés instinctives siégent dans le cerveau proprement dit, pourquoi y aurait-il une exception pour l'instinct génital. La jeune fille du Dr Combettes avait cet instinct très-développé puisqu'elle se livrait à l'onanisme avec passion, et cependant elle n'avait point de cervelet.

Troubles de la phonation. — L'articulation des sons se trouve compromise environ dans le cinquième des cas. On peut assister à tous les degrés, depuis le simple embarras de la parole et l'affaiblissement de la voix, jusqu'à l'impossibilité complète d'articuler les sons. Les malades ont une parole lente et monotone. Il en est qui ne répondent que par des monosyllabes ou qui ne donnent leur réponse qu'à de longs intervalles. Ces phénomènes sont la conséquence de l'affaiblissement des muscles de la langue, du pharynx et du larynx. En effet, quand on leur demande de tirer la langue, ils ne le font qu'avec une extrême lenteur et après une série d'oscillations successives. Du reste, leurs lèvres sont prises de tremblements chaque fois qu'ils veulent parler. La lenteur de la parole ne tient pas à la lenteur de la formation des idées, car leurs facultés intellectuelles sont intactes et leurs réponses sont nettes et précises.

Troubles digestifs et respiratoires. — On observe quelquefois dans les maladies du cervelet une constipation opiniâtre, ce qui semblerait indiquer que la force motrice produite par le cervelet profite aux muscles intestinaux comme aux muscles de la vie de relation, et ce qui tendrait à prouver que l'idée de Willis n'avait que le tort d'être trop exclusive. Mais le symptôme le plus constant du côté des voies digestives est bien certainement le vomissement, qui se montre dans le tiers des cas. Gendrin et Vagner le rapportent à une lésion concomitante de la protubérance. Brown Sequard l'attribue à ce que l'irritation du cervelet provoquerait une action réflexe de la part du bulbe. Hillairet pense que le pneumo-gastrique est assez voisin pour pouvoir être irrité directement. Tout ce qu'on peut dire, c'est qu'il n'implique pas le moins du monde une action spéciale du cervelet, car c'est là un symptôme à peu près commun aux maladies de toutes les parties de l'encéphale.

L'irrégularité du pouls et la respiration stertoreuse n'apparaissent qu'à la fin des affections cérébelleuses et indiquent que le bulbe est à son tour compromis. C'est encore à cette propagation du processus morbide qu'on doit attribuer les syncopes auxquelles les malades sont sujets.

Modifications dans le caractère. — La physiologie nous a fait refuser au cervelet toute intervention dans les phénomènes intellectuels. La pathologie conduit aux mêmes conclusions, car l'intelligence reste parfaitement intacte dans les maladies de cet organe. L'imagination, le raisonnement, le jugement conservent leur degré de développement antérieur. Luys le reconnaît avec tout le monde, mais il prétend que la force nerveuse engendrée par le cervelet peut, par l'intermédiaire du corps strié, agir sur les manifestations de la volonté; qu'il peut donner plus ou moins d'impétuosité, d'énergie et de ténacité aux déterminations de cette faculté, particulièrement aux déterminations de nature motrice. Il s'appuie sur quelques observations empruntées à Calmeil et à Andral. Ces observations méritent d'être mentionnées avec indication de leurs traits principaux. Un homme meurt après avoir montré subitement une grande exaltation et une agitation excessive, et, à l'autopsie, on trouve le cervelet et le corps strié fortement injectés, d'une teinte violacée même. Un aliéné, devenu très-violent et en proie à des impulsions irrésistibles, présenta un ramollissement du cervelet et le corps strié zébré de violet. Un autre malade, qui se livrait à des gesticulations continuelles et qui ne prenait pas une seconde de repos, offrit une congestion considérable du cervelet, du corps strié et de la protubérance. Un quatrième, en proie à des accès de fureur, montra un cervelet violacé et des corps striés rouges. Un cinquième, qui s'était signalé par une pétulance insolite, une activité dévorante, des accès d'emportement avec vociférations et mouvements désharmoniques, avait une congestion considérable du cervelet et des corps striés. Dans la collection d'Andral, on trouve un fait d'atrophie unilatérale du cervelet dont les symptômes principaux furent une grande timidité, une disposition à la frayeur, une manie irrésistible de déplacer les objets, une grande lenteur de pensée et de mouvement.

Troubles du sentiment d'équilibre. — Un des symptômes les plus fréquents des maladies du cervelet est le vertige. C'est au point que beaucoup d'auteurs ont voulu attribuer au cervelet seul ce phénomène morbide, quoiqu'il se montre souvent dans les maladies des autres parties du système nerveux et quoiqu'il puisse apparaître aussi sans qu'il existe aucune lésion apparente. Quelques-uns, voulant mieux préciser le mode de production du vertige, ont prétendu qu'il traduisait toujours un défaut de synergie entre les deux lobes du cervelet. D'autres, ne concédant plus à cet organe qu'un rôle de collaboration, ont présenté ce symptôme comme résultant de la cessation de la synergie qui existe normalement entre le cerveau et le cervelet. Y a-t-il réellement lieu d'accorder à ce dernier organe un pareil monopole plus ou moins mitigé? Ce fait que le vertige peut être engendré aussi par des altérations des lobes cérébraux, des couches optiques, des tubercules quadrijumeaux; qu'il peut être provoqué par une sensation pénible ou par une émotion morale ; qu'il peut même reconnaître pour cause première une maladie périphérique, notamment un état dyspeptique de l'estomac, ce fait, dis-je, ne me semble pas une raison suffisante pour faire rejeter d'emblée cette localisation, car toutes ces circonstances pourraient fort bien, par action réflexe, déterminer dans le cervelet les modifications fonctionnelles capables d'aboutir à la production du vertige. Pour arriver à juger convenablement la question, il faut avant tout chercher à pénétrer la nature et le mécanisme de ce phénomène.

Il est d'abord bien établi que celui-ci est loin de se présenter toujours sous la même forme. Chez les uns, il consiste en un simple brouillard qui leur voile tout ce qui se trouve dans leur champ visuel. D'autres, tout en distinguant nettement les objets, croient les voir entraînés dans un mouvement de rotation plus ou moins rapide, ou exécutant des mouvements alternatifs de bas en haut et de haut en bas. D'autres sont, au contraire, persuadés qu'ils subissent eux-mêmes ou qu'ils vont subir des déplacements du même genre. Ils se sentent entraînés. Parfois, il y a plus qu'une illusion : ils chancellent et tombent ou tout au moins ils titubent pendant un certain temps. Dans tous ces cas, il peut y avoir en même temps des tintements d'oreille, des éblouissements, des images lumineuses subjectives, de l'hémiopie ou de la diplopie. Chez une personne sujette à des vertiges complets, certains accès peuvent être restreints à l'un de ces derniers symptômes.

Rien que cette variété d'aspects prouve que le mécanisme du vertige n'est pas toujours identique et que ce n'est pas toujours la même partie du système nerveux qui représente la cheville ouvrière du travail pathologique. Évidemment, lorsque le vertige consiste simplement en des éblouissements ou des tintements d'oreille, le théâtre du phénomène pathologique doit se trouver exclusivement dans le système nerveux de la vision ou de l'audition. Lorsque le vertige est plus complet et que les troubles visuels ou auditifs ne font que le précéder ou l'accompagner, ces mêmes organes nerveux représentent encore une partie de ce théâtre. Dans ces deux conditions, le vertige constitue bien une véritable hallucination, comme l'a dit Sauvage. Max-Simon le nie en prétextant que, dans les véritables hallucinations, le sujet reste, pour ainsi dire, dupe de la sensation erronée qu'il croit éprouver ; tandis que, dans le vertige, il se rend parfaitement compte de l'illusion et n'est à aucun moment trompé par elle. L'argument est plus spécieux que réel. Ici l'hallucination ne consiste pas dans la vue d'objets qui n'existent pas, mais dans des déplacements apparents d'objets dont l'existence est réelle, et l'intelligence conserve encore assez ses droits pour que le moi reste convaincu que ces mouvements sont impossibles. C'est tellement vrai, que les gens dont l'éducation a été à peu près nulle sont, eux, tout à fait victimes de l'illusion et croient à un véritable déplacement. De ce que les mêmes illusions peuvent avoir lieu chez les aveugles ou chez les sourds, ça ne prouve pas non plus que le vertige ne soit jamais d'origine sensorielle, puisque les véritables hallucinations, qui sont plus que des images subjectives, prennent naissance dans les centres nerveux eux-mêmes de ces sens. Ce premier genre de vertige, de nature hallucinatoire, doit avoir son siége dans la couche optique, puisque nous serons conduits plus tard à attribuer la production des hallucinations à ce renflement nerveux.

Lorsque le vertige se traduit par un chancellement et surtout lorsqu'il aboutit à une chute, lorsqu'en un mot l'individu qui est en proie à un vertige perd en réalité l'équilibre, il est évident qu'alors les centres locomoteurs sont mis en jeu et jouent même le rôle principal dans l'ensemble du phénomène. Dans ce cas, il est incontestable que le cervelet intervient pour une large part; mais, même alors, son action est inséparable de celle de la protubérance et des autres centres locomoteurs. Je ne saurais trop le répéter, il est fâcheux que l'anatomie et les besoins de la méthode nous forcent à étudier à part les fonctions des diverses parties affectées aux mouvements d'ensemble, car la protubérance et le cervelet n'ont réellement d'existence physiologique que parce qu'ils sont engrenés l'un dans l'autre. Isolés l'un de l'autre, ces deux organes seraient réduits à l'impuissance. Lorsque le malade croit seulement tourner et n'éprouve en réalité aucun déplacement, je crois que le siége principal se trouve encore être dans la même région. Il ne s'agit pas, dans ce cas, d'une simple hallucination, il y a un véritable entraînement et ce n'est qu'en luttant qu'il n'y cède pas.

Enfin, lorsque le vertige aboutit à une syncope ou à une perte de connaissance plus ou moins complète, cela tient à ce que le trouble central, qui est d'abord resté limité aux centres sensoriels et locomoteurs, s'est étendu au centre intellectuel, c'est-à-dire au cerveau. Alors le théâtre du vertige est aussi vaste et aussi complet que possible.

Quelles sont les modifications qui se produisent dans ces différents siéges au moment du vertige? Évidemment, elles ne consistent pas dans le tubercule ou toute autre lésion qui se trouve dans un point de l'encéphale. S'il en était ainsi, le vertige devrait être continuel. Ces modifications, quoique provoquées par cette épine matérielle permanente, doivent avoir une existence éphémère ou plutôt passagère, comme le vertige lui-même. Je crois qu'ils consistent le plus souvent en une anémie instantanée des organes centraux mis en jeu. En effet, le vertige est le prélude de la syncope et il y conduit souvent. Or, personne ne songe à contester que la syncope tienne à ce que le cerveau, pour une raison ou pour une autre, ne reçoit plus de sang. Le premier acte de l'accès épileptique est un vertige qui précède la perte de connaissance et celle-ci tient encore à une anémie du cerveau par contraction spasmodique des capillaires. La plupart des circonstances étiologiques tendent aussi à le prouver. C'est ainsi que l'inanition, les hémorrhagies, l'état de convalescence, la chlorose, agissent en produisant une anémie relative de l'encéphale, les excès vénériens en épuisant en outre directement le système nerveux. Les émotions morales, les sensations trop vives agissent par saisissement, en produisant, sans doute par action réflexe, une contraction spasmodique des vaisseaux. Je ne prétends pas toutefois que le mécanisme local consiste toujours en une anémie, puisqu'il y a vertige, dans les cas de congestion de l'encéphale. Les deux états, afflux trop considérable ou absence de sang, peuvent empêcher ou troubler le fonctionnement des divers centres. Du reste, lorsqu'il y a anémie, celle-ci est sans doute rarement complète. Elle est parfois partielle et mélangée à des congestions partielles. C'est même cette irrégularité qui, en permettant le fonctionnement de certaines portions, donne lieu à des hallucinations.

La théorie de Lussana permet d'établir une autre interprétation qui s'appliquerait à tous les cas et qui concentrerait dans le cervelet tous les faits du vertige. Celui-ci serait toujours une aberration passagère du centre du sens musculaire ou plutôt du bureau où viendraient converger tous les renseignements sensoriels nécessaires à la locomotion. Cette aberration pourrait aller jusqu'à donner naissance à des actes moteurs anormaux. Dans le vertige visuel, ce serait la membrane blanche de Foville, étendue des tubercules quadrijumeaux au cervelet, qui viendrait troubler les conditions du sentiment d'équilibre. Dans le vertige auditif, ce serait la branche vestibulaire qui part aussi du cervelet. Chez la femme, citée par Max-Simon, qui n'osait pas marcher sans avoir du vertige, parce qu'elle s'imaginait que le pavé s'enfonçait sous ses pieds comme du coton; chez le malade de Sandras, qui ne pouvait pas marcher sur l'asphalte sans être pris de vertige, c'était, au contraire, le sens musculaire général qui était en délire et jetait la perturbation dans le fonctionnement du cervelet. C'est, du reste, à ce dernier sens seul que Romberg attribue toujours le vertige qu'il considère comme étant une hypéresthésie des nerfs de la sensibilité musculaire.

Quoi qu'il en soit, que les renseignements fournis par la vision, l'audition et le sens musculaire viennent ou non converger tous dans le cervelet, il est une chose incontestable, c'est que le vertige résulte réellement très-souvent d'une modification survenue dans les conditions ordinaires de la fonction équilibration, soit dans ses agents moteurs, soit dans ses agents sensoriels, autrement dit soit dans l'équilibre lui-même, soit dans le sentiment d'équilibre. C'est ainsi, par exemple, que nous pouvons l'éprouver en chemin de fer. Nous sommes transportés dans l'espace sans nous déplacer nous-mêmes; nous passons rapidement à côté des objets, et comme notre sens musculaire nous fait savoir que notre système musculaire est inerte, cette combinaison de ce sentiment d'inertie avec la série d'impressions visuelles fait naître en nous une illusion. Nous croyons que ce sont les objets qui se déplacent, nous sommes sous l'empire de conditions d'équilibre qui ne semblent pas s'allier entre elles et ce sentiment conduit bientôt beaucoup de personnes à un véritable vertige.

Il est un genre de vertige qui semble avoir pour point de départ une altération matérielle de l'oreille interne, dont Ménière a fait une maladie spéciale qui porte son nom, et qui, grâce aux développements théoriques dont elle a été l'objet, va nous fournir un complément de la théorie de Lussana. Du moment où notre but est de chercher la vérité en confrontant les données de la pathologie avec celles de la physiologie, je crois nécessaire d'introduire encore cette pièce dans le dossier du procès.

Dans la maladie dite de Ménière, le sujet éprouve tout à coup, au milieu de la santé la plus parfaite, un vertige caractérisé par un étourdissement, des tintements d'oreille, des nausées et même des vomissements. Il ne peut ni se tenir debout ni marcher. Il croit que les objets tournent autour de lui et il titube lui-même. Il s'imagine que le sol se dérobe sous ses pieds. Il peut même, mais c'est exceptionnel, présenter une tendance involontaire à tourner constamment du même côté. Quand le vertige est terminé, il constate qu'il a perdu de la finesse de son ouïe. Ces phénomènes se reproduisent à des époques plus ou moins éloignées et, chaque fois après, l'audition reste de plus en plus affaiblie jusqu'au moment où il en résulte une surdité complète et définitive. A l'autopsie, on trouve une hémorrhagie siégeant dans les canaux semi-lunaires où se distribuent les dernières ramifications du nerf vestibulaire.

Ces résultats de l'observation clinique concordent parfaitement avec ceux que Flourens a obtenus d'autre part dans ses expériences sur les canaux demi-circulaires. Lorsqu'on a divisé le canal demi-circulaire horizontal, la tête et fréquemment le corps tout entier de l'animal exécutent des mouvements de rotation. Lorqu'on a divisé le canal vertical supérieur, l'animal tient sa tête inclinée en bas et a une tendance à tomber en avant. Lorsqu'on a sectionné le vertical postérieur, l'animal tient sa tête redressée et même renversée en arrière et il offre une tendance à tomber en arrière. Si on lèse à la fois tous les canaux, il en résulte une combinaison de mouvements désordonnés, comme si l'animal était atteint de vertige. Dans toutes ces circonstances, l'ouïe paraît conservée. Si on détruit le limaçon seul, l'audition est perdue, mais il n'y a aucun trouble d'équilibre, ni aucun mouvement anormal.

En faisant ce rapprochement des faits physiologiques et pathologiques, Goltz a imaginé une théorie qui rentre tout à fait dans l'ordre des idées de Lussana. Il regarde le nerf vestibulaire, les canaux demi-circulaires et le liquide labyrinthique qui est enfermé dans ces canaux comme constituant un système destiné à éclairer les centres locomoteurs sur la position de la tête et ses conditions d'équilibre, et à leur permettre de réagir instinctivement contre les menaces de chute, l'équilibre de tout le corps étant solidaire de celui de la tête. Lorsque celle-ci s'incline dans un sens quelconque, comme les trois canaux sont disposés dans trois directions différentes, il en est toujours un qui se trouve recevoir plus de liquide, puisque les lois de la pesanteur veulent que les liquides se portent toujours vers le point le plus déclive. Les rameaux nerveux de ce canal se trouvent dès lors soumis à une pression plus forte. Le cervelet et, par suite, le système central locomoteur reçoivent une impression qui provoque aussitôt des actions musculaires capables de ramener la répartition du liquide dans son état ordinaire et de remettre le corps dans une station mieux équilibrée. Lorsqu'un canal est sectionné, ses nerfs ou ne sentent plus de pression parce que le liquide s'est écoulé, ou en sentent une trop forte parce qu'il s'est fait une hémorrhagie. Dans l'un et l'autre cas, les renseignements sont faux, d'où trouble dans les actes locomoteurs. C'est le dernier qui se présente toujours dans la maladie de Ménière. Goltz attribue aussi le mal de mer aux déplacements incessants que le roulis et le tangage viennent imprimer au liquide labyrinthique. Mais nous verrons plus tard que les causes de ce phénomène morbide sont complexes et que les déplacements du liquide de l'oreille interne ne pourraient, dans tous les cas, que jouer un rôle secondaire.

Évidemment tout cela n'est qu'une hypothèse, mais une hypothèse assez rationnelle et, grâce à ce perfectionnement, la théorie de Lussana se trouve former un ensemble si satisfaisant, si en rapport avec la plupart des faits d'observation, qu'on ne se sent pas autorisé à la rejeter complétement, même quand on est convaincu, comme moi, que le cervelet est, avant tout, un foyer de force motrice portant avec lui les moyens de coordination et d'association qui lui sont indispensables. En sorte que tout, dans nos connaissances physiologiques et pathologiques, vient nous raffermir dans cette conclusion déjà formulée antérieurement, à savoir que la vérité se trouve peut-être dans la fusion des trois idées, de Flourens, de Luys et de Lussana.

Quant à la physiologie pathologique spéciale du cervelet, nous n'avons pas à en parler, car nous l'avons fait à propos de la protubérance. Ces deux organes sont toujours en scène ensemble dans les actes pathologiques comme dans les actes physiologiques.

TRENTE-TROISIÈME LEÇON.

MESSIEURS,

Constitution anatomique. — Vous vous rappelez, Messieurs, que la protubérance est réunie aux lobes cérébraux par deux faisceaux qui, partis de sa face supérieure, vont, en divergeant, se porter vers les couches optiques et les corps striés où ils semblent s'épanouir. Ce sont ces deux gros cordons qui ont reçu le nom assez heureusement trouvé de *pédoncules cérébraux*. Il est facile de reconnaître à l'œil nu que chacun d'eux est formé de trois plans, ou plutôt de trois rubans superposés. Ceux-ci sont appelés étages et distingués en étages inférieur, moyen et supérieur. L'inférieur est constitué par des fibres qui semblent se continuer avec celles qui traversent la portion antérieure de la protubérance et, par conséquent, avec celles des pyramides antérieures du bulbe. Les fibres de l'étage moyen paraissent faire suite à celles qui traversent la partie postérieure de la protubérance et sont regardées classiquement comme le prolongement du faisceau intermédiaire du bulbe. Quelques anatomistes les considèrent comme ayant pris naissance dans la protubérance. Enfin l'étage supérieur est incontestablement formé par le pédoncule cérébelleux supérieur qui vient se placer sur les deux autres cordons, de sorte que le pédoncule cérébral est formé, comme substance blanche, de deux faisceaux qui émanent de la protubérance et d'un faisceau qui émane du cervelet. Dans cet ensemble de fibres blanches se trouvent semés plusieurs amas de substance grise. Entre les étages inférieur et moyen se trouve une forte couche de cette substance qui offre chez l'homme une teinte beaucoup plus foncée que celle de la substance grise des autres centres nerveux. De là lui sont venus les noms de *tache de Sœmmering* et de *locus niger*. Cette teinte foncée n'appartient qu'à l'homme et ne se rencontre jamais chez les autres mammifères. Au microscope, on reconnaît que cette teinte générale est due à ce que les cellules renferment une grande quantité de pigment d'un brun noir. Quelques-unes de ces cellules ont une forme polygonale et possèdent des prolongements multiples. La plupart sont ovoïdes et ont seulement un prolonge-

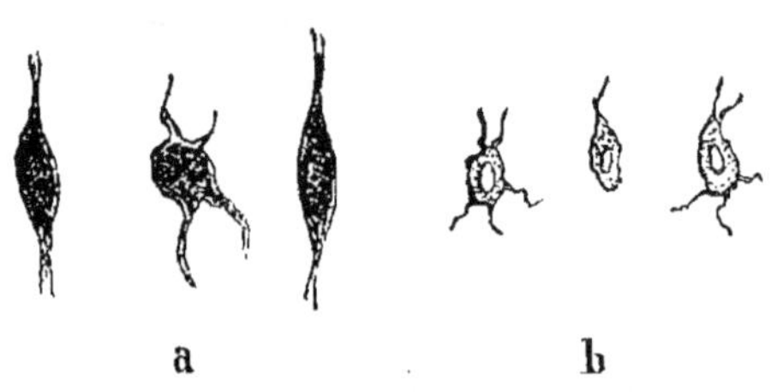

Fig. 42.

a, trois cellules prises dans le *locus niger*. — *b*, trois cellules prises dans les tubercules quadrijumeaux.

ment à chaque extrémité de leur grand axe. Ces prolongements paraissent ne pas se ramifier ultérieurement. Au centre même de l'étage moyen se trouve un second amas de substance grise beaucoup moins riche en pigment. Il ne forme même pas une couche continue; il se mélange avec la substance blanche, sur laquelle il produit un véritable piqueté. Il en résulte une teinte mixte qui est très-faible et qui fait que l'existence de ce second amas échappe facilement à l'observateur. C'est évidemment la continuation de la *formatio reticularis*, qui prend naissance dans le bulbe et qui se propage, à travers la protubérance et le pédoncule cérébral, jusque dans la couche optique. C'est la colonne grise centrale de la moelle qui se dissocie et s'épanouit à partir du bulbe. Enfin, entre l'étage moyen et l'étage supérieur, se trouve une nappe de substance continue qui concourt à limiter l'aqueduc de Sylvius et qui fait suite à la couche tapissant le plancher du quatrième ventricule. Chaque pédoncule renferme en outre le noyau d'origine d'un des deux nerfs *moteurs oculaires communs*. Ceux-ci émergent de la ligne séparant les étages inférieur et moyen. Leurs racines vont se perdre les unes dans l'étage moyen, d'autres dans l'étage inférieur, d'autres dans le *locus niger*.

Physiologie normale. — Nos connaissances sur ce sujet se réduisent à fort peu de chose. Comme faits expérimentaux, on sait seulement que les pédoncules cérébraux sont à la fois très-sensibles et très-excitables, c'est-à-dire que, lorsqu'on les irrite d'une manière quelconque, l'animal pousse des cris de douleur et exécute des mouvements convulsifs plus ou moins généraux. On sait aussi que la section complète de l'un d'eux paralyse tous les muscles de la moitié opposée du corps et que si on coupe les deux pédoncules, on détermine une paralysie générale. On sait enfin qu'en coupant seulement quelques-unes des fibres antérieures d'un seul pédoncule, on produit un mouvement de manége qui tend à se transformer en une rotation en rayon de roue, au fur et à mesure qu'on se rapproche de la protubérance. On constate en même temps la déviation des yeux et du nystagmus.

Comme fonction, on ne voit en eux, généralement, avec Longet, que des moyens d'union entre le centre intellectuel et les agents du mouvement et de la sensibilité; que des conducteurs chargés de transmettre aux muscles, par l'intermédiaire de l'isthme de l'encéphale et de la moelle, tous les ordres de la volonté, et de transmettre au cerveau les impressions sensorielles, afin que les perceptions puissent s'élever à la hauteur de sensations. Évidemment, ce double rôle presque passif existe. Il s'impose même à la raison, car ces faisceaux constituent l'unique voie matérielle, par laquelle puissent s'établir les relations incontestables qui ont lieu continuellement entre les actions du centre psychique et celles des centres moteurs et sensitifs. Mais là ne doit pas se borner le fonctionnement des pédoncules. A cette mission de simple conductibilité se joint certainement une mission de production propre. Ils sont non-seulement des conducteurs, mais encore des foyers d'innervation. Rien que leur richesse en substance grise le prouve. Mais il est impossible, pour le moment, de connaître la portée de cette action centrale. Vient-elle, comme le veut Luys, compléter le travail du cervelet, en faisant partie du système cellulaire, qu'il appelle *substance cérébelleuse périphérique*, et dans lequel viendraient aboutir les fibres des pédoncules cérébelleux? C'est très-possible, mais on ne peut pas l'assurer. Tout ce qu'on peut regarder comme certain, c'est que le pédoncule cérébral est un foyer de force motrice pour la plupart des mouvements du globe oculaire, puisqu'il renferme le noyau d'origine du moteur oculaire commun.

Physiologie pathologique générale. — Elle ne pourra être établie que sur un très-petit nombre de faits, car je n'ai pu trouver, dans les annales de la science, que six observations où l'altération matérielle se trouvait parfaitement limitée au pédoncule cérébral; celle de Weber, où l'autopsie montra un foyer apoplectique dans la portion interne et inférieure du pédoncule gauche ; celles d'Andral et de Green, qui rencontrèrent tous deux une hémorrhagie du pédoncule droit; celle de Goodfellow, où il s'agit d'une sclérose totale du pédoncule gauche ; celle de Gull, qui trouva un cancer du pédoncule droit; enfin celle de Parrot, où il y eut un tubercule du pédoncule droit. Mais, dans ces six cas, la symptomatologie offrit une physionomie tellement constante et tellement en rapport avec les quelques enseignements que nous devons à la physiologie expérimentale, qu'on peut arriver à des conclusions aussi positives que si elles étaient étayées sur un grand nombre de faits. On peut donc déclarer sans la moindre hésitation que :

1° Les maladies des pédoncules ne troublent en rien les facultés intellectuelles. L'intelligence reste parfaitement intacte. Cela devait être, puisqu'il sera démontré plus tard que l'élaboration des idées s'effectue exclusivement dans la substance corticale des lobes cérébraux, et puisqu'en perdant les liens qui le rattachent aux autres parties de l'encéphale, le cerveau ne se trouve privé que du droit d'imposer ses volontés au système musculaire.

2° Lorsque la lésion est assez considérable pour détruire entièrement un des pédoncules cérébraux ou pour enrayer complétement son fonctionnement, il en résulte toujours une paralysie des muscles de la moitié opposée du corps, c'est-à-dire qu'il y a une hémiplégie croisée. Cela pouvait être prévu, puisque les conducteurs du mouvement s'entrecroisent au delà, dans l'isthme de l'encéphale. Sous ce rapport, les pédoncules ne pouvaient se conduire que comme nous verrons le cerveau le faire généralement.

3° Dans les mêmes conditions, la sensibilité générale se trouve éteinte du même côté que le mouvement, c'est-à-dire que la paralysie du sentiment s'opère aussi d'une manière croisée. Cet effet croisé devait se produire *à fortiori*, puisque c'est plus bas encore, dans la moelle elle-même, que s'opère l'entrecroisement des conducteurs de la sensibilité. La perte de la sensibilité générale semble un fait en désaccord avec la physiologie expérimentale, puisque l'animal auquel on a enlevé tout ce qui est en avant de la protubérance crie encore lorsqu'on le pince. Mais lorsque le pédoncule est altéré, non-seulement les impressions ne peuvent plus arriver dans la couche optique où la perception se complète réellement ; mais la lésion se trouve trop près de la protubérance pour que celle-ci ne soit pas elle-même gênée dans son fonctionnement. D'ailleurs, il y a au-dessus de tout cela une condition générale qui fera que l'insensibilité se montrera encore lorsque la lésion sera dans les lobes cérébraux au delà des couches optiques : c'est une solidarité de nature mécanique de toutes les parties de l'encéphale, en vertu de laquelle elles subissent toutes les pressions développées dans l'une d'elles.

4° Les sensibilités visuelle et auditive semblent conservées chez tous les malades. Pour la vision, cette immunité s'explique très-bien du moment où on admet que le centre visuel se trouve dans la couche optique. Il y a même là un argument accessoire à ajouter, en faveur de cette localisation, à ceux que nous signalerons plus tard, puisqu'il serait assez bizarre que les tubercules quadrijumeaux auxquels Longet a voulu attribuer ce genre de sensibilité, et qui font, pour ainsi dire, partie des pédoncules, échappent ainsi constamment à leurs lésions. Avec un centre visuel situé dans la couche optique, le nerf de ce nom n'a besoin de contracter aucun rapport avec les pédoncules, et dès lors la vision ne peut plus être compromise que par une généralisation de la compression, aux effets de laquelle la couche optique est moins exposée que la protubérance quand la lésion siége dans le pédoncule. Quant au sens de l'ouïe, on comprend beaucoup moins sa conservation. Car, même en plaçant, comme nous le ferons, le centre de sensibilité auditive dans la couche optique, ce centre ne peut communiquer avec le nerf acoustique que par l'intermédiaire du pédoncule cérébral. Mais notez que, dans les cinq observations, il n'y eut jamais qu'un seul pédoncule compromis, et si un malade s'aperçoit facilement qu'il voit moins clair d'un œil, il peut rester longtemps sans se douter qu'il n'entend pas aussi bien des deux oreilles.

5° La parole peut être gênée et même indistincte, tout justement parce que les fibres encéphaliques du grand hypoglosse et du facial font nécessairement partie du pédoncule ; et si ces troubles de l'articulation ne sont pas constants, cela tient à ce que ces fibres n'occupent qu'un point de la masse pédonculaire et à ce que ce point n'est pas toujours englobé dans l'altération.

6° Les altérations spontanées des pédoncules ne donnent pas lieu, comme les vivisections, à des phénomènes de rotation. Cependant, Parrot a signalé une rotation de la tête du côté de la lésion. Ce fait semble infirmer la loi que Prévost a voulu poser et d'après laquelle la déviation de la tête, dans les maladies du cerveau, se ferait presque toujours du côté de la lésion, et dans les maladies de l'isthme de l'encéphale, toujours du côté opposé.

7° Il se produit constamment dans l'appareil moteur de la vision des troubles qui relèvent de la 3ᵉ paire, à laquelle les pédoncules donnent naissance. Ces troubles sont unilatéraux et ont toujours lieu du côté correspondant au pédoncule malade, par conséquent du côté opposé à celui où siégent les troubles moteurs du corps. Autrement dit l'hémiplégie due à une lésion pédonculaire est toujours alterne, et l'alternance s'établit entre les muscles du corps et ceux de l'orbite qui sont animés par le moteur oculaire commun. Cela s'explique par le fait même que ce nerf prend naissance sur le pédoncule qui est situé du même côté que l'orbite dans lequel il se rend. Ces troubles consistent, ainsi que la distribution de la 3ᵉ paire peut le faire supposer *à priori*, en un strabisme externe dû à ce que le tonus du muscle droit externe n'est plus contre-balancé par celui du droit interne, en une dilatation de la pupille due à ce que les fibres circulaires de l'iris sont paralysées, en une grande difficulté d'accommodation due à ce que le muscle de Baumann est aussi atteint de paralysie, enfin en un *prolapsus* de la paupière supérieure, dû à ce que l'orbiculaire ne trouve plus dans le releveur de la paupière l'antagonisme habituel. Ces différents symptômes n'apparaissent pas toujours en même temps, mais, tôt ou tard, toutes les branches de la troisième paire sont atteintes de paralysie.

DES TUBERCULES QUADRIJUMÉAUX.

Constitution anatomique. — Sous le nom de tubercules quadrijumeaux, on désigne les quatre petits renflements arrondis qu'on aperçoit sur la face supérieure des pédoncules cérébraux. Ils sont placés sur deux rangs, ce qui a permis de les distinguer en antérieurs et en postérieurs. Les antérieurs prennent aussi le nom de *nates* et les postérieurs celui de *testes*. Les premiers sont plus volumineux que les seconds et offrent une teinte grise à leur surface. Les seconds sont plus arrondis, plus nettement limités et se distinguent en outre des précédents par leur teinte blanche. On constate à l'œil même que les tubercules droits et gauches sont reliés entre eux par des fibres transversales destinées à harmoniser le fonctionnement de ces éminences. On constate, en outre, qu'elles sont mises en communication par d'autres fibres avec la couche optique. Parmi ces fibres, les unes partent des *nates* et vont aboutir aux corps genouillés externes ; les autres sont étendues des *testes* aux corps genouillés internes. Malgré leur coloration blanche, les tubercules postérieurs sont aussi en grande partie formés de substance grise qui se trouve seulement masquée par une coque très-mince de substance blanche. Dans les *nates* et les *testes*, la substance grise se présente avec des caractères spéciaux. Elle est formée par une multitude de petites cellules jaunâtres anastomosées en plexus. (Voir figure 42.) Chez les oiseaux, les reptiles et les poissons, les 4 tubercules se fusionnent en deux masses qui sont appelées *lobes optiques* ou *tubercules bijumeaux*, et qui sont entées sur les côtés des pédoncules. Ils ont un développement considérable, et chacun d'eux forme une masse plus grande que les 4 tubercules réunis des mammifères. C'est chez les poissons qu'ils atteignent les proportions les plus considérables. Leur volume dépasse celui des lobes cérébraux. Toutefois leur puissance fonctionnelle ne doit pas être en rapport avec leurs apparences massives, car ils sont creusés d'une multitude de petites cavités.

Physiologie normale. — Enregistrons d'abord les faits expérimentaux en respectant leur rigueur primitive. Nous jugerons ensuite les interprétations auxquelles ils ont donné lieu.

Tout le monde s'accorde à reconnaître que les tubercules quadrijumeaux sont insensibles par eux-mêmes. Quel que soit le genre d'irritation auquel on les soumette, l'animal ne pousse des cris que du moment où l'on atteint les pédoncules eux-mêmes. Quand on les irrite d'une manière très-vive, on détermine un état convulsif des globes oculaires. Une irritation même légère provoque le resserrement des pupilles. Cette contraction de l'iris est bien l'œuvre des tubercules eux-mêmes, et n'est pas due à l'excitation de fibres de passage provenant des lobes cérébraux, car on l'obtient d'une façon tout aussi énergique quand on a enlevé préalablement tout ce qui est en avant de cette éminence.

Si on pratique cette ablation en ayant soin de respecter les communications entre les nerfs optiques, les corps genouillés et les tubercules quadrijumeaux ou bijumeaux, il n'est pas nécessaire d'irriter mécaniquement ces petits centres pour provoquer des modifications dans le diamètre des pupilles. Il suffit d'approcher une lumière de l'œil de l'animal, pour que la contraction s'effectue d'une manière réflexe. Ce qui prouve que, dans ces circonstances, les tubercules sont bien le centre de réflexion, c'est que si on les détruit, les variations de lumière n'ont plus d'action sur l'iris, malgré l'intégrité des nerfs optiques, des corps genouillés, des pédoncules cérébraux et des nerfs moteurs oculaires communs. La même immobilité se produit encore lorsque les lobes cérébraux ont été respectés et qu'on a enlevé uniquement les tubercules. Lorsque, chez l'animal privé de ses lobes cérébraux, on approche une lumière très-vive, non-seulement les pupilles se resserrent, mais, en outre, les paupières se ferment. L'animal cligne de l'œil, de sorte que l'action réflexe qui se produit dans les tubercules, peut retentir aussi bien sur des nerfs éloignés, comme le facial, que sur le moteur oculaire commun. Longet affirme, en particulier, que l'oiseau ainsi mutilé se met à reproduire avec sa tête les cercles que l'on fait décrire à la bougie, et qu'il semble toujours chercher la lumière des yeux. D'après Flourens, dans la production des mouvements oculaires, les tubercules exercent sur les yeux une action croisée, c'est-à-dire que si on opère sur les tubercules droits, les contractions ne se produisent que dans l'œil gauche et réciproquement pour les tubercules gauches et l'œil droit.

D'après Valentin et Budge, en irritant les tubercules, on provoquerait des contractions de la vessie, de l'estomac et du canal intestinal. Enfin, Flourens a fait voir qu'à la suite d'une lésion un peu profonde d'un seul tubercule, les oiseaux se mettent à tourner sur eux-mêmes autour de leur axe vertical et du côté de la blessure. Tels sont les faits qui ressortent de l'expérimentation. Malgré leur simplicité apparente, ils peuvent conduire et ont conduit, en effet, à des interprétations différentes.

Longet regarde les tubercules quadrijumeaux comme étant à la vision ce que la protubérance est, selon lui, à la sensibilité générale, c'est-à-dire un centre de perceptivité brute. Vous vous rappelez que, pour ce physiologiste, le mésocéphale représente le centre où les impressions tactiles sont perçues mais non appréciées. De même dans les tubercules, les impressions développées sur la rétine seraient senties ou plutôt perçues; mais ce ne serait qu'après l'intervention ultérieure du cerveau, que cette perception visuelle deviendrait une véritable sensation. Avec les tubercules seuls l'animal sentirait l'action de la lumière. Il sentirait qu'il l'a subie, mais il serait incapable de remonter de l'effet à la cause. Il ne se rendrait pas compte de l'objet qui a ébranlé sa rétine et son centre visuel. Ce ne serait que quand ce premier ébranlement central se serait propagé jusqu'au cerveau, que l'intelligence raisonnerait la perception enregistrée dans les tubercules et en déduirait une notion. En un mot, ceux-ci seraient, suivant l'expression de Longet, un centre de sensibilité visuelle brute, comme la protubérance serait un centre de sensibilité tactile brute. Tout en ne pouvant pas réaliser une sensation visuelle complète et perfectionnée, les tubercules sentiraient et de plus réagiraient et traduiraient l'impression reçue par des mouvements réflexes.

Cette manière d'envisager les choses, qui est du reste celle de la plupart des physiologistes, compte bon nombre d'arguments en sa faveur. Les mouvements oculaires réflexes que les tubercules semblent seuls aptes à produire, indiquent déjà que ce sont eux qui sont appelés à sentir l'agent lumière, puisque ces mêmes mouvements sont ordinairement provoqués par les ondes lumineuses. Chez les oiseaux, les poissons et les reptiles, les nerfs optiques vont directement se rendre dans les tubercules bijumeaux. Il est donc incontestable que chez eux ils représentent le réceptacle des impressions visuelles. Chez les mammifères, cette origine est moins apparente; mais par une dissection attentive, plusieurs anatomistes prétendent avoir suivi les radicules du nerf optique au delà des corps genouillés qu'elles ne feraient que traverser pour se rendre définitivement dans les tubercules quadrijumeaux. Il est vrai que chez l'homme et chez le singe ces radicules se perdent complétement au centre même des corps genouillés; mais comme on voit apparaître plus loin des faisceaux de fibres réunissant les tubercules aux corps genouillés, il est probable que ces faisceaux suffisent pour relier les nerfs optiques à ces éminences, malgré la solution de continuité qui semble exister. L'anatomie comparée vient encore prêter un autre appui à cette interprétation. En général, chez les poissons, les lobes optiques sont d'autant plus développés que les nerfs optiques et les yeux ont eux-mêmes un volume plus considérable. Chez les pleuronectes, qui ont les organes visuels d'inégal volume, les lobes optiques sont aussi inégalement développés. Mais de tous les arguments favorables à cette localisation du centre visuel, le plus puissant est le fait expérimental signalé par Longet. Les oiseaux dont on a enlevé les lobes cérébraux ont, non-seulement des mouvements réflexes de la pupille en rapport avec l'intensité de la lumière, mais leurs yeux sont comme attirés par la lumière et la suivent dans ses déplacements. Donc ils doivent voir.

Aux faits qui précèdent on peut en opposer d'autres, qui sont au contraire de nature à faire refuser la sensibilité visuelle aux tubercules. Les mouvements réflexes de l'iris sont parfaitement inconscients. Ils prouvent seulement qu'un centre moteur a reçu un ébranlement, mais ils ne prouvent pas que l'animal qui les exécute sente et ait conscience de la nature lumineuse de cet ébranlement. Rien ne démontre que l'animal privé de ses lobes cérébraux puisse (je ne dirai pas voir des objets, car ce serait déjà de la sensation), mais distinguer la lumière de l'obscurité. Comme les animaux ne parlent pas, on ne peut s'assurer de l'impression produite sur eux par les corps lumineux qu'à l'aide des mouvements de l'iris ; comme ces mouvements pourraient parfaitement avoir lieu sans qu'il y ait sensation lumineuse dans l'acception du mot ; comme l'animal auquel on a détruit les tubercules et qui a perdu, par le fait, ce genre de manifestation réflexe, ne peut pas dire s'il voit encore, tout en ayant les pupilles immobiles, il s'ensuit que l'espèce humaine, et par conséquent la pathologie, pourra seule nous éclairer d'une manière plus positive sur cette question. D'autre part, non-seulement chez l'homme et chez le singe il est impossible de suivre les racines des nerfs optiques jusque dans les tubercules, mais Gratiolet prétend qu'on peut, dans ces deux espèces, les poursuivre au delà des corps genouillés, et qu'on les voit nettement se porter, suivant une direction opposée, dans l'intérieur même des lobes cérébraux. La règle empruntée à l'anatomie comparée est loin d'être absolue, car chez certains animaux dont la vue est presque nulle et qui ont des nerfs optiques tout à fait rudimentaires, on trouve des tubercules quadrijumeaux ou bijumeaux très-développés. Tels sont : la taupe, le rat-taupe du Cap, la musaraigne musette, la taupe asiatique, le protée, la cécilie, etc. En raison même de la décussation qui s'opère dans le chiasma des nerfs optiques, chaque tubercule devrait présider à la sensibilité spéciale de la moitié de chacune des deux rétines, et sa destruction devrait produire, non pas une perte absolue de la vision d'un seul œil, mais une insensibilité de la moitié interne d'une rétine, et de la moitié externe de l'autre rétine. Or, c'est ce qui n'est pas, puisque tous les expérimentateurs ont signalé un effet rigoureusement croisé. Enfin, le fait expérimental signalé par Longet ne constitue même pas un argument bien considérable, car Flourens et plusieurs autres vivisecteurs ne paraissent pas être arrivés à le constater. D'ailleurs, il ne serait pas applicable aux mammifère s puisque Longet lui-même ne l'a pas vu se reproduire chez eux. L'aurait-on, du reste, constaté chez les animaux supérieurs, qu'on ne pourrait rien conclure encore. Car, pour ménager la continuité des nerfs optiques avec les tubercules quadrijumeaux, on est obligé de respecter les corps genouillés et la presque totalité des couches optiques, et de n'enlever que les lobes cérébraux proprement dits. Les manifestations de la sensibilité visuelle pourraient donc être aussi bien attribuées à la couche optique qu'aux tubercules.

Pour toutes ces raisons, Flourens s'est montré beaucoup plus réservé que Longet. Il n'attribue aux tubercules qu'une influence motrice en rapport avec les phénomènes de la vision. Pour lui, lorsque le cerveau est enlevé, toute perception visuelle est abolie et la vue est, par suite, radicalement détruite, malgré l'intégrité des tubercules ou des lobes optiques.

Serres n'accorde la sensibilité visuelle aux tubercules que chez les oiseaux, les reptiles et les poissons. Chez les mammifères, ils ne feraient que présider aux mouvements de la pupille. Mais ce mode d'action ne constituerait qu'une annexe des fonctions plus générales que ces centres nerveux seraient appelés à remplir. Ils interviendraient avant tout d'une manière puissante dans la locomotion. Il s'appuie non-seulement sur les phénomènes de rotation signalés par Flourens, mais sur des vivisections qui lui sont personnelles et d'après lesquelles la destruction des tubercules donnerait naissance à des désordres de tous les mouvements qui seraient tout à fait comparables à ceux de la chorée. Personne autre que lui n'a observé ce résultat. Mais il ne serait pas impossible que les tubercules aient des fonctions non en rapport avec la vision, puisqu'ils peuvent offrir un volume considérable chez des animaux qui ont ce sens réduit à sa plus simple expression.

Gratiolet, qui pense que chez les primates les nerfs optiques se rendent dans les lobes cérébraux, tandis qu'ils se rendent seulement dans les tubercules chez tous les autres animaux, admet naturellement qu'une exception physiologique correspond à l'exception anatomique. Selon lui, l'homme et le singe voient par le cerveau, tandis que les autres vertébrés voient par les tubercules. Voilà pourquoi les perceptions visuelles seraient plus perfectionnées, plus déli-

cates, plus aptes à engendrer des notions, plus intellectuelles, par
conséquent, chez les primates que chez les autres animaux.

Pour moi, je suis tenté de me montrer plus franchement radical
encore que Flourens, et de déclarer que tout se passe de la même
manière dans les quatre classes des vertébrés; qu'il est probable que
chez tous les animaux ce sont les couches optiques qui perçoivent
les impressions visuelles et que les tubercules ne sont que les centres
réflexes des mouvements de la vision. Si, chez les oiseaux, les poissons
et les reptiles, les nerfs optiques paraissent émaner directement des
tubercules bijumeaux, si ces animaux paraissent voir avec ces tubercules seuls, cela tient uniquement à ce que cette région de l'encéphale
n'est pas disposée chez eux comme chez les mammifères et surtout
comme chez l'homme. Dans les mammifères, les couches optiques et
les corps genouillés, qui ne sont qu'une partie de ces couches, forment une masse bien distincte, nettement séparée et même éloignée
des tubercules quadrijumeaux. Chez les vertébrés des trois dernières classes, ces diverses parties se fusionnent presque ensemble pour

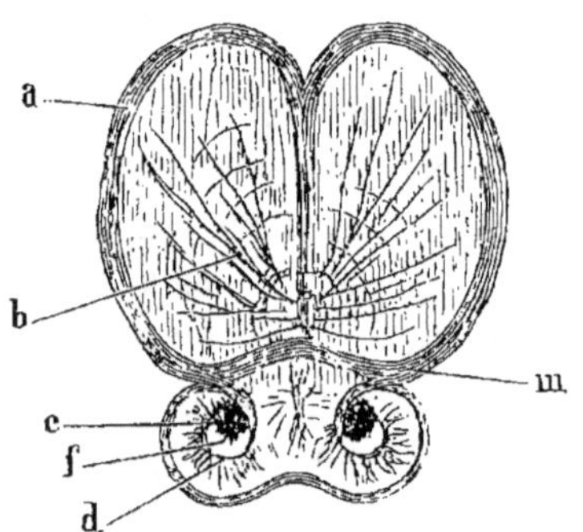

Fig. 43.

Coupe horizontale de l'encéphale du poulet. — *a*, couche corticale du lobe cérébral. —
b, corps strié envoyant des fibres rayonnantes vers cette couche corticale. — *c*, couche
optique. — *d*, corps genouillé. — *f*, tubercule bijumeau. — *m*, fibres qui se portent de
la couche optique à la couche corticale du cerveau.

constituer cette masse, qui prend le nom de lobes optiques. Je viens
encore d'examiner un encéphale de poulet. Rien n'est plus facile que
de reconnaître que les corps genouillés, d'où émanent réellement les
fibres optiques, forment une coque superficielle qui enveloppe entièrement la petite masse grise qui constitue le véritable tubercule.
Le reste même de la couche optique, quoique ayant des rapports
moins intimes avec le tubercule que le corps genouillé, contracte

cependant avec lui des connexions telles qu'il est impossible d'agir exclusivement sur l'un ou l'autre des éléments de cette petite masse. Voilà pourquoi les nerfs optiques semblent émaner des tubercules et pourquoi ceux-ci paraissent être un centre visuel proprement dit, de sorte que le fait expérimental de Longet n'a pas la signification qu'on lui a prêtée. Les oiseaux opérés par lui avaient conservé non-seulement les tubercules, mais encore les corps genouillés et la presque totalité des couches optiques. Il est donc probable que, chez tous les vertébrés, sans exception, le véritable centre visuel est dans les couches optiques et que le centre des mouvements réflexes de la vision est dans les tubercules. Mais, tandis que, chez les vertébrés inférieurs, les deux centres se confondent presque anatomiquement, chez les mammifères, et surtout chez l'homme, ils se séparent, s'isolent sans doute dans un but de perfectionnement.

Remarquez qu'avec la situation des tubercules chez l'homme, si les impressions rétiniennes avaient été obligées de se rendre toutes dans ces éminences avant d'aller éveiller des notions dans les cellules cérébrales, il en serait résulté un détour relatif préjudiciable à la rapidité des conceptions visuelles. On ne comprendrait même pas dans quel but la nature leur aurait imposé ce trajet rétrograde, puisqu'il est incontestable que l'ébranlement doit toujours finir par gagner les lobes cérébraux. Aussi je ne serais pas étonné que Gratiolet n'ait pas été du tout victime d'une illusion en espérant avoir suivi des prolongements des nerfs optiques dans la substance cérébrale. Dans l'intérêt même de la rapidité de la vision et pour que tous les actes de cette fonction s'exécutent à l'unisson, il y a peut-être, chez les mammifères, une disposition que je ne vais vous indiquer qu'à titre de ballon d'essai, afin de provoquer ultérieurement une confirmation ou une infirmation anatomique.

Arrivés dans les corps genouillés, les fibres des nerfs optiques se diviseraient en deux groupes, qui prendraient deux directions différentes, après s'être abouchées ou non avec des cellules des corps genouillés. Les unes se porteraient directement en haut, dans une partie de la couche optique douée de la sensibilité visuelle. Les cellules de cette partie enverraient, à leur tour, des prolongements aux cellules intellectuelles et viendraient compléter ainsi ce premier système, exclusivement sensitif et visuel. Les autres, les moins nombreuses et les moins importantes, se porteraient en arrière et donneraient naissance à ces petits faisceaux que l'on voit étendus des corps genouillés aux tubercules quadrijumeaux. Elles auraient pour but de transformer la portion d'ébranlement rétinien qui leur incomberait, non plus en sensation visuelle, mais en force motrice destinée à proportionner les mouvements de l'iris à l'intensité des phénomènes sensoriels provoqués par les fibres du premier groupe. Autrement dit, l'ébranlement des nerfs optiques se bifurquerait une fois arrivé dans les corps genouillés et donnerait naissance à deux courants marchant de front, avec la même vitesse, et arrivant aux deux buts voulus en même temps. D'où à la fois plus de rapidité et plus de simultanéité pour les deux actes moteur et sensitif, lesquels

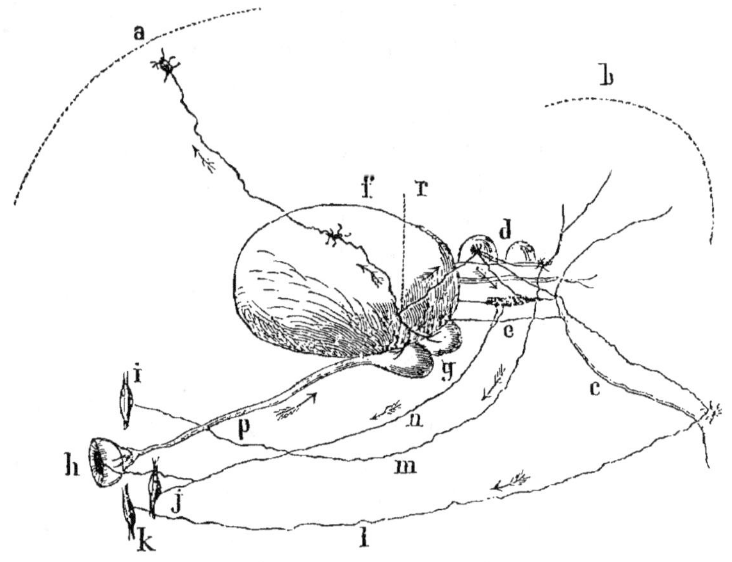

Fig. 44.

Schéma du mécanisme de la vision où, dans un but de simplification, il a été fait abstraction du corps strié et du véritable mode d'abouchement du pédoncule cérébral dans le noyau de l'encéphale. — *a*, courbe et cellule du cerveau. — *b*, courbe du cervelet. — *c*, courbe de la protubérance et du bulbe. — *e*, pédoncule cérébral. — *d*, tubercules quadrijumeaux. — *f*, couche optique. — *g*, corps genouillés. — *h*, iris et rétine. — *i*, muscle grand oblique. — *j*, muscle représentant des droits supérieur, inférieur et interne et du petit oblique. — *k*, droit externe. — *l*, nerf moteur oculaire externe. — *m*, nerf pathétique. — *n*, nerf moteur oculaire commun émanant du *locus niger*. — *p*, nerf optique. Les flèches indiquent le courant centripète du nerf optique, sa bifurcation, dans la couche optique (*r*), en un courant se rendant à la couche corticale du cerveau, et un courant qui va dans les tubercules quadrijumeaux se réfléchir à la fois vers les noyaux d'origine des nerfs moteur oculaire commun, pathétique et moteur oculaire externe.

avaient besoin de coïncider d'une manière mathématique. La notion intellectuelle naîtrait ainsi beaucoup plus vite que si l'ébranlement avait dû d'abord gagner les tubercules pour y provoquer les mouvements de l'iris et la perception brute et aller ensuite seulement mettre en jeu les cellules d'ordre psychique. Tout dans l'exercice de la vision s'exécuterait ainsi d'une manière plus instantanée. C'est peut-être pour cette raison que les animaux supérieurs voient plus vite et comprennent plus vite ce qu'ils voient.

Les tubercules ne seraient pas seulement chargés de produire les mouvements de l'iris. Ils commanderaient et coordonneraient aussi tous les autres mouvements mis au service de la vision. Ils seraient, pour les actes moteurs si variés et si nombreux de l'œil, ce que la protubérance et le cervelet sont pour les actes de la locomotion, ce que le bulbe est pour les mouvements de la respiration. A cheval sur les pédoncules cérébraux, ils seraient parfaitement placés pour commander à la fois au moteur oculaire commun, qui, non-seulement est l'agent du dosage de la lumière et de l'adaptation, par l'intermédiaire de l'iris et du muscle de Baumann, mais qui sert aussi à maintenir les axes visuels dans le parallélisme nécessaire à l'unité de la vision, par l'intermédiaire des muscles droits interne, supérieur, inférieur et petit oblique; au moteur oculaire externe et au pathétique, qui concourent à ce dernier but, par l'intermédiaire du droit externe et du grand oblique. Par leur situation, les tubercules dominent tout ce système de nerfs et ils peuvent leur servir de régulateurs.

La théorie que je viens d'esquisser aurait l'avantage de concilier toutes les assertions et tous les faits expérimentaux. Mais je ne lui accorde, je le répète, qu'une valeur tout à fait hypothétique. Les seules conclusions positives que l'anatomie et la physiologie permettent de poser en ce moment, c'est que les tubercules sont préposés à la plupart des mouvements des globes oculaires et qu'il est peu probable qu'ils soient eux-mêmes doués de la sensibilité visuelle. Voyons si la pathologie pourra mieux nous éclairer sur cette dernière question.

Physiologie pathologique. — Il existe six observations où les tubercules quadrijumeaux se sont montrés ou détruits, ou considérablement compromis. Sur ces six cas, quatre ont été observés par le même médecin, Serres, de sorte qu'il est bien probable que si la science n'est pas plus riche sous ce rapport, cela tient uniquement au défaut d'investigations. Les deux autres faits ont été publiés par Joire et Wood. Les lésions ont été variées, de sorte qu'on peut dire que les tubercules sont probablement susceptibles des différents processus morbides qu'on rencontre dans les autres centres nerveux. Serres a trouvé chez un homme un noyau dur et comme squirrheux, occupant la partie moyenne des tubercules et ayant provoqué le ramollissement des pédoncules cérébelleux supérieurs; chez une femme hystérique, un épanchement sanguin de la base des quatre éminences; chez une femme de 68 ans, un foyer sanguin qui, ayant son siége principal dans les tubercules, particulièrement dans les postérieurs, s'étendait en avant jusqu'à la glande pinéale, et en arrière jusque dans la partie antérieure de la protubérance; chez une troisième femme, atteinte de chorée, un ramollissement inflammatoire des quatre tubercules et des couches pédoncullaires sous-jacentes. Joire a rencontré, lui, une agglomération de cysticerques qui avaient fait disparaître complétement les tubercules et l'aqueduc de Sylvius. Enfin Wood a trouvé une tumeur pyriforme logée dans le quatrième ventricule, soulevant la valvule de Vieussens et ayant détruit complétement les testes, partiellement les nates.

Or, les cinq premiers malades ont toujours conservé la vue intacte. Leurs rétines ont présenté jusqu'au moment de la mort une sensibilité normale. Celui de Joire avait même les yeux très-vifs et très-actifs. Le malade de Wood a seul présenté des signes d'amaurose, avec hallucinations visuelles. Évidemment, il a dû y avoir dans ce fait exceptionnel des conditions extrinsèques qui le mettaient en dehors de la règle générale et qu'on a eu tort de ne pas rechercher par une analyse nécroscopique plus complète. La tumeur était assez volumineuse pour comprimer les corps genouillés et les nerfs optiques eux-mêmes. Elle a pu provoquer des dégénérescences secondaires de la rétine ou des autres agents nerveux de la vision, comme cela arrive aussi pour les tumeurs du cervelet. Du reste, il n'en est pas moins établi par les autres observations, notamment par celle de Joire, où il ne restait plus de traces de tubercules, que ces éminences peuvent disparaître sans qu'il en résulte même une diminution de la sensibilité visuelle. La pathologie conduit donc, comme la physiologie, à conclure que les tubercules ne sont pas par eux-mêmes des centres de perceptivité visuelle et que, s'ils semblent en être chez les vertébrés inférieurs, cela tient à la fusion qui s'opère chez eux entre les corps genouillés et ces éminences.

Quant aux modifications survenues chez ces malades dans les mouvements affectés à l'exercice de la vision, elles ne sont pas aussi complètes que les vivisections pourraient le faire espérer. Le malade de Joire avait conservé le fonctionnement de sa pupille. Il n'avait ni strabisme, ni aucun mouvement convulsif du globe oculaire. Mais c'est le seul qui ait fourni des résultats négatifs sous ce rapport. Chez le premier malade de Serres, les yeux roulaient dans les orbites avec une rapidité que l'observateur pouvait difficilement suivre. Notez que chez lui la lésion n'avait pas détruit les tubercules. Elle constituait pour eux un corps étranger, une épine capable d'exciter leur action. La femme hystérique avait les pupilles constamment contractées. Les yeux étaient tantôt fixes, tantôt dans la plus grande mobilité. Chez elle aussi il n'y avait pas destruction des tubercules; leur base était seulement envahie par un épanchement. La femme de 68 ans avait encore une certaine agitation des globes oculaires. Enfin, le malade de Wood avait les pupilles immobiles. Si ces symptômes ne viennent pas confirmer d'une manière suffisante le rôle à la fois producteur et coordinateur que nous avons attribué aux tubercules dans la physiologie normale, on peut dire qu'ils sont loin d'être contraires à cette idée, puisque le fait de Joire vient seul lui faire échec. Peut-être, dans ce cas, les noyaux des différents nerfs moteurs de la vision continuaient-ils à associer leurs actions, en vertu de l'aptitude acquise? Peut-être étaient-ils encore reliés aux corps genouillés par quelques fibres et quelques cellules des tubercules que les cysticerques n'avaient fait que refouler?

Relativement à l'opinion de Serres, qui voulait faire des tubercules un centre ayant de l'influence sur l'ensemble des actes de la locomotion, et qui voulait y placer le siège anatomique de la chorée, il faut avouer que les cas observés par lui étaient bien de nature à engendrer cette idée dans son esprit, puisque trois de ses malades présentaient des mouvements choréiformes plus ou moins généraux. Mais, évidemment, on ne saurait accorder une importance aussi grande à un organe nerveux aussi petit. Tout ce qu'il est rationnel de penser, c'est que les tubercules font partie du système des centres du mouvement; que leur part spéciale consiste dans les mouvements oculaires; mais que, comme les différentes parties de ce système sont agencées entre elles de façon à s'influencer réciproquement, il en résulte la possibilité d'une influence indirecte de ces éminences sur le fonctionnement des autres centres moteurs.

DES COUCHES OPTIQUES.

Constitution anatomique.

Après avoir supporté les tubercules quadrijumeaux, les pédoncules cérébraux s'engagent chacun dans deux masses grises appelées couche optique et corps strié. L'ordre anatomique nous conduit donc à faire l'histoire de ces masses immédiatement après celle des tubercules quadrijumeaux. Commençons par les couches optiques. Chacune d'elles représente un ovoïde recourbé sur lui-même, dirigé dans le sens antéro-postérieur et à grosse extrémité tournée en arrière. Malgré cette forme ovoïde, les anatomistes ont été obligés, pour les besoins de la description, de lui reconnaître des faces distinctes. Parmi les faits relatifs aux rapports et à la conformation de ces diverses faces, la physiologie exige seulement que je vous rappelle : 1° que la face supérieure est libre dans le ventricule latéral, dont elle concourt à former le plancher. C'est là une condition qui fait que la couche optique est exposée à subir les conséquences des modifications pathologiques qui peuvent survenir dans cette cavité, mais qui lui permet de remplacer, par un léger refoulement, une faible partie de la pression exercée par les tumeurs ou les foyers sanguins du cerveau ; 2° que sa face interne se trouve de même libre dans le ventricule moyen, dont elle forme la paroi latérale, et qu'elle vient ainsi multiplier les effets précédents ; 3° que c'est par la portion antérieure de sa face inférieure qu'une partie des pédoncules cérébraux s'engage dans les lobes cérébraux ; 4° que la partie postérieure de cette même face est encore libre, et présente les deux saillies appelées *corps genouillés interne et externe*, qui donnent naissance aux racines interne et externe du nerf optique ; 5° que c'est de sa face, ou plutôt de son côté externe, qu'émanent les fibres blanches qui doivent la relier aux cellules intellectuelles de la couche corticale des lobes cérébraux.

Quand on fait des coupes en différents sens de la couche optique, on s'aperçoit qu'elle ne forme pas une seule et même masse de substance grise, et qu'elle renferme quatre noyaux de cette substance parfaitement distincts les uns des autres. Trois de ces noyaux se dessinent même à l'extérieur par de légères saillies. Ils occupent la zone interne de la couche optique et sont placés l'un à côté de l'autre, dans le sens antéro-postérieur. Pour ne rien préjuger de leurs destinées physiologiques, on peut les désigner par les épithètes d'antérieur, de moyen et de postérieur. Se basant sur certains faits anatomiques et pathologiques, Luys croit pouvoir affirmer que l'anté-

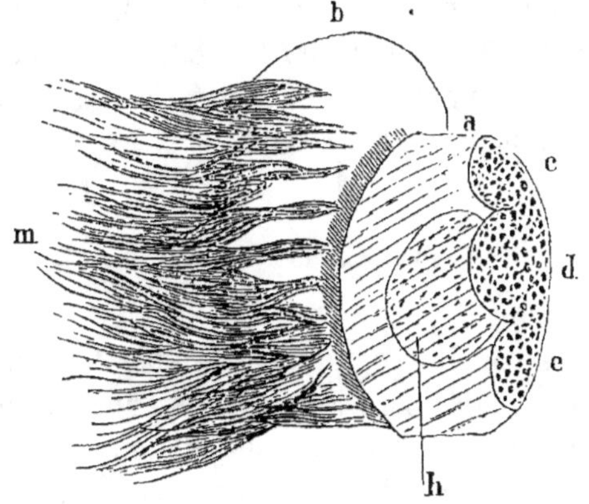

Fig. 45.

Courbe de la couche optique (*a*) et du noyau ventriculaire du corps strié (*b*). — *c*, noyau olfactif. — *d*, noyau optique. — *e*, noyau acoustique. — *h*, noyau central. — *m*, fragments des fibres qui, parties de la couche corticale du cerveau, vont converger vers le noyau de l'encéphale.

rieur est affecté à l'olfaction. C'est pourquoi il le nomme *centre olfactif*. Tout ce qu'on peut assurer, c'est qu'il reçoit directement le *tœnia*, qui, lui-même, est le prolongement médiat des fibres de la racine du nerf olfactif. Ce centre se dessine nettement à l'extérieur, et fait saillie à l'extrémité antérieure de la couche optique. Il regarde le moyen, qui est le plus volumineux des trois, comme un centre visuel, et il l'appelle *centre optique*. Il prétend qu'il reçoit des fibres qui viennent des corps genouillés, d'autres qui viennent des tubercules quadrijumeaux. Quant au postérieur, Luys suppose qu'il reçoit des émanations du nerf acoustique, et il lui donne le nom de *centre acoustique*. Le quatrième noyau mérite l'épithète de *médian*. Il est situé en dehors des précédents et dans les profondeurs de la couche optique. Luys le regarde comme le centre de toutes les impressions de la sensibilité générale. Il est du reste manifestement en continuité avec la substance grise centrale de la moelle, du bulbe, de la protubérance et du pédoncule cérébral.

Le volume réel de ces différents centres varie d'un gros pois à

une petite noisette. Ils offrent une coloration rougeâtre uniforme.
Dans l'état pathologique, on constate dans leur masse des décolorations partielles et des taches grisâtres. Ils sont formés par une forte proportion de substance amorphe, et par une grande quantité de cellules nerveuses, qui ont une certaine analogie avec les cellules ganglionnaires. Elles ont .$0^{mm},02$ à $0^{mm},03$; sont à un ou deux prolongements ovoïdes de couleur jaunâtre. Elles sont souvent chargées de granulations pigmentaires. Leur noyau est très-petit. Leurs prolongements sont difficiles à apercevoir.

Physiologie normale.

L'irritation des couches optiques provoque toujours des signes d'une vive douleur. Elles paraissent douées d'une sensibilité exquise, qui contraste avec l'insensibilité absolue de toutes les autres parties des lobes cérébraux. Magendie, qui le premier a signalé ce fait, n'hésitait pas à l'attribuer au tissu propre de la couche optique. Mais, depuis, Longet, Vulpian et Schiff ont pensé voir là une propriété d'emprunt due au passage des fibres supérieures des pédoncules cérébraux. Quand l'irritation porte sur une seule couche optique, en dehors des manifestations de souffrance, l'animal peut parfois donner le spectacle du mouvement de manége. Ce résultat a été obtenu par Longet, Lafargue et Flourens.

A l'époque des premières tentatives réellement scientifiques, on regarda la couche optique comme un centre visuel. L'idée était toute naturelle puisque les nerfs optiques ont leur origine apparente dans les corps genouillés, qui sont des saillies appartenant à la face inférieure des couches optiques. Cette opinion, qui n'avait peut-être que l'inconvénient d'envisager exclusivement une seule des fonctions des couches optiques, fut bientôt abandonnée généralement sous l'influence de la coïncidence d'un certain nombre de faits pathologiques qui lui étaient peu favorables. L'anatomie comparée, en assimilant les lobes optiques des oiseaux aux tubercules quadrijumeaux des mammifères, et en montrant que, chez les premiers animaux, les nerfs optiques aboutissent à ces lobes, fortifia davantage cette tendance et attira vers les tubercules quadrijumeaux l'attention des physiologistes à la recherche des centres visuels. C'est dans cette disposition des esprits que les expériences de Serres vinrent faire considérer les couches optiques comme des organes affectés à la locomotion et en collaboration avec les corps striés pour deux départements distincts du système musculaire. Il a incisé chez un chien la couche optique droite, et la patte antérieure gauche fut seule paralysée. Il incisa la couche optique gauche, et la patte antérieure droite devint inerte, le train postérieur conservant toute sa motilité. Il opéra de même chez un autre animal successivement sur les corps striés, droit et gauche ; et il produisit au contraire la paralysie isolée de la patte postérieure gauche, puis celle de la patte postérieure droite. Il en a conclu que les couches optiques président aux mouvements volontaires des membres thoraciques et les corps striés à ceux des membres abdominaux, et que tous ces centres exercent leur action d'une manière croisée. Loustau, par des expériences analogues, abonda dans le même sens. Mais Serres se fit surtout fort d'une déclaration de Rolando qui, quoique regardant le cervelet comme l'unique source des mouvements volontaires, avoue que la section des fibres qui se rendent des couches optiques aux corps cannelés affaiblit considérablement les pattes antérieures. Quoique Schiff semble aussi se rallier à cette influence spéciale sur les membres thoraciques, on peut dire qu'aujourd'hui la plupart des médecins, se basant sur des faits pathologiques que nous aurons à juger et l'inconstance des résultats signalés par Serres dans les vivisections, se contentent de considérer les couches optiques comme concourant avec les corps striés à la motilité volontaire, sans qu'il y ait pour ces centres une affectation déterminée à telle ou telle partie du corps. C'est là en particulier l'opinion de Longet et de Vulpian, qui, tous deux, ont vu la destruction des couches optiques entraîner la paralysie des quatre membres.

Il est un autre groupe de physiologistes modernes, parmi lesquels on compte Tood, Carpenter et Luys, qui voient au contraire dans la couche optique un centre de sensibilité. Luys surtout a su systématiser complétement l'idée première. Il s'appuie sur les dispositions anatomiques qu'il a trouvées pour les couches optiques, et avant tout sur les faits pathologiques que nous interrogerons comme lui dans un instant. Pour Luys, comme nous l'avons déjà donné à entendre dans l'étude de la constitution anatomique, la couche optique est la réunion de tous les centres de perceptivité. C'est là que se centralisent, mais dans des compartiments distincts, toutes les impressions sensorielles, générales et spéciales. C'est là que sont perçus, avec leurs caractères distinctifs, tous les ébranlements sensitifs, qu'ils aient pris naissance sur les téguments, dans les muscles, dans l'œil, l'oreille, le nez. Elle est à la fois le centre nerveux de la vision, de l'audition, de l'odorat, du tact, du sens musculaire, de la douleur.

Quoique Luys ait formulé de main de maître cette théorie en s'appuyant seulement sur les données anatomiques et pathologiques, il n'avait pas obtenu un grand nombre d'adhésions, tout justement parce que son interprétation manquait de démonstration expérimentale. Ce desideratum paraît avoir été comblé dernièrement par M. Fournié. Par un procédé opératoire qui était déjà venu à l'esprit d'un étudiant de Nancy, il y a 8 ou 10 ans, mais qui n'avait pas été mis en œuvre, ce médecin serait arrivé à constater la vérité des vues théoriques de Luys. La destruction des couches optiques par des injections caustiques supprimerait les fonctions sensorielles, ou les rendrait inefficaces en empêchant la partie essentielle de leur mécanisme de s'effectuer. M. Fournié fait observer judicieusement que de ce que les animaux crient et semblent encore exprimer de la douleur lorsqu'on leur a enlevé les couches optiques, cela ne prouve nullement qu'ils sentent en réalité. Car ces manifestations de douleur peuvent fort bien n'être que des phénomènes réflexes.

Les altérations du mouvement que l'on produit en lésant artificiellement les couches optiques, ne sont pas non plus, selon moi, de nature à infirmer cette localisation. Les expériences de Serres n'offrent pas la rigueur qu'il leur accorde, car ses incisions comprenaient non-seulement la couche optique ou le corps strié, mais encore le lobe cérébral proprement dit; et, *à priori*, l'effet produit pourrait aussi bien être attribué au cerveau lui-même. En négligeant même cette cause d'erreur, on ne serait pas encore tenu d'accepter ses déductions, puisque l'anatomie nous montre que même celles des fibres du pédoncule qui ne pénètrent pas dans la couche optique et qui vont directement dans le corps strié contractent avec la première des connexions tellement intimes, qu'il est impossible d'agir sur elle sans les intéresser aussi. Ces fibres sont destinées à agir sur les muscles par l'intermédiaire de la protubérance, du bulbe et de la moelle. Quelle que soit la région sur laquelle on irrite ce système de fibres, on produit toujours des phénomènes moteurs. Il n'est donc pas étonnant qu'il en soit de même lorsqu'on agit sur elles à leur passage contre la couche optique. C'est pourquoi les sections qui portent, même exclusivement, sur cette couche, peuvent produire des paralysies. Par le fait, on détruit la continuité des fibres qui réunissent les muscles aux centres de la volonté; mais on ne supprime pas la fonction propre de la couche optique qui n'est pour elle qu'un terrain de passage ou de voisinage. Si on voit la paralysie musculaire envahir tantôt le membre antérieur, tantôt le membre postérieur, tantôt les quatre membres à la fois, cela tient à ce que les sections n'intéressent pas toujours toutes les fibres, ni toujours les mêmes fibres. C'est pourquoi, aussi, l'excitation d'une seule couche optique peut donner lieu à un mouvement de manége. C'est comme si on irritait les pédoncules avant leur pénétration dans le noyau de l'encéphale; et c'est tout justement un mouvement de ce genre qu'on obtient dans ce cas.

Du reste, la raison elle-même avec les données anatomiques prépare, pour ainsi dire, cette solution. Il n'existe pas de fibres allant d'une manière continue des muscles à la couche corticale du cerveau ou de la peau à cette même couche. Ce qui existe, ce sont des fibres qui, avec des interruptions cellulaires plus ou moins nombreuses, viennent de la périphérie converger vers les deux renflements gris, couche optique et corps strié; puis apparaissent d'autres fibres qui, parties de ces deux renflements, vont en divergeant se distribuer aux différents points de la calotte grise cérébrale. Cette dernière doit toujours intervenir pour donner une détermination volontaire aux mouvements et pour transformer en notions les impressions sensorielles. Pour cela, il est indispensable qu'elle soit mise en relations avec les muscles et les organes des sens, et ces relations ne peuvent s'établir que par l'intermédiaire des couches optiques et des corps striés. Ces deux renflements sont-ils indifféremment affectés l'un et l'autre à la sensibilité et au mouvement, ou bien chacun d'eux accapare-t-il soit le rôle sensitif, soit le rôle moteur? C'est cette dernière disposition qui, *à priori*, paraît la plus probable. Car on ne comprendrait pas l'existence de deux organes aussi distincts, aussi différents, pour aboutir à une identité d'action. La spécialité étant probable, il y a lieu aussi de penser que la sensibilité est le lot de la couche optique, puisque l'anatomie et la physiologie expérimentale tendent à le démontrer, et puisque la pathologie nous apportera encore un plus grand nombre de preuves en ce sens.

Aussi je n'hésite pas à accepter cette localisation. La couche optique achève l'œuvre commencée par la protubérance. L'ébranlement sensitif va, en se perfectionnant, de la périphérie aux couches optiques inclusivement, et ce n'est qu'arrivé à ce dernier terme qu'il engendre une perception aussi complète que possible. En se propageant au delà, les résultats qu'il produit sortent du simple sentiment et sont tout à coup d'une nature plus élevée ; ils consistent en des phénomènes intellectuels. Ce sont des idées provoquées par le sentiment. La couche optique représente la limite supérieure du système nerveux sensoriel. Elle touche immédiatement à la sphère psychique, et elle seule a le pouvoir de relier le système nerveux intellectuel au précédent. C'est dans la couche optique que les images sont produites, que les objets sont photographiés, que les vibrations sonores sont transformées en sons, que les effluves des corps odorants deviennent des odeurs, que les ébranlements de contact direct deviennent pour la conscience une impression de tact. Là, le fait sensoriel est accompli et le cerveau n'a plus qu'à discuter, à raisonner, à interpréter ces images, ce son, cette odeur, ce toucher. Les cellules de ce centre ont pour mission de donner un corps, ou plutôt une existence physiologique, aux divers ébranlements venus de la périphérie, d'en faire des phénomènes vitaux tout à fait spéciaux. Mais ces cellules peuvent produire le même résultat sans avoir reçu, pour ainsi dire, la matière première de leur travail spécial. Toutes les fois qu'elles sont suscitées d'une manière quelconque à entrer en activité, elles ne peuvent que créer et créent forcément des images, des sons, des odeurs, etc., puisque c'est là leur lot, leur aptitude spéciale. Dernier rouage de la machine élaboratrice des phénomènes sensoriels, ses produits sont toujours, en toutes circonstances, ceux de ·la dernière phase de cette élaboration. Lorsqu'une idée, une cellule intellectuelle vient, par un courant centrifuge, stimuler les cellules de la couche optique, l'image ou le son apparaissent comme s'ils avaient été provoqués d'une manière centripète par des objets réels. C'est ainsi que les souvenirs acquièrent la puissance de la réalité. Lorsqu'elles entrent spontanément en action par un afflux de sang, ou par une cause intrinsèque quelconque d'irritation, les mêmes sensations subjectives apparaissent encore, et peuvent à leur tour éveiller dans les cellules intellectuelles des idées qui ne sont pas en rapport avec ce qui nous entoure. C'est ainsi que les rêves peuvent naître, se développer, s'épanouir et s'entretenir par un travail qui se passe entièrement entre le cerveau et les couches optiques, lesquels ont rompu momentanément toute connexion fonctionnelle avec la moelle, les nerfs sensitifs et les organes des sens réduits à l'inertie par le sommeil, lesquels ont rompu par le fait avec le monde extérieur, dont l'existence est momentanément comme non avenue.

TRENTE-QUATRIÈME LEÇON.

Physiologie pathologique générale.

Messieurs,

Nous allons trouver dans l'observation clinique un appui considérable pour les idées théoriques qu'ont fait naître en nous l'étude anatomique et physiologique de la couche optique. Les altérations de ce centre nerveux peuvent provoquer des troubles du mouvement et de la sensibilité tant générale que spéciale. Ces derniers peuvent même engendrer de véritables hallucinations.

Troubles de la motilité. — Serres a réuni plusieurs observations qu'il regarde comme démontrant que les couches optiques président à la motilité des membres thoraciques, tandis que les corps striés président à celle des membres abdominaux. Dans l'une, il s'agit d'un jeune homme qui eut des convulsions limitées au bras gauche, revenant par accès, et qui, à l'autopsie, montra un foyer purulent considérable, occupant le lobe postérieur de l'hémisphère cérébral droit. Cette première observation est passible de l'objection que nous avons opposée aux vivisections de Serres, puisque le foyer appartenait encore au cerveau proprement dit. Il en est de même du malade Genevay, qui avait une paralysie du bras gauche et un épanchement dans la partie postérieure du lobe droit. Le fait qu'il emprunte à Sandifort rentre encore dans le même cas. L'homme dont ce médecin a rapporté l'histoire avait une sensibilité du bras gauche telle, que le moindre froid, le moindre courant d'air qui venait le frapper donnait lieu aussitôt à des convulsions des muscles de ce membre. Il se trouvait aussi un abcès dans le lobe cérébral droit, siégeant au niveau de la partie inférieure du pariétal. En admettant même que le symptôme signalé puisse être attribué entièrement à la couche optique, on serait encore en droit de se demander si elle n'aurait pas plutôt agi à titre de centre de sensibilité, si elle n'aurait pas réfléchi vers un centre moteur l'impression de froid reçue, en raison même d'un état d'excitation se traduisant par l'hyperesthésie du bras. Chez le quatrième malade, Copeau, les conditions anatomiques sont déjà un peu plus nettes. L'abcès occupait les radiations postérieures de la couche optique. Pendant la vie, il y avait eu des accès d'épilepsie, commençant toujours par des convulsions isolées du bras gauche et qui finirent par laisser une paralysie permanente limitée à ce bras. De même chez le cinquième, Berscot, un épanchement sanguin siégeait dans le lobule postérieur de l'hémisphère droit, à une ligne en dehors de la voûte du ventricule latéral, et avait détruit une grande partie des radiations optiques postérieures et moyennes. Il en était résulté une paralysie du bras gauche. Mais ici encore les couches optiques n'étaient pas directement intéressées. La lésion pouvait aussi bien comprimer les radiations motrices, qui vont du centre de la volonté au corps strié, que les radiations sensitives, qui vont de la couche optique au centre intellectuel. Ces deux espèces de radiations s'entremêlent probablement pour pouvoir se distribuer simultanément dans tous les points de la couche corticale. Elle pouvait même agir sur les fibres motrices des pédoncules qui rasent la couche optique pour se rendre au corps strié.

Aujourd'hui, personne n'admet plus l'influence motrice spéciale des couches optiques sur les membres thoraciques, à l'exclusion des membres abdominaux. Mais beaucoup de médecins, entre autres Vulpian, pensent qu'elles sont cependant des centres de motilité généraux et que l'hémiplégie complète est un des symptômes les plus constants de leurs maladies. Ils reconnaissent, cependant, que, dans ce cas, la paralysie des membres supérieurs est beaucoup plus prononcée et beaucoup plus persistante que celle des inférieurs; mais ils ajoutent qu'il n'y a rien là de particulier aux couches optiques et qu'il en est de même dans les hémiplégies d'origine cérébrale. Cette dernière assertion est incontestable. Mais, quant à la fréquence de la paralysie du mouvement, je crains bien qu'il s'agisse d'une de ces assertions qui, après avoir été introduites dans le langage scientifique, ont le bonheur d'être répétées par effet d'habitude et finissent par devenir de véritables croyances, car les faits négatifs sont de beaucoup les plus fréquents et les exceptions peuvent s'expliquer par le voisinage des fibres pédonculaires et du corps strié.

Troubles de la sensibilité spéciale et générale. — Serres lui-même, qui s'était efforcé de faire parler les observations en faveur de son idée sur l'action motrice des couches optiques, déclare que celles-ci doivent être regardées en outre comme le centre de la vision chez l'homme, mais qu'il n'y a qu'une petite portion de cette masse qui soit affectée à cette fonction. Il a vu, dit-il, toute la surface supérieure détruite, sans que la vision fût altérée. Il a observé cette destruction tantôt d'un seul côté, tantôt des deux à la fois, la vue restant intègre. Mais elle était toujours atteinte lorsque la lésion occupait soit les corps genouillés, soit la région de la commissure molle. Lorsqu'un seul des corps genouillés était détruit, la vue était seulement affaiblie dans l'œil opposé. Lorsque les deux corps genouillés se trouvaient altérés, l'œil de l'autre côté était complétement perdu. Enfin lorsque l'altération occupait la commissure molle et les parties correspondantes des deux couches optiques, c'est une cécité complète qu'on observait. Or, tout justement, cette commissure relie entre eux les deux noyaux moyens, ceux que Luys regarde comme les centres visuels. Quant aux corps genouillés leurs maladies devaient naturellement compromettre aussi la vue, puisqu'ils sont les points d'implantation des racines du nerf optique. Ce témoignage est d'autant plus précieux qu'il part d'un physiologiste de premier ordre qui était à l'affût de tous les faits cliniques capables de l'éclairer. Il a d'autant plus de valeur que Serres, dans toutes ses recherches, était dominé par l'idée de trouver dans la couche optique un centre de motilité affecté aux membres thoraciques.

Depuis Serres, la science s'est enrichie d'un assez grand nombre d'observations où les lésions étaient mieux circonscrites dans les couches optiques et qui permettent, par conséquent, de poser des déductions plus nettes. Dans le *Traité d'anatomie pathologique* de Cruveilhier se trouve inséré un cas d'abolition de la vision à droite coïncidant avec une apoplexie de la couche optique gauche. L'ouvrage de Mackensie nous fournit un fait d'amaurose de l'œil gauche, dû à un épanchement siégeant dans le centre de la couche optique droite. Lallemand, dans ses *Lettres sur l'encéphale*, parle d'un ramollissement de la couche optique droite ayant entraîné la perte de la vision, et d'une dégénérescence jaune ayant amené le même résultat chez un autre sujet. Dans le mémoire que Ball a publié sur l'épilepsie symptomatique, on trouve un cas de destruction des couches optiques par un foyer purulent ayant entraîné une cécité complète. Lancereaux, dans son travail sur l'amaurose, parle d'une femme de

27 ans dont la vue était entièrement perdue à droite et affaiblie à gauche, et qui présenta une induration de la couche optique gauche et, à droite, une petite tumeur déprimant la couche optique du même côté. Il cite en même temps un cas de cécité complète avec deux foyers dans chaque couche optique. Le même auteur, dans ses *Recherches sur les affections nerveuses syphilitiques,* fait figurer un malade dont la vue était considérablement affaiblie et dont les couches optiques étaient déprimées. La droite présentait, même dans sa portion centrale, les traces d'une ancienne cavité. Le même mémoire renferme un cas de néoplasme dans la couche optique droite, ayant affaibli la vue du côté gauche. Dans le *Medical-Times* de 1850, on trouve un fait de perte complète de la vision due à une tumeur encéphaloïde du volume d'une petite pomme, dilatant la couche optique gauche et s'avançant dans la cavité ventriculaire, après avoir déplacé le septum, jusqu'à la couche optique droite. A la Société anatomique, Faton a communiqué l'histoire d'un enfant de 11 ans, ayant perdu tout à fait la vue par suite d'un kyste hydatique comprimant les couches optiques, principalement celle de droite; Chaillou, un fait d'hémiopie lié à la présence de deux petits foyers dans la couche optique gauche; Garnier, celui d'un enfant de 3 ans qui ne voyait plus de l'œil gauche et chez lequel la couche optique droite était comprimée par un tubercule. Dans son *Mémoire sur la démence,* Marcé signale un cas de cécité nettement dû à une lésion des couches optiques. Dans la *Gazette médicale,* il a publié quatre faits de perte ou d'affaiblissement de la vision dus à des épanchements siégeant dans les couches optiques.

Il est vrai que dans la collection si laborieusement amassée par Luys figurent des faits où les troubles visuels consistèrent seulement en des modifications de la pupille ou des mouvements du globe oculaire, c'est-à-dire dans des phénomènes qui semblent devoir être attribués plutôt aux tubercules qu'à la couche optique. Tels furent ceux publiés : par Hillairet, dans les *Archives;* par Andral, dans sa *Clinique;* par Mackensie, dans son *Traité des maladies des yeux;* tel fut aussi un de ceux publiés par Cruveilhier. Mais si on songe que, sur un total de 35 cas, il n'y en a que 8 où les auteurs n'aient pas signalé une altération de la sensibilité visuelle; si on songe que, même dans ces 8 cas, il y eut des modifications de la pupille qui pouvaient bien, à titre de phénomènes réflexes, traduire une altération de la sensibilité visuelle, trop faible pour attirer l'attention des malades, on est obligé de reconnaître qu'il y a là un ensemble suffisant pour justifier la localisation du centre visuel dans la couche optique. Beaucoup de vérités physiologiques des mieux établies laissent subsister autour d'elles un plus grand nombre d'exceptions à la règle générale.

La clinique ne nous fournit pas une démonstration aussi frappante relativement aux autres organes des sens. On n'a pas encore eu l'occasion de constater si la destruction du noyau postérieur entraînait la perte de l'ouïe. Mais, dans l'observation de Bright, l'ouïe a été signalée comme étant souvent absente. Ces pertes momentanées de l'audition devaient correspondre aux périodes de congestions trop considérables et paralysantes qui venaient de temps en temps couper la permanence de l'état d'irritation d'où naissaient les illusions d'optique dont nous allons parler. Un des malades de Lallemand fut brusquement atteint de surdité. Celui de Hunter présenta d'abord de l'obscurcissement de l'ouïe, qui fut bientôt suivi d'une surdité complète. Il fut le seul sujet chez lequel on ait constaté en même temps la perte de l'odorat et du goût. Sans doute, ces faits forment une très-faible minorité. Mais il faut aussi tenir compte de la facilité avec laquelle les modifications de l'audition et surtout du goût et de l'odorat peuvent échapper à l'attention du médecin.

Quant à la sensibilité générale, les preuves pathologiques de sa localisation centrale dans la couche optique sont moins rares. Chez le malade de Faton, il y avait de l'hyperesthésie à gauche, la lésion siégeant à droite. Celui de Chaillou présentait une obtusion de la sensibilité à droite, avec lésion optique à gauche. Celui de Garnier une perte complète de la sensibilité à gauche avec tubercule optique à droite. Un de ceux de Marcé, dont les deux couches étaient altérées, présentait une anesthésie générale. Un de ceux de Cruveilhier avait perdu la sensibilité à droite avec une hémorrhagie optique à gauche. Andral a aussi signalé l'anesthésie. Le malade de Potain offrit cette singularité qu'il ne sentait les contacts qu'au bout d'un certain temps. M. Maisonneuve a rencontré un cas de tubercule de la couche optique gauche qui, pendant la vie, se traduisit par la perte de la sensibilité du côté droit. Un fait d'anesthésie se trouve encore consigné dans les archives de 1846. On peut donc dire que la sensibilité générale s'est montrée altérée à peu près dans le tiers des cas; et si le fait ne s'est pas présenté plus souvent, cela tient peut-être à ce que le centre du toucher se

trouve dans les profondeurs de la couche optique et est, par conséquent, plus à l'abri de l'influence de tumeurs agissant sur la périphérie de ce renflement.

Du reste, si, suivant une autre marche et se plaçant à un point de
vue plus général, on recherche, non plus si les maladies de la couche optique paralysent la sensibilité générale, mais dans quelles
circonstances l'anesthésie unilatérale se produit le plus souvent, on
arrive encore à des résultats favorables à notre opinion. En effet,
Charcot, qui a beaucoup vu et qui a beaucoup scruté, reconnaît que
presque toujours l'hémi-anesthésie coïncide avec une lésion grave de
la couche optique. De leur côté, Broadbent et Jackson n'hésitent pas à
déclarer qu'il en est presque toujours ainsi. Pendant un assez grand
nombre d'années, Vulpian a été seul à prétendre que la couche
optique malade ne produisait l'anesthésie que parce que, dans son
développement morbide, elle arrivait à comprimer la protubérance
qui, pour lui, est le véritable centre de la sensibilité. Depuis, il s'est
établi un nouveau courant d'idées auquel Charcot lui-même paraît
porté à céder. Un médecin de Vienne, Türck, a publié un mémoire
qui tend à démontrer que la paralysie du sentiment ne relève ni de la
couche optique seule, ni du corps strié seul, mais de toute une région
plus complexe, de laquelle font partie ces deux éminences. On voit, en
effet, d'après les observations consignées dans ce mémoire, que
l'hémi-anesthésie a été liée à des lésions ayant envahi, à la fois ou
isolément, la partie supérieure et externe de la couche optique, le
troisième noyau de la partie extraventriculaire du corps strié, la
partie supérieure de la capsule interne, la région correspondante de
la couronne rayonnante et la substance blanche avoisinante du lobe
postérieur du cerveau. Mais, au fond, quand on voit la facilité avec
laquelle un épanchement sanguin se faisant dans l'encéphale peut
retentir à la fois sur tous les points, même les plus éloignés de cet
organe, on ne peut s'empêcher de reconnaître que, dans toutes ces circonstances, le foyer apoplectique se trouvait tellement près de la
couche optique, qu'elle devait forcément subir d'une manière tout à fait
directe les conséquences de ce voisinage. Il n'y a donc rien là de
bien embarrassant pour notre thèse. Malheureusement, il est des cas
où la sensibilité se montre respectée alors que la couche optique est
détruite dans presque toute son étendue. Broadbent a déjà cherché
à vaincre la difficulté en faisant observer qu'il doit en être pour la
couche optique de même que pour la substance grise de la moelle,

dont elle n'est qu'un épanouissement. C'est celle-ci qui transmet les impressions apportées par les racines postérieures et, dans ses lésions spontanées ou artificielles, il suffit qu'il reste un point intact capable de maintenir la continuité entre les parties situées au-dessous et au-dessus de l'altération pour que la transmission de toutes les impressions continue à s'effectuer. Charcot condamne l'argument en disant qu'on ne peut pas établir de comparaison entre un conducteur et un centre nerveux ; qu'il ne s'agit plus ici de moyens de transmission, de continuité à maintenir à l'aide d'un isthme plus ou moins considérable, mais bien d'un foyer servant de réceptacle et s'appropriant ce qu'il reçoit. La condamnation n'est peut-être pas sans appel, car la partie qui reste, quelque petite qu'elle soit, si elle est encore en communication avec la moelle, se trouve forcément recevoir toutes les impressions venant de tous les points du corps ; et elle peut peut-être les apprécier, malgré son exiguïté. On pense encore avec un petit cerveau ; on pense moins bien, voilà tout. Peut-être sent-on encore avec une couche optique réduire à sa plus simple expression ? On sent moins bien seulement.

Somme toute, on peut dire qu'avec les données actuelles de la science, il est rationnel de regarder la couche optique comme le centre le plus élevé de la sensibilité, tant générale que spéciale, et de ne plus voir dans la protubérance que l'avant-dernière étape du *sensorium commune*. Il est surtout une observation qui est de nature à entraîner les convictions dans ce sens. C'est celle que Lallemand a empruntée à Hunter, et dans laquelle on voit tous les organes des sens disparaître successivement au fur et à mesure que la destruction de la couche optique se complète. Il en est de même du cas cité par Treviranus. Il s'agit d'un enfant qui, dans les mêmes conditions, perdit peu à peu la sensibilité générale, la vision, l'audition et le goût. L'odorat seul n'a pas été signalé comme ayant disparu, et encore on n'avait pas songé à s'assurer positivement de son existence.

Ce n'est pas seulement en paralysant les organes des sens que les maladies des couches optiques peuvent accuser leur existence. Elles peuvent aussi faire naître des hallucinations lorsqu'elles sont de nature inflammatoire, c'est-à-dire capables d'exalter le fonctionnement de ces centres nerveux. Un homme de cinquante ans, observé par Bright, présenta à l'autopsie une excavation remplie d'un liquide jaune-brun dans la couche optique gauche. Il fut poursuivi pendant toute la durée de sa maladie par des illusions d'optique. Il lui semblait voir une multitude de personnes marchant avec activité. Il éprouvait en même temps des hallucinations du toucher bien remarquables. Tous les objets lui paraissaient être de consistance onctueuse et gélatineuse. Un malade de Moutard-Martin, atteint de tumeurs irritant les couches optiques, avait de fréquentes hallucinations. Un malade de Hunter, dont les couches optiques étaient intéressées par un fongus hématode, voyait une foule d'objets imaginaires. Ces faits semblent indiquer, tout au moins, que les couches optiques peuvent être pour quelque chose dans la production du phénomène hallucination. Moi, j'irai plus loin : je prétends qu'il n'y a pas d'hallucination sans leur intervention. Elles sont le pivot des hallucinations, comme le bulbe est celui des troubles respiratoires, comme la protubérance est celui des maladies de la locomotion. C'est ce que je vais essayer d'établir en étudiant le phénomène hallucination en lui-même.

Hallucinations. — Marcé a défini très-justement les hallucinations : des sensations externes ou internes perçues par le malade en l'absence des excitants spéciaux destinés à agir sur nos sens. Elles diffèrent essentiellement d'un autre ordre de troubles sensoriels, auxquels on donne le nom d'*illusions*. Dans celles-ci le point de départ est une impression réelle; il y a même à la suite perception dans toute l'acception du mot; mais l'intelligence interprète mal l'impression reçue.

Tous les genres de sensibilité dont l'homme est doué peuvent être l'objet de phénomènes hallucinatoires; mais la sensibilité auditive paraît se prêter plus que les autres à ces aberrations du mécanisme sensoriel normal, car les hallucinations de l'ouïe sont deux fois plus fréquentes que toutes les autres réunies. Il est vrai que, le plus souvent, elles conservent une forme toute primitive. Elles ne sont qu'ébauchées et consistent simplement en des bruits de soufflet ou de cloche. Toutefois elles se montrent fréquemment plus perfectionnées. Au lieu de bruit, ce sont des sons musicaux, ce sont même des concerts complets que l'halluciné entend. Elles prennent aussi la forme du langage parlé et se succèdent au point de simuler toute une conversation de longue durée. Elles affectent alors un tel caractère de réalité que les malades répondent et agissent contre les êtres imaginaires qu'ils croient entendre. Mais, dans ces deux dernières circonstances, on se trouve sur le terrain ou sur la frontière de la folie ou du délire; et l'élément psychique vient compliquer et même dominer l'élément purement sensoriel. Un fait remarquable et qui contribuera beaucoup à justifier notre théorie des hallucinations, c'est qu'il est des cas où le malade n'entend ces sons imaginaires que d'une seule oreille.

Après les hallucinations de l'ouïe, celles qu'on rencontre le plus souvent sont celles de la vue. Dans leur état rudimentaire, elles consistent simplement en des ombres, en des objets ou des personnes mal accusés. Ce sont des fantômes d'objets ou de personnes. Mais les images subjectives peuvent devenir tout aussi nettes que si elles puisaient leur origine dans la réalité. C'est au point qu'elles masquent les choses réelles et empêchent les malades de les apercevoir. Les hallucinations visuelles sont aussi susceptibles de n'exister que pour un seul œil. Sous l'influence de l'état psychique, elles peuvent aussi s'enchaîner de façon à reproduire tous les tableaux d'une histoire très-étendue.

Les hallucinations de l'odorat et du goût sont beaucoup plus rares et fugaces. Les dernières, du reste, sont presque toujours liées à un état matériel des voies digestives et ont, par suite, une origine périphérique qui équivaut presque à une origine extrinsèque. La sensibilité générale prête aussi à des déviations du même genre. Beaucoup d'individus se montrent convaincus qu'on vient de les pincer ou de les piquer, ou que des animaux courent entre leurs vêtements et leur peau. Souvent ce sont des secousses que le malade croit éprouver et qu'il attribue à une influence électrique; ou bien encore ce sont des sensations de déplacement qui apparaissent. La sensibilité des viscères eux-mêmes peut s'exalter au point d'engendrer des hallucinations bizarres par les déductions intellectuelles qu'elles produisent. Elles font croire à l'existence d'un desséchement du cerveau, d'un racornissement des nerfs, d'une torsion des intestins, etc.

Si, en dehors de toute idée théorique, on examine les circonstances qui peuvent favoriser le développement des hallucinations, on est obligé de reconnaître l'efficacité de certaines conditions morales, telles que la frayeur, les remords, la superstition. Mais ce n'est généralement là qu'un des éléments de production. Les causes réellement efficientes sont ordinairement d'ordre physique. La plupart des maladies matérielles de l'encéphale peuvent les engendrer. Elles font souvent partie des prodromes des apoplexies cérébrales. Un simple état congestif du cerveau suffit pour en produire. Elles peuvent entrer dans la symptomatologie des pyrexies et de toutes les maladies de nature inflammatoire. Il suffit d'un petit mouvement fébrile pour leur donner lieu. Elles sont un épiphénomène fréquent de l'hystérie, de la chlorose et surtout de l'épilepsie. Certaines substances paraissent douées de la propriété de les déterminer par intoxication. Telles sont le plomb, l'oxyde blanc d'arsenic, le protoxyde d'azote, l'acide carbonique, le camphre, la noix vomique, le sulfate de quinine, la digitale, principalement la jusquiame, la belladone, le datura stramonium, le mandragore, que les sorciers mettaient autrefois à profit, le haschich, l'alcool, l'opium et le café. La nature des hallucinations paraît même être en rapport avec celle des substances provocatrices, du moins pour quelques-unes. C'est ainsi que les boissons alcooliques et les solanées vireuses produisent presque toujours des hallucinations tristes, des images effrayantes ou d'animaux immondes. Le protoxyde d'azote et l'opium, au contraire, engendrent des hallucinations agréables. Le haschich a surtout cette propriété. « Il ouvre, dit Brierre de Boismont, à l'imagi- « nation des théâtres immenses où se jouent les scènes les plus « variées. Des heures entières s'écoulent à contempler ces tableaux. « Sous leur influence, l'esprit semble se débarrasser de son enve- « loppe terrestre, avoir une vie nouvelle et ne plus connaître de « bornes à son pouvoir de créer. » Il arrive même à produire une véritable folie, passagère, mais complète : Moreau a eu l'ingénieuse idée d'étudier expérimentalement par ce moyen le mécanisme de l'aliénation mentale.

Une influence tout aussi incontestable que les précédentes est celle des causes débilitantes, comme l'anémie, les hémorrhagies abondantes, les pertes séminales, l'inanition. Cette dernière cause, dont les effets ont été surtout très-marqués chez les naufragés de la *Méduse,* est même sanctionnée depuis longtemps par l'observation du vulgaire. Le public ne manque pas de se rassurer en présence du délire et des hallucinations d'un malade en disant : « C'est qu'il a le cerveau vide. » Enfin, un fait important au point de vue du mécanisme, c'est que l'état intermédiaire entre la veille et le sommeil favorise considérablement le développement des hallucinations. C'est au moment où les sens vont briser avec le monde extérieur qu'elles apparaissent en foule. Il en est de même, mais à un moindre degré, au moment où les sens vont s'ouvrir d'une manière normale aux impressions venues du dehors.

Comment et dans quelle partie ces singuliers phénomènes prennent-ils naissance? Est-ce dans les organes des sens eux-mêmes? Est-ce dans les parties de l'encéphale qui sont affectées à la sensibilité? Est-ce dans le centre intellectuel lui-même, et doit-on voir en eux des actes de nature psychique et non de nature sensorielle? Ce sont là trois solutions possibles et qui, toutes trois, ont trouvé des partisans.

Darwin et Foville attribuent les hallucinations à des altérations des organes des sens eux-mêmes. Ils se basent sur ce qu'on peut, en irritant d'une façon quelconque la rétine et le nerf optique, provoquer des sensations de lumière tout à fait subjectives; sur ce qu'il suffit de comprimer l'ensemble de l'œil pour provoquer ces images mécaniques qui ont reçu le nom de phosphènes; sur ce que les congestions et les inflammations des membranes du globe oculaire donnent lieu à des impressions d'éclairs; sur ce que toutes les maladies capables d'irriter l'oreille interne ou le nerf acoustique déterminent aussi des sensations de sons; enfin sur ce que les hallucinations peuvent rester limitées à un seul œil ou à une seule oreille. Ils ont négligé ou méconnu un argument peut-être plus puissant encore, c'est que, chez des hallucinés de la vue, si on détruit le parallélisme des axes visuels à l'aide du doigt, ils voient aussi double l'objet imaginaire. Évidemment, ici on ne déplace que l'œil lui-même, ce n'est que par lui qu'on détruit l'harmonie des points identiques.

Bergmann de Hildesheim, Virchow, Griesinger, Luys, voient dans les hallucinations l'œuvre des centres sensitifs eux-mêmes, plutôt que celle de leurs appareils périphériques. Le premier semble même se complaire dans les détails plus qu'hypothétiques de sa théorie. Selon lui, elles seraient dues à un état d'éréthisme, d'hyperesthésie de la partie de l'encéphale où tous les nerfs des sens viendraient prendre leur origine la plus élevée, la plus réelle. Ces origines se grouperaient autour des parois des ventricules qui, dans le mécanisme des perceptions, joueraient le rôle d'une table résonnante. Les hallucinations de la vue seraient la conséquence de l'irritation spéciale des fibres nerveuses qui composent la paroi interne du ventricule moyen. Celles de l'ouïe auraient pour siége les parois du 4e ventricule. Griesinger, qui s'engage à peu près dans la même voie, place ces foyers d'hallucinations en partie dans le 4e ventricule, en partie dans son voisinage. Virchow est peut être moins explicite, mais il penche évidemment pour une localisation dans les centres sensoriels, comme l'indique ce lambeau de texte que je tiens à vous communiquer, parce qu'il explique bien comment les hallucinations peuvent acquérir la puissance de la réalité : « Voir n'est pas encore « penser : mais la pensée peut être produite, occasionnée, par la « vision, que celle-ci ait lieu par l'œil ou par l'érection des organes « de la sensibilité, comme par l'emploi de narcotiques ou d'autres « substances excitantes. Les opérations de la pensée se produisent « de la même manière dans les deux cas, dans la sensation objec- « tive et dans la sensation subjective, puisque l'une et l'autre, quoi- « qu'elles soient d'origine différente, possèdent cependant la même « réalité interne. Aussi arrive-t-il, tous les jours, que le visionnaire « attache à ses visions subjectives la même foi qu'à sa vue objec- « tive. » Quant à Luys, sa localisation est des plus franches et est la conséquence toute naturelle de ses vues sur la physiologie et la pathologie de la couche optique. C'est ce renflement nerveux qui traduit par une image sentie les ébranlements que les ondes lumi- neuses font éprouver à la rétine ; par un son, les vibrations commu- niquées au labyrinthe membraneux. C'est encore lui qui doit donner naissance aux mêmes sensations lorsqu'elles apparaissent sans le concours de ces mouvements moléculaires périphériques. Il suffit pour cela que ses propres éléments entrent spontanément en ébran- lement, par suite d'un état morbide. Les hallucinations visuelles traduisent la surexcitation du noyau moyen ; les auditives, du noyau postérieur ; les tactiles, du noyau central. Foville appartient encore en partie à la même école, car il ne nie qu'une chose, c'est la nature intellectuelle du phénomène. Mais il reconnaît que la cause peut aussi bien siéger dans les centres sensitifs que dans les organes des sens. Il attribue même au cervelet la plupart des hallucinations auditives. Il dit avoir trouvé des adhérences de la surface du cervelet avec les méninges chez des individus atteints de ce genre d'halluci- nation.

Esquirol ne voit dans les hallucinations qu'une aberration de l'in- telligence s'appliquant à l'exercice des sensations, mais pour laquelle l'intervention des appareils sensoriels n'est pas nécessaire et n'a même jamais lieu. Elles constituent, en un mot, un trouble psy- chique et non un trouble sensoriel. Il s'appuie surtout sur ce que les sourds et les aveugles peuvent avoir des hallucinations tout aussi bien que ceux qui voient et qui entendent. Falret admet aussi pour ce phénomène une nature tout intellectuelle. Il fait remarquer que

l'irritation des nerfs sensitifs peut bien produire une vague impression de lumière, mais qu'elle ne fait pas voir des images complètes d'objets avec reproduction de leur couleur et de leur véritable forme ; que les hallucinations varient à l'infini, suivant les idées et les préoccupations du malade. Restant en plein dans le domaine de la psychologie, il fait de l'hallucination une maladie de la faculté imagination, dans laquelle les autres facultés figureraient toutefois au second plan. Voici même comme il en comprend la généalogie :
« La mémoire entre d'abord en action et fournit les matériaux.
« L'imagination les colore. Les souvenirs sont transformés en images
« et ces images sont refoulées dans le monde extérieur. L'image n'a
« tant de vigueur que parce que la volonté est comme anéantie. Il
« faut en outre que le jugement soit altéré. »

On comprend que toutes ces interprétations aient pu être mises en avant et aient pu être soutenues avec des chances de succès, car toutes reposent sur des faits qui sont vrais et sur des raisonnements qui sont justes. Elles n'ont qu'un tort, c'est de ne pas embrasser tous les cas possibles et de ne pas tenir compte de l'enchaînement qui se retrouve dans les détails de presque tous les phénomènes vitaux. Un mouvement volontaire commence par un ébranlement qui, né dans la couche corticale du cerveau, se propage jusqu'aux muscles à travers les centres locomoteurs et les nerfs moteurs. C'est en passant par cette longue filière qu'il peut devenir d'un ordre tout à fait mécanique, après avoir été, à son origine, d'ordre purement psychique. Qu'un élément quelconque de cette longue chaîne vienne à s'altérer, le produit ultime, c'est-à-dire le mouvement, se trouve compromis, quelle que soit la situation de cet élément. Seulement, le trouble moteur est d'autant plus considérable que le rouage qui fait défaut a une plus grande importance. De même dans l'exercice normal des sens, l'impression périphérique ne donne naissance à une sensation complète qu'autant que l'ébranlement a parcouru toute la chaîne d'agents affectés à chacun des organes des sens. Après avoir été recueilli par la rétine ou le labyrinthe, où il rencontre des conditions d'introduction qui ne se retrouvent nulle part ailleurs, il se propage dans les nerfs optique ou acoustique en se modifiant ou ne se modifiant pas. Il arrive dans la couche optique où s'opère une élaboration tellement considérable, que, dès lors, ce qui n'était qu'un ébranlement presque mécanique, devient une perception caractéristique ; puis, dépassant ce centre d'un ordre déjà si vital, il va se spiritualiser dans la couche corticale du cerveau. A ce moment seulement, l'œuvre est achevée. La vibration du début est devenue une notion, une idée, une connaissance complète. De même aussi, toutes les fois qu'il y a une cause de trouble dans l'une de ces étapes, le mécanisme se trouve troublé dans son ensemble, et lorsqu'il y a particulièrement excitation, une hallucination peut prendre naissance n'importe en quel point de ce trajet. Voilà pourquoi les altérations de l'œil, comme celles du nerf optique, comme celles de la couche optique, comme celles du cerveau, peuvent également donner lieu à des hallucinations. Mais elles supposent toujours la mise en jeu de toutes les parties situées au delà du point directement lésé. Celui-ci ne fournit jamais que le genre de travail qu'il est chargé d'accomplir, le phénomène s'achève et se complète plus loin. La rétine et le nerf optique ne peuvent engendrer une hallucination qu'à la condition de trouver le complément de leur fonctionnement erroné dans la couche optique et le cerveau. Le nerf optique se rattacherait-il directement à la couche corticale, sans l'intermédiaire de la couche optique, que le cerveau n'aurait jamais l'idée de la forme et de la couleur des objets, parce que la couche optique a seule qualité pour produire les perceptions voulues. Dans ce cas, la sensation et l'hallucination seraient impossibles. Mais la couche optique et le cerveau, en raison même de leur fonctionnement, peuvent produire le phénomène sans le concours de la rétine et du nerf. Quand ils entrent en activité, ces deux organes donnent toujours le même produit, que leur travail ait été précédé ou non des actes préparatoires qui, normalement, ouvrent la marche. Comme ce produit représente les deux dernières phases de la fonction sensorielle, celle-ci se trouve tout aussi bien parachevée et l'hallucination est tout aussi complète que si tous les rouages avaient été mis en jeu.

Toutefois, pour qu'il en puisse être ainsi, il faut que, pendant une certaine période de l'existence, l'œil, la couche optique et le cerveau se soient fait mutuellement leur éducation. Alors seulement, chacun de ces organes peut produire d'une manière isolée le travail qui lui est propre. Alors seulement, la couche optique peut reproduire spontanément une image complète qui y a été gravée antérieurement. Alors seulement, le cerveau peut avoir l'idée d'un objet sans en sentir la figure. Alors seulement, la couche optique et le cerveau peuvent se passer de l'organe propre des sens et de leurs excitants spéciaux, dans la production des hallucinations. Une fois ce travail commun appris, ces organes répercutent réciproquement leurs ébranlements et sollicitent mutuellement leur mise en scène, chacun conservant son travail particulier. Je pense qu'un aveugle de naissance ne doit pas avoir d'hallucinations visuelles dans l'acception du mot, ou tout au moins, il ne doit en avoir que d'informes ou d'invraisemblables. Il faut évidemment chez lui que son imagination vienne prêter une forme aux ébranlements qui peuvent naître spontanément dans ses couches optiques; et son imagination n'a jamais été éclairée par des données exactes, vu l'insuffisance des autres sens.

Si, pour la production des hallucinations, la couche optique et le cerveau peuvent au besoin se passer des organes des sens et des nerfs sensoriels, l'intervention simultanée du centre intellectuel et du centre sensitif est tout à fait indispensable. Dans les sensations subjectives comme dans les sensations objectives, leur travail est inséparable. Il faut absolument que le travail cérébral réveille l'image optique, ou que l'image optique réveille l'idée qui s'y rattache. Il faut absolument que les deux centres vibrent en même temps, que ce soit l'un ou l'autre qui commence. Ce n'est qu'à cette condition qu'une sensation ou une hallucination peuvent être réellement conscientes. La couche optique parachève ou crée bien la statue, mais celle-ci n'est animée et n'acquiert son droit d'existence qu'après l'intervention du cerveau. On ne comprend pas plus l'hallucination sans le couronnement intellectuel qu'on ne comprend la sensation efficace et devenue propriété sans conception. Un idiot, un dément n'ont point ou ont peu d'hallucinations, parce que l'élément intellectuel manque. Elles sont plutôt le lot des fous dont l'intelligence est surexcitée et déviée. D'un autre côté, le cerveau sans la couche optique serait tout aussi incapable de procurer de véritables hallucinations. L'intelligence, dépourvue de son centre de sensibilité, pourrait tout au plus se figurer les objets auxquels elle penserait, à titre de souvenir vague; mais elle ne pourrait pas les voir avec la conviction de leur existence, comme cela a lieu dans les hallucinations. Dans l'exercice des sensations réelles et imaginaires, le cerveau et la couche optique représentent donc deux ouvriers rivés l'un à l'autre. C'est pourquoi l'opinion mixte, qui compte le plus de partisans et qui veut que les hallucinations soient à la fois intellectuelles et sensorielles, est bien certainement l'expression de la vérité. Mais, dans ce travail en commun, chacun de ces deux ouvriers peut prendre l'initiative. Tantôt c'est l'intelligence en délire qui va ébranler les cellules de la couche optique et y provoquer la formation d'images ou de sons en rapport avec l'idée conçue par l'initiative des cellules intellectuelles. Tantôt, au contraire, ce sont les couches optiques qui, se trouvant dans un état de grande surexcitation, créent spontanément une sensation erronée, et qui provoquent ultérieurement le cerveau à engendrer une idée délirante en rapport avec cette sensation. C'est à ce titre seulement, uniquement en raison du point de départ, qu'il y a lieu d'accepter la division, établie par d'autres auteurs, en hallucinations sensorielles et en hallucinations intellectuelles.

Quoique l'intervention cérébrale soit indispensable dans tous les cas, la couche optique n'en doit pas moins être considérée comme l'agent principal et spécial des hallucinations, même quand la cause première siége dans le cerveau ou dans les organes des sens; puisqu'en définitive, c'est elle seule qui fait véritablement la sensation, la partie sensorielle du phénomène. C'est le genre du travail de la couche optique qui donne à ce phénomène son cachet particulier. Sans elle il n'y aurait jamais que des aberrations intellectuelles sans substratum sensoriel, qui n'auraient, pour ainsi dire, qu'un caractère abstrait. Tout ce qui peut se passer avant la couche optique ne constitue qu'un apport qui peut ne pas exister; tout ce qui se passe après n'en est qu'une émanation indispensable. Voilà pourquoi j'ai cru devoir regarder la couche optique comme le pivot du phénomène hallucination.

Avec cette manière d'envisager le mécanisme des hallucinations, on s'explique beaucoup mieux tous les faits sans avoir à laisser des exceptions. On s'explique, entre autres, ceux sur lesquels Esquirol s'était appuyé pour considérer les hallucinations comme des phénomènes purement intellectuels. Cet aliéniste parle, en effet, d'un jeune homme aveugle, qui fut toute sa vie tourmenté par des hallucinations de la vue et chez lequel on constata une atrophie complète des nerfs optiques, depuis le chiasma jusqu'au globe oculaire. Or, tout justement, ce dont Esquirol n'a pas tenu compte, il restait d'intact non-seulement le cerveau, mais encore les couches optiques. Il cite aussi deux femmes sourdes, qui n'avaient d'autres manifestations délirantes que d'entendre diverses personnes avec lesquelles elles conversaient nuit et jour. Chez elles aussi la lésion restait limitée au labyrinthe et au nerf acoustique, et elle avait respecté la couche optique. On s'explique, tout aussi bien qu'avec l'idée de Darwin et de Foville, la possibilité d'hallucinations n'existant que d'un seul côté, puisqu'il y a deux couches optiques distinctes, comme il y a deux yeux et deux oreilles distincts. Sans l'intervention indispensable de la couche optique et avec l'idée d'une origine intellectuelle, on ne comprendrait pas l'existence d'hallucinations nettement unilatérales. Car, une déviation de l'intelligence, du moment où elle porterait sur une croyance sensorielle, devrait s'appliquer également aux deux yeux. On s'explique, aussi bien qu'avec l'opinion de Falret et d'Esquirol, l'association qui peut s'établir entre les hallucinations visuelles et auditives ou autres, association qu'on comprendrait beaucoup moins avec la localisation de Darwin. Si l'intelligence en délire peut frapper à son gré, tantôt un seul sens, tantôt plusieurs, tantôt tous à la fois, une irritation née dans un des noyaux de la couche optique peut, avec tout autant de facilité, se propager aux autres noyaux sensoriels, puisqu'ils se touchent tous. Avec la puissance centrale que nous avons accordée au cerveau et à la couche optique, on s'explique ces cas où les hallucinations ont besoin d'être provoquées par l'audition d'un bruit ou par un ébranlement lumineux quelconque, quoiqu'elles ne soient nullement ni le son, ni l'image perçus. Elles sont ce que les fait le travail morbide de l'encéphale. L'objet extérieur ne fournit que la terre glaise; c'est le centre de perceptivité et l'intelligence qui la moulent. Il n'y a qu'un fait embarrassant, c'est celui de la diplopie qu'on peut produire artificiellement pour les hallucinations comme pour les sensations objectives. Mais il faudrait d'abord rechercher si le fait est général ou s'il n'a été constaté que chez les individus dont l'œil était lui-même la cause première des hallucinations. Peut-être aussi la couche optique correspondante à l'œil pressé, donne-t-elle, par *consensus* avec sa congénère, la forme de l'objet imaginaire à l'ébranlement qui est provoqué par la pression et qui est subi par des cellules non homologues avec celles qui vibrent spontanément de l'autre côté? D'ailleurs, je crois fermement que, quand un nerf sensitif est irrité en un point quelconque de son trajet, il s'établit un courant vibratoire, non-seulement vers le centre, mais encore vers la périphérie. Il s'établit comme une série d'oscillations qui font que l'épanouissement périphérique intervient dans le mécanisme général, comme s'il avait été directement touché. Ce mécanisme se trouve, pour ainsi dire, ramené à l'état naturel, et c'est peut-être en raison même de cette intervention indirecte que la diplopie peut être produite dans l'hallucination visuelle.

Nous pourrions nous appuyer sur un précédent et établir ici une physiologie pathologique spéciale de la couche optique. Car Luys voit, avant tout, dans l'hystérie, une maladie du *sensorium commune* et, par conséquent, de ce centre nerveux. Mais les troubles de la sensibilité ne sont qu'une des faces de l'hystérie, qui met aussi en jeu les centres locomoteurs et les centres intellectuels. Tout en reconnaissant, avec cet auteur, que les modifications de la sensibilité peuvent être le point de départ de tous ces phénomènes de natures si diverses; tout en reconnaissant, par conséquent, que, rationnellement, il y a lieu de rapporter à la couche optique l'histoire de l'hystérie, je crois cependant devoir, dans un but pratique, renvoyer cette étude à la physiologie pathologique spéciale du cerveau, parce qu'alors nous serons plus à même d'interpréter le mécanisme des troubles intellectuels qui sont si fréquents dans cette affection.

CORPS STRIÉS.

Constitution anatomique.

Le corps strié forme avec la couche optique ce qu'on a appelé le *noyau de l'encéphale,* qui est comme un trait d'union entre le cerveau et tout ce qui est au-dessous de lui, entre l'intelligence et les moyens d'action. C'est en effet vers ce noyau que convergent toutes les fibres qui viennent de la moelle, du bulbe, de la protubérance et du cervelet par l'intermédiaire des pédoncules cérébraux, et c'est de ce noyau que partent de nouvelles fibres, qui vont en divergeant se distribuer à tous les points de la calotte grise cérébrale. D'une manière schématique, on pourrait comparer l'ensemble de l'axe cérébro-spinal à deux éventails étalés ayant leurs bords convexes tournés en sens opposés, et se touchant par les deux extrémités angulaires, qui représentent les centres où aboutissent leurs rayons. Tout, dans cet axe, converge vers ce noyau, ce qui est au-dessous comme ce qui est au-dessus. De là est venue à Luys l'idée très-heureuse d'admettre deux systèmes convergents de fibres nerveuses; le *système convergent supérieur,* représenté par les fibres qui vont de la couche corticale du cerveau vers cette masse grise formée par le corps strié et la couche optique; et le *système convergent inférieur*, représenté par les pédoncules cérébraux, qui résument tout ce qui vient de la moelle, du bulbe, de la protubérance et du cervelet. La plupart des fibres de ce dernier système vont se perdre dans le corps strié, en rasant la couche optique. Quelques-unes paraissent se terminer dans ce second renflement. La répartition semble se faire d'une manière inverse pour les fibres du système convergent supérieur. La couche optique en reçoit plus que le corps strié; celles qui sont destinées à ce dernier centre sont accolées d'une manière intime aux régions externes et inférieures de la couche optique, fait qui contribue à nous expliquer pourquoi nous avons rencontré des troubles du mouvement dans les maladies de cet organe sensitif.

Considéré en lui-même, le corps strié représente un ellipsoïde placé en dehors et en avant de la couche optique. A l'œil, il offre trois régions parfaitement distinctes : l'une supérieure, qui a reçu le nom de *noyau intra-ventriculaire*, parce qu'elle fait, comme la couche optique, partie des parois du ventricule latéral dans lequel elle fait une saillie à surface libre. Lorsqu'on incise ce noyau supérieur, on voit que la substance grise est zébrée par des faisceaux de fibres blanches. C'est à cette disposition que le corps strié doit son nom; une autre, inférieure, qui prend le nom de *noyau extra-ventriculaire*, et qui reçoit plus directement les fibres du pédoncule cérébral. Entre ces deux noyaux, où domine de beaucoup la substance grise, se trouve une troisième région qui, par son aspect à l'œil nu, semble être formée à peu près exclusivement de substance blanche. Elle est appelée *double centre demi-circulaire*.

La substance grise des corps striés a quelque chose de particulier. Elle est d'une teinte plus foncée que celle de la couche corticale du cerveau. Elle est d'un rouge sombre, ce qui tient à sa plus grande richesse en vaisseaux capillaires. Pour la même raison, elle est aussi plus molle. La différence est encore plus grande quand la comparaison s'établit avec la substance grise de la couche optique. C'est sans doute à cette plus grande vascularisation et à cette plus grande mollesse que le corps strié doit de s'altérer facilement. Au microscope, on y rencontre deux espèces de cellules, des grosses et des petites. Les premières sont généralement ovoïdes, de coloration jaunâtre, pourvues d'un noyau volumineux. Elles ont des prolongements multiples et mesurent en moyenne $0^m,05$ de diamètre. Les secondes sont cinq fois plus petites. On dirait de simples noyaux.

Elles semblent se greffer sur les prolongements des grosses cellules ou plutôt sur les fibres qui s'abouchent avec eux. Cet ensemble

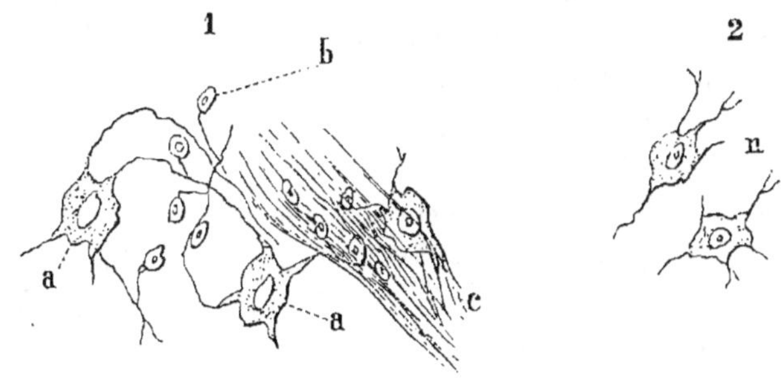

Fig. 46.

1. Cellules du corps strié. — *a*, grosses cellules. — *b*, petite cellule. — *c*, point où le tissu a été moins dissocié et où les fibrilles sont intimement enchevêtrées avec les cellules.
2. Cellules de la couche optique.

donne à la préparation microscopique quelque chose de tout à fait caractéristique.

Physiologie normale.

Le corps strié est complétement insensible; il n'y a aucune dissidence à cet égard. Il est aussi inexcitable; mais on n'est pas pour cela autorisé à en conclure que cet organe n'est point affecté au mouvement, car il est peut-être d'une nature telle, qu'il n'obéit qu'aux incitations venues du cerveau. Villis a le premier songé à lui assigner un rôle spécial. S'appuyant sur des faits pathologiques et des faits d'anatomie comparée mal interprétés, il le présente comme étant un centre de sensibilité générale. Mais, en anatomie comme en physiologie expérimentale, tout concourt à faire rejeter cette idée. Les animaux auxquels on a enlevé les corps striés sentent non-seulement toutes les causes de douleur, mais même le moindre contact. Chaussier y a depuis localisé la sensibilité olfactive, uniquement parce qu'il avait trouvé une altération de cet organe chez un individu qui avait perdu l'odorat. Il s'en est laissé imposer, bien certainement, par une simple coïncidence. Car ce fait est resté isolé et ne se trouve confirmé ni par les vivisections, ni par les dissections.

L'opinion qui considère le corps strié comme un organe du mouvement, a compté jusqu'à ce jour un plus grand nombre de partisans, entre autres, Magendie, Serres, Tood, Carpenter, Luys, etc. ; mais tous ne comprennent pas de la même façon les attributions spéciales de cet organe dans l'exercice de la motilité. Je crois vous avoir déjà dit que Magendie admettait, chez les mammifères et chez l'homme, l'existence de deux forces intérieures opposées, tendant à pousser le corps, l'une en avant, l'autre en arrière. Il plaçait la première dans le cervelet et la seconde dans les corps striés. A l'état normal, ces deux forces se contre-balanceraient mutuellement. Mais du moment où l'une d'elles serait supprimée, il en résulterait des impulsions irrésistibles soit en avant, soit en arrière : en avant, lorsqu'il y aurait eu ablation des corps striés; en arrière, lorsqu'on aurait enlevé le cervelet. Dans ses *Leçons sur le système nerveux* se trouve consignée (tome 1er, p. 281) la relation d'un chien qui, après l'ablation des corps striés, était difficile à maintenir, tant la propulsion était intense; et qui, une fois abandonné, se précipita devant lui et alla sauter à la figure de l'un des aides. Au cas particulier, je trouve la conclusion un peu illusoire. L'animal venait d'être mutilé; il éprouvait un besoin de vengeance, et quand on marche sur un ennemi, on ne lui tourne généralement pas le dos. Du reste Longet, Schiff, Lafargue ont maintes fois répété les expériences de Magendie en se plaçant dans les conditions indiquées par lui, et ils n'ont jamais vu cette propulsion.

Serres, ainsi que nous l'avons déjà indiqué, attribuait aux couches optiques la motilité des membres thoraciques, et aux corps striés celle des membres abdominaux. Il a fait, sur les animaux, les expériences corollaires de celles que je vous ai déjà mentionnées à propos de la couche optique. Il incisait les corps striés, en comprenant les lobes cérébraux eux-mêmes, et il obtenait la paralysie exclusive des pattes de derrière. Les expériences faites depuis et la pathologie ont infirmé cette manière de voir. Tood, Carpenter, Luys en ont fait un centre de motilité général s'appliquant à toutes les parties du corps, la couche optique étant, au contraire, le centre général de toutes les sensibilités. Vulpian a cherché à affaiblir cette assertion, qui, du reste, s'appuyait surtout sur ce que les fibres de l'étage inférieur du pédoncule cérébral se rendaient dans le corps strié, en faisant observer que l'animal privé de ce centre nerveux exécute encore les actes de la locomotion. C'est incontestable; mais il n'en est pas moins vrai que, lorsqu'il a encore les corps striés, la locomotion revêt un caractère de spontanéité qu'on ne retrouve plus avec la protubérance seule. Dans l'exercice de la motilité volontaire, le corps strié n'est plus un agent créateur comparable à la protubérance, au cervelet, aux cornes antérieures de la moelle. Ce n'est plus de la force mécanique qu'il développe. Il est l'intermédiaire indispensable entre le cerveau et les autres centres locomoteurs. Il applique à ceux-ci les déterminations de la volonté. Il est l'archet avec lequel l'artiste peut commander à son instrument. Comme l'a dit Luys : « C'est « un terrain neutre dans lequel le stimulus de la volition, émané des « régions périphériques cérébrales, se dissémine tout d'abord pour « entrer en conflit avec les fibres spinales et provoquer immédiatement « la réaction secondaire des diverses espèces de cellules motrices de « l'axe spinal. » C'est en ce sens que j'accorde volontiers au corps strié une intervention dans les mouvements, en limitant mes moyens de contrôle aux données de l'anatomie et de la physiologie expérimentale, et en attendant que la pathologie ait parlé à son tour. J'ajouterai en outre que M. Fournié annonce qu'il est arrivé à constater, par son procédé expérimental, les vues de Tood, de Carpenter et de Luys sur les corps striés ainsi que sur les couches optiques.

Physiologie pathologique générale.

Troubles du mouvement. — Un homme de la valeur de Serres ne pouvait mettre tant d'ardeur à défendre la solution indiquée par lui, que parce que le hasard lui avait fait rencontrer des cas cliniques capables de confirmer les résultats de ses vivisections, et de servir de complément à ceux que nous avons relatés dans l'étude des couches optiques. C'est ainsi qu'il cite : 1º un peintre en bâtiment qui eut la jambe gauche paralysée, seule, et qui, à l'autopsie, présenta une injection du demi-centre ovale et un foyer sanguin correspondant à la partie antérieure et latérale du corps strié ; 2º une femme qui, paralysée d'abord d'une seule jambe et ensuite des deux, avait un ramollissement des deux corps striés. Mais ni dans l'une, ni dans l'autre de ces observations, les corps striés ne se trouvaient détruits dans toute leur étendue, et un heureux hasard a voulu, sans doute, que ce soient tout justement les parties préposées à l'innervation des membres inférieurs qui soient compromises. D'ailleurs, chez le premier malade, un des bras se trouvait notablement affaibli. En tous cas, ces deux faits perdent la valeur que leur a prêtée Serres, en présence d'autres qui montrent que, dans les maladies des corps striés, la paralysie peut atteindre tout un côté du corps, ou indifféremment, soit les membres thoraciques, soit les membres abdominaux. Dans la *Clinique* d'Andral, il n'y a que trois cas de lésions bien localisées dans le corps strié, et dans tous il eut une hémiplégie complète. Chez deux de ces malades, la lésion a consisté en un foyer apoplectique, et chez le troisième en un ramollissement. On peut placer à côté de ces faits celui que le docteur Colombel a communiqué à Luys. Ici encore il y eut paralysie complète du mouvement d'un côté, due à une hémorrhagie siégeant dans la substance grise du noyau extraventriculaire. J'hésite à mettre à profit les observations contenues dans le Mémoire de Türck; car, la plupart du temps, les altérations n'y font que graviter autour du corps strié. Cependant, dans les observations nᵒˢ 2 et 4, l'hémiplégie complète a coïncidé avec des lésions tellement rapprochées, qu'il est évident qu'à un moment donné elles ont dû exercer une compression considérable sur ce centre. Quant à la première, où la queue seule du corps strié se trouvait compromise, il n'y eut, comme dans les cas de Serres, qu'un des membres abdominaux paralysé. Enfin, dans la troisième l'hémorrhagie était tellement éloignée, qu'elle rentrait dans les cas d'apoplexie du cerveau proprement dit.

Mesnet a vu un cas d'entraînement latéral chez un homme dont le corps strié droit était comprimé et refoulé par une tumeur fibreuse. Il pouvait mouvoir volontairement tous ses membres; il pouvait marcher, mais il était toujours entraîné vers la droite. De plus, il avait de fréquents accès épileptiformes. Il est probable que cette tumeur, qui n'avait fait que refouler le corps strié, était plutôt pour lui une cause d'irritation qu'une cause de paralysie. Un fait à rapprocher de celui de Mesnet, parce qu'il indique comme lui que, dans les maladies capables de surexciter momentanément le fonctionnement des corps striés, le rôle moteur de ce centre se trahit par des signes d'exaltation musculaire, c'est celui de Jeffrey. Il s'agit de trismus, de contractures de l'avant-bras et du petit doigt, de mouvements choréiques des deux membres supérieurs qui furent la principale expression symptomatique de l'existence, dans les deux corps striés, d'un foyer central de ramollissement inflammatoire ayant le volume d'une amande.

Quand on a en vue uniquement la vérité, on doit accueillir les faits exceptionnels, aussi bien que les faits qui rentrent dans la règle générale, quelque embarrassants qu'ils puissent être. C'est pourquoi je dois mettre en regard des observations qui précèdent celle de Müller. Elle est relative à une tumeur fibreuse du corps pituitaire, qui, par voisinage, avait presque entièrement détruit les corps striés et les couches optiques. La sensibilité et la motilité ne se montrèrent altérées nulle part. Notez toutefois qu'il s'agit d'une tumeur, c'est-à-dire d'une de ces productions morbides qui grandissent avec une extrême lenteur; qui refoulent peu à peu les parties voisines, les étalent, les amincissent, mais n'annihilent pas complétement leur fonctionnement. Il ne faut donc pas s'exagérer la portée de cette observation.

Une chose doit vous étonner, Messieurs : en parlant de la coloration et de la consistance de la substance grise des corps striés, j'ai fait observer que les conditions particulières qu'ils offraient à cet égard étaient de nature à expliquer la fréquence de leurs maladies. Et cependant je viens de vous en signaler à peine quelques cas, tandis que, pour les couches optiques, j'ai pu citer un grand nombre d'exemples favorables à la thèse que je soutenais. C'est qu'en effet, ici plus que jamais, il y a lieu de regretter le zèle avec lequel on évite les autopsies; je ne dirai pas en ville, où elles sont à peu près impossibles, mais même dans les hôpitaux. Ce n'est guère que dans ceux affectés à l'enseignement qu'on en fait, et encore on néglige de livrer à la publicité les cas d'apoplexie, comme n'offrant pas d'intérêt. C'est fâcheux pour une science qui, comme la physiologie pathologique, doit être basée avant tout (passez-moi l'expression) sur le suffrage universel, et pour laquelle on ne devrait laisser de côté pas même une seule voix. Néanmoins, on peut assurer que les lésions des corps striés doivent être assez fréquentes, à en juger par les impressions générales que chacun de nous a pu recueillir dans les amphithéâtres. Aussi n'est-ce qu'en faisant appel à des souvenirs qui, malheureusement, ne peuvent plus être ni comptés, ni précisés, que je me sens porté à regarder la pathologie comme accusant le rôle moteur des corps striés.

D'ailleurs, les quelques faits cités plus haut sont loin d'être les seuls inscrits dans la science. Rochoux a pu dresser un tableau où les hémorrhagies limitées au corps strié figurent au nombre de 25 sur 65 cas d'apoplexies encéphaliques. Andral, dans son *Traité d'anatomie pathologique,* donne un autre tableau où l'on trouve la lésion

siégeant exclusivement dans le corps strié 61 fois sur 325. Malheureusement, ces tableaux ont été faits uniquement au point de vue
du siége et on ne s'est pas préoccupé de faire connaître les symptômes afférents. Cependant, en remontant aux sources possibles, on
arrive à voir que presque toujours il y a une paralysie, soit partielle, soit générale; que quelquefois seulement il y a anesthésie,
ce qui peut s'expliquer par le passage des fibres optiques et le voisinage de la couche optique.

Troubles de la parole. — L'exercice de la parole peut être entravé
et même supprimé par les maladies des corps striés. Le fait eut lieu
chez une des malades d'Andral. Le malade de Jeffrey éprouvait une
extrême difficulté pour articuler les sons. Cet auteur n'a même
publié son observation que pour faire échec à la localisation de
Bouillaud et de Broca, relativement à la faculté du langage. Mais il
est évident que la possibilité de la perte de la parole dans les maladies des corps striés ne prouve rien, ni pour ni contre cette localisation : qu'il y ait ou qu'il n'y ait pas dans le cerveau une région
affectée à l'élocution ; qu'il y ait ou qu'il n'y ait pas dans le bulbe un
instrument tout organisé obéissant à cette faculté, peu importe ; car
l'acte ultime de la phonation n'en est pas moins un acte musculaire
qui est volontaire et qui traduit les idées nées dans le cerveau. Il
faut donc que les muscles mis en jeu soient reliés au foyer de ces
idées par des fibres quelconques ; et ces fibres doivent traverser
le corps strié pour se rendre aux pédoncules. Elles peuvent donc,
dans certains cas, être compromises dans leur continuité, ou plutôt
dans leur agencement au niveau de ce centre nerveux.

Troubles de la sensibilité. — Si les maladies des corps striés
n'amenaient que des troubles du mouvement, la cause que je défends
n'aurait même pas besoin d'être défendue. Malheureusement, en
physiologie pathologique, les procès sont loin d'être aussi simples.
Dans quelques cas, dit-on, on a rencontré de l'hémianesthésie, en
même temps que l'hémiplégie. Mais, quand on examine ces faits de
près, on reconnaît qu'ils ne sont pas aussi en désaccord avec notre
première assertion qu'on pourrait le croire. Des trois malades d'Andral, un seul a eu une perte du sentiment, du côté de l'hémiplégie ;
et encore la sensibilité a reparu au bout de deux jours. Ne semble-
t-il pas naturel de penser que, dans le premier moment, l'épanchement a pu, par son volume considérable, comprimer la couche
optique et produire ainsi indirectement de l'anesthésie ; que cet

épanchement s'étant ensuite réduit par résorption, la couche optique s'est trouvée ensuite dégagée et le corps strié est resté seul entravé dans son fonctionnement. Dans les faits de Jeffrey, de Colombel, de Mesnet, la sensibilité était intacte. Restent donc ceux de Türck, qui tous, il est vrai, sont avant tout caractérisés par une hémianesthésie complète. Mais en réalité les lésions, dans ces cas, n'appartenaient pas plus au corps strié qu'à la couche optique et étaient à même d'agir plus ou moins sur ces deux centres à la fois. Le rôle sensitif du corps strié est tellement peu probable, que Meynert, de Vienne, qui anatomiquement fait arriver les conducteurs sensitifs au corps strié par l'étage inférieur, déclare lui-même qu'ils ne font que traverser un de ses points pour aboutir au lobe cérébral postérieur où il localise la sensibilité. Il fait, au contraire, s'arrêter dans la partie antérieure du corps strié, les conducteurs des mouvements volontaires, lesquels partent, selon lui, du lobe antérieur.

TRENTE-CINQUIÈME LEÇON.

Messieurs,

Nous allons aborder aujourd'hui l'histoire de la partie la plus importante du système nerveux, de celle qui tient sous ses ordres, non-seulement toutes les autres portions de ce système, mais encore l'organisme dans son entier, de celle qui, en outre, fait l'homme moral et intellectuel. C'est vous nommer le cerveau.

DES HÉMISPHÈRES CÉRÉBRAUX.

Constitution anatomique.

Il est presque inutile de vous rappeler que le cerveau proprement dit est formé de deux masses ovoïdes qui sont appelées *hémisphères cérébraux*, et qui sont reliées entre elles par une commissure blanche considérable, qui a reçu le nom de *corps calleux*; que chacun de ces deux hémisphères se trouve franchement divisé en deux parties inégales par un sillon profond nommé *scissure de Sylvius*, et motivé par la présence de l'apophyse d'Ingrassias, du sphénoïde qui s'insinue en ce point pour ainsi dire dans la substance cérébrale; que la portion située en avant de ce sillon, qui ne représente que le tiers de l'hémisphère, repose sur la voûte orbitaire et a reçu le nom de *lobe frontal*; que la portion située en arrière se subdivise elle-même, d'une manière plus artificielle, en deux lobes, l'un qui repose sur la grande aile du sphénoïde et qui est appelé *lobe sphénoïdal*, l'autre qui correspond à la tente du cervelet et qui prend le nom de *lobe occipital*. Ces données sont tellement élémentaires que je ne fais que glisser sur elles. Vous savez aussi que la surface de ces lobes est comme plissée de façon à former des saillies curvili-

gnes, séparées par des anfractuosités, et recevant la désignation générique de *circonvolutions*. Tout ce qu'on peut assurer pour le moment, c'est que, dans leur ensemble, elles ont pour but de donner
plus d'étendue à la surface extérieure du cerveau. C'est un artifice
de la nature pour obtenir, dans un espace limité, un plus grand
développement de la couche périphérique des hémisphères. Mais
ces circonvolutions sont en général tellement constantes dans leur
forme et leur direction, qu'il est de la dernière évidence que chacune d'elles a sa raison d'être particulière. Aussi on ne peut qu'ap-
prouver le pénible travail auquel s'est consacré Gratiolet qui a
parfaitement décrit tous les détails de ces replis chez les primates.
Malheureusement, dans l'état actuel de la science, cette œuvre ne peut
encore fournir que des promesses, et elle restera stérile peut-être
pendant bien des années encore. Pour le moment, elle en est réduite
à procurer seulement une base géographique plus rigoureuse aux
phrénologues pour leurs localisations imaginaires. Il est cependant
une circonvolution qui, dans ces derniers temps, a acquis une certaine importance clinique. C'est celle appelée *lobule de l'Insula*,
dont plusieurs médecins ont voulu faire le siége de la faculté langage.
C'est une saillie pyriforme située sur le versant frontal du ravin représenté par la scissure de Sylvius. Elle existe aussi chez les animaux,
mais chez l'homme elle présente une particularité qui ne se retrouve
nulle part ailleurs dans l'échelle zoologique. Chez lui, sa surface
présente cinq à six plis rayonnants.

Comme tous les centres nerveux, le cerveau est formé à la fois
par de la substance grise et par de la substance blanche. La première
occupe la périphérie et sert, pour ainsi dire, de revêtement à la seconde. Celle-ci occupe, non-seulement la partie centrale, mais s'engage encore dans chaque circonvolution. On dirait le feu central du
globe terrestre, qui soulève les couches périphériques et qui s'engage
dans l'axe de la montagne qu'il vient de créer. L'épaisseur de la
couche corticale est à peu près la même dans toutes les régions du
cerveau. Chez l'adulte, elle a environ 2 à 3 millimètres. Elle est d'une
consistance assez ferme et offre même une certaine élasticité. C'est
au point qu'on peut facilement enlever avec des pinces la pie-mère,
sans entraîner la moindre parcelle de substance nerveuse. Quand,
dans une autopsie faite après les délais ordinaires, la substance cérébrale est entraînée avec les lambeaux de cette méninge, on est déjà
presque en droit de conclure à l'existence d'un état pathologique. Sa

coloration est uniformément grisâtre. Dans l'aliénation mentale, cette teinte tend à se modifier : tantôt il existe de petits îlots tranchant par leur couleur blanchâtre ; tantôt c'est tout l'ensemble qui tend à blanchir, et alors il devient très-difficile de voir où finit la substance grise et où commence la véritable substance blanche.

Quand l'œil se trouve armé d'une loupe, la substance corticale perd son uniformité apparente, et on reconnaît qu'elle est formée de plusieurs couches superposées. Baillarger en a même décrit six alternant entre le blanc et le gris, la plus superficielle étant blanche, et la plus profonde grise. Vulpian, qui admet aussi l'existence de

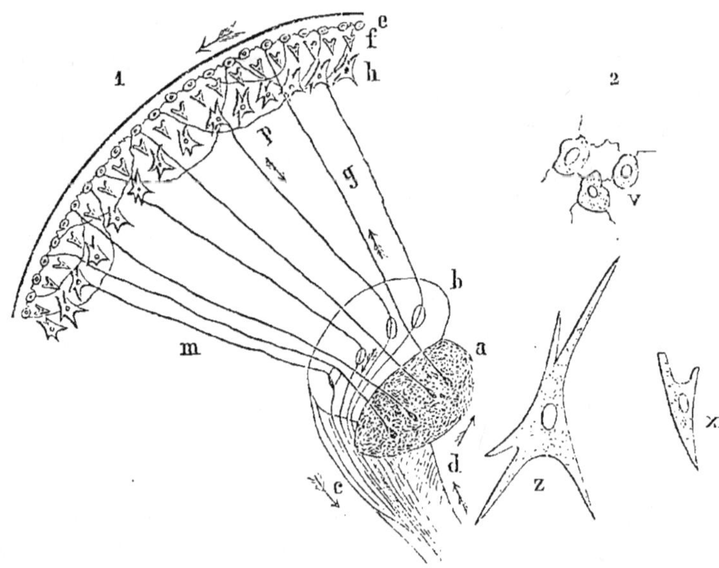

Fig. 47.

1. Schéma du mode d'agencement des éléments de la couche corticale avec ceux de la couche optique et du corps strié. — *a*, couche optique. — *b*, corps strié. — *c*, substance blanche du pédoncule cérébral. — *d*, substance grise du pédoncule cérébral. — *e*, plan des petites cellules cérébrales phériphériques. — *f*, plan des cellules moyennes. — *h*, plan des grosses cellules profondes. — *g*, fibre convergente étendue d'une cellule de la couche optique à une des cellules cérébrales superficielles. — *m*, fibre convergente étendue d'une grosse cellule de la couche corticale à une cellule du corps strié. — *p*, une des fibres commissurantes réunissant des groupes de cellules éloignées les unes des autres. Les flèches indiquent le courant centripète des impressions sensitives dans la substance grise du pédoncule, celle de la couche optique dans les fibres cortico-optiques, et le courant centrifuge en rapport avec l'idée qui doit produire le mouvement volontaire en passant par les fibres cortico-striées, le corps strié et les fibres blanches du pédoncule cérébral. — 2. *r*, petites cellules de la couche superficielle. — *z*, grosse cellule de la couche profonde. — *x*, cellule de la couche moyenne.

trois plans de substance grise parfaitement distincts, leur assigne
des rôles différents, en rapport avec les trois ordres de facultés
intellectuelles, affectives et instinctives. Quant aux plans de fibres
blanches interposés, ils représenteraient les moyens d'associations
des cellules de chaque couche. Tout ce qu'on peut assurer, c'est
qu'il y a bien certainement deux zones qui se distinguent franchement par leur coloration. La zone superficielle est grise et transpa-
rente; la zone profonde est beaucoup plus foncée, elle est rougeâtre,
ce qu'elle doit à sa plus grande vascularisation. Il est certain aussi
qu'il existe, entre ces deux zones, un liséré blanchâtre, formé en effet
par des fibres blanches se rendant d'une cellule à une autre plus
ou moins éloignée.

Au microscope, on aperçoit, dans l'une et l'autre zone, un fond
général de substance amorphe servant d'atmosphère à des cellules
qui tranchent par leur teinte jaunâtre et l'intensité avec laquelle
elles réfractent la lumière. Elles sont prodigieusement nombreuses.
C'est tout un monde d'étoiles. Celles des couches superficielles sont
excessivement petites; elles n'ont que $0^{mm},01$ à $0^{mm},016$. Leurs prolongements sont d'une finesse extrême. Par contre, elles ont un noyau
relativement volumineux. C'est même lui qui décèle la présence de
la cellule qui passerait certainement inaperçue sans cette enseigne.
Dans l'état naturel, elles ont une forme arrondie; mais elles apparaissent presque toujours triangulaires à l'observateur, par suite de
la pression exercée par la lame de verre. Celles des couches profondes ont des dimensions qui se rapprochent de celles des cellules
des cornes antérieures de la moelle. Elles mesurent environ $0^{mm},035$.
Elles sont, elles, naturellement triangulaires. Leur sommet est toujours
dirigé vers la périphérie; leur base regarde toujours le centre de
l'encéphale. Dans la stratification des couches corticales, il n'existe
pas une ligne de démarcation très-tranchée entre les deux ordres
de cellules. Entre les cellules les plus petites et les cellules les plus
grosses se trouvent des plans intermédiaires de cellules qui, par
leurs dimensions et leurs formes, font passer insensiblement des
premières aux secondes. Grâce à ses nombreux prolongements, chaque cellule s'anastomose avec les cellules voisines de la même
couche, avec quelques-unes de la couche sous-jacente, et enfin avec
les fibres de la substance blanche; de telle sorte qu'avec les coupes
verticales, comme avec les coupes horizontales, l'observateur se
trouve toujours en présence d'un réseau cellulaire excessivement

riche. A côté des cellules complètes on aperçoit, çà et là, des noyaux libres. Représentent-ils des débris de cellules en voie de destruction ou le premier pas de cellules en voie de formation? C'est ce qu'il est difficile de décider. Dans tous les cas, le fait semble indiquer qu'il s'opère un renouvellement incessant des éléments histologiques de l'intelligence, et qu'il y a peut-être là un roulement favorable aux défaillances de la mémoire, et à l'extension incessante des notions à enregistrer.

La substance blanche cérébrale est, de son côté, constituée par deux groupes bien distincts de fibres. Les unes sont rectilignes et disposées comme des rayons qui, partis d'un centre commun, le noyau de l'encéphale, iraient, en divergeant, aboutir à tous les points de la couche corticale de l'hémisphère. On est convenu de les appeler *fibres convergentes*. Les autres sont curvilignes et disposées par faisceaux qui se rendent d'une circonvolution à une autre plus ou moins éloignée. Anatomiquement, elles relient les cellules d'un département de la couche corticale à celles d'un autre département; physiologiquement, elles associent, dans un travail d'ensemble, des groupes d'agents éloignés les uns des autres. Elles prennent le nom de *fibres commissurantes*. Il est a peu près impossible de décider, par l'inspection anatomique, à quelles cellules se rendent spécialement les fibres convergentes émanées de la couche optique, et celles qui aboutissent, d'autre part, au corps strié. Se basant sur ce que la couche optique doit être regardée comme le centre général de la sensibilité, et le corps strié, comme un centre du mouvement volontaire; se basant, en outre, sur ce que partout les cellules sensitives se montrent beaucoup plus petites que les cellules motrices, Luys pense que les fibres *cortico-striées* doivent partir des grosses cellules de la couche profonde, et que les fibres *cortico-optiques* doivent aboutir aux petites cellules de la couche superficielle. Quant aux fibres commissurantes, le microscope montre d'une manière évidente qu'elles sont exclusivement réservées aux petites cellules.

Quelques faits de structure d'une application moins immédiate méritent cependant encore d'être mentionnés ici. Ainsi, le corps calleux a donné lieu à des hypothèses anatomiques qui correspondent à des hypothèses physiologiques différentes. Luys, à l'instar d'Arnold, de Reil, d'Owen, le regarde comme étant formé de fibres commissurantes exclusivement destinées à relier les deux hémisphères cérébraux, et à établir, dans leur fonctionnement, un *consensus*

indispensable. Foville, épousant une interprétation émise avant lui
par Willis et Tiedemann, voit dans le corps calleux un épanouissement central des pédoncules cérébraux. Gratiolet a modifié encore
cette dernière opinion en disant que cet épanouissement interlobaire
des pédoncules cérébraux avait pour but de donner lieu à un entrecroisement des fibres de ces deux faisceaux, de sorte que le pédoncule gauche se trouverait être destiné au lobe droit, et réciproquement
d'une manière inverse. La première hypothèse me paraît être de
beaucoup la plus probable ; car la raison elle-même nous dit que les
deux hémisphères ont besoin d'être mis en relations continuelles, et,
d'un autre côté, on se verrait forcé, ou d'effacer les entre-croisements
qui semblent exister dans le bulbe et la protubérance, ou de nier un
fait incontestable en clinique, celui des effets paralytiques croisés.

Physiologie normale.

Dans le corps médical on ne doute pas que les lobes cérébraux
soient les agents des phénomènes psychiques. C'est là une vérité qui
s'impose en effet au médecin, qui voit journellement les maladies
du cerveau entraîner des troubles intellectuels d'une façon constante ; qui s'impose aussi au physiologiste, qui voit l'intelligence
s'évanouir après l'ablation des hémisphères cérébraux. Malheureusement les arguments qu'on a l'habitude d'emprunter à l'anatomie
comparée ne sont pas aussi positifs qu'on le croit généralement.
Sur ce terrain on vient se heurter contre un assez grand nombre
d'exceptions apparentes, qui ont donné prise aux philosophes qui,
dans leur spiritualisme exagéré, ont voulu faire du cerveau un
organe inerte n'ayant aucune part à réclamer dans l'exercice des
facultés intellectuelles. Il est donc nécessaire de chercher à expliquer
ces exceptions.

On a dit, et on répète sans cesse, que, dans l'échelle animale, le
développement de l'intelligence est en raison du volume du cerveau
comparativement à celui du corps de l'animal. Mais quand on examine les différentes tables qui ont été dressées à ce sujet, on est
obligé de reconnaître que la loi n'est exacte qu'autant qu'on n'é-
tablit la comparaison qu'entre les quatre classes des vertébrés considérés d'une manière générale. Dans ce cas, il est bien vrai que
l'encéphale est plus volumineux chez les reptiles que chez les poissons,

chez les oiseaux que chez les premiers, chez les mammifères que chez les oiseaux. Du moment où, envisageant les échelons intermédiaires, on veut appliquer la règle aux ordres, aux genres et aux espèces, on la trouve à chaque instant en désaccord avec les faits. Dans un travail récent, M. Colin a été conduit à classer les animaux domestiques d'après le poids du cerveau comparé à celui du corps, dans l'ordre suivant : chat, chien, lapin, mouton, âne, porc, cheval et bœuf. Or, il est évident que cet ordre ne correspond pas au développement relatif de l'intelligence chez ces animaux.

Il est une première cause d'erreur qui ôte à la plupart des pesées qui ont été faites jusqu'alors une partie de leur valeur. C'est qu'elles ont porté sur la totalité de l'encéphale, de sorte que, comme le rapport entre les lobes cérébraux et les centres locomoteurs est loin d'être constant, le développement de la masse encéphalique pouvait aussi bien traduire une grande puissance locomotrice qu'une grande puissance intellectuelle. Il est vrai que même les quelques pesées qui ont été portées exclusivement sur les lobes cérébraux n'ont pas toujours donné les résultats qu'on attendait, alors qu'on tenait compte en outre des proportions relatives du corps de l'animal. Les recherches particulières de Colin tendent même à prouver que, contrairement à ce qu'on croyait, la masse cérébrale est, proportionnellement à la taille, beaucoup plus considérable dans les petits animaux que dans les grands. C'est ainsi que l'homme lui-même se trouve, quant au volume du cerveau, inférieur à plusieurs singes, à divers carnassiers, tels que la belette, aux petits rongeurs, et même à un grand nombre d'oiseaux, comme la mésange, le chardonneret. Mais il est d'abord une réflexion qui semble n'être pas venue à l'esprit de M. Colin, et qui est de nature à atténuer les conséquences de ce résultat expérimental. Tous les mammifères, quelle que soit leur taille, ont, à peu de chose près, les mêmes organes, les mêmes muscles, les mêmes viscères. La machine animale comporte toujours à peu près le même nombre de pièces; seulement chacune d'elles peut être plus ou moins considérable. Chacune d'elles doit avoir son représentant nerveux, non-seulement dans les nerfs, non-seulement dans la moelle et les centres locomoteurs, mais encore dans les fibres rayonnantes de la substance blanche du cerveau, puisque toutes sont mises au service de la volonté, d'une manière isolée. Quoiqu'il faille un plus gros nerf, et peut-être un plus grand nombre de fibres rayonnantes à un gros muscle qu'à un petit muscle, il n'en est pas moins vrai qu'en raison de l'égalité du nombre des agents, le chiffre des fibres radiées indispensables peut former une masse qui peut paraître hors de proportion avec le volume du corps.

Du reste, ce qui doit avant tout servir de base dans les recherches de ce genre, ce n'est pas le poids ou le volume des lobes cérébraux considérés dans leur entier, mais la quantité de substance grise qu'ils renferment, puisqu'elle seule possède des cellules, c'est-à-dire les éléments réellement créateurs de l'organe; et puisque la substance blanche ne représente que des moyens de transmission. C'est ce qu'avait compris Desmoulins dès 1825. Pensant, avec raison, que la quantité de substance grise doit dépendre, avant tout, de l'étendue de la surface même du cerveau, puisqu'elle en occupe la périphérie, et que l'étendue de cette surface doit être en raison du nombre, de la profondeur des circonvolutions, il a cherché à établir une échelle intellectuelle basée sur ces dernières conditions. Il a constaté ainsi que les circonvolutions, dans les chiens de chasse, sont aussi nombreuses et aussi profondes que chez le singe, et même que chez l'homme; que les ouistitis ont à la fois la même intelligence et les mêmes circonvolutions que les écureuils; que les chats, qui sont certainement moins intelligents que les chiens, ont aussi moins de circonvolutions qu'eux; que les animaux, tels que les édentés, les tatous, les sarigues, les paresseux, qui sont presque dépourvus d'intelligence, ont la surface du cerveau presque unie. Ce genre d'investigations semble donc avoir déjà donné des résultats plus favorables que celui des pesées; mais il laisse cependant beaucoup à désirer encore. Desmoulins reconnaît lui-même que c'est le dauphin qui a le plus de circonvolutions; et il trouve cependant, sinon dans les mers, du moins sur terre des animaux qui le dépassent sous le rapport des facultés intellectuelles. En outre, comme l'a fait observer Leuret, la surface cérébrale des ruminants, même du mouton, est, proportion gardée, plus considérable que celle du chien, du chat et du renard, en sorte que tout ce qu'on est autorisé à dire, c'est que, réellement, l'absence de circonvolutions coïncide avec la nullité de l'intelligence, et que celle-ci nécessite toujours leur existence. Il faut convenir, du reste, que rien n'est plus difficile que d'apprécier le degré d'intelligence des animaux. On doit aussi tenir compte des instincts, qui sont souvent nombreux et très-complexes chez des animaux qui paraissent presque dépourvus d'initiative intellectuelle;

et quoiqu'ils soient le résultat d'une organisation innée, celle-ci n'en exige pas moins des agents matériels qui font la masse cérébrale.

Beaucoup d'anthropologistes ont avancé que, dans les races humaines, le développement du cerveau est en rapport avec celui de l'intelligence. La chose a pu être niée depuis, parce que les premières vérifications ont porté sur toute la masse encéphalique, et parce que le volume de l'encéphale, pris dans son ensemble, ne diffère pas sensiblement dans les diverses variétés de l'espèce humaine. Mais si on fait abstraction du cervelet et de l'isthme de l'encéphale, qui sont affectés au mouvement et qui paraissent être toujours en raison inverse du cerveau proprement dit, on peut déclarer sans hésiter que le volume de celui-ci va en augmentant depuis la race éthiopienne jusqu'à la race caucasique. Les Boschimans en particulier, qui occupent réellement le dernier échelon de l'humanité, ont des lobes antérieurs excessivement petits. De plus, les circonvolutions sont tellement réduites à la plus simple expression, qu'on n'en retrouve jamais de semblables chez aucun peuple, si ce n'est chez quelques idiots. C'est au point que quelques-uns ont voulu voir là le résultat d'une dégénérescence héréditaire; ce qui n'est pas admissible puisque les Boschimans se reproduisent depuis un nombre indéterminé de siècles, et puisqu'il est bien établi que la transmission des vices de conformation s'éteint bien vite, en entraînant la stérilité.

On a puisé encore dans les recherches sur les cerveaux humains, d'autres arguments, mais dont la valeur n'est peut-être pas encore bien établie d'une manière inattaquable. Ainsi, d'après Parchappe, le cerveau de la femme est à celui de l'homme comme 90 est à 100. Or, la femme a certainement les sentiments plus développés ; mais elle possède à un moindre degré les facultés dites réflectives, c'est-à-dire les plus nobles et les plus élevées. De son côté l'enfant, qui a le cerveau petit et moins parfait, n'a presque pas de raisonnement. Le vieillard, dont l'intelligence périclite, perd 4 pour 100 du volume primitif de son cerveau. De son côté, Colin prétend que le volume des centres nerveux est, relativement à la masse du corps, en raison inverse de l'âge. L'assertion est peut-être aventurée et ne s'applique probablement pas à l'homme. Quant à l'absence de raisonnement chez l'enfant, je crois que cela tient en partie à une autre raison que nous mettrons à profit dans l'étude du mécanisme de l'intelligence.

Mais c'est surtout lorsque la comparaison porte sur les individus du même sexe et du même âge, qu'il paraît difficile de proportionner le développement de l'intelligence au volume du cerveau. On a bien signalé le poids énorme des cerveaux de Cuvier, de Cromwell, de Byron et de Dupuytren ; mais, outre qu'on conteste aujourd'hui l'authenticité de ces faits, ceux-là mêmes qui leur ont accordé toute créance sont obligés de reconnaître que ce n'est que chez les génies ou chez les individus d'une intelligence tout à fait extraordinaire, qu'on trouve une augmentation si appréciable de la masse cérébrale ; qu'au-dessous de ces rares étoiles humaines, il est tout à fait impossible de retrouver la relation cherchée. On voit en effet de belles intelligences logées dans des têtes qui semblent mesquines à côté d'autres dont les propriétaires sont loin d'être transcendants. Mais il n'y a rien là qui puisse faire rejeter sans appel l'idée qui a motivé toutes les recherches précédentes ; car non-seulement dans ces observations que l'on fait journellement sur les formes extérieures, on ne peut tenir compte ni des rapports de volume qui existent entre les lobes cérébraux et le reste de l'encéphale, ni du perfectionnement des circonvolutions comme forme et comme profondeur, ni de l'épaisseur de la couche corticale, qui n'est pas complétement invariable, ni du nombre de cellules qui peuvent être plus ou moins serrées et réaliser, sous de maigres apparences, une machine perfectionnée et puissante ; mais il faudrait aussi pouvoir apprécier le degré de vascularité de cette substance grise, car les éléments histologiques fonctionnent en raison de la quantité de matériaux qu'ils reçoivent. Il y aurait peut-être même lieu de tenir compte aussi de la qualité du sang, comme le veulent Ludwig et Vagner. Ce dernier prétend même que les dispositions psychiques d'un individu sont contenues *in potentia* dans le sperme et dans l'ovule ; que c'est par l'action réciproque du sang et de la substance nerveuse que ces dispositions se manifestent plus tard *in actu* ; que la chose est démontrée, d'une manière irréfragable, par l'hérédité des qualités psychiques. J'ajouterai encore que, selon moi, il est un élément d'un autre genre qui exerce une influence énorme sur la manifestation de la machine intellectuelle, c'est l'éducation sans laquelle la plus belle intelligence peut rester à l'état latent. L'instrument le plus habilement construit reste muet si on le met entre les mains d'un individu qui n'a pas appris à s'en servir. Un instrument de qualités moyennes excite l'admiration et se perfectionne même quand il est tenu par un grand artiste. Pour le cerveau, ce genre d'influence est plus considérable encore ; car, comme nous le verrons, le mécanisme de l'intelligence est tel qu'il se crée, pour ainsi dire, sous l'action des impressions qu'il enregistre et de la méthode avec laquelle se coordonnent ces notions acquises.

Somme toute, on peut dire que si l'anatomie ne donne pas toujours des faits favorables à l'idée d'une localisation de l'intelligence dans les lobes cérébraux, elle ne nous fournit cependant que des exceptions parfaitement conciliables avec cette idée. La physiologie expérimentale et la pathologie vont nous procurer des résultats beaucoup plus nets et ne permettant même pas un moment d'hésitation.

Quand on considère attentivement un animal quelconque, mammifère, oiseau ou grenouille, auquel on a enlevé les lobes cérébraux, on constate qu'il peut encore sentir et marcher, mais qu'il ne vole que quand on le jette en l'air, qu'il ne marche que quand on le pousse ; en un mot, qu'il a perdu toute espèce de spontanéité. Il se montre complétement dépourvu de volonté. Tant qu'on ne le force pas à s'agiter, il reste constamment assoupi et comme plongé dans la plus profonde léthargie. Comme l'a dit Flourens, on n'a plus sous les yeux qu'un animal condamné à un sommeil perpétuel, et qui est même privé de la faculté de rêver pendant ce sommeil. Si par diverses irritations on le force à s'éveiller, il montre un air d'hébétude complète. Il est tout aussi dépourvu de mémoire que de volonté. Il est de la dernière évidence qu'il n'a plus rien d'inscrit à son actif de notions acquises. Il a perdu de même le jugement et la réflexion. Il ne sait plus fuir. S'il rencontre un obstacle, il vient s'y heurter, et continue à s'y heurter sans cesse. Il ne sait plus éviter. Il n'est plus susceptible d'expérience. Un pigeon sain, qui a même les yeux bandés, sait encore bien tourner les obstacles. Les instincts eux-mêmes ont disparu. L'animal ne cherche plus à s'abriter. Il ne cherche plus à manger ; on est obligé de lui introduire les aliments jusqu'à l'origine de la gorge. Il est indifférent aux caresses du mâle ou de la femelle. La poule ne becquète plus, la taupe ne fouille plus, le chat ne griffe plus lorsqu'on l'irrite. Chose bien remarquable et pleine d'enseignements pour la pathologie ! Si on n'enlève qu'un seul lobe, toutes ces manifestations psychiques persistent. L'animal veut encore quand il n'a perdu qu'un seul lobe. Il conserve encore le souvenir et tous ses instincts naturels.

Mais c'est surtout la pathologie qui démontre de la manière la plus indiscutable que le cerveau est tout au moins l'instrument indispensable de l'intelligence. Le médecin le plus spiritualiste est obligé de se rendre à l'évidence. Plus vous avancerez dans votre pratique, plus votre conviction deviendra profonde sous ce rapport. Sans vouloir entrer dans les détails des preuves qui ressortiront plus tard de la physiologie pathologique, nous pouvons déjà poser en principe, qui sera amplement justifié par ce qui suivra, que toutes les fois que les fonctions intellectuelles sont troublées profondément et d'une manière permanente, il y a une lésion du cerveau. La folie elle-même perd de plus en plus, dans l'esprit des aliénistes, la nature de névrose qu'on lui avait prêtée jusqu'alors. Des recherches d'anatomie pathologique, faites en Angleterre, spécialisent presque les altérations capables d'engendrer l'aliénation mentale. Mais ce sont surtout la démence et l'idiotie, qui viennent attester de l'indispensabilité de la couche corticale du cerveau pour toutes les manifestations intellectuelles, affectives et instinctives. Vous verrez qu'au fur et à mesure que la dégénérescence graisseuse envahit un plus grand nombre de cellules, le cercle des notions va sans cesse en se rétrécissant, jusqu'à ce que le néant succède à la richesse intellectuelle. Vous verrez que l'abus de l'alcool, qui au début congestionne le cerveau et exalte le fonctionnement de ses cellules, produit aussi dans le même moment une surexcitation morbide des facultés; que plus tard il frappe de mort ces mêmes éléments, en même temps qu'il conduit à l'abrutissement. A chaque pas vous verrez les preuves se presser en si grand nombre, que vous reconnaîtrez tous, sans exception, que vouloir nier le lien étroit qui unit le cerveau et l'intelligence, c'est vouloir nier la raison elle-même. Tant que les philosophes voudront négliger cette vérité, ils ne feront que se débattre en vain dans le vide. Ils auront beau s'élever dans les nuages de la psychologie pure et lancer de là leurs bordées de *moi* et de *non moi* au pauvre monde ébahi, ils n'arriveront jamais ainsi à percer le voile qui leur masque les secrets de l'esprit humain.

Une pareille assertion équivaut-elle à la négation de l'âme? Non, certainement. Que vos consciences se rassurent, si elles en ont besoin. L'existence de l'âme, son immortalité, ce sont là des questions d'un ordre plus élevé qui doivent chercher leur démonstration ailleurs que dans les sciences médicales, qu'un physiologiste n'a le droit ni le devoir d'agiter et de résoudre. Mais que l'âme existe ou n'existe pas, il est bien certain que l'homme porte en lui une machine parfaitement organisée, avec laquelle il produit des actes psychiques, et sans laquelle il serait incapable d'en produire ici-bas, machine qui, par son existence, ne préjuge en rien de la question religieuse. Car pourquoi le Créateur, qui a donné à l'âme des muscles pour exécuter dans ce monde les mouvements qu'elle désire exécuter, ne lui aurait-il pas donné aussi un organe pour penser, et dont elle subirait les lois inhérentes à son organisation, comme elle subit celles qui s'imposent aux agents du mouvement ? Il n'y a même là rien qui puisse compromettre la sécurité de la société, car une pareille machine n'exclurait pas la responsabilité ! L'artiste est responsable de la manière dont il se sert de son instrument. Dans ce fait, celui-là même qui a les convictions religieuses les plus profondes ne peut qu'y trouver une source nouvelle d'admiration pour le Créateur de toutes choses qui nous a dotés d'une organisation si ingénieuse. Admirer cette œuvre d'origine divine, c'est admirer le Créateur au lieu de s'admirer soi-même, comme le font, sans s'en apercevoir, beaucoup de philosophes. Nous, physiologistes et pathologistes, nous n'avons donc pas à nous préoccuper de la question de savoir si cette machine obéit à un principe immatériel, ou si c'est elle qui, en vertu de son organisation, crée l'apparence de ce principe. Nous devons seulement chercher à en pénétrer le mécanisme et à nous rendre compte de ses aberrations. C'est ce que nous allons faire. La question métaphysique subsistera tout entière.

Mécanisme des opérations psychiques.

Plaçons-nous d'abord au point de vue de l'observation psychologique ; ce sera une manière de poser tous les éléments du problème si complexe que nous voulons chercher à résoudre. Pour étudier les qualités de l'esprit humain, et pour arriver à surprendre l'enchaînement de ses actes, les uns ont créé de toutes pièces un système psychologique qu'ils pensaient être basé sur la raison et pour lequel ils faisaient seulement appel à leur conscience ; les autres, s'engageant dans une voie réellement expérimentale, ont observé avant de systématiser. Cette dernière voie pouvait seule conduire à des résultats positifs. Aussi est-ce à elle seule que nous demanderons la classification qui doit nous servir de canevas.

D'une manière générale, on peut dire que l'esprit humain se manifeste à nous par trois ordres d'actes essentiellement différents. Il pense, il veut, il éprouve un sentiment. De là la justification des grandes divisions posées par Condillac, et qui ont été du reste adoptées depuis par tout le monde. De là les trois grandes facultés désignées par les philosophes sous les noms d'*entendement*, de *volonté*, de *sensibilité*. Un quatrième mode de manifestation a été négligé par les auteurs de cette classification, c'est celui des *instincts*. Car à côté des idées qu'il conçoit, des volontés qu'il exprime par ses actes, des sentiments qu'il éprouve, l'homme subit des instincts tout comme les animaux. Ils se montrent beaucoup plus restreints chez lui, voilà tout. Mais comme dans certains cas pathologiques, ils peuvent prendre une place plus considérable, nous devons aussi en chercher les conditions générales. C'est pourquoi il faut les faire entrer en ligne de compte dans notre analyse des opérations psychiques. D'autre part, comme les manifestations de la volonté sont presque toujours dictées par les opérations de la pensée, il y a lieu de les rapprocher de celles-ci et de les réunir dans une même étude. Modifiant donc un peu les divisions et les désignations établies par les philosophes, nous adopterons trois grandes classes d'opérations psychiques, que nous intitulerons : 1° Facultés intellectuelles comprenant tout ce qui concerne l'entendement et la volonté ; 2° facultés affectives ; 3° facultés instinctives.

Mécanisme des facultés intellectuelles. — La formation des idées, qui est le but de l'entendement, comprend un certain nombre d'actes différents et nécessite la mise en jeu de plusieurs aptitudes que les uns attribuent à l'âme, les autres au cerveau. Ce sont ces aptitudes qui sont regardées comme des facultés secondaires de la grande faculté entendement. Ce sont, dans l'ordre hiérarchique et chronologique : la *perception*, qui recueille le germe de l'idée puisé dans le monde extérieur; l'*attention*, qui assure la pénétration de ce germe et qui la transforme en idée; la *mémoire*, qui conserve le sillon tracé par le germe et l'idée qui résulte de son développement; le *raisonnement*, qui établit un conflit entre deux ou plusieurs idées; le *jugement*, qui tire la résultante de ce conflit et en forme une nouvelle idée à origine plus complexe; enfin l'*imagination*, qui crée des idées nouvelles de toute pièce, ou plutôt qui embellit les notions déjà acquises. Pour les philosophes, dits *sensualistes*, qui se rangent sous le drapeau de Condillac et de Locke, ce cercle d'aptitudes et d'opérations suffit pour comprendre toutes les productions de l'entendement. Mais à côté d'eux il en est d'autres qui, suivant les traces de Descartes et de Leibnitz, prétendent que tout dans notre intelligence n'a pas pour point de départ une sensation, et qu'à côté des idées d'origine sensorielle, auxquelles ils donnent l'épithète de *contingentes*, nous possédons un certain nombre d'idées qu'ils appellent *innées* ou *nécessaires* et qui seraient non plus comme une émanation du monde physique, mais comme un trésor déposé en nous par le Créateur. Telles sont, par exemple, les idées d'infini, d'éternité, d'absolu, etc. Ils considèrent ces idées innées comme le produit d'une faculté nouvelle et spéciale à laquelle ils donnent le nom de *raison*. Tel est le cadre dans lequel la saine psychologie nous montre l'ensemble des opérations de l'esprit humain. Cherchons à lui adapter les données de l'anatomie et de la physiologie.

Nous pouvons déjà laisser de côté les idées innées, car il n'est pas besoin pour elles d'invoquer une origine différente de celle des idées contingentes. Quand on les analyse, qu'on suit pas à pas toutes les phases de leur généalogie, qu'on remonte jusqu'à leur véritable source, on constate que c'est toujours une sensation qui engendre l'embryon de ces idées élevées, quelque abstraites qu'elles puissent paraître. La notion d'espace et d'infini prend naissance dans les impressions d'immensité que produit en nous la contemplation du ciel et des mondes qui le peuplent. Le vague lui-même qui accompagne ces impressions est de nature à donner plus de profondeur à notre conception de l'inconnu. L'idée de Dieu résulte de la connaissance de toutes les productions de la nature. L'œuvre fait naître en nous l'idée de l'ouvrier. Il y a donc lieu de reconnaître une seule et même origine pour toutes les idées et de les ramener toutes à un mécanisme commun.

C'est la perception qui constitue le premier acte central. Sur ce point la physiologie et la psychologie se montrent d'accord. Mais tandis que les psychologues placent ce premier acte sur le même terrain que les opérations subséquentes de l'esprit humain, le physiologiste est conduit à le séparer des actes psychiques proprement dits, à lui donner une existence indépendante et à le localiser dans un centre particulier, la couche optique. Il est vrai qu'un des physiologistes les plus autorisés, Flourens, place le véritable siége des sensations dans le centre intellectuel lui-même, dans le cerveau. Mais cette idée est abandonnée aujourd'hui. Le cerveau ne fait qu'apporter la consécration intellectuelle à la sensation qui se trouve accomplie avant dans le centre sensitif et qui y est déjà perçue comme ébranlement spécial.

L'ébranlement qui s'est concentré dans les cellules de la couche optique, et qui, en vertu de leurs propriétés organiques particulières, y a pris le caractère, soit d'une image, soit d'un son, soit d'un contact, est réfléchi par ces mêmes cellules sur les petites cellules de la couche corticale par l'intermédiaire des fibres convergentes. Ces petites cellules corticales ont des conditions organiques qui ne se rencontrent nulle part ailleurs. Leur genre de travail doit donc être aussi différent de celui des autres, et il paraît consister dans la transformation de l'image née dans la couche optique en ce qu'on appelle une idée. C'est comme une reproduction plus délicate, plus vaporeuse, pour ainsi dire, de la photographie qui s'est produite dans la couche optique. En vertu de quelle propriété, par quel mécanisme intime s'opère cette transformation? C'est ce qu'il nous est impossible de savoir et ce que nous ne saurons peut-être jamais. Le fait est là et s'impose à l'observateur. Quand les cellules corticales ont été détruites comme chez les déments, ou quand elles n'existent pas comme chez les idiots, la formation des idées n'est plus possible. Il n'y a plus que des sensations sans idées. Le dément et l'idiot s'aperçoivent bien qu'ils voient quelque chose. Ils évitent ce quelque chose, mais cette vue n'éveille en eux aucune notion. Ils n'ont pas l'idée de cette chose. Ce n'est plus pour eux un objet ayant un nom et une destination particulière.

En général, lorsqu'un objet frappe la vue d'un enfant, il frappe aussi de suite, ou dans un temps très-court, ses autres sens. L'enfant le touche; il l'entend s'il produit des sons par lui-même. Presque toujours aussi son oreille reçoit une impression auditive due au nom de l'objet que les parents ont soin de prononcer, dans l'intérêt de l'éducation de son intelligence naissante. De là la production simultanée de toutes les notions qui correspondent aux diverses propriétés dé cet objet, notions que l'enfant, par le fait même de l'unité de temps et de lieu, fond les unes dans les autres. Il les attribue tout naturellement à une cause commune qui, pour lui, s'identifie avec le nom prononcé devant lui, et qui dès lors sera pour lui le signe de cette cause. Une partie des fibres commissurantes a peut-être pour but d'aider à cette union des notions afférentes à un même objet, en réunissant les cellules intellectuelles où peuvent aboutir pour les unes les impressions auditives, pour les autres les impressions visuelles, etc. Ce qui prouve cette influence de l'arrivée simultanée des impressions, c'est que, quand deux notions ont pris naissance ensemble dans le cerveau, elles continuent à s'associer malgré nous et tout en hurlant de se trouver accouplées. Il nous est difficile parfois de ne pas fusionner deux idées qui ne sont pas associables. Cette assimilation du monde extérieur par l'enfant se fait lentement. Elle porte d'abord sur ses parents, ses aliments, ses jouets, puis sur les objets les plus voyants qui l'entourent. C'est ainsi qu'il agrandit peu à peu son horizon intellectuel et qu'il enrichit, pièce par pièce, son contingent d'idées primitives et élémentaires. Il représente en tous points la statue imaginée par Condillac, qui, d'abord inerte, s'anime successivement sous l'influence des émanations du monde extérieur. Comme l'a dit Voisin : « Les « sens sont.les portes de l'entendement. Sans les sens, le cerveau le « mieux organisé ne serait jamais qu'une masse inerte. Nos facultés « tant morales qu'intellectuelles ne s'éveillent qu'en présence et au « contact des choses du dehors. Chaque sens dévoile à l'homme « une partie de la création. »

C'est surtout pendant que cet enregistrement des notions à acquérir est en train de s'effectuer, que se manifeste l'utilité de ce phénomène, insaisissable dans sa nature, que les philosophes appellent faculté *attention*. C'est comme un recueillement qui fait que les impressions et les notions sont mieux assimilées, mieux digérées. Il consiste sans doute dans l'effort intime que font les cellules intellectuelles pour entrer en fonctionnement régulier et harmonique avec les cellules de la couche optique. Quand on lit sans penser, c'est-à-dire sans faire attention, les impressions visuelles mettent encore en activité les éléments de la rétine, le nerf optique, la couche optique et les tubercules quadrijumeaux, comme l'attestent pour ceux-ci les variations réflexes de la pupille. Mais les cellules cérébrales restent inébranlables et ne prennent pas part au consensus. Quand on est soumis à un bruit continuel et monotone et qu'on finit par ne plus l'entendre, le nerf acoustique et la couche optique continuent à être ébranlés ; mais les cellules cérébrales, absorbées par un autre genre de travail, restent sourdes aux sollicitations des cellules optiques et n'engendrent plus d'idées en rapport avec le genre d'impressions. On dirait que le défaut d'attention sectionne, ou plutôt paralyse momentanément les fibres convergentes. Le phénomène attention semble s'appliquer quelquefois aussi aux cellules de la couche optique qui peuvent céder plus ou moins complétement, ou ne point céder aux sollicitations émanées des organes des sens. Quand l'activité cérébrale accapare pour d'autres parties toutes les forces vives de l'économie, les cellules optiques semblent pouvoir, comme les fibres convergentes, être frappées momentanément d'inertie, et alors les impressions sensorielles passent inaperçues. Pendant les batailles on ne sent pas les blessures. Un mathématicien, absorbé par un problème, a pu avoir les pieds brûlés sans s'en apercevoir. Dans des circonstances opposées, les cellules optiques, en se pénétrant trop de leurs fonctions, avivent elles-mêmes la perception. Celui qui prête une trop grande attention aux incisions chirurgicales qu'il subit sent beaucoup plus la douleur. L'hypochondriaque souffre de douleurs internes qui passeraient inaperçues pour d'autres. Le phénomène attention, quels que soient sa nature et son mécanisme, joue un rôle important dans les opérations psychiques, car quand ce genre d'aptitude fait défaut, il en résulte une grande faiblesse intellectuelle. Nous verrons même ce défaut devenir un des éléments principaux de la manie.

Qu'il y mette plus ou moins d'attention, l'enfant prend bientôt un rôle un peu plus actif dans le développement de son intelligence. Il ne se contente plus d'enregistrer des empreintes par le travail moléculaire de ses cellules intellectuelles. Par l'intermédiaire sans doute des fibres commissurantes et des anastomoses des cellules entre elles, il fait vibrer deux ou plusieurs de ces empreintes à la fois. Il compare entre elles les idées qui en ressortent. Il raisonne, et il juge. Il s'établit dans son cerveau quelque chose d'analogue aux combinaisons chimiques, où deux substances donnent naissance à un troisième produit qui a ses caractères spéciaux, tout en conservant un certain cachet de chacun de ses générateurs; quelque chose d'analogue à la combinaison qui s'établit entre l'ovule et le sperme et dont le produit tient à la fois du père et de la mère. Les combinaisons de cette jeune intelligence sont d'abord des plus simples. A mesure que l'enfant avance, il en réalise de plus compliquées. Le conflit porte sur un plus grand nombre d'éléments et les composés deviennent plus complexes. Les idées qui en résultent constituent des notions acquises malgré l'éloignement de leur origine sensorielle, et c'est ainsi qu'en travaillant ce qu'il a déjà reçu, le cerveau augmente lui-même son avoir.

Ce qui contribue à donner un grand développement à l'intelligence, ce qui tend à reculer sans cesse les bornes du théâtre des opérations psychiques, c'est l'aptitude des cellules cérébrales que les philosophes expriment par la faculté *mémoire*. Ils la définissent eux-mêmes la faculté par laquelle l'esprit conserve l'impression des objets et faits perçus, ainsi que des connaissances acquises par l'étude. Remplacez le mot esprit par celui de cellules, et cette définition se trouvera avoir revêtu une forme physiologique suffisante. Une cellule a été entraînée par une impression sensorielle à fournir par son travail un produit déterminé, une idée quelconque. Ce genre de production est devenu dès lors son lot. Tant qu'une circonstance quelconque ne sera pas venue modifier son genre de travail ou la rendre tout à fait incapable, elle reproduira toujours ce qu'elle aura appris à faire, quand même elle sera entrée en activité spontanément et sans y avoir été provoquée par une nouvelle impression identique ou analogue à celle qui a autrefois décidé de son genre d'opération. C'est là ce qui fait le propre des cellules corticales et en même temps la supériorité et l'élévation de la fonction intellectuelle. Tandis que, dans l'état physiologique, les cellules des autres centres nerveux n'entrent en activité que lorsqu'elles y sont provoquées par un courant venu de la périphérie, celles du cerveau ont la propriété de pouvoir, dans l'état normal comme dans l'état pathologique, entrer spontanément et isolément en vibration ; et chaque fois qu'elles vibrent, elles reproduisent toujours le dernier genre de travail que leur a imposé l'éducation. C'est comme cela que les idées peuvent devenir une propriété, qu'elles peuvent avoir une existence persistante. Elles existent en puissance, et cette puissance, latente le plus souvent, se manifeste de temps en temps, lorsque la vibration de la cellule vient à remplacer son immobilité ordinaire. C'est presque un phénomène de reviviscence. Il y a tout au moins lieu de rapprocher le mécanisme de la mémoire des phénomènes de phosphorescence dont a parlé Helmotz. Il a reconnu sur l'œil humain, 18 heures après la mort, que la rétine possède encore une certaine fluorescence. Elle peut encore rendre de la lumière qu'elle a accaparée dans les derniers moments de la vie et qu'elle tient en réserve. Or, la rétine est, comme le cerveau, formée avant tout par des cellules nerveuses. Celles-ci semblent donc se conduire comme les plaques et les gravures de Niepce, de Saint-Victor. Ce dernier a démontré qu'une simple gravure exposée au soleil peut emmagasiner de la lumière d'une façon persistante, garder pendant un temps indéfini l'impression lumineuse à l'état latent, et mise en présence d'une plaque sensibilisée, décéler par l'apparition d'une image négative sa réserve de lumière.

Dans l'exercice de la mémoire, les cellules de la couche optique entrent aussi parfois en action pour donner du coloris, de la vigueur, presque de la réalité aux idées. Elles les accentuent en leur fournissant l'ombre d'une image.

La propriété de reviviscence que possèdent les cellules intellectuelles peut se manifester de deux manières : tantôt sans et malgré notre volonté; tantôt à la suite d'un appel volontaire de notre part. Dans le premier cas, l'idée qu'elle réveille s'impose pour ainsi dire à nous et est due, soit à ce qu'une cellule se met à vibrer spontanément, soit à ce que cette cellule est entraînée en activité par une cellule voisine qui elle-même a reçu une provocation d'une impression sensorielle quelconque. C'est ainsi qu'une impression visuelle ou auditive, même insignifiante, peut réveiller toute une série de souvenirs s'enchaînant plus ou moins bien entre eux. Dans le second cas, ce n'est plus la cellule qui impose son produit, elle obéit, elle s'exécute. De quelle manière arrivons-nous à faire vibrer spécialement certaines cellules, lorsque nous voulons invoquer des souvenirs déterminés? Il y a là certainement une énigme devant laquelle il faut s'incliner. Mais c'est surtout dans ces circonstances qu'on voit l'énorme avantage d'un emmagasinement méthodique des idées. Nous n'obtenons pas toujours d'emblée le fonctionnement de la cellule qui doit nous fournir l'idée que nous cherchons. Le plus souvent nous arrivons à raviver avant une ou plusieurs idées ayant des corrélations avec celle que nous désirons, et ce n'est qu'en passant par leur intermédiaire que nous atteignons le but. Fréquemment nous parvenons à nous rappeler le lieu, le moment où nous avons vu un objet avant de retrouver le souvenir de cet objet lui-même. Souvent c'est le souvenir des objets environnants qui nous conduit à celui que nous invoquons. C'est pour cette raison que dans l'étude les divisions et subdivisions rationnelles des matières aident considérablement à l'exercice de la mémoire. Comme le dit Luys, nous pouvons « repasser ainsi successivement, les uns après les autres, les « principaux points sur lesquels notre esprit a été tenu en arrêt. « Nous remontons dans un ordre régulier la série de nos impres- « sions primitives, méthodiquement juxtaposées dès le début, et « nous retrouvons, par cela même que nous passons par les mêmes « voies, une série d'idées et de souvenirs habitués à marcher de « compagnie. Chaque tête de chapitre mettant en activité isolément « une série de régions cérébrales, évoque ainsi des souvenirs prin-

« cipaux qui entraînent à leur suite une nouvelle série de souvenirs
« secondaires, lesquels font appel à des souvenirs tertiaires, etc.

Les cellules ne paraissent pas être toujours également aptes à se laisser entraîner dans un travail déterminé. Elles sont plus ou moins rebelles, ou plutôt plus ou moins incapables. Elles le deviennent toujours chez les vieillards. Comme tous les organes de l'homme qui touche au dernier terme de sa vie, elles tendent à devenir inertes; près de mourir elles-mêmes, elles tombent dans la caducité, elles se momifient, elles se cristallisent. Ce dernier mot est plus qu'une image, car dans la vieillesse les cellules éprouvent une modification moléculaire qui se traduit par une transformation en une masse homogène, amorphe, solide et semi-transparente. Avant d'en arriver là, leur fonctionnement s'affaiblit et elles deviennent incapables de recevoir de nouvelles empreintes durables, tandis que dans le même moment on voit les souvenirs de l'enfance se raviver. C'est que dans la jeunesse les cellules sont à leur maximum d'impressionnabilité. A cette époque les sensations ont laissé des traces profondes qui durent encore dans les derniers moments de la vie et qui, au milieu de l'inertie de tout ce qui les entoure, semblent briller d'un plus vif éclat.

Le phénomène de la mémoire, loin d'être une pierre d'achoppement pour l'idée d'une machine cérébrale mise ou non au service d'une âme, en est une des preuves les plus considérables. Dans les maladies qui détruisent les cellules de la couche corticale, on voit les mots et les noms s'effacer successivement de la mémoire à mesure que la destruction envahit de nouvelles régions. En général, on ne voit pas cette faculté s'affaiblir simultanément pour toutes les espèces de notions, comme cela devrait avoir toujours lieu s'il s'agissait d'une aptitude exclusivement inhérente à un principe immatériel. On constate, au contraire, que le défaut de mémoire porte sur un plus ou moins grand nombre de connaissances et non sur leur ensemble; que le malade perd de plus en plus, mais peu à peu, de son bagage de notions, à moins que la lésion ne soit tellement considérable et étendue qu'elle ne balaye tout d'un coup toutes les richesses accumulées dans le cerveau. Les philosophes admettent eux-mêmes que pour la mémoire il se passe dans le cerveau quelque chose d'analogue à une empreinte que recevrait cet organe, car dans leur langage ils se servent des mots : sillons tracés qui peuvent persister ou s'effacer. Le renouvellement incessant qui s'impose à la matière vivante n'a même pas paru être un obstacle à cette conception, et on a dit que les mutations se faisant par substitutions moléculaires, les sillons pouvaient être respectés. Avec ce que nous savons sur les lois de la vie cellulaire, tout s'explique encore mieux, puisque les cellules se renouvellent par génération et que presque toujours les cellules filles héritent de leur mère.

Ce qui peut embellir ou parfois troubler l'intelligence, c'est l'aptitude cérébrale qu'on appelle *imagination* et qu'on définit : la faculté de créer quelque chose de nouveau. Ce mot nouveau va au delà de la vérité, car les productions les plus poétiques de l'imagination reposent encore sur des connaissances antérieurement acquises. L'imagination a toujours besoin d'une matière première qui est d'origine sensorielle ; elle la transforme ensuite à son gré. Ses productions sont des broderies sur un canevas où se trouve déjà tracée une esquisse, des sculptures ajoutées à un édifice. La feuille d'acanthe a été l'origine des ornements de l'ordre corinthien ; une coquille celle des ornements de l'ordre ionien. Parfois ses produits prennent les allures d'un raisonnement fantaisiste. De même qu'un corps sonore peut donner plus d'amplitude aux ondes qui lui ont été transmises et grossir ainsi le son qu'il répète à l'unisson, de même les cellules cérébrales semblent pouvoir augmenter l'amplitude des vibrations qui leur sont communiquées. Elles grandissent ainsi l'idée au delà de la réalité de l'objet qui l'a provoquée, de même que les cellules sensitives transforment en douleurs les simples impressions tactiles, lorsqu'elles sont irritées. L'imagination, c'est de l'hyperesthésie intellectuelle. C'est ainsi que les œuvres de la poésie se trouvent être des vérités embellies et parfois exagérées. La couche optique photographie l'objet avec une exactitude mathématique. Mais cette image exacte en arrivant dans des cellules corticales exaltées, ou plutôt montées, s'y amplifie, à l'instar des images physiques qui, vues à travers des verres grossissants, apparaissent avec des proportions plus grandes, avec plus de coloris, avec des détails plus accentués, plus perfectionnées enfin. On dirait que l'imagination contemple avec une loupe les images que les objets viennent imprimer dans la couche optique. Cette faculté opère aussi souvent en appliquant aux idées des impressions relatives à un autre ordre d'idées. On dirait alors le résultat d'un conflit entre les idées abstraites et les idées sensorielles ; ou que les premières vont réveiller dans la couche optique des sensations qu'elles s'assimilent. C'est surtout dans les impressions visuelles que l'imagination trouve sa source d'alimentation la plus riche. C'est en effet aux impressions lumineuses que le langage fleuri emprunte toutes ses images. On dit qu'un esprit a de l'*éclat*, qu'il est *lucide*; qu'un travail offre des *aperçus lumineux*. D'autres fois c'est avec des sensations gustatives, olfactives ou auditives, que le rapprochement semble se faire. On dit d'un artiste qu'il a du *goût*, d'un sentiment qu'il est *amer*, d'un caractère qu'il a de l'*aigreur*, d'une personne à procédés délicats qu'elle a du *tact*. On loue un style en disant qu'il est *mélodieux* ou *harmonieux*.

Nous connaissons maintenant le mécanisme probable de l'origine des idées. Assistons maintenant à leur mode d'association. Notre cerveau, avec son réseau de cellules superficielles qui se relient les unes aux autres par des anastomoses multiples et deviennent ainsi solidaires les unes des autres, peut être comparé à une nappe d'eau où chaque chute de pierre vient donner lieu à un ébranlement vibratoire qui se traduit par une série de cercles concentriques dont le nombre et l'étendue sont en raison de l'intensité du choc. A chaque pas pendant le jour, un ébranlement dû à la vue d'un objet quelconque, à un bruit insignifiant, à un mot prononcé, arrive dans un point variable du cerveau par l'intermédiaire de la couche optique. Si cet ébranlement est faible, il reste circonscrit n'éveillant qu'un très-petit cercle d'idées. S'il est plus fort, il se propage dans un rayon plus considérable, faisant ainsi revivre une longue série d'idées qui sont comme l'œuvre d'un mouvement communiqué. Parfois cette propagation se fait d'une manière irrégulière, et la succession des idées se montre très-incohérente. Souvent au contraire elle suit les voies déjà tracées par l'habitude, de même que l'eau, qui se dissémine, suit les rigoles déjà creusées. L'ébranlement est entraîné comme dans une filière et passe par les diverses séries de cellules habituées à fonctionner ensemble. Alors l'association des idées prend des allures rationnelles et même méthodiques. Dans sa course fantaisiste, l'ébranlement peut atteindre des points très-éloignés du cerveau qui vibrent encore alors que déjà depuis longtemps le mouvement moléculaire qui a servi de point de départ au courant est complétement éteint; de sorte qu'il ne semble exister aucun rapport possible entre l'idée dernière et l'impression sensorielle du début. Une foule de causes interviennent en outre pour modifier à chaque instant le courant primitif. C'est une nouvelle impression qui survient et mêle ses eaux au courant antérieur, ou qui, douée d'une impulsion plus vive, change sa direction ; tantôt c'est une impression excessivement vive qui éteint complétement l'effet de la première et qui accapare le sol pour y développer ses propres ondes. Ou bien encore c'est une cellule en état de congestion et d'exaltation qui fait surgir une idée dominante autour de laquelle le courant d'idées ne fait plus que graviter.

Avec un pareil mécanisme, qu'est-ce qui fait donc la valeur de l'intelligence ? Pourquoi se montre-t-elle avec des degrés si variés? Cela tient au concours d'un grand nombre de circonstances : d'abord à l'organisation elle-même dont on a hérité et qui peut varier non-seulement comme masse, mais encore dans des détails de structure que nous ne pouvons pas encore apprécier. De la masse peut dépendre la puissance de la machine et son aptitude à une grande richesse du contingent d'idées. Des détails de l'organisation peuvent dépendre le perfectionnement et la souplesse de cette machine. Toutes ces conditions premières se transmettent suivant les lois de l'hérédité organique et tendraient à se perpétuer indéfiniment dans une même famille, si les croisements ne venaient à chaque instant apporter des modifications aux nouveaux produits. C'est ainsi que l'éducation du père peut profiter à celle du fils. Sur le même rang nous devons placer des conditions de sanguification qui, elles aussi, varient avec les individus et sont transmissibles. Mais il y a lieu de tenir un grand compte de l'éducation que reçoit directement un cerveau donné. L'homme peut faire son intelligence lui-même. Elle dépend beaucoup du milieu dans lequel il vit, parce qu'elle est en grande partie comme l'empreinte du monde ambiant. L'attention, c'est-à-dire un travail consciencieux et complet des cellules, voilà la première base de l'éducation de la machine cérébrale. De là résulte une imprégnation plus profonde, plus stable, plus vivace et en même temps une photographie plus exacte qui sera toujours l'expression de la vérité. La méthode doit en même temps que l'attention présider à l'éducation de notre cerveau. Grâce à elle, les connaissances se trouvent enregistrées dans notre couche corticale suivant leur ordre et leur enchaînement naturels. Elles s'appellent l'une l'autre plus rapidement dans le travail automatique des cellules. Elles reparaissent toujours en conservant leur rang, et grâce à leur coordination, elles sont toujours la véritable reproduction de ce qui existe réellement. Cette méthode est, on peut le dire, l'œuvre des siècles, l'œuvre de la portion d'humanité qui nous a précédés. Elle est le résultat de l'expérience des autres et elle nous est communiquée par nos maîtres ou par nos livres.

Ces conditions fondamentales remplies, l'intelligence peut encore recevoir de nombreux perfectionnements par l'exercice, par une véritable gymnastique cérébrale. Quand un clavier est souvent manié, les touches en deviennent plus faciles et plus souples. Elles obéissent plus rapidement au doigt qui les frappe. Elles se prêtent mieux à toutes les finesses et à toutes les délicatesses des nuances. Elles répondent mieux aux intentions de l'artiste et rendent mieux sa pensée. Il en est de même pour les cellules intellectuelles. On peut les habituer à sortir plus vite de leur inertie et à produire plus rapidement le travail qu'on attend d'elles. Elles deviennent pour ainsi dire plus sensibles, plus impressionnables, plus facilement ébranlables. Elles entrent plus instantanément en vibration lorsqu'elles y sont sollicitées par d'autres cellules ou par de nouvelles impressions. Elles deviennent plus maîtresses de leurs vibrations et arrivent à toujours les mesurer et en nuancer l'amplitude, suivant les besoins. De là plus de vivacité, plus de vitesse, plus de souplesse dans les opérations intellectuelles. Les moyens de communication, qui font parler les idées ensemble et les associent, sont aussi susceptibles de se perfectionner par l'exercice. Ils se brisent au raisonnement par l'habitude et une mise en jeu plus fréquente, absolument comme dans les instruments dont le mécanisme permet de combiner plusieurs sons et de produire des effets d'harmonie. C'est ainsi qu'on peut développer et perfectionner une intelligence qui n'a reçu en naissant qu'un *substratum* matériel ordinaire. Il est probable du reste que le cerveau peut se développer matériellement par le travail même qui donne lieu à un plus grand roulement de matériaux ; absolument comme le fait le biceps d'un ouvrier. Les cellules peuvent même se multiplier de cette façon, et offrir des moyens d'enregistrement plus considérables. J'ai vu un exemple frappant de la grande puissance que peut acquérir la machine intellectuelle, quand elle est conduite suivant les lois d'une saine physiologie cérébrale.

TRENTE-SIXIÈME LEÇON.

La théorie psychique que j'ai développée devant vous dans notre dernière réunion, ne constitue pas au fond une véritable explication des phénomènes intellectuels, car elle laisse presque autant d'inconnues que la psychologie pure. Mais c'est une adaptation de la psychologie aux faits physiologiques. C'est surtout la déclaration nette de ce principe que la pathologie rendra incontestable, à savoir : que l'exercice des facultés intellectuelles est inséparable du cerveau et qu'il est rigoureusement soumis aux lois de son organisation. C'est de la psychologie traduite en langage physiologique. Ce langage, en définitive, ne renferme rien qui soit capable de blesser les sentiments d'un spiritualiste, car il n'exclut nullement l'existence d'un principe supérieur et susceptible de survivre au cerveau. L'âme serait seulement condamnée ici-bas à se soumettre aux lois et aux limites inhérentes aux conditions matérielles de la machine cérébrale. Tous les spiritualistes s'accordent du reste à rêver des pouvoirs plus étendus pour l'âme délivrée de ses entraves matérielles. Mais le moment est venu de soumettre à l'analyse physiologique une dernière faculté, pour laquelle il est presque impossible de demander aux matérialistes et aux spiritualistes des concessions réciproques. Il s'agit de la *volonté*, de cette faculté qui fait la force morale de l'homme ; que les philosophes regardent comme étant tout à fait indépendante de l'entendement ; qui, pour eux, est une et indivisible, et qui a pour but de nous faire exécuter les actes conçus par notre intelligence. La manière dont la jeune école de Paris la comprend brise tellement avec toutes les idées philosophiques reçues, que je demande à m'en tenir d'abord uniquement au rôle de l'historien qui reproduit les faits avec exactitude sans les discuter. Je vais un instant m'inspirer, autant que je le pourrai, de ses convictions, me bien pénétrer de ses vues, et m'en faire le rapporteur.

Les grosses cellules situées dans les profondeurs de la substance corticale du cerveau sont avec les petites cellules de la couche superficielle dans le même rapport que les cellules des cornes antérieures avec celles des cornes postérieures de la moelle. Ce sont ces connexions qui donnent lieu aux phénomènes dits volontaires. Le stimulus de la volition est tout simplement le résultat de la propagation de l'ébranlement subi par les cellules intellectuelles vers les grosses cellules. C'est un véritable phénomène de réflexion, d'un ordre plus élevé que tous ceux que nous avons rencontrés jusqu'alors, il est vrai, mais qui n'en est pas moins analogue à celui qui s'opère entre les cellules sensitives et motrices de la moelle, du bulbe et de la protubérance. Suivant Fournié, on arriverait même par gradation à ce degré supérieur de réflexion. Entre le phénomène réflexe si inconscient, si mécanique, qui se passe dans la moelle, et le phénomène réflexe si conscient, si spiritualisé, qui se produit dans le cerveau, il y aurait un phénomène réflexe intermédiaire qui s'établirait entre la couche optique et le corps strié, et qui serait moins nécessaire, moins imposé que le premier et d'apparence moins volontaire que le second. Nous ne pouvons pas éviter les mouvements réflexes de la moelle et du bulbe. Ils ont lieu quels que soient les efforts que nous fassions pour les enrayer. Nous sommes libres au contraire d'exécuter ou de ne pas exécuter les mouvements que commande le cerveau ; c'est même pour cela qu'ils ont reçu le nom de volontaires et qu'ils ont conduit les philosophes à admettre l'existence de la faculté volonté. Nous sommes parfaitement libres de refuser à nos cellules corticales le mouvement qu'elles sollicitent en raison des idées auxquelles elles ont donné naissance, si d'autres cellules nous font entrevoir les inconvénients de ce mouvement. Mais à côté de ces mouvements raisonnés, il en est d'autres que nous exécutons sous l'influence d'une première impulsion et que nous ne réaliserions pas si nous prenions le temps de la réflexion ; que nous arrivons même à interrompre lorsque le *veto* de la réflexion vient à être prononcé avant qu'ils ne soient complétement exécutés. C'est là ce que le monde appelle, dans son langage souvent si pittoresque, *un premier mouvement*. Cela tiendrait à ce que le corps strié qui est très-rapproché de la couche intellectuelle, qui est même directement mis en rapport avec elle par des fibres spéciales, se trouverait encore à la portée de l'influence de l'intelligence et soumis à ses décisions. Une idée qui serait en opposition avec le mouvement sollicité par la couche optique, pourrait, par l'intermédiaire des fibres convergentes, défendre au corps strié d'obéir à ce centre sensitif. La cellule intellectuelle interviendrait comme ces tiges d'arrêt qui viennent tout à coup s'insinuer entre deux dents d'une roue en mouvement. Les cellules motrices de la moelle et du bulbe n'ont au contraire avec le centre intellectuel que des connexions indirectes ; elles sont moins directement soumises à son influence. C'est pourquoi les ébranlements qui restent localisés dans ces régions inférieures de l'axe nerveux, échappent plus aux décisions de l'intelligence.

Revenons aux mouvements d'origine cérébrale. Leur point de départ est donc dans la réflexion du courant centripète et sensitif qui, dans son mouvement ascensionnel, a atteint la limite extrême des centres nerveux et qui désormais devient centrifuge en parcourant successivement les étapes des grosses cellules corticales, du corps strié, de la protubérance, de la moelle, du nerf moteur et du muscle, où il vient s'user en un effet mécanique. L'ébranlement éprouvé par les organes des sens produit une sensation ; la sensation produit une idée, et l'idée produit un mouvement. Tout cela se fait par la simple propagation d'un mouvement moléculaire qui, dans sa marche, rencontre des rouages capables de modifier incessamment sa nature, tout en respectant sa transmission. Le mouvement musculaire que le cerveau produit de cette façon exprime toujours la résultante du conflit qui s'établit entre les diverses cellules intellectuelles, au reçu du courant sensitif. Il est la conclusion appliquée du raisonnement qui s'opère dans le cerveau. Mais il est la conséquence forcée de cette conclusion. Vis-à-vis de celle-ci, il est encore un mouvement involontaire, et il ne paraît volontaire que parce qu'il est précédé de cette discussion intime. Ce qui donne peut-être les apparences volontaires aux actes moteurs du cerveau, c'est la multiplicité des cellules qui ont le droit de retentir sur le centre du mouvement. Dans la moelle un groupe de cellules motrices est fatalement enchaîné à une collection déterminée de cellules sensitives. Pour ce groupe, il n'existe qu'un seul maître ; mais il lui obéit d'une manière passive. Un mouvement, dit volontaire, est à la merci de toutes les cellules intellectuelles, et il existe par conséquent une multitude de contre-poids. Quand je veux exécuter un mouvement, c'est une idée qui m'y pousse. Mais il peut surgir en même temps une ou plusieurs autres idées qui contremandent le mouvement et je ne l'exécute pas. Ici nous retrouvons encore du reste comme le reflet, sur le terrain physiologique, d'une conception émise autrefois par Descartes sur celui de la haute philosophie. « L'indifférence, a-t-il dit, que je sens « lorsque je ne suis point emporté sur un côté plutôt que sur un « autre par le poids d'aucune raison, est le plus bas degré de la « liberté, et fait plutôt paraître un défaut dans la connaissance « qu'une perfection dans la volonté; car si je connaissais toujours « clairement ce qui est vrai et ce qui est bon, je ne serais jamais « en peine de délibérer quel jugement et quel choix je devrai « faire; et ainsi je serais entièrement libre, sans jamais être in- « différent. »

Je le reconnais, cette interprétation est tellement en rapport avec les lois qui semblent régir le système nerveux et avec les troubles de la volition que présentent certains aliénés, qu'on se sent réellement entraîné vers elle. Mais on s'arrête avec un certain effroi sur cette pente, quand on réfléchit aux conséquences qui peuvent en résulter pour le libre arbitre. Que devient la responsabilité de l'homme? La société doit-elle pardonner tous les crimes, et le mot culpabilité doit-il plutôt appartenir maintenant à cette société qui a puni tant de criminels irresponsables ? Dans cet ordre d'idées, il est bien certain que l'éducation serait le seul frein opposé aux passions. Elle le ferait en équilibrant parfaitement le cercle des notions, en plaçant dans le cerveau, à côté des idées à impulsions mauvaises, des idées plus élevées capables de les contre-balancer et de les dominer. On s'expliquerait ainsi, par le fait même des progrès incessants de la société humaine, pourquoi bien des actions qui sont considérées aujourd'hui comme répréhensibles, paraissaient autrefois tout à fait naturelles; pourquoi on voit, journellement, des individus fort étonnés d'apprendre que certains actes méritent d'être blâmés et qui, une fois avertis, sentent parfaitement qu'ils doivent les éviter, et tiennent promesse. Malgré ces dernières réflexions favorables à l'interprétation matérialiste, il me semble, à moi, que chacun de nous sent qu'il porte en lui, à côté du mécanisme volontaire affecté à l'exécution, une force morale supérieure qui domine ce mécanisme, qui s'applique non plus seulement aux actes, mais aussi aux pensées elles-mêmes, d'où dérive peut-être l'attention, et qui peut rester spectatrice et juge de toutes les manifestations humaines. Cette concession du physiologiste au philosophe peut se faire d'autant plus facilement qu'il est encore une autre question dont la solution me paraît ne pouvoir se trouver que dans l'existence d'un principe dominant la matière ; c'est celle de la *conscience*, de ce je ne sais quoi qui fait que nous nous sentons, pour ainsi dire, le propriétaire un et indivisible de tout ce qui se passe en nous et pour nous, qui nous donne le sentiment de notre existence et de notre individualité. Chacun de nous sent que toutes ses sensations et toutes ses pensées semblent aboutir à un seul et même foyer. Il est vrai qu'on attribue ce résultat à la disposition même du système nerveux qui ferait que toutes les actions de ce système convergeraient et viendraient retentir dans un même point qui leur servirait de centre fonctionnel commun. Mais j'avoue que cette explication ne me satisfait pas, et, pour être convaincu, j'en attends une autre. Je viens de formuler une opinion sur une question que j'ai déclaré antérieurement n'être pas du domaine de la physiologie. Mais il était bien impossible de ne pas y toucher un peu, du moment où nous nous proposons d'établir le mécanisme de l'aliénation mentale.

Je n'ai pas encore parlé de l'aptitude que possède l'homme de pouvoir faire connaître ses pensées et ses sentiments par ce qu'on appelle le *langage*. Malgré l'importance considérable de cette fonction spéciale, je ne crois pas devoir lui consacrer actuellement une étude complète, tout justement parce que la pathologie seule peut nous fournir des données suffisantes pour le faire, puisque l'homme seul en est doué. Cette étude trouvera mieux sa place dans la maladie dite *aphémie*. Cependant, tout en réservant pour plus tard les questions de localisation et de mécanisme, je ferai remarquer aujourd'hui que la parole n'est, comme les mouvements ordinaires, que la conséquence de la réflexion qui s'opère des cellules intellectuelles vers les cellules motrices. C'est l'idée qui vient solliciter les muscles de la phonation, comme elle sollicite ceux de mon bras lorsque je veux saisir un objet. C'est l'éducation, qui, grâce à l'intervention indispensable de l'audition, fait que cette réflexion s'opère de façon à traduire chaque idée par un son spécial qui devient le signe conventionnel de cette idée. Elle s'effectue, comme tous les phénomènes réflexes, avec un caractère tellement machinal, qu'il nous faut un certain effort inconscient pour ne pas penser tout haut. Il est une foule de personnes qui ne peuvent pas échapper à cette répercussion involontaire de l'idée sur l'organe vocal.

Mécanisme des facultés affectives. — Les facultés affectives se distinguent des facultés intellectuelles en ce sens qu'elles n'ont plus pour but de nous faire acquérir une notion, de faire naître en nous une idée, mais de nous faire éprouver de l'attraction ou de la répulsion pour les personnes et les objets, de nous les faire aimer ou haïr. Elles traduisent des tendances; ou plutôt elles expriment les effets que produisent sur nous les êtres qui nous entourent. Quoique ces opérations psychiques soient distinctes des opérations intellectuelles proprement dites, elles sont cependant intimement liées à celles-ci. Car, pour aimer ou haïr une chose, il faut d'abord avoir la notion de cette chose. Nos dispositions affectives peuvent se manifester sous des formes nombreuses et différentes. Aussi a-t-on senti la nécessité d'établir pour elles des classifications plus ou moins arbitraires. Les physiologistes se sont en général placés au point de vue de l'effet produit sur l'organisme animal et, par conséquent, au point de vue du rôle que les sentiments jouent dans l'étiologie et la marche des maladies. Ils ont ainsi constitué deux groupes : 1° l'un comprenant tous les sentiments qui épanouissent, exaltent les forces vitales, tels que l'admiration, la joie, la colère, le courage, l'amour ; 2° l'autre comprenant ceux qui concentrent et oppriment ces mêmes forces, tels que le chagrin, la haine, l'envie, etc.

La physiologie expérimentale est incapable de nous éclairer beaucoup sur le mécanisme de ces facultés, tout justement parce que les animaux qui, comme le chien, les présentent à un degré réellement appréciable, ne supportent pas bien l'ablation des hémisphères cérébraux. C'est surtout chez les oiseaux et les reptiles que cette mutilation ne trouble pas les autres parties de l'organisme. Or, la poule et la grenouille peuvent avoir des instincts, mais elles ne brillent pas beaucoup par le développement et la délicatesse de leurs sentiments, de sorte que, sous ce rapport, rien ne paraît changé après l'opération. Mais l'anatomie pathologique et la clinique suffisent largement pour démontrer que les facultés affectives sont, comme les facultés intellectuelles, d'origine cérébrale. Presque toutes les maladies qui altèrent la texture du cerveau amènent la perversion ou l'anéantissement des sentiments. Les deux ordres de facultés suivent les mêmes phases dans l'état physiologique comme dans l'état pathologique. Chez l'enfant, les premières lueurs de l'intelligence et du sens moral apparaissent en même temps. Les qualités des deux genres s'épanouissent ensuite de plus en plus d'une manière parallèle; elles pâlissent plus tard ensemble et s'éteignent simultanément dans les dernières années de la vieillesse. L'aliénation mentale porte à la fois sur les aptitudes intellectuelles et sur les tendances morales.

L'idiot est aussi dangereux par ses penchants vicieux qu'il est nul dans les actes de l'entendement.

Non-seulement l'observation de ce qui se passe dans l'espèce humaine nous montre que les sentiments et les facultés intellectuelles relèvent du même organe, mais elle nous dévoile un fait qui est destiné à jeter un grand jour sur toute la pathologie. C'est l'intervention incontestable du grand sympathique dans tous les phénomènes affectifs, intervention qui suffirait pour établir une distinction complète entre les deux ordres d'actes psychiques. Le théâtre de l'intelligence reste limité au cerveau. Dans les opérations de la sensibilité morale, ce dernier organe trouve toujours un écho dans les plexus périphériques du système nerveux végétatif. La plupart de nos impressions morales, même les plus opposées, le chagrin et la joie, la tristesse et le bonheur, s'accompagnent d'une sensation de constriction ou de pression qui siége au creux épigastrique, c'est-à-dire dans la région du grand sympathique qui est la plus riche en ganglions et en filets nerveux. Il est bien digne de remarque que ce système, qui se montre si rebelle à toutes les causes d'irritation ordinaires, accuse une si grande impressionnabilité vis-à-vis des causes morales. Il semble que c'est là son excitant spécial et qu'il a, sous ce rapport, des propriétés organiques différentes de celle de l'axe cérébro-spinal. C'est à peine si le chagrin provoque parfois une vague céphalalgie, qui n'est même qu'un simple malaise de la tête; et encore ce malaise n'est peut-être, comme nous le verrons, que le résultat d'une espèce de choc en retour provenant du sympathique.

Le retentissement des sentiments sur les viscères abdominaux et thoraciques est tellement marqué, que Cabanis et Bichat ont voulu placer dans ces organes le siége des émotions. Ce n'est même que depuis Gall qu'on les rapporte au cerveau lui-même et qu'on ne regarde plus les sensations viscérales que comme une irradiation de l'acte central qui se passe dans les hémisphères. Elles ne sont en effet que l'expression du sentiment éprouvé. Elles en sont la traduction, comme le langage est celle de la pensée. C'est la parole du sens moral. C'est comme une mimique intime. Ce mode de retentissement a sa raison anatomique dans les nombreuses anastomoses que le grand sympathique contracte avec l'axe cérébro-spinal. Mais je crois que, dans l'interprétation de ces phénomènes d'expression, on a eu le tort de négliger la part peut-être de beaucoup plus large que prend ici le pneumogastrique qui, parti de l'axe, se trouve par le fait plus directement en rapport avec le centre intellectuel et qui va d'autre part s'associer, se fondre même avec le sympathique et contribuer avec lui à l'innervation d'un grand nombre de viscères. Il est pour ainsi dire le collaborateur du nerf facial qui, lui, a pour mission d'inscrire nos impressions en lettres appréciables sur notre visage. Tandis que ce nerf trahit souvent à l'extérieur nos plus secrètes pensées, le pneumogastrique les conserve pour nous seuls, mais en nous en faisant sentir tout le poids.

C'est par l'intermédiaire du sympathique et du pneumo réunis que les sentiments, qui sont nés dans le cerveau, produisent la rougeur ou la pâleur du visage en paralysant ou en exagérant l'action des vaso-moteurs de la tête; qu'ils augmentent les battements du cœur ou qu'ils les arrêtent et produisent même ainsi la syncope; qu'ils font cesser ou arriver les menstrues, en relâchant ou en contractant spasmodiquement les fibres musculaires des ligaments larges; que les émotions vives donnent lieu à des hypersécrétions et à des excrétions involontaires de salive, de larmes, d'urine, de matières fécales, ainsi qu'à des vomissements. C'est probablement en préparant de cette façon le terrain intestinal que la peur prédispose au choléra, pendant le cours des épidémies de cette affection. Mais dans tous ces effets on ne doit voir qu'un retentissement d'origine cérébrale. Car l'irradiation peut se faire aussi bien sur les nerfs rachidiens, comme le prouvent les tremblements généraux que produisent parfois les émotions. Rien que ce dernier fait démontre que le sympathique ne produit pas à la fois et l'émotion et sa manifestation viscérale.

Le langage du monde porte parfois avec lui comme une connaissance instinctive de la véritable nature des phénomènes les plus cachés de la vie. C'est ce dont vous allez vous convaincre en passant en revue, avec moi, quelques-unes des locutions dont Cl. Bernard a si bien fait saillir le sens dans un de ces discours qui apparaissent toujours comme de brillants tableaux de la science du présent et de celle de l'avenir. Lorsque le monde dit qu'une grande douleur morale *brise le cœur*, ce n'est peut-être pas une simple figure. Le cœur s'arrête brusquement, en donnant naissance à une douleur locale qui est réelle. Il provoque ainsi une syncope qui est suivie de crises nerveuses. Aussi l'expérience du vulgaire ne le trompe-t-elle pas lorsqu'il recommande de prendre des ménagements pour annoncer une fâcheuse nouvelle à une personne très-impressionnable, surtout si elle est déjà malade. Il est bien certain que les émotions morales nuisent particulièrement aux individus qui sont atteints d'une maladie organique du cœur. Elles peuvent arrêter pour toujours cet organe déjà si compromis dans son état matériel. Il est une autre expression qui traduit aussi un état presque réel. On dit souvent qu'on a *le cœur gros* lorsqu'on est sous l'influence d'une idée triste qui vous poursuit. La cause morale, dans ce cas, n'est ni assez vive, ni assez brusque pour déterminer un arrêt complet des mouvements du cœur. Elle ne fait que ralentir et rendre moins fréquentes les contractions des ventricules. Ceux-ci restent plus longtemps dilatés. On dirait qu'ils ne se resserrent qu'à regret. Ils retiennent et aspirent même par l'intermédiaire de l'inspiration une grande partie de la masse sanguine. Le cœur reste donc réellement gonflé. Il occupe plus de place dans le thorax. Il gêne la respiration par son augmentation de volume et surtout en vertu de la corrélation fonctionnelle qui existe entre la circulation cardiaque et cette fonction. De cet ensemble résulte un sentiment d'oppression excessivement pénible. On dit aussi que les impressions agréables, particulièrement l'amour, font *palpiter le cœur*. Ici, il n'y a même pas l'ombre d'une image. Les battements existent; ils sont palpables. La vue, les paroles de la personne aimée ébranlent le cerveau dans de telles conditions qu'en se répercutant vers le cœur l'ébranlement va provoquer, non plus son arrêt, mais au contraire la fréquence de ses battements. La conséquence toute hydraulique de cette accélération est une sanguification plus considérable de l'encéphale qui est peut-être pour quelque chose dans ce bien-être, cet épanouissement de la sensibilité morale qui succède au saisissement du premier moment et que le facial vient à son tour traduire par une expression spéciale de la physionomie. C'est aussi cette accélération de la circulation, combinée avec la paralysie des vaso-moteurs, qui vient colorer le visage de cette teinte purpurine, complément ordinaire du tableau. C'est encore dans le même ordre d'idées et avec autant de vérité physiologique qu'on dit que *deux cœurs sont unis ou battent à l'unisson*. Éprouvant des sentiments identiques, les personnes dont on parle ainsi réfléchissent vers le moteur central de la circulation des incitations égales, d'où le même degré d'accélération du cœur et d'épanouissement cérébral.

Ce ne sont pas seulement des sensations internes que le retentissement des émotions morales sur les viscères peut produire. Lorsque ces irradiations d'ébranlement moléculaire sont continues ou se répètent fréquemment, elles finissent par troubler la nutrition, amener l'amaigrissement général et développer parfois le cancer ou le tubercule. Quand on est lancé dans la clientèle urbaine, on est bientôt convaincu que beaucoup de cancers d'estomac et de maladies organiques du cœur ont été engendrés par de profonds et longs chagrins. Ce genre de résultat n'est pas aussi extraordinaire qu'il le paraît au premier abord. La douleur ou l'impression viscérale s'accompagne d'une paralysie des vaso-moteurs de la région, et par conséquent d'une dilatation de ses vaisseaux, comme l'attestent le sentiment de chaleur et les battements locaux que l'observateur perçoit. Les parois stomacales et le tissu du cœur rougissent, pour ainsi dire, comme les joues. Il y a un afflux exagéré de sang. Cette abondance de matériaux, jointe à une excitation probable des nerfs trophiques et sécréteurs, fait que les éléments histologiques élaborent plus de matière et peuvent être entraînés à en faire des produits hétéromorphes.

Si, dans l'exercice des facultés affectives, le cerveau retentit sur le fonctionnement du grand sympathique, celui-ci peut à son tour faire sentir son influence sur le centre intellectuel et moral, et troubler toutes les facultés d'une manière plus ou moins complète et plus ou moins permanente. La plupart des affections viscérales nées sur place modifient considérablement le caractère et font éprouver un certain déchet à l'intelligence. Ceux qui sont atteints de gastralgie, ou qui ont des digestions laborieuses, savent combien le travail de cabinet leur est devenu pénible et infructueux. C'est avec raison qu'on a dit : *mens sana in corpore sano*. C'est pour les mêmes raisons que la grossesse, l'époque menstruelle, la constipation, les vers intestinaux peuvent vicier le caractère, les aptitudes intellectuelles et même produire la folie. En toutes circonstances, il s'établit entre le cerveau et l'innervation des viscères une espèce de flux et de reflux, des alternatives de réflexions réciproques qui font que l'état intellectuel augmente les maladies des organes et que celles-ci aggravent la situation mentale. C'est seulement en raison de cette solidarité qu'on doit accepter l'opinion des aliénistes qui attribuent au grand sympathique ce qu'ils appellent le *délire émotif*.

Dans toutes ces manifestations des facultés affectives, il peut toujours y avoir intervention de cette puissance intime qui fait la valeur de l'homme fort et qu'on désigne par le mot *volonté*. Guidé par une juste appréciation des choses ou par le besoin de dissimuler, on peut pour ainsi dire concentrer dans son cerveau l'ébranlement reçu et empêcher son retentissement vers le cœur, ainsi que toutes les autres réflexions vers la périphérie. C'est ce que le philosophe appelle *maîtriser ses passions et faire taire son cœur*. Mais c'est peut-être au détriment de son cerveau qui, trop souvent et trop considérablement ébranlé, peut finir par se troubler dans son fonctionnement intellectuel. On dirait que tout dans la nature est ramené aux lois qui régissent la mécanique. Dans la matière brute, une force concentrée en un point y produit des ruptures, des dégâts considérables, tandis que si elle s'éparpille et est supportée par un grand nombre de molécules, elle s'épuise dans de simples oscillations moléculaires qui respectent l'unité de la masse matérielle. L'intégrité de la nature vivante, comme celle de la nature morte, nécessite une juste répartition des ébranlements.

Mécanisme des facultés instinctives. — De nos jours on définit l'instinct une tendance innée à accomplir certains actes non raisonnés, souvent compliqués et souvent irrésistibles. On divise les actes instinctifs, suivant leur but et suivant la fonction à laquelle ils rendent des services, en trois groupes : 1° instincts de conservation de l'individu; 2° ceux de la conservation de l'espèce; 3° ceux de la vie de relation.

A une certaine époque, on était convaincu que les animaux possédaient seuls des instincts et que l'intelligence n'appartenait qu'à l'homme. C'est dans cet ordre d'idées que Descartes avait imaginé son *automatisme des bêtes*. Mais en passant en revue tout ce qu'ont écrit sur ce sujet Bossuet, Locke, Leibnitz, Buffon, Condillac, Frédéric Cuvier et Flourens, on arrive à reconnaître que les facultés intellectuelles et instinctives appartiennent à la fois à l'homme et aux animaux; qu'à mesure qu'on s'élève dans l'échelle, les premières tendent de plus en plus à dominer et à effacer les autres. Sans doute l'homme n'accomplit pas sans le concours de son raisonnement des actes aussi complexes et aussi précis que ceux que nécessitent les piéges que l'araignée tend à ses victimes à l'aide de filets construits avec tant d'art; les nids que chaque espèce d'oiseaux reproduit toujours dans les mêmes conditions; les œuvres d'architecture du castor. Son intelligence, seule, pourrait le conduire à organiser une république de travailleurs aussi parfaite que celle dont une ruche d'abeilles nous donne le spectacle. Ses découvertes en physiologie lui donnent à peine l'espoir de savoir, dans un temps très-éloigné, se servir des phénomènes de la vie, comme le fait le sphex qui, devant mourir avant l'éclosion des œufs qu'il a produits, pique les ganglions sous-œsophagiens des animaux qui doivent servir à l'alimentation de ses enfants posthumes ; les plonge ainsi dans une léthargie qui leur ôte la possibilité de fuir, tout en mettant leur chair à l'abri des altérations cadavériques. Mais ses instincts se manifestent par quelques actes qui ne sont pas le résultat de l'éducation, tels que ceux qui concernent le rôle de l'enfant dans l'allaitement ; par les actes de la génération qu'il exécute même sans le moindre enseignement. Si son entendement intervient plus tard dans la plupart des actions qu'il produit en faveur de la conservation de son individu et de son espèce et des relations sociales qu'il cherche à établir, il n'en est pas moins vrai que toujours ces actions sont dictées et dominées par le phénomène initial, la base de tous les instincts, c'est-à-dire par des besoins impérieux, des tendances instinctives. Sa locomotion même est, au point de vue du mécanisme, le résultat d'une véritable aptitude préétablie et instinctive. L'intelligence de l'homme n'exclut pas les instincts, mais elle lui confère toujours une certaine action sur eux. Il peut résister à ses instincts, les activer ou les ralentir, comme il peut accélérer ou enrayer sa marche. L'homme a même un instinct particulier qui ne se retrouve pas chez les animaux. Il a l'instinct du langage. Poussé par le besoin impérieux de communiquer sa manière de penser et de sentir à son semblable, il crée des mots d'une manière irrésistible et involontaire. Il invente des idiomes comme l'oiseau construit son nid, comme l'abeille organise sa ruche.

D'une manière générale, on peut dire que les instincts résultent d'une organisation préétablie des centres nerveux. Ce sont des machines tout organisées qui sont données par le Créateur à l'être vivant. Ils sont comme la locomotion due à des instruments nerveux spéciaux dont toutes les pièces sont agencées entre elles de façon à jouer toujours dans le même ordre, avec une parfaite économie et une grande régularité ; instruments qui ont besoin toutefois, pour entrer en fonctionnement, de recevoir une impulsion propre à presser sur le ressort particulier. Ce stimulant nécessaire est du reste de même nature que celui qui engendre nos idées. Tout, dans nos opérations psychiques, puise sa source première dans un phénomène de sensibilité. L'acte instinctif, comme l'acte intellectuel, commence par une impression provenant soit du monde extérieur, soit de l'inlimité même de nos viscères. Mais si l'intelligence trouve surtout son aliment sensoriel dans les sensations externes, on peut dire que l'instinct puise le sien le plus souvent dans les impressions internes et viscérales. C'est une impression née dans l'estomac, la faim, qui fait jouer tous les ressorts moteurs qui doivent procurer au sang les matériaux indispensables de la nutrition. C'est une impression née dans les organes génitaux qui nous pousse à l'accomplissement de la fonction génération. Ces impressions peuvent, lorsqu'elles prennent des proportions pathologiques, pervertir les instincts et procurer un des aspects particuliers de l'aliénation et de l'idiotie. Dans le fait de l'instinct du langage, les cellules intellectuelles, en produisant des pensées, frappent irrésistiblement sur les touches de l'instrument vocal, quitte à produire des sons qui n'ont pas reçu accès dans le langage conventionnel. Si l'enfant n'est pas dirigé dans la satisfaction de cet instinct par une éducation auditive, il arrive à se créer tout un vocabulaire incompréhensible pour d'autres que lui, tant est grand le besoin d'exprimer ce qu'il pense et ce qu'il sent.

Système de Gall. — Nous venons de voir que le cerveau est susceptible d'exécuter un grand nombre d'opérations, dont les unes de nature intellectuelle, les autres de nature affective, d'autres de nature instinctive. Il semble naturel de se demander si toutes les parties du cerveau peuvent servir indistinctement à chacune de ces opérations, ou s'il y a dans cet organe des régions affectées exclusivement à ces divers modes de manifestations psychiques. Il est une école qui pense que non-seulement ce ne sont pas les mêmes parties qui servent aux sentiments et aux facultés intellectuelles, mais que chaque faculté, que chaque sentiment, que chaque instinct a dans les hémisphères son département particulier ; et qui, supposant en outre que la boîte crânienne, en se moulant sur le cerveau, vient traduire extérieurement le développement relatif de ces départements, a créé sous le nom de *phrénologie* une prétendue science qui a toujours excité beaucoup d'enthousiasme dans le monde étranger aux sciences médicales. Cet accueil trop favorable impose au médecin le devoir d'en prendre une connaissance succincte et de chercher à la juger par la physiologie et la clinique.

Le fils d'un marchand du grand-duché de Bade, Gall, avait remarqué, dans ses études qui commencèrent à Baden et qui furent terminées à Strasbourg sous la direction du célèbre professeur Hermann, que partout il était dépassé par certains élèves dans les examens oraux, tandis qu'il leur était supérieur dans les compositions écrites. Cette différence dans les résultats obtenus, il ne pouvait l'attribuer qu'à l'infériorité de sa faculté mémoire. Le hasard lui fit constater que ses adversaires heureux avaient tous des yeux gros et saillants, ce qu'il attribua à un plus grand développement de la partie de l'encéphale qui repose sur la voûte orbitaire. Cette première observation sur les yeux des personnes ayant une mémoire très-développée fut la base de la doctrine phrénologique. Parti de cette idée, Gall compara entre elles les têtes des musiciens, celles des poëtes. Il examina et moula autant qu'il le put les crânes des hommes doués d'un talent ou d'une faculté remarquable. Après avoir ainsi multiplié ses essais, Gall, fort de ses recherches et déjà riche en expérimentations, ouvrit un cours à Vienne en 1796. Accusé de matérialisme, il dut bientôt quitter l'Autriche. Son voyage à travers l'Allemagne fut une marche triomphale; il vint aussi à Paris, où son enseignement fut interdit presque immédiatement par l'empereur. Il passa en Angleterre, où il ne fut pas plus heureux. Enfin il mourut en 1828, sans avoir pu compléter sa topographie intellectuelle et instinctive de la tête. Son élève, Spurzheim, acheva sa tâche et, plus heureux que lui, il put enseigner librement. Ce n'est pas ici le lieu de vous exposer en détail le système phrénologique de Spurzheim, en vous mettant en regard des assertions les faits sur lesquels lui et son maître se sont appuyés. Mais comme vous ne pouvez pas dans le monde être complétement étrangers à la science phrénologique, je vais vous mentionner rapidement les départements les plus connus du vulgaire.

Pour les phrénologistes, le cervelet est l'organe de l'amour physique et cet organe se traduit à l'extérieur par la largeur et le renflement de la nuque. L'organe de la destructivité est situé de chaque côté de la tête, immédiatement au-dessus des oreilles. L'organe de l'acquisivité, propriété ou vol, est situé au-dessus et en avant du précédent. L'orgueil siége à la partie postérieure et supérieure de la tête. La mémoire occupe la partie inférieure du front. Le sens musical est au-dessus de l'angle externe de l'œil. Le sens de la mécanique se traduit sous forme d'une protubérance au milieu de la région temporale, derrière celui de la musique.

Cet ingénieux édifice était destiné à s'écrouler tout d'une pièce sous l'influence des nombreux faits qui se pressaient pour l'ébranler. D'une manière générale, Gall a placé les instincts en arrière, et les facultés intellectuelles en avant. Or, tout justement le lobe antérieur du cerveau est relativement au lobe postérieur plus développé chez le mouton et le bœuf que chez certains animaux beaucoup plus intelligents qu'eux, tels que le chien, le renard, l'éléphant et surtout les singes. Vous connaissez peut-être à ce propos l'expérience qu'a faite Leuret, un des adversaires les plus terribles de la phrénologie. « Il m'est arrivé plusieurs fois, dit Leuret, de présenter à des phré- « nologistes un cerveau de chien de berger et un cerveau de mou- « ton, en leur disant : « Des deux animaux porteurs des cerveaux que « vous voyez, l'un conduit l'autre. Montrez-moi quel est le conducteur.» « Tous, sans hésiter, m'ont montré le cerveau du mouton. » D'après Spurzheim, l'organe du meurtre ou de la destruction carnassière réside dans les circonvolutions latérales, moyennes et inférieures du cerveau. Or, si on classe les animaux d'après le développement de ces circonvolutions on obtient un tableau qui ne concorde pas avec les faits fournis par l'étude des mœurs des animaux. Ainsi le marsouin, l'éléphant, le porc-épic, la marmotte, se trouveraient en tête de la série, tandis que le lion, le chien, le sanglier se trouve-raient presque à la queue.

Les résultats des vivisections sont aussi de nature à faire rejeter toute idée de localisation. On peut retrancher, dit Flourens, soit par devant, soit par derrière, soit par en haut, soit de côté, une portion assez étendue des lobes cérébraux, sans que leurs fonctions soient perdues. Une portion restreinte de ces lobes suffit donc à l'exercice de leurs fonctions. Mais la déperdition de substance devenant plus considérable dès qu'une faculté disparaît, toutes disparaissent. Il n'y a donc point de siéges différents pour les diverses facultés. Les expériences de Longet ont confirmé ces résultats. Un seul expérimen-tateur, Bouillaud, a prétendu que les animaux auxquels il avait enlevé seulement la partie antérieure des deux hémisphères, pré-sentaient des signes d'une idiotie complète. Mais il déclare lui-même qu'il ne s'abuse pas sur la valeur de ses expériences, parce qu'il est difficile de juger de l'état intellectuel d'un animal, surtout mutilé.

La pathologie parle encore plus haut que l'anatomie comparée contre le système de Gall. Vous aurez en effet à chaque pas l'occasion de constater que la perte absolue ou la perversion des facultés intellectuelles et morales peut résulter d'altérations développées en un point quelconque du pourtour ou de l'épaisseur des hémisphères cérébraux. Dans les apoplexies, dans les tumeurs cérébrales, dans les ramollissements, on ne voit pas ordinairement une faculté subsister, alors que les autres sont conservées. Ou bien toutes les aptitudes baissent à la fois, ou bien tout reste à l'état normal. Il est vrai que la perte isolée d'une faculté s'observe, dit-on, quelquefois dans l'aliénation mentale. Mais, en réalité, ce qu'on peut rencontrer, c'est ou l'abolition de la mémoire seule, ou l'abolition isolée des facultés réflectives. Or, ce fait, qui ne prouve rien en faveur de la phrénologie, concorde simplement avec l'idée que nous nous sommes faite de la texture du cerveau et du mécanisme de son fonctionnement. La substance grise représente le grand-livre où sont inscrites toutes nos notions et par conséquent le substratum matériel de la mémoire. La substance blanche constitue, au contraire, l'ensemble de nos agents de combinaison des idées et par conséquent les moyens matériels des facultés réflectives. Avec des terrains aussi nettement distincts et séparés, il n'est donc pas étonnant que la mémoire ne soit pas toujours solidaire du jugement et du raisonnement, puisque l'altération peut rester limitée à l'une des deux substances. Sous ce rapport il existe bien une espèce de localisation, mais qui ne justifie en rien les conséquences pratiques du système de Gall, c'est-à-dire l'exploration extérieure du crâne. Certains auteurs, entre autres Vulpian, sont tentés d'aller plus loin et pensent que les trois couches grises de la substance corticale correspondent aux trois ordres de facultés. Ils donnent même à supposer que la couche superficielle est exclusivement intellectuelle, la moyenne exclusivement affective, et la profonde instinctive. Mais il est absolument impossible de trouver la moindre preuve en faveur de cette hypothèse. En outre, les caractères relatifs des cellules superficielles et profondes sont beaucoup plus en rapport avec les rôles respectifs que nous leur avons assignés antérieurement dans la formation des idées et dans les déterminations motrices volontaires. Disons enfin que beaucoup de médecins admettent pour l'élocution une localisation du genre de celle que Gall supposait exister pour toutes les espèces d'aptitudes. Cette opinion sera jugée dans l'étude de l'aphémie.

Physiologie du sommeil.

L'activité énorme que déploie le système nerveux exige que son travail soit régulièrement entrecoupé par des périodes d'inertie relative. Tel est le but du sommeil qu'on considère généralement comme étant le repos du cerveau. C'est à tort, car la moelle, le système musculaire et surtout les organes des sens y prennent souvent une part beaucoup plus grande que celle de l'encéphale. En réalité, il consiste avant tout dans la rupture passagère de tous les organes de la vie de relation avec le monde extérieur. C'est un armistice pendant lequel l'économie ne vit plus qu'en elle-même et pour elle-même, pendant lequel elle tend à restreindre sa vie fonctionnelle aux actes purement végétatifs. Néanmoins, comme le système nerveux joue le rôle principal dans les fonctions animales et comme tous les autres systèmes organiques ne sont que ses vassaux, il est tout à fait rationnel d'introduire dans son histoire l'étude du sommeil. Nous devons d'autant plus rechercher les conditions de ce phénomène qu'il intervient dans un grand nombre d'affections, et qu'il peut même constituer une maladie spéciale. Nous ne ferons que glisser sur les faits descriptifs sur lesquels les philosophes et les physiologistes ont dit et répété tout ce qui peut être dit sur ce sujet. Nous nous attacherons surtout à déterminer le mécanisme de cet acte plus ou moins négatif.

Le sommeil commence par les organes des sens. Les membranes nerveuses qui en forment la partie fondamentale deviennent tout d'abord ineptes à la réceptivité, fatiguées qu'elles sont sans doute du conflit qu'elles ont soutenu avec les agents extérieurs pendant la veille. Leur inertie absolue est presque une condition indispensable pour qu'il y ait sommeil. Il faut que les organes des sens ne livrent plus passage aux ébranlements venus de l'extérieur, sans quoi ceux-ci, continuant à venir agiter la mer de nos pensées, lui rendraient le calme impossible. En général, ce sont les yeux qui rompent les premiers avec le monde extérieur. Ils se montrent de plus en plus incapables de remplir leur office. Ils deviennent ternes, ils ne savent plus s'adapter aux distances, ni même bien fixer les objets. Il en résulte pour la rétine des images mal accusées et qui présentent des lacunes. Les paupières se ferment. S'il y a lutte, on ne parvient qu'à les entr'ouvrir un instant, et le voile retombe de lui-même presque aussitôt. Quand le sommeil n'est pas très-profond, la rétine peut encore être impressionnée par la lumière, même à travers ce rideau membraneux. L'apparition subite d'une lumière suffit pour amener le réveil. On a dit que même dans le sommeil le plus profond, elle montrait qu'elle conservait une certaine impressionnabilité inconsciente, puisqu'on trouve les pupilles dilatées si le lieu est obscur, et resserrées si l'homme endormi a la figure tournée vers le soleil. Mais, d'après des recherches plus récentes de Gubler et de Langlet, le resserrement de la pupille est un phénomène constant pendant le sommeil normal en toutes circonstances. Pour le constater, il faut avoir soin d'examiner une personne endormie dans un lieu faiblement éclairé et relever lentement et doucement ses paupières pour ne pas la réveiller brusquement. Le toucher se montre aussi fortement émoussé, et il vient un moment où des impressions qui devraient être douloureuses passent même inaperçues. Le sens de l'ouïe résiste beaucoup plus longtemps à l'engourdissement général. Pendant la période d'envahissement du sommeil, on ne voit plus depuis un certain temps, alors que l'on entend encore. Cette plus grande résistance que présente l'organe de l'audition s'explique très-bien par ses conditions anatomiques. Il n'a pas à sa disposition, comme celui de la vue, un écran qui puisse atténuer les sollicitations du milieu ambiant. Creusé dans un tissu osseux, il reste forcément béant comme un sinus. Chose remarquable et qui semble contraire à la nécessité d'une rupture des sens avec le monde extérieur, c'est que l'oreille est la voie par laquelle il est le plus facile d'inoculer, pour ainsi dire, le sommeil. Un bruit, répété d'une manière monotone, endort. C'est par des chansons de ce caractère qu'on arrive à assoupir l'enfant le plus agité. Mais il y a là un effet psychique résultant de la fatigue continuelle imposée aux mêmes cellules. Commencé par les organes des sens, le sommeil est aussi rompu par eux. Ce sont eux qui préludent au réveil. Ils sont comme les écluses qui se ferment et s'ouvrent devant le flot des ébranlements extérieurs qui doivent donner l'impulsion et la vie aux rouages de la machine animale.

Du côté du système musculaire, on constate que généralement ce sont les muscles des membres qui tombent les premiers dans le relâchement. Ceux du tronc ne s'engourdissent qu'après. Mais pour les uns et les autres le repos n'est pas absolu. Il n'existe que pour les mouvements volontaires. Pendant le sommeil, nous exécutons une foule de mouvements réflexes. Les actes mécaniques et physico-chimiques de la vie végétative continuent à s'exécuter, mais en baissant un peu le ton atteint pendant la veille : le cœur bat moins vite, la respiration se ralentit. Cela devait être, puisque pour le moment il n'y a pas à entretenir la partie dynamique de l'existence. Il n'y a plus qu'un but à poursuivre, celui de la nutrition des tissus.

Le cerveau, pour lequel le sommeil semble surtout avoir été institué, est peut-être de tous les organes de la vie de relation celui dont le repos est le moins complet. Au moment où les organes des sens viennent de fermer leurs portes après avoir donné accès à une dernière impression, celle-ci trouve encore dans la couche corticale du cerveau un terrain malléable et assez fertile pour donner lieu à une longue série d'idées, jusqu'à ce que cette multitude d'échos finissent par s'éteindre faute d'aliments nouveaux. Comme les dernières impressions ont été introduites par des organes dont le fonctionnement était déjà défectueux, elles constituent pour l'intelligence une base fausse qui conduit à des conceptions erronées. C'est à cette condition qu'on attribue la fréquence des hallucinations dans le moment où le sommeil est en train de s'établir. Mais en réalité les erreurs qui se produisent de cette façon sont des illusions et non des hallucinations. Celles-ci qui, en effet, se montrent aussi très-souvent au début du sommeil et du réveil, sont dues à ce que la couche optique peut continuer à fonctionner d'une manière spontanée. Le sommeil cérébral n'est jamais complet à son origine, parce que les organes des sens ne sont pas tous vaincus en même temps. Il en résulte que le cerveau s'endort par places. Il est des points qui reçoivent encore des sollicitations de l'extérieur, alors que les points voisins n'en reçoivent plus. A ce moment il n'y a qu'un demi-sommeil, pendant lequel la sphère de l'activité intellectuelle tend à se circonscrire de plus en plus. Lorsque toutes les voies se trouvent fermées pour les impressions du dehors, les cellules peuvent cesser tout travail, et alors le sommeil est profond et réparateur. Mais il est loin d'en être toujours ainsi. Il est des cellules qui, plus ou moins surexcitées par elles-mêmes, continuent à broder sur des impressions acquises pendant le jour. Elles vont souvent réveiller d'autres cellules moins exaltées qu'elles et revivifient ainsi d'anciens souvenirs qui, en se combinant avec les idées des premières, donnent lieu aux ensembles les plus fantastiques qui constituent les rêves. Grâce aux fibres convergentes, ces idées, plus ou moins associables entre elles, vont faire vibrer des cellules de la couche optique qui les complètent en les dessinant et les colorant. La couche optique est ici le peintre qui rend sur un tableau la pensée du poëte, et donne à celle-ci l'accent de la vérité en la faisant accessible aux sens. Elle se fait l'esclave de l'idée conçue et la reproduit avec tout ce qu'elle peut avoir d'invraisemblable. Souvent aussi c'est la couche optique qui entre spontanément en activité et qui engendre le rêve, en sollicitant après coup le fonctionnement des cellules intellectuelles. Elle le fait sans le concours des organes des sens. Elle vit sur son avoir et continue à produire des images subjectives empruntées à son passé. Mais il est un élément plus important encore qui vient alimenter considérablement les conceptions du sommeil, ce sont les impressions viscérales qui, dans le jour, passent inaperçues à côté des impressions externes dont l'intensité les éclipse, mais qui, délivrées pendant le sommeil de cette concurrence écrasante, exercent une grande influence sur les cellules intellectuelles livrées dès lors à leur merci. De là des rêves qui sont comme des variations infinies sur un thème viscéral. Lorsque ces impressions sont de nature pathologique, le rêve prend un caractère douloureux et pénible qui nous cause une profonde angoisse, qu'on exprime par le mot *cauchemar*. Tantôt c'est l'estomac qui, se trouvant distendu par des gaz, fait naître la pensée de monstres hideux qui vous terrassent et vous enlacent dans leurs horribles étreintes. Tantôt c'est le cœur altéré dans son organisation, le poumon devenu emphysémateux qui peuvent faire croire à l'existence de toute espèce de cause d'étranglement et d'asphyxie. Quelle que soit du reste l'espèce de rêve, les idées qui le forment tendent toujours à dépasser les bornes du vraisemblable et à dévier, tout justement parce que le monde extérieur n'existe plus pour l'homme endormi et que rien ne peut le rappeler à la réalité. Par contre, cet isolement où se trouve notre imagination, cet affranchissement des cellules qui ne sont plus gênées dans leur essor, multiplie leur puissance. Les idées peuvent acquérir des développements plus considérables ; la conception peut même avoir plus de lucidité que pendant la veille, et bien des œuvres frappées au coin du génie ont trouvé leur germe dans l'ombre et le recueillement du sommeil.

Quel est le mécanisme général du sommeil ? En vertu de quelles conditions l'encéphale arrive-t-il à restreindre, par périodes régulières, son fonctionnement et par suite celui de la plupart des organes auxquels il commande ? Il y a à ce sujet plusieurs théories essentiellement différentes. Mais leurs auteurs reconnaissent tous en principe que ce phénomène doit avoir pour but de permettre au système nerveux de se reposer et de réparer les pertes matérielles que la veille lui a fait éprouver. Seulement, ils ont exprimé ce principe indiscutable par des comparaisons variées et plus ou moins heureuses. Durham a dit du cerveau endormi : c'est une horloge qui ne marche pas pendant qu'on en remonte les poids. Hammond : c'est une machine dont les feux sont éteints et que les ouvriers vont réparer. Luys : une pile qui s'épuise pendant la veille et se charge pendant le sommeil. Pour Darwin, le cerveau étant une glande chargée de sécréter la puissance sensoriale, le sommeil correspond à une diminution de la sécrétion. S'il y a accord sur le but, il n'existe plus sur les moyens employés par la nature pour l'atteindre. Barthez, et avec lui l'école de Montpellier, a fait du sommeil une fonction spéciale du principe vital alternative avec la veille. Ce principe était supposé dormir, absolument comme il pense et comme il respire. Il voulait bien dormir pour permettre à ses mortels ouvriers, les organes, de se reposer. Dans le même moment, l'école de Paris voyait au contraire dans le sommeil le résultat de modifications matérielles survenues dans le cerveau et consistant en une véritable congestion. Celle-ci était supposée exercer une compression suffisante pour enrayer le fonctionnement des éléments de cet organe. Le sommeil devenait ainsi un coma physiologique, dans lequel l'afflux du sang restait dans de justes limites, pour ne produire qu'un relâchement passager des fonctions de relation, pour ne jamais atteindre celles de la vie végétative et ne point compromettre l'existence. La somnolence invincible qui accompagne toutes les maladies capables d'augmenter la vascularisation de l'encéphale, les signes de congestion qui apparaissent sous l'influence de l'opium et du chloroforme, la rougeur de la conjonctive pendant le sommeil naturel, l'action soporifique de la chaleur qui semble faire monter le sang à la tête, toutes ces raisons donnent à cette interprétation une telle solidité qu'elle fut acceptée à peu près partout. Depuis quelques années une réaction complète s'est opérée, et la plupart des médecins se montrent portés à accepter une théorie tout à fait opposée, d'après laquelle le sommeil, loin d'être dû à une congestion, serait produit par l'anémie du cerveau. Celui-ci cesserait de fonctionner parce qu'il ne recevrait plus l'aliment nécessaire à son activité. Il s'établirait, pour la circulation cérébrale, un mouvement périodique tout à fait comparable à celui de la mer, un flux et un reflux de sang correspondant aux états de veille et de sommeil. Mise au jour par Fleming, cette théorie a trouvé des défenseurs habiles et convaincus dans Durham, Hammond, Brown-Sequard. Ce dernier, faisant même un rapprochement avec l'anémie qui marque le début de chaque attaque d'épilepsie, a dit : que le sommeil n'était qu'une attaque quotidienne d'épilepsie. On s'explique très-bien l'entraînement général en présence du grand nombre de preuves que cette interprétation peut porter à son bilan. Les premières en date ont été fournies par la clinique elle-même.

Caldwell a vu une femme qui avait perdu une partie de son crâne; le cerveau et ses membranes étaient à nu. Quand elle était dans un sommeil profond, l'encéphale restait sans mouvement. Il n'était plus projeté et il ne s'épanouissait plus sous l'influence de l'arrivée et de l'accumulation du sang. Quand elle rêvait, il s'élevait. Il faisait hernie quand ses rêves étaient actifs et intéressants. — Blumenbach a constaté aussi, dans un cas analogue, un abaissement du cerveau pendant le sommeil et un gonflement de cet organe par le sang au moment du réveil. — Hammond a soigné un homme qui, par suite d'un accident de chemin de fer, eut une grande partie du crâne enlevée. Le tégument se cicatrisa seul au niveau de la perte de substance osseuse. Pendant le sommeil, cette fontanelle artificielle était toujours déprimée. Elle se montrait de niveau pendant la veille. Elle débordait à la fin des attaques d'épilepsie qui apparaissaient fréquemment chez ce sujet, c'est-à-dire au moment où survenait la congestion. Ces observations provoquèrent naturellement des expériences directes. Durham plaça deux animaux trépanés à côté l'un de l'autre, tenant l'un éveillé pendant que l'autre était endormi, afin d'avoir toujours un terme de comparaison. Il a été frappé, chaque fois qu'il a eu recours à ce genre d'expérimentation, du contraste existant entre les deux cerveaux. La diminution du diamètre des vaisseaux, chez l'animal endormi, pouvait facilement être vérifiée à l'aide d'une lentille. Fleming expérimenta sur l'homme lui-même. En comprimant les carotides, il détermina de l'assoupissement, puis bientôt une syncope complète. Il fit mieux, il se soumit lui-même à cette compression et se rendit ainsi parfaitement compte des sensations qu'elle pouvait faire éprouver. Il en résulta d'abord de l'obscurcissement de la vue, des vertiges, des tintements d'oreille, un sentiment indéfinissable d'anéantissement auquel succéda un sommeil de 25 minutes. Pendant toute la durée de ce repos, la respiration fut stertoreuse, les inspirations avaient beaucoup de profondeur et l'esprit rêva avec une grande activité. Bichat avait déjà constaté antérieurement que chez les animaux la ligature ou la compression des carotides affaiblit le mouvement cérébral et rend les patients comme étourdis. Bedfort-Brown a soumis au chloroforme un homme qui avait perdu une partie de la paroi crânienne. Pendant que l'influence anesthésique commençait, la surface du cerveau présenta un aspect rouge et injecté. La force des pulsations de ses artères augmenta ; le va-et-vient du cerveau devint considérable. Puis, plus tard, lorsque le véritable sommeil anesthésique se fut établi, les pulsations diminuèrent ; l'encéphale devint pâle et parut rétracté. Durham employa aussi la chloroformisation chez ses animaux trépanés et constata de même, dans ces conditions, la décoloration et l'affaissement du cerveau. Hammond a obtenu les mêmes résultats avec l'éther. Ils furent encore plus marqués avec l'opium. En variant les quantités d'opium administrées, il a été conduit à conclure qu'une petite dose excite le cerveau en accroissant l'action de sa circulation sanguine ; qu'une dose modérée cause le sommeil en diminuant la quantité de sang, et qu'une forte dose produit la stupeur en arrêtant la respiration et en déterminant dans le cerveau la circulation d'un sang chargé de carbone, par conséquent toxique. Sée, de son côté, a aussi écrit que l'opium, loin de congestionner le cerveau, l'anémiait. L'expérience la plus originale est celle que Darwin a pratiquée avec son lit rotateur, lit qu'on a même cherché à employer dans plusieurs hospices d'aliénés, afin d'amener un sommeil forcé chez les malades tourmentés par des insomnies continuelles. L'appareil consiste en un plan horizontal, fixé par une de ses extrémités à une colonne verticale à laquelle on peut communiquer un mouvement de rotation très-rapide. Le malade est couché la tête contre la colonne, de sorte que cette extrémité céphalique reste toujours au centre du mouvement, tandis que les pieds correspondent à la plus grande circonférence décrite. En vertu de la force centrifuge, le sang est refoulé vers les membres inférieurs et abandonne le cerveau.

A côté de ces preuves expérimentales directes, il est un certain nombre de faits que les partisans de la théorie de l'anémie ont cherché à interpréter en sa faveur. Hermann, dans la thèse remarquable qu'il a soutenue devant la Faculté de Strasbourg, cite un certain nombre d'individus anémiques chez lesquels le décubitus dorsal suffisait pour permettre aux facultés intellectuelles de se manifester, alors qu'elles restaient inertes dans la station debout. Fleming prétend que la position horizontale favorise la production du sommeil, parce que, dans cette situation, les muscles du cou exercent une certaine compression sur les carotides. On sait que le moment de la digestion dispose au sommeil. Durham pense que les voies digestives absorbent, pour le travail dont elles sont le théâtre, un surcroît de sang au détriment du cerveau. Une grande chaleur porte aussi au sommeil. Suivant Durham, cela tient à ce que les capillaires du corps se dilatent et établissent une dérivation sanguine à la périphérie en anémiant le cerveau. Pour faciliter le sommeil, beaucoup de personnes se chauffent les pieds ou boivent un peu de vin et mangent un peu de pain. Ce procédé agirait encore en dérivant le sang du cerveau vers l'estomac.

En 1872, M. Langlet a publié une étude critique sur la physiologie du sommeil, dans laquelle il cherche à battre en brèche la théorie de l'anémie. Il prétend que si, dans les observations fournies par la clinique, le cerveau semblait se gonfler de sang au moment des rêves et du réveil, cela tenait simplement à la gêne de la respiration provoquée par les rêves eux-mêmes et par les mouvements brusques qu'on exécute en se réveillant. Il s'appuie en outre sur des expériences de Regnard qui tendent à prouver que toujours la turgescence du cerveau tient à la gêne de la respiration, et l'affaissement relatif au calme de cette fonction pendant le sommeil. Il n'accorde aucune valeur au mode d'expérimentation de Fleming, parce qu'il produit des syncopes et non un véritable sommeil; parce que le pneumogastrique doit subir la compression autant que les carotides et troubler par suite à la fois la respiration et la circulation cardiaque; parce qu'enfin et surtout on doit comprimer la jugulaire plus que la carotide et déterminer ainsi une véritable congestion de la tête. Il fait remarquer qu'Hammon, qui est cependant partisan de l'anémie, prétend, contrairement à Durham, que le chloroforme ne la produit pas. Il a expérimenté lui-même avec le chloral en respectant la dure-mère qui permettait cependant de juger par transparence de l'état de la circulation. Il n'y a pas eu de congestion notable, ni d'anémie évidente, et c'est plutôt au moment du réveil qu'il a vu quelques petits vaisseaux diminuer de calibre. Il rappelle que la congestion cérébrale, justifiée par l'état des vaisseaux à l'autopsie, se signale pendant la vie, d'après Andral, par une grande tendance à l'assoupissement; que Bouilland et Richet s'accordent aussi à placer le sommeil parmi les symptômes de la congestion. Dans un fait de Richet, il est même noté que la saignée faisait cesser la somnolence. Les maladies chroniques, qui amènent une anémie considérable, produisent plutôt, selon lui, l'insomnie. Niedorfler a même vu, dans ces cas, le sommeil reparaître sous l'influence de la transfusion sanguine. L'action soporifique de la digestion peut aussi bien s'expliquer par la congestion que peut amener l'engorgement du système circulatoire auquel donne lieu l'absorption des produits du travail digestif. Le fait est qu'à ce moment les veines du dos de la main sont elles-mêmes excessivement gonflées. Il croit que, dans la dilatation des capillaires par la chaleur, le balancement se fait uniquement entre ceux-ci et les artères voisines; que d'ailleurs le calorique doit agir sur le cerveau en même temps que sur les téguments; que si le froid produit, il est vrai, de l'insomnie au début, cela tient peut-être aux impressions pénibles qui assiègent le centre nerveux et que, d'ailleurs, l'insomnie est bientôt remplacée par un sommeil léthargique dont on ne peut sortir la victime; que le pain et le vin introduits dans l'estomac n'agissent dans la production du sommeil qu'en supprimant une sensation désagréable de faim. Il s'appuie sur l'expérience de Gubler qui prétend que l'opium congestionne la tête. Il indique un fait incontestable, c'est que, pendant le sommeil, la conjonctive est très-injectée. Cette circonstance n'avait pas du reste peu embarrassé Durham. Ce dernier était arrivé à l'expliquer en disant que : « pendant le sommeil, les yeux sont fermés, et la muqueuse, au lieu d'être exposée à l'air, est couverte; l'évaporation ne peut pas avoir lieu et la chaleur s'accumule. » Mais, ainsi que le fait remarquer Langlet, la même explication ne saurait s'appliquer aux amygdales qui paraissent aussi se congestionner pendant le sommeil. Cauville voit même là la cause de l'aggravation nocturne des angines. Mais c'est surtout dans l'état de la pupille pendant le sommeil que Langlet trouve un motif puissant pour attribuer ce phénomène plutôt à un état congestif qu'à une anémie. L'iris est toujours contracté chez l'homme endormi. Or, dans toutes les circonstances où il y a congestion cérébrale, comme dans l'asphyxie, comme après la section du sympathique cervical, comme à la suite de l'administration de l'alcool, il y a en même temps contraction de la pupille. C'est au contraire la dilatation de ce diaphragme que l'on observe toutes les fois qu'on provoque artificiellement l'anémie du cerveau. En effet, Regnard dit que l'animal trépané, chez lequel on a rendu le cerveau exsangue par le passage brusque de la position couchée à la position verticale, a les pupilles dilatées. D'un autre côté, l'électrisation du sympathique cervical produit à la fois l'anémie de la tête et la dilatation de l'iris.

Je crois que, dans toutes ces expériences et toutes ces discussions,

on s'est trop exclusivement préoccupé de déterminer l'état de la circulation cérébrale pendant le sommeil et qu'on a trop perdu de vue
le but du phénomène, ainsi que la nature de ses véritables causes.
On est arrivé ainsi à faire d'une circonstance secondaire et ayant le
droit de varier, la base même du mécanisme du sommeil. Tout, dans
la nature, s'use en travaillant et ne produit quelque chose qu'en perdant de la matière. Dans une machine industrielle, quand un piston
a fourni un trop grand nombre d'excursions, il est détérioré; il ne
peut plus fonctionner et demande des réparations. Avant même
d'être usé par le frottement d'une manière appréciable, il donne lieu
à une production de calorique qui elle-même amène des dégâts. Les
organes de la machine animale, y compris le cerveau, obéissent aux
mêmes lois. Un travail trop rapide les échauffe et les rend incapables de continuer leur travail d'une manière utile, avant même qu'ils
aient épuisé toute la matière nécessaire à leur production dynamique.
Un travail trop prolongé les use, les émacie, et ils ont besoin d'un
certain temps pour faire un nouvel approvisionnement. Il faut que,
pendant un moment, ils reçoivent sans rien donner, par la raison
qu'auparavant on leur avait fait donner plus qu'ils ne recevaient. Il
leur faut, en un mot, des périodes d'inertie. Le bon sens nous indique
que c'est là le but du sommeil. Pris dans son acception la plus générale, ce mot devrait s'appliquer à toute espèce de repos, même partiel. Chaque fonction, chaque système anatomique, peut avoir son
sommeil particulier et se reposer pendant que tout le reste de l'économie continue à travailler. Quand, à la suite d'une longue marche,
on se trouve surmené, qu'on est devenu incapable de fournir aucun
mouvement, qu'on ne peut plus que conserver une station réduisant
les efforts musculaires à leur plus simple expression, on conserve
longtemps cette situation sans s'endormir complétement, sans cesser
de voir, d'entendre et de penser; c'est alors le sommeil particulier du
système musculaire, mais, dans le langage physiologique, comme
dans le langage philosophique, on conserve cette désignation pour le
repos presque général auquel nous sommes forcés de nous livrer d'une
manière périodique. Ce qu'il y a de plus caractéristique chez l'homme
endormi, c'est qu'il est devenu inaccessible aux stimulations exer-
cées sur lui par tout ce qui l'entoure; c'est qu'il a rompu avec le
monde extérieur. Ce qu'on appelle le véritable sommeil, c'est la
cessation momentanée et plus ou moins complète de la vie de
relation. La fatigue des organes de cette grande fonction, voilà la

véritable cause du sommeil. Un travail de réparation, voilà quel est son but.

La rupture avec le monde extérieur est donc la seule chose qui distingue l'homme qui dort de celui qui ne fait que se reposer. C'est la seule condition, ou tout au moins la condition indispensable de la formation du sommeil. Or, ce sont les organes des sens qui nous mettent en rapport avec le monde ambiant; ce sont les seules portes par lesquelles les agents extérieurs puissent pénétrer en nous et venir ébranler notre système nerveux. Il faut donc, pour que le sommeil soit possible, que ces portes se ferment, ou plutôt que les éléments nerveux périphériques des organes des sens soient devenus inertes et restent immobiles, malgré les sollicitations ondulatoires de la lumière et du son. Ce degré d'inertie, ils l'acquièrent le plus souvent d'eux-mêmes, en vertu de leur propre fatigue; mais il peut être préparé et précédé par la fatigue des autres organes. Ainsi, pendant qu'on se livre à une locomotion forcée, les cellules intellectuelles et sensorielles fournissent fort peu de travail : elles ne sont pas fatiguées en elles-mêmes, et elles pourraient encore fournir leur produit dynamique spécial presque dans les proportions ordinaires, au moment où le système musculaire vient d'être obligé de céder au besoin de repos. Si elles ne le font pas, c'est d'abord parce que l'immobilité et l'isolement diminuent un peu l'apport des stimulants sensoriels, d'où tendance à l'engourdissement; mais c'est surtout parce que, dans tous les actes de la vie, le tissu mis en jeu a besoin du concours du sang qui fournit à la fois le combustible et le comburant à la machine. Or, cet élément d'action est commun à tous les tissus, à toutes les fonctions. Quand il a fourni beaucoup dans un point, il ne peut pas alimenter suffisamment les autres parties. A côté de l'usure des rouages de l'économie, il faut donc aussi tenir compte de l'usure du sang. C'est ainsi que le sommeil des muscles peut entraîner à sa suite celui de l'intelligence et des organes des sens. Tous les autres départements de la machine générale, quoique en bon état, sont obligés de chômer, faute du moteur liquide.

Chez les gens de cabinet, le sommeil est surtout motivé par les cellules intellectuelles; mais l'origine est ici forcément complexe, car le travail intellectuel, même le plus abstrait, met toujours en scène les organes des sens; ceux-ci cèdent même souvent les premiers dans cette circonstance, cela tient à ce qu'au fond leur travail est pour chaque élément plus continu que dans le cerveau. La rétine, le labyrinthe membraneux, ne peuvent pas échapper aux ébranlements incessants qu'ils reçoivent de tous côtés pendant la veille, même quand l'esprit n'y prête aucune attention. De plus, ces ébranlements portent sur un petit nombre de cellules nerveuses périphériques et toujours sur les mêmes. Dans le cerveau, le travail provoqué par les sens se répartit sur un plus grand nombre de cellules. Il porte tantôt sur les unes, tantôt sur les autres; d'où repos intermittent pour chacune d'elles. Pour toutes ces raisons, dans la vie à occupations variées, les organes des sens sont toujours les premiers épuisés, et c'est avec raison que les philosophes ont dit eux-mêmes que le sommeil commençait par ces agents sensitifs.

Reste à savoir si cette inertie indispensable des organes sensoriels nécessite l'anémie ou la congestion du cerveau. Du moment où il est de la dernière évidence que le sommeil doit avoir pour but de donner à l'économie la possibilité de réparer les pertes éprouvées par ses organes, je ne comprends pas qu'on puisse accepter l'anémie comme une condition *sine qua non*. Car, si le sang comble son déficit à l'aide des aliments, les tissus réparent leurs pertes à l'aide du sang, et, par conséquent, il faut que, pendant la période de réparation, le sang continue à apporter à l'encéphale les matériaux qu'il a lui-même empruntés au monde extérieur. L'anémie est donc impossible, car le but serait manqué; elle produirait une syncope et non un sommeil physiologique, c'est-à-dire un sommeil réparateur. L'anémie incomplète ne serait pas non plus une très-bonne condition, elle n'empêcherait pas le sommeil, mais elle ne le rendrait pas suffisamment efficace. Je crois que le sommeil est possible quelles que soient les conditions de la circulation cérébrale; mais que ces conditions le rendent plus ou moins utile et lui sont plus ou moins favorables. La seule condition indispensable, c'est l'inertie fonctionnelle des éléments nerveux. Si, pendant la durée de cette inertie, les cellules continuent à recevoir du sang, elles l'emploient à leur propre nutrition, à l'entretien de leur propre matière : si elles en reçoivent peu, cette réparation nutritive est insuffisante; si elles en reçoivent trop, cet afflux les embarrasse, les engorge, peut même les détériorer. Le sommeil devient du coma. Si elles n'en reçoivent pas du tout, il y a à la fois inertie fonctionnelle et inertie nutritive; c'est la syncope. Entre ces deux points extrêmes, tous les degrés possibles peuvent se présenter. Enfin, si la répartition du sang n'est pas égale, si l'épuisement fonctionnel n'est pas général, il en résulte un travail partiel de la couche optique et de la couche corticale qui engendre les rêves.

Maintenant, dans les conditions tout à fait naturelles, y a-t-il réellement un certain degré de congestion favorisant la réparation, allant peut-être même jusqu'à engourdir en même temps par compression les éléments, sans gêner leur nutrition? C'est possible, c'est même probable; mais ce n'est pas là une condition indispensable, ce n'est qu'un moyen de perfectionnement qui contribue à engendrer l'inertie et qui alimente davantage la nutrition. Je suis même porté à penser que cette congestion adjuvante est le résultat d'un relâchement vaso-moteur du sympathique cervical, de sorte que cette modification de ce nerf viendrait, avec la fatigue des organes des sens, marquer le début du sommeil.

En résumé, je pense que, dans le sommeil parfait, il y a un concours de circonstances dont les résultats partiels convergent vers le même but : 1° fatigue des muscles; 2° fatigue des cellules intellectuelles, qui ne peuvent plus transformer les impressions en idées; 3° fatigue et inertie des éléments sensoriels, qui ne peuvent plus ni recueillir, ni transmettre les impressions et qui suppriment ainsi les coups de fouet capables de forcer l'encéphale à l'activité; 4° paralysie des vaso-moteurs de la tête et par suite congestion à action à la fois engourdissante et nutritive. Mais de toutes ces conditions une seule est réellement indispensable, c'est la troisième; parce que c'est elle qui opère la rupture entre le moi et le monde extérieur, rupture qui constitue l'essence même du sommeil.

TRENTE-SEPTIÈME LEÇON.

Anatomie pathologique générale.

Messieurs,

Les détails histologiques dans lesquels nous sommes entrés à propos de l'anatomie pathologique de la moelle et de la protubérance, nous permettront de restreindre beaucoup l'étude des altérations dont le cerveau est susceptible ; car les lésions anatomiques conservent toujours les mêmes caractères principaux, quel que soit le terrain dans lequel elles se trouvent implantées ou apparaître. Toutefois, le milieu, grâce aux conditions spéciales qu'il présente, fait souvent naître pour elles des particularités qui, dans les hémisphères cérébraux, acquièrent une grande importance. Ce sont ces particularités qu'il importe de connaître avant d'aborder la physiologie pathologique des centres intellectuels.

Par une singulière disposition d'esprit, on a voulu nier la possibilité de la congestion cérébrale, alors qu'on continuait à admettre ce genre d'altération pour tous les autres organes. On a dit : Il ne peut pas y avoir d'engorgement sanguin dans le cerveau, parce que tout est calculé dans l'organisation vasculaire de la cavité crânienne pour assurer toujours au sang un cours libre et rapide. Les veines et les artères cérébrales, au lieu d'être parallèles entre elles comme partout ailleurs, sont au contraire en prolongement les unes des autres, de sorte que le liquide qui les parcourt se trouve marcher constamment en ligne directe. D'autre part, grâce à l'aponévrose cervicale qui maintient béantes les veines du cou, et grâce à l'incompressibilité des sinus, la circulation veineuse de l'encéphale profite de l'aspiration accélératrice due aux mouvements d'inspiration. — Sans doute, toutes ces dispositions, dont nous nous attacherons à faire ressortir le mécanisme et tous les avantages dans l'étude des méninges, sont incontestables, mais elles prouvent seulement que la nature, dans sa haute prévoyance, a voulu atténuer autant que possible les conséquences des congestions dans un organe aussi délicat que le cerveau. Elles ne prouvent pas le moins du monde que la congestion soit impossible, car, malgré la direction relative des veines et des artères, malgré la béance des veines et l'attraction qui en résulte, les capillaires et les artérioles sont toujours susceptibles de se dilater et d'admettre, à un moment donné, une plus grande masse sanguine courante.

D'un autre côté, a-t-on ajouté, tous les vides laissés dans la cavité du crâne par l'encéphale et ses vaisseaux sont comblés par le liquide céphalo-rachidien. Comme ce liquide est incompressible et comme la boîte crânienne est inextensible, la masse du sang cérébral se trouve dans l'impossibilité d'augmenter. La congestion ne peut pas s'effectuer, faute de place. Cela serait juste, si le liquide céphalo-rachidien était inamovible et emprisonné dans le crâne. Mais il n'en est rien. Il se fait, sous ce rapport, un échange continuel entre la cavité crânienne et la cavité rachidienne. Lorsque les veines du rachis sont gonflées par l'expiration, une partie du liquide rachidien remonte dans la cavité encéphalique. Par conséquent, le sang peut aussi se faire place dans le cerveau en refoulant dans le rachis une partie du liquide crânien. Du reste, ce qui vaut mieux que tous les raisonnements, les autopsies sont là pour nous démontrer que le cerveau peut être considérablement gorgé de sang.

S'inclinant devant les résultats des autopsies, d'autres ont accepté l'existence anatomique de la congestion, mais lui ont refusé toute influence pathologique, sous prétexte qu'il ne pouvait en résulter pour lui aucun effet de compression. Grâce aux déplacements du liquide céphalo-rachidien, grâce au balancement qui s'établit pour lui entre la cavité crânienne et la cavité rachidienne, le contenu liquide du crâne resterait toujours le même comme quantité; le sang et le liquide céphalo-rachidien se montreraient toujours complémentaires l'un de l'autre; ce que la boîte crânienne gagnerait en sang, elle le perdrait immédiatement en liquide céphalo-rachidien, et la pression subie par le cerveau ne varierait jamais. — Mais, même dans ces conditions, le cerveau, tout en n'étant pas comprimé, pourrait souffrir dans son fonctionnement par le fait de la substitution d'une certaine quantité de sang à une portion égale de liquide céphalo-rachidien. Car le sang n'est pas un liquide indifférent. Il y a plus, du reste. L'encéphale peut certainement recevoir plus de sang qu'il ne perd de liquide céphalo-rachidien, par la raison que son propre tissu est loin d'être incompressible. Il est facile, en effet, de s'assurer sur le cadavre que le tissu encéphalique se prête très-bien au refoulement; et on comprend alors très-bien que les vaisseaux qui le parcourent puissent augmenter de diamètre à son propre détriment, en même temps qu'à celui du liquide céphalo-rachidien. D'ailleurs, si l'anatomie pathologique nous montre indubitablement l'existence de l'engorgement sanguin du cerveau, la clinique vient, de son côté, nous prouver, par le genre des symptômes observés pendant la vie, que cet engorgement peut agir par compression. Cette compression peut même aller jusqu'à briser brusquement l'existence humaine. Rochoux avait déclaré la chose impossible. Il se basait surtout sur ce qu'on voit des malades survivre pendant un temps considérable à des foyers hémorrhagiques énormes qui devraient amener des conséquences plus graves qu'un simple afflux de sang. Aussi, il prétend que, dans les congestions, la mort subite n'a jamais été qu'une coïncidence due à une altération d'un autre organe, qui a échappé à l'investigation du médecin. Mais l'argument est loin d'être vrai: car la congestion fait pour ainsi dire le siége de tous les éléments en particulier et à la fois. C'est une compression et une destruction plus intimes, plus générales et plus complètes que celles que peut produire un épanchement sanguin. Celui-ci ne détruit que tout ce qui était à sa place et autour de lui. Il n'agit plus sur le reste qu'en le comprimant d'une façon indirecte.

Anatomiquement, la congestion cérébrale se présente avec les caractères suivants : à l'œil, on distingue, même à travers l'arachnoïde, que les veines ont acquis une ampleur considérable. Quand on regarde un lambeau de la pie-mère par transparence, on voit que ses vaisseaux ont doublé de volume. On dirait même que le nombre s'en est considérablement multiplié. Dans la congestion, il est à remarquer qu'au point de vue anatomique, comme au point de vue symptomatologique, les méninges sont inséparables de l'encéphale ; leurs destinées restent communes. Cela devait être, puisque c'est la pie-mère qui apporte les vaisseaux et le sang au cerveau. Quand on écarte les circonvolutions, on constate que les anfractuosités sont comme comblées par des capillaires tortueux, superposés et formant une trame unissante des plus compactes. La surface de la substance corticale est piquetée de points rouges, dont la réunion finit par ressembler à des dépressions ulcéreuses. La couche moyenne a une teinte amarante ou violacée. Les parois des ventricules sont sillonnées par une grande quantité d'expansions vasculaires. Les couches optiques et les corps striés sont presque toujours aussi injectés que la substance corticale. C'est surtout avec le microscope qu'on se rend compte de la plus grande vascularisation qui caractérise la congestion. Dans l'état normal, on est obligé de déplacer un grand nombre de fois la préparation, pour apercevoir un capillaire bien dessiné. Dans les préparations prises sur un cerveau congestionné, on n'aperçoit presque plus que des capillaires. Les éléments nerveux semblent effacés. Il est de la dernière évidence, alors, qu'il en résulte pour eux une compression considérable; et on s'explique parfaitement bien que leur fonctionnement puisse en souffrir et être même complétement aboli. Cette turgescence des vaisseaux produit naturellement une augmentation de volume de la masse encéphalique. Aussi les circonvolutions s'élèvent-elles comme des monticules épanouis et tassés les uns contre les autres. Elles sont comme étranglées dans les méninges. Cette turgescence n'est pas seulement le résultat du développement des vaisseaux : elle tient aussi à la transsudation du plasma qui produit comme un œdème actif de la substance nerveuse. La tension sanguine est telle que l'exhalation ne reste pas toujours limitée au plasma, et on trouve çà et là de l'hématosine et des globules entiers extravasés. Si la congestion a persisté plusieurs jours, on trouve le long des vaisseaux des traînées grisâtres dans lesquelles le microscope décèle des noyaux, des cellules granulées et même des globules de pus. La congestion est déjà passée à l'état de véritable inflammation. C'est qu'en effet la congestion est la première phase d'une inflammation. De la congestion à l'encéphalite il n'y a qu'un pas, et si cette dernière manque souvent, c'est que la première période, la congestive s'éteint d'elle-même, c'est que la dilatation vasculaire cesse avant que des troubles de nutrition ne surviennent. Il va sans dire que cette description se rapporte au degré le plus élevé de congestion, et qu'au-dessous on peut se trouver en présence de toutes les nuances possibles.

Le mécanisme suivant lequel s'établit la congestion est loin d'être toujours le même. Elle peut puiser son origine dans un obstacle mécanique quelconque à la circulation veineuse, dans une maladie du cœur, des convulsions, un effort et même dans une simple quinte de toux. C'est alors une congestion tout à fait passive, comparable à ce qui se passe pour un torrent en amont d'un barrage. La congestion qui apparaît sous l'influence du froid ou d'un frisson de fièvre est due à un véritable refoulement de la masse sanguine. Le froid produit sur les téguments une impression qui, par action réflexe, fait contracter à la fois tous les capillaires des couches superficielles du corps ; peut-être même agit-il aussi d'une façon plus directe, car il représente un des agents les plus aptes à exciter la contractilité des fibres musculaires végétatives. Le sang de la périphérie, forcé de fuir sous l'étreinte qui le presse, reflue vers les organes qui échappent à l'influence réfrigérante de l'atmosphère, particulièrement dans le cerveau qui est encore plus à l'abri que les autres. Pareil effet se produit dans le cas de frisson, car il n'est autre qu'une contraction spontanée des fibres musculaires des papilles, qui compriment les derniers épanouissements des artérioles cutanées. La congestion a plus souvent une origine locale. Le sang n'est plus retenu ou refoulé dans l'encéphale. Il y est attiré par les cellules nerveuses elles-mêmes, lorsque celles-ci se trouvent dans un état de surexcitation. Lorsqu'on pique un tissu, on produit de la douleur et on l'irrite. Cet état d'irritation provoque, par action réflexe, un phénomène vaso-moteur, en vertu duquel les capillaires de la région se dilatent, et il y a afflux de sang. La même chose se passe dans beaucoup de congestions. Le tissu cérébral est spontanément irrité et il détermine une dilatation réflexe de ses vaisseaux. Tout se passe comme au début d'une inflammation, et c'est surtout dans ces circonstances que l'état congestionnel peut n'être que le prélude d'une encéphalite. C'est ainsi qu'agissent les grandes peines morales, les veilles, les fatigues intellectuelles. Toutes ces conditions fonctionnelles finissent par plonger les cellules dans un état d'exaltation morbide qui devient la cause irritante spontanée. Il est à remarquer que, dans les congestions de nature irritative, la face peut rester pâle, parce qu'elles ne sont pas dues à une modification vaso-motrice de tout un département.

Si le cerveau peut être congestionné, il est aussi susceptible d'être anémié. Le tissu nerveux se montre alors tout à fait décoloré, les circonvolutions sont rapetissées, et les anfractuosités renferment plus de sérosité. L'*anémie cérébrale* peut être générale ou partielle. L'anémie *générale* se produit toutes les fois qu'il y a une cause d'obstruction sur les artères mères de l'encéphale; elle peut être aussi la conséquence d'hémorrhagies qui ont diminué considérablement la masse sanguine. Enfin elle peut se former instantanément sous l'influence d'une vive douleur ou d'émotions morales très-fortes. Sans doute, il se fait une contraction brusque et complète de tous les vaisseaux encéphaliques. C'est là ce qu'on appelait autrefois : l'*apoplexie nerveuse*. L'anémie *partielle* est due à l'oblitération isolée d'une des artères du cerveau lui-même. Elle se trouve alors naturellement limitée au département nerveux que ce vaisseau est chargé d'alimenter. Tantôt le caillot obturateur s'est formé sur place et est dû soit à une altération spontanée de l'artère, soit à une compression locale déterminée par une tumeur, soit même à l'insuffisance des battements cardiaques ; tantôt il a pris naissance au niveau de l'orifice du cœur ou de la carotide, et s'est vu arrêté dans sa course centrifuge par l'exiguïté de l'artère cérébrale. Lorsque le point de départ se trouve dans une altération artérielle, il existe généralement plusieurs points anémiés disséminés d'une manière diffuse, parce que la lésion de nutrition envahit presque toujours plusieurs artères à la fois et tend ainsi à multiplier les thromboses. Cet état anatomique déteint, d'une façon tout à fait rationnelle, sur la symptomatologie. Les troubles fonctionnels sont aussi diffus que la lésion, par la raison que la nutrition du cerveau se trouve compromise sur plusieurs points à la fois. De plus, comme le degré de perméabilité des artères peut varier à chaque instant, il en résulte une grande mobilité dans les symptômes. De là des aggravations brusques, des temps d'arrêt, des améliorations même dans l'état clinique. De là mélange de phénomènes d'excitation avec ceux de dépression.

Quelle que soit son origine, le caillot, en privant de nourriture une certaine région du cerveau, la condamne à une mort inévitable, et alors se produit toute la série des phénomènes intimes du ramollissement que nous avons décrits à propos de la protubérance et sur lesquels nous n'avons plus à revenir. Mais il est une remarque qui ne s'applique qu'au cerveau seul. La nécrobiose n'est inévitable que lorsque le caillot est parvenu au delà du cercle de Willis, parce qu'alors il n'y a plus à compter sur le secours d'une suppléance collatérale. Une autre remarque très-importante au point de vue de l'aphémie, c'est que les embolies s'engagent plus souvent dans l'artère sylvienne gauche que dans la droite. Cela tient sans doute à ce que le caillot, parti de l'orifice gauche du cœur, s'insinue plus facilement dans la carotide d'origine aortique, que dans le tronc brachio-céphalique.

L'anémie peut être plus circonscrite encore, c'est lorsque l'obstruction siége dans les capillaires eux-mêmes. On l'a vue déterminée par de petites embolies de différentes natures. Les unes consistaient en des agglutinations de grains de pigment. C'est particulièrement dans la mélanémie, maladie dans laquelle le sang se trouve chargé de pigment par suite d'une aberration fonctionnelle de la rate ou du foie, que ce fait se rencontre. Chez les individus qui ont été longtemps atteints de fièvre intermittente, ces embolies pigmentaires microscopiques se multiplient tellement qu'elles communiquent à la couche corticale une teinte grise ardoisée appréciable à l'œil nu. Elles peuvent même en modifier la consistance. On comprend que, dans ces conditions, les cellules cérébrales soient incapables d'un fonctionnement suffisant, et c'est à cela qu'on doit attribuer l'affaissement intellectuel qu'on observe si souvent dans la cachexie paludéenne. On rencontre parfois des embolies formées par des sels calcaires. Elles peuvent aussi être tellement nombreuses, qu'elles font éprouver au scalpel une véritable résistance. Les vaisseaux se tiennent raides et ressemblent à des cheveux dépourvus de souplesse. C'est une véritable pétrification du cerveau qui tend à cristalliser l'intelligence avec lui. Tood a rencontré des embolies constituées par de la graisse. D'autres sont formées par du pus ou des détritus gangréneux. On est porté à penser que ce sont des embolies de ce genre qui vont provoquer des abcès métastatiques et qui engendrent les symptômes cérébraux de l'infection purulente, en raison même de la puissance toxique et irritative des épines qu'elles viennent semer dans la substance cérébrale. Enfin les capillaires peuvent aussi former des caillots sur place, à la suite des altérations spontanées de leurs parois; car eux aussi sont susceptibles d'éprouver la dégénérescence graisseuse.

Relativement aux *hémorrhagies cérébrales*, les seules remarques spéciales à présenter ici, sont les suivantes: le foyer sanguin peut se former de deux manières, soit en écartant et refoulant simplement les éléments nerveux, soit en les déchirant. Là se trouve la clef de bien des différences que l'on observe dans les conséquences fonctionnelles de l'hémorrhagie cérébrale. Toutefois l'écartement n'est possible qu'avec les petits épanchements et est du reste très-rare. Sa forme dépend alors de la direction naturelle des fibres qu'il a été obligé d'écarter. Quand il s'est établi par déchirure, il est rond ou ovale au niveau de la substance blanche. Dans la couche corticale, il s'étale en se moulant sur les accidents des circonvolutions. S'il est voisin du ventricule latéral, il y pénètre souvent, et forçant le trou de Monro et le septum ou même la voûte à trois piliers, il va dans celui du *côté opposé*. Il peut aussi parvenir dans le ventricule moyen et, de là, passer par l'aqueduc de Sylvius dans le 4ᵉ ventricule. Le foyer peut produire des dégénérescences secondaires dans les diverses directions.

Comme la moelle, la protubérance et le cervelet, le tissu cérébral est susceptible de parcourir toutes les phases du travail inflammatoire, et on dit alors qu'il y a : *encéphalite*. Seulement comme le tissu conjonctif plasmatique, qui partout représente le théâtre principal de l'inflammation, est rare dans l'encéphale, l'exsudat est rare et pauvre en fibrine. De plus, comme les éléments nerveux sont délicats, ils sont rapidement dissociés et détruits. Il est une autre circonstance qui précipite le ramollissement et la désagrégation, c'est la richesse du terrain en vaisseaux, d'où résulte une exosmose considérable de sérosité. L'encéphalite est beaucoup plus fréquente dans la substance grise que dans la blanche. Mais c'est principalement dans cette dernière que l'on observe la terminaison par suppuration. Souvent il en résulte des foyers purulents multiples et très-petits qui peuvent échapper à un œil peu exercé. Ils ont généralement le volume d'un grain de plomb, parfois ils atteignent celui d'une amande. On les a même vus envahir tout un hémisphère. Les faits nombreux relatés par Calmeil prouvent que très-souvent les congestions générales entraînent à leur suite une inflammation qui s'étend en surface dans toute la substance grise, et qui se complique en même temps d'une méningite. C'est à ce genre d'encéphalite qu'il a donné le nom de *périencéphalite aiguë* ou *chronique*. Dans ce cas, les modifications inflammatoires du tissu s'accompagnent d'une vive injection vasculaire et du boursouflement des circonvolutions.

Malgré son peu de richesse en tissu conjonctif, le cerveau peut se montrer atteint de sclérose. Celle-ci est toujours disséminée par noyaux et par conséquent diffuse. Elle coïncide souvent avec celle de la moelle; mais alors elle domine, ou dans l'encéphale, ou dans la moelle. Généralement à l'extérieur le cerveau ne semble pas changé. Cependant, parfois les circonvolutions paraissent comme hypertrophiées et tassées. La substance grise devient plus pâle et se distingue à peine de la blanche. Du reste, elle envahit plus fréquemment cette dernière et elle s'y montre sous forme de noyaux disséminés. Ces noyaux ont une forme ronde ou ovale, un volume variant d'une lentille à une amande, une coloration blanche hyaline. Ils ressemblent à du cartilage. Ils ont la consistance de l'albumine coagulée et peuvent même acquérir celle du cuir. Exceptionnellement ils conservent la couleur du tissu nerveux et ne sont sentis que par le toucher.

Si on laisse de côté les anévrysmes miliaires dont nous avons parlé antérieurement, on peut dire que les *tumeurs anévrysmales* sont rares dans le cerveau, sans doute, en raison de l'état de plénitude de la boîte crânienne; de plus, elles sont toujours peu volumineuses. Elles ne dépassent jamais le volume d'une amande. La différence d'origine des deux carotides exerce sur leur siége une influence remarquable, car on les rencontre plus souvent à gauche qu'à droite, par suite de l'impulsion plus vive qu'y possède encore l'ondée sanguine. Les tumeurs érectiles qu'on rencontre parfois dans la cavité crânienne n'appartiennent jamais au cerveau lui-même, elles prennent naissance dans la pie-mère.

Parmi les productions hétéromorphes qui peuvent apparaître dans les hémisphères cérébraux, la plus fréquente est le *cancer*. Lorsque dans son développement incessant il n'arrive pas à envahir les parois du crâne elles-mêmes, lorsque, par conséquent, il reste confiné dans cette cavité close, il ne subit ni ulcération, ni ramollissement sanieux. Il peut même devenir le siége d'un travail de résorption et de guérison qui, malheureusement, reste toujours partiel. Les éléments cellulaires éprouvent la dégénérescence graisseuse et s'atrophient. L'ensemble devient une masse caséeuse dans laquelle les vaisseaux sont détruits. Le stroma peut s'incruster de calcaires. Les *tubercules* sont aussi assez fréquents; ils constituent des masses isolées au nombre de 1 à 20, mais jamais l'autopsie ne nous les montre qu'à l'état caséeux : la période des granulations miliaires n'a jamais pu être observée *de visu*. C'est ce qui a permis de contester leur nature tuberculeuse. Wagner leur attribue même une origine syphilitique. On a rencontré dans le cerveau des *cholestéatomes*, dont quelques-uns avaient le volume d'un œuf, mais qui semblaient résulter de la réunion de plusieurs foyers, primitivement isolés. Ces accumulations de cholestérine n'ont rien d'étonnant, puisque cette substance est un des produits principaux du travail de dénutrition du tissu nerveux. Elles sont peut-être l'œuvre d'une usure morbide de ce tissu. Il se passe dans la conservation des pièces anatomiques un fait qui n'est peut-être pas sans avoir des rapports éloignés avec le mode de production de ces tumeurs. Quand un cerveau quelconque a séjourné longtemps dans de l'alcool, il se montre criblé de cristaux de cholestérine. D'autres tumeurs, assez exceptionnelles, sont formées par des amas de cellules épidermiques, qui ont subi la métamorphose adipeuse ou cornée. L'enveloppe générale qui les entoure est toujours dépourvue de vaisseaux. Plusieurs médecins, et je suis de ce nombre, ont rencontré des *kystes pileux*. Les membranes des ventricules ont paru seules jusqu'alors susceptibles de donner naissance à des enchondromes. Mais il est un fait que les recherches anatomiques modernes ont mis au jour d'une manière incontestable : c'est que le cerveau paye un large tribut aux manifestations viscérales de la syphilis qui vient ainsi porter sa marque infamante jusque dans le centre intellectuel. Dans le cerveau, le *syphilome* n'est jamais enkysté, il se montre diffus à la périphérie et envoie des racines de tous côtés. Moins volumineux que dans le poumon, il forme une masse molle homogène, d'un gris rougeâtre. Le microscope y montre des cellules et des noyaux qui, d'après Wagner, doivent provenir des noyaux des capillaires, vu le peu de tissu conjonctif que possède le cerveau.

Le cerveau a aussi ses parasites, moins fréquemment toutefois chez l'homme que chez les animaux. Ce sont surtout des *cysticerques* que l'on rencontre. Ils occupent à la fois la substance blanche et la grise. Ils y sont disséminés, ne dépassent jamais le volume d'un œuf de pigeon. Ils subissent parfois la transformation stéateuse. Les *échinocoques* se montrent beaucoup moins nombreux, mais plus volumineux. Ils sont formés d'une membrane limitante, pourvue de vaisseaux à structure fibrillaire et dans laquelle sont contenus les éléments parasitaires.

Physiologie pathologique générale.

Avant d'analyser les troubles fonctionnels que peuvent engendrer les maladies du cerveau considérées en général, je crois nécessaire de présenter quelques remarques dont les conséquences s'appliquent à la fois aux divers ordres de symptômes et qui ont pour but d'expliquer les contradictions qui semblent exister si fréquemment entre l'état anatomique et les manifestations morbides.

Les recherches nécroscopiques ont démontré depuis longtemps que le cerveau peut être le siége de tumeurs même considérables, sans que rien, pendant la vie, vienne faire supposer leur existence, ni celle d'une lésion quelconque, sans qu'il en résulte le moindre sentiment de gêne ou de douleur. Sous ce dernier rapport, il n'y a rien qui jure avec les enseignements de la physiologie ; celle-ci nous apprend, en effet, qu'on peut brûler, couper le cerveau par tranches, dilacérer les lobes cérébraux de mille manières sans donner lieu à la plus légère manifestation de sensibilité et à aucun mouvement. Mais le médecin est toujours en droit de demander au physiologiste comment il se fait qu'une tumeur volumineuse puisse séjourner dans l'encéphale sans entraver en rien son fonctionnement, tandis qu'une hémorrhagie d'un très-petit volume suffit souvent et presque toujours pour abolir entièrement le mouvement et le sentiment. A cette question, la physiologie ne peut répondre qu'en développant les hypothèses que les cliniciens ont déjà émises eux-mêmes. Une hémorrhagie se fait toujours brusquement. Le rapport normal entre le volume du contenu et la capacité du contenant se trouve tout d'un coup rompu, et le supplément, si petit qu'il soit, amène toujours une grande perturbation, en raison même de la rapidité de son apparition. Cette perturbation est même forcément générale, parce que la forme ovoïde du cerveau fait que toute pression née à son centre ou autour de son centre, retentit à l'extrémité périphérique de tous les rayons de cette espèce de sphère, et parce que la mollesse du tissu accentue encore davantage cette solidarité des parties. Les tumeurs, elles au contraire, se développent lentement. Parties d'un point presque mathématique, ce n'est qu'à travers les mois et les années qu'elles prennent un volume même appréciable. C'est molécule par molécule qu'elles se forment. Il n'y a pas de surprise. Les parties voisines ont le temps de se tasser, de trouver un nid, une situation dans laquelle elles sont peu ou point gênées. Les rapports existant entre la masse sanguine et le liquide céphalo-rachidien ont le temps de se modifier, de façon à contre-balancer l'excès de la partie solide et de réduire, pour ainsi dire, la pression à néant. De plus, tandis que les hémorrhagies se creusent un foyer, la plupart du temps, en déchirant le tissu, en rompant la continuité d'un grand nombre de fibres, les tumeurs se contentent souvent de refouler celles-ci qui, tout en s'amincissant et en s'atrophiant, conservent encore une certaine activité fonctionnelle.

Parmi les effets des hémorrhagies, il en est un surtout qu'il est difficile d'expliquer et qui a lieu de surprendre lorsqu'on établit une comparaison avec l'état latent de certaines tumeurs. C'est le *coma*. Un épanchement sanguin, au moment où il se forme, peut supprimer, soit momentanément, soit d'une manière définitive, toute la vie de relation, ne laissant subsister, et encore dans des conditions mauvaises, que la vie végétative. L'homme ainsi frappé n'a plus conscience de rien, pas même de sa propre existence; son moi physiologique n'est plus. Il n'entend plus, ne voit plus, ne parle plus, ne fait aucun mouvement, il ne pense plus. L'être intellectuel est complétement anéanti. Il ne peut même plus se nourrir et digérer. Ce n'est plus qu'une machine où la circulation se continue avec effort et qui respire d'une manière stertoreuse. On dirait un animal décapité chez lequel on entretient la respiration artificielle d'une manière laborieuse. Cette cause de pression instantanée peut-elle donc retentir ainsi partout à la fois d'une manière aussi complète? Peut-elle atteindre en même temps, non-seulement la couche corticale et les parties correspondantes des centres sensoriels et locomoteurs, mais encore l'hémisphère de l'autre côté et tout ce qui s'y rattache? L'effet ne s'atténue-t-il pas suivant les lois de la mécanique, au fur et à mesure qu'il s'éloigne du foyer où il a pris naissance? Il est peu probable qu'il en soit ainsi, car cet état peut se dissiper bien avant qu'il se soit fait une résorption partielle ou que les parties se soient habituées même un peu à la pression. Celle-ci ne peut certainement expliquer que les paralysies qui persistent après l'effacement du coma. C'est pourquoi Hyrt croit devoir l'attribuer plutôt à une espèce de commotion du cerveau. En se produisant brusquement, l'épanchement agirait comme un choc, ou tout au moins il déterminerait comme un saisissement, une stupeur de l'organe. C'est une hypothèse qui en vaut une autre, mais qui ne peut pas être démontrée. Niemeyer, pour expliquer l'état comateux, invoque non plus la compression des éléments nerveux, mais celle des capillaires de l'encéphale par le foyer apoplectique. Ils s'effaceraient tous sous l'influence de la pression excentrique exercée par ce foyer et il en résulterait une anémie et, par conséquent, une syncope de tout l'organe. Les capillaires du bulbe résisteraient plus à cette pression que ceux de l'hémisphère opposé, parce que la tente du cervelet constitue un bouclier plus puissant que la faux du cerveau; voilà pourquoi la respiration et la circulation continueraient seules à s'effectuer. L'existence de cette anémie et de cet obstacle à la circulation capillaire s'accuserait à l'extérieur par les battements considérables dés carotides, qui exprimeraient de leur côté les vains efforts que ferait le cœur pour insinuer du sang dans tout ce système de capillaires devenus imperméables. Il me paraîtrait assez singulier qu'une compression, incapable d'agir sur tous les éléments nerveux, pût affaisser les capillaires d'une manière aussi complète et aussi générale. Niemeyer me semble avoir tout simplement substitué une impossibilité à une autre. Me serait-il prouvé *de visu* que le cerveau est réellement anémié au moment du coma, que je préférerais attribuer cette anémie à une contraction réflexe des vaisseaux due à l'impression produite par l'hémorrhagie plutôt qu'à une compression. Sans être impossible, cet état exsangue de l'encéphale est bien peu probable en présence de l'injection générale que présente presque toujours la partie extérieure de la tête à ce moment. Il est à supposer que tout le département vasculaire dépendant du sympathique cervical se trouve dans les mêmes conditions. Si l'on songe que les hémorrhagies cérébrales sont presque toujours précédées et amenées par ce travail irritatif qui produit les anévrysmes miliaires, il paraît beaucoup plus naturel d'attribuer le coma à une congestion générale passagère, dont l'existence est pleinement justifiée par le besoin d'un effort irritatif et vasculaire plus considérable pour amener la rupture. Même dans une hémorrhagie passive, l'impression produite par l'épanchement peut provoquer une paralysie réflexe des vaso-moteurs.

C'est encore par une congestion ambiante passagère qu'on doit expliquer les aggravations intermittentes et momentanées que peut présenter la symptomatologie des tumeurs et des foyers apoplectiques. A un moment donné, ces épines provoquent autour d'elles un travail inflammatoire qui commence chaque fois par un état congestionnel et qui doit conduire pas à pas au ramollissement des couches voisines. C'est ainsi, en particulier, qu'une tumeur restée longtemps lettre morte peut tout à coup s'accuser par des symptômes nombreux et intenses.

Une dernière remarque générale doit être faite sur le siége des altérations anatomiques, particulièrement sur celui des tumeurs. Celles-ci n'agissent pas toujours sur la région même qu'elles occupent, parce qu'en vertu de la disposition des parties, leur pression porte souvent sur le point diamétralement opposé. C'est ainsi qu'une tumeur siégeant à la partie convexe des lobes cérébraux pourra troubler presque exclusivement le fonctionnement de la base de l'encéphale. Mais ce qu'il faut surtout se rappeler, c'est que les lésions traumatiques portent plus souvent leurs effets destructifs sur le point opposé à celui qui est directement touché. Un coup porté sur le sommet de la tête peut détériorer plutôt le cervelet que le cerveau lui-même. Une chute sur la nuque déterminera une attrition plutôt du lobe antérieur que du lobe postérieur. Après ces réflexions, vous serez moins surpris de rencontrer une si grande variété et une si grande inconstance dans les troubles que peuvent engendrer les maladies du cerveau.

Troubles intellectuels. — Comme la formation des idées a pour théâtre exclusif la couche corticale du cerveau, il semblerait que l'intelligence ne peut être troublée que lorsque cette partie de l'encéphale est altérée ou malade à un titre quelconque. Il n'en est rien. Même en dehors des névroses dont les lésions matérielles probables nous échappent encore, on peut voir survenir des aberrations intellectuelles, alors que la raison anatomique siége ailleurs que dans le cerveau proprement dit. Ce sont surtout les altérations des couches optiques qui peuvent amener ce résultat. Ce fait n'est nullement en désaccord avec la localisation que nous avons attribuée à l'intelligence et s'explique parfaitement bien quand on réfléchit au véritable mécanisme des opérations intellectuelles. Les petites cellules de la couche corticale, par leur travail spécial, ne font que donner une forme idéale aux impressions senties par la couche optique. Elles opèrent sur les données que lui fournit ce centre général de toutes les sensibilités. Quand ces données sont fausses, les idées sont forcément vicieuses. Quand le centre sensitif est devenu incapable d'en fournir, elles ne produisent plus rien, faute de matière première. Dans ce cas, les cellules intellectuelles, ne faisant plus que végéter dans l'inactivité, finissent par mourir en éprouvant une dégénérescence graisseuse consécutive. C'est ainsi qu'une maladie des couches optiques peut conduire à la démence. Dans Marcé, on trouve sur 38 cas de démence, 21 fois une altération des couches optiques. Luys a rencontré chez deux individus dont les facultés intellectuelles étaient tout à fait éteintes, des couches optiques criblées de vides ayant amené une dissociation complète des éléments nerveux. Calmeil qui, dans son *Traité des maladies inflammatoires du cerveau*, ne songeait en rien aux relations fonctionnelles qui existent entre la couche corticale et les couches optiques, y a signalé un grand nombre de cas où ces deux parties présentaient simultanément des altérations identiques.

L'influence de l'alimentation sensorielle sur le travail de l'intelligence est telle, que des pertes même partielles des sens suffisent pour le troubler. Il semble que, pour être bien harmonisées, les opérations intellectuelles ont besoin de recevoir des organes des sens des contingents proportionnels parfaitement réguliers. Michéa a publié dans la *Gazette hebdomadaire* de 1855 des faits qui prouvent que l'analgésie ou l'insensibilité à la douleur peut engendrer un certain nombre de conceptions fausses ou donner une certaine direction à l'aliénation mentale. Beaucoup de ceux qui en sont atteints se croient transformés en corps insensibles; devenus choses, de personnes qu'ils étaient. Ils peuvent même se figurer n'être pas vivants. Un malade d'Arétée, qui se croyait fait de boue, craignait tellement d'être dissous qu'il évitait de boire. Une malade de Michéa, voyant qu'elle ne sentait pas les épingles qu'on enfonçait dans ses téguments, en était arrivée à conclure qu'on lui avait changé son corps et qu'elle était devenue une machine vivante par le fait de quelque sortilége. Un autre était convaincu qu'il était mort. Foville a vu un ancien soldat qui, ayant perdu la sensibilité, se croyait mort depuis la bataille d'Austerlitz où il avait été blessé. Quand on lui demandait des nouvelles de sa santé, il disait : « Vous me demandez comment « va le père Lambert. Mais le père Lambert n'y est plus, il a été « emporté d'un boulet de canon à la bataille d'Austerlitz. Ce que vous « voyez là n'est pas lui. C'est une machine qu'ils ont faite à sa res- « semblance et qui est bien mal faite. » Le célèbre chirurgien Baudelocque, devenu anesthésié, eut bientôt des troubles intellectuels. Il paraissait bien convaincu qu'il n'avait point de tête. Dans un article intitulé : *Influence de la cécité sur les fonctions intellectuelles,* Dumont a su encore mieux faire ressortir les conséquences de la perte de la vision sur le travail des cellules à action psychique. Sur 120 aveugles, dont aucun n'était atteint d'affection cérébrale, il y en eut 27 qui présentèrent des désordres intellectuels variant depuis l'hypochondrie jusqu'à la manie, avec hallucinations et démence. Le cas que M. Bouisson a communiqué à l'Académie est peut-être plus remarquable encore, car il nous fait assister au retour de l'intelligence avec celui de la vision. Un homme, atteint d'une cataracte double, perdit, à la suite de cette altération des yeux, toute spontanéité intellectuelle et présenta même une incohérence dans les idées. Une opération heureuse lui rendit la vue et, à partir de ce moment, on vit la mémoire reparaître et le cercle de ses idées s'élargir de plus en plus.

Ce ne sont pas seulement les sensations externes, mais encore les impressions viscérales qui peuvent faire dévier le travail des cellules intellectuelles. Dans certaines conditions morbides, ces impressions sont capables, malgré les moyens de rectification fournis par le monde extérieur, de donner une fausse direction aux opérations de l'intelligence pendant l'état de veille, absolument comme elles le font pendant le sommeil, alors que les organes des sens ne sont plus là pour les contre-balancer. En temps ordinaire, tout au moins pendant que nous sommes éveillés, nos centres nerveux se montrent sourds aux ébranlements qui peuvent partir de nos différents viscères. Ces ébranlements semblent ne pas franchir les ganglions du grand sympathique et se réfléchissent immédiatement vers les nerfs moteurs qui émanent de ces ganglions. Pendant le sommeil, même à l'état normal, ces ébranlements s'étendent souvent jusqu'aux limites supérieures de l'axe cérébro-spinal, sans doute parce que celui-ci n'est plus accaparé par les milliers d'impressions qui viennent du dehors. C'est alors qu'ils donnent lieu à des rêves qui sont comme des variations idéiformes sur le thème sensitif fourni par les viscères. Lorsque ceux-ci sont malades, lorsque leurs éléments sont, pour une raison ou pour une autre, dans un état d'exaltation, les vibrations auxquelles ils donnent naissance ont assez d'amplitude et d'intensité pour gagner l'encéphale, sans être complétement noyées au milieu des ébranlements d'origine externe. C'est alors que, suivant l'expression pleine de vérité qu'emploient beaucoup de personnes, nous *sentons nos organes*. Que l'état pathologique du viscère augmente, qu'il devienne surtout permanent, alors les ébranlements qui en émaneront acquerront une telle prédominance sur tous les autres, que les cellules intellectuelles seront presque exclusivement occupées à les élaborer; alors le rêve d'origine viscérale aura lieu pendant la veille. Les opérations intellectuelles, roulant dès lors sur ce thème unique et anormal, ne pourront plus que sortir de la vérité et donner des produits erronés. C'est ainsi que nous verrons l'hypochondrie et la mélancolie prendre naissance.

Sous le nom de *délire,* on voit apparaître des troubles intellectuels, passagers et à marche aiguë dans une foule de circonstances pathologiques où le cerveau ne semble pas directement atteint. Pour beaucoup de maladies, ce résultat semble devoir être attribué à la formation d'une congestion cérébrale consécutive. Il en est ainsi pour l'érysipèle de la face et du cuir chevelu, qui peut non-seulement entraver jusqu'à un certain point la circulation veineuse, mais, en outre, exposer tout le département céphalique à un afflux de sang considérable. C'est pour cette dernière raison que l'insolation peut provoquer du délire. De leur côté, la pneumonie du sommet et les maladies du cœur droit agissent bien certainement en entravant le retour du sang veineux cérébral. D'autres fois il semble probable que le travail des cellules intellectuelles est troublé par l'action toxique que peut exercer un sang altéré par une influence miasmatique, comme dans les fièvres typhoïdes, les fièvres pernicieuses, le typhus, la peste, la rougeole, la variole, la scarlatine. Du reste, l'état d'irritation dans lequel l'action toxique plonge le tissu cérébral provoque à son tour un afflux de sang, c'est-à-dire encore une congestion que l'autopsie permet de constater. Dans les fièvres éruptives, cette congestion peut même se faire brusquement par le mécanisme des métastases. Certaines substances exercent sur le cerveau une influence toxique tout à fait analogue, mais variable dans ses effets, ce sont : l'alcool, le plomb, le mercure, le haschisch et tous les narcotiques. Dans toutes les circonstances qui précèdent, c'est donc par le sang et non plus par les impressions sensitives que l'intelligence se trouve déviée de sa voie normale. Le délire qui apparaît quelquefois à la suite des lésions traumatiques, soit accidentelles, soit chirurgicales, et auquel Dupuytren avait donné le nom de *délire nerveux*, est d'une origine moins facile à déterminer. Est-ce l'impression douloureuse apportée par les nerfs sensitifs de la région intéressée qui vient agir ici au même titre que l'analgésie ou que la cécité? Ou bien cette douleur produit-elle une congestion réflexe? Ou bien se passe-t-il alors pour le cerveau ce qui se passe pour la moelle dans le tétanos, c'est-à-dire une véritable modification inflammatoire de la substance grise? On ne peut pas répondre d'une manière positive à ces questions. Mais il est une remarque qui vient à l'appui de la dernière opinion. C'est que la brièveté du trajet nerveux de l'organe lésé à la couche corticale constitue une condition favorable au développement du délire. En effet, Sichel et Magne ont attiré l'attention des médecins sur la fréquence du délire à la suite de l'extraction de la cataracte.

Telles sont les différentes causes qui, avec les diverses lésions cérébrales signalées dans l'anatomie pathologique, peuvent donner lieu à des troubles intellectuels. Nous pouvons faire plus que préciser la genèse de ces perturbations ; nous pouvons mettre leur mécanisme intime en regard de celui que nous avons tracé pour l'exercice normal des facultés.

Nous avons admis le principe de l'automatisme des cellules cérébrales, en vertu duquel elles peuvent entrer en activité spontanément, sans y être provoquées directement par les organes des sens, et faire revivre ainsi d'anciennes idées et d'anciennes sensations. Dans l'état physiologique, cet automatisme se manifeste toujours d'une manière assez modérée. Mais lorsque, pour une raison ou pour une autre, certaines cellules se trouvent dans un état de surexcitation qui décuple leur activité, lorsqu'elles sont plongées dans un véritable état d'éréthisme, il en résulte inévitablement une perturbation des idées qui constitue un des aspects du délire. C'est un incendie à foyers multiples et disséminés qui tendent à se fondre ensemble et à embraser les régions qui les séparent en suivant les voies les plus capricieuses. Il se produit ainsi un courant d'idées les plus disparates qui s'associent entre elles contrairement à toutes les lois régulières de l'anatomie et de la physiologie. C'est l'incohérence qui se substitue à l'association méthodique des idées. A chaque instant un de ces foyers incandescents s'éteint brusquement et entraîne avec lui dans le néant ce courant d'idées qui, un instant auparavant, brillait encore d'un éclat si vif. Dans le même moment, un autre point, qui était resté dans l'ombre, s'allume et vient transporter le spectacle de l'animation intellectuelle sur une autre scène. Au milieu de ce scintillement irrégulier et éphémère des étoiles cellulaires de la couche corticale, l'esprit acquiert une mobilité et une irrégularité qui font perdre complétement ses droits à la raison.

Cet éréthisme peut ne pas prendre des allures aussi diffuses et rester au contraire circonscrit, c'est-à-dire que l'état d'irritation congestive ou autre peut n'envahir qu'un petit groupe de cellules en rapport avec un certain ordre d'idées ou plutôt avec une idée déterminée. Cette surexcitation peut se montrer d'autant plus tenace et d'autant plus puissante qu'elle est moins disséminée. Et c'est ainsi que se produisent ce qu'on appelle en psychiatrie des *idées fixes*. Ces idées prennent, par les cellules qui les produisent, un tel empire sur le reste du cerveau, que bientôt tous les actes de la vie deviennent pour elles d'humbles tributaires, ou mieux des esclaves. Elles absorbent pour elles toute la vitalité du cerveau.

L'aptitude des cellules, qu'on appelle faculté imagination, peut, par l'excès même de son perfectionnement, donner naissance à des troubles intellectuels qui sont d'autant plus apparents que leurs produits sont des amplifications invraisemblables du monde extérieur. Rien n'est plus près de la folie que la poésie. C'est au moment où l'esprit humain atteint le plus haut degré de sa puissance qu'il est le plus menacé de dévier. Je parle à des médecins ; je dois par conséquent emprunter mes comparaisons au langage médical ; d'autant plus qu'elles auront l'avantage d'être alors plus que des comparaisons et de devenir peut-être l'expression de la vérité. Une imagination vive et poétique, c'est déjà de la congestion ; et celle-ci devient facilement de l'inflammation.

Quelle que soit l'origine des idées erronées, du moment où elles sont, elles faussent forcément le jugement et le raisonnement, puisque les fibres commissurantes, qui représentent les agents mécaniques de ces deux facultés, ne peuvent plus combiner entre eux que des produits falsifiés. Quant à la faculté mémoire, elle ne peut pas être altérée par les sens eux-mêmes. Les défaillances tiennent toujours à un trouble matériel de la couche corticale elle-même. Un malade de Bauchet tombe et il perd pendant un mois le souvenir de sa chute. Sans doute que les cellules qui ont enregistré toutes les notions afférentes à cet accident, ont été tellement ébranlées, qu'elles ont été paralysées, frappées de stupeur, et ce n'est que peu à peu que la photographie s'est dégagée du voile épais qui, pendant longtemps, l'a masquée et étouffée. Dans le ramollissement et la démence, les cellules, en succombant les unes après les autres, effacent peu à peu les notions inscrites sur le grand-livre de la mémoire.

L'éréthisme des cellules intellectuelles, qu'il se traduise par un automatisme irrégulier en troublant l'association méthodique des idées, ou par la persistance des vibrations d'un même groupe de cellules en engendrant l'idée fixe, ou par l'amplitude des vibrations en faisant dépasser à l'imagination les bornes du possible, cet éréthisme constitue toujours pour elles un travail exagéré qui les use. Aussi finissent-elles par obéir à la loi commune à tous les agents de l'économie. Elles éprouvent la dégénérescence graisseuse, et l'impuissance absolue succède à leur exaltation fonctionnelle. C'est ainsi que la folie et tout ce qui peut surmener le cerveau conduisent à la démence.

Les troubles de la volition ne sont eux-mêmes que la conséquence de l'éréthisme des cellules intellectuelles. Les idées qu'il fait naître exercent une telle domination, qu'elles font taire toutes celles qui pourraient leur apporter un contre-poids heureux, et elles provoquent irrésistiblement les actes musculaires qui en sont la conséquence naturelle. Les cellules motrices obéissent comme un ressort aux cellules intellectuelles qui les pressent. L'acte est l'écho inséparable de l'idée, comme le cri est l'écho d'une vive douleur. Si les déterminations de Luys sont exactes, on peut dire que les cellules de la couche profonde obéissent aux cellules superficielles, comme celles des cornes antérieures obéissent à celles des cornes postérieures, et ce courant réflexe de l'ordre le plus élevé va, dans sa marche centrifuge, réveiller l'activité des éléments moteurs du corps strié et de la moelle. Il y a alors une telle subordination de la machine motrice à la machine idéo-sensitive, que rien ne peut plus l'enrayer, et que l'acte s'exécute même quand, parfois, d'autres idées viennent avertir, par un faible cri, le malade qu'il devrait s'arrêter. Le malheureux sent que ce qu'il fait est répréhensible, mais il déclare lui-même ne pas pouvoir résister.

Appliquons maintenant toutes ces données de mécanisme intime aux troubles intellectuels que peuvent occasionner les différentes altérations matérielles que nous avons décrites.

La congestion, suivant son degré et suivant les dispositions personnelles en tant qu'impressionnabilité du système nerveux, donne lieu à des phénomènes tantôt de surexcitation, tantôt de dépression intellectuelle. C'est surtout dans l'excitation de nature congestionnelle qu'on est témoin du tableau que nous avons tracé comme résultant de l'éréthisme général et irrégulier des cellules. L'arrivée surabondante de ce sang, qui apporte avec lui les moyens de stimulation en même temps que les moyens de consommation, provoque brusquement une véritable tempête dans la couche corticale. Les cellules, soulevées çà et là par les vagues, font saillir des idées disparates qui s'abîment presque aussitôt avec les flots qui les ont fait surgir. La tourmente, dans ses marches et contre-marches capricieuses, fait naître des milliers d'idées qui se pressent sans ordre et qui sont aussi remarquables par leur vivacité que par leur peu de persistance. Les cliniciens ont trouvé une expression heureuse pour cet état intellectuel. Ils l'appellent : *la chasse aux idées*. Comme ce sang, tout à fait comparable à un vent impétueux, agite presque toujours la couche optique en même temps que le cerveau, ce centre sensoriel vient, comme un volcan sous-marin, augmenter l'agitation de cette mer furieuse, par les hallucinations qu'il engendre. Il vient ajouter l'invraisemblance à l'incohérence des idées. La couche optique peut être tellement absorbée par ses vibrations spontanées, qu'elle n'est plus abordable pour les ébranlements venus de l'extérieur; ou plutôt ceux-ci ne font que renforcer les hallucinations préexistantes. Les malades entendent des voix imaginaires ou aperçoivent des animaux fabuleux. Une chose remarquable, c'est que chez les vieillards le désordre des idées ne se traduit pas par le langage mais par les actes. Chez eux, c'est un délire d'action que l'on observe. Ils ne peuvent pas rester tranquilles. La réflexion des mouvements fonctionnels des cellules intellectuelles se fait sur les cellules motrices des mouvements du corps plutôt que sur celles affectées à l'appareil de la phonation. Dans ces conditions de surexcitation de l'intelligence, le sommeil est devenu impossible ou, s'il se produit, il est tourmenté par des rêves effrayants. Ce fait semble en désaccord avec ce que nous avons dit de l'état de la circulation cérébrale pendant le sommeil, et être favorable aux partisans de l'anémie. Mais notez que quand la congestion est dans les proportions voulues .pour produire du délire, elle n'est pas de nature à comprimer et à engourdir les éléments nerveux ; que, de plus, dans ces circonstances, il y a toujours un état d'exaltation irritative des cellules, dont l'afflux de sang n'est probablement que la conséquence. L'excès de sang ne peut donc que donner satisfaction à leur besoin d'activité. D'ailleurs, lorsque cet éréthisme des cellules n'existe pas, la congestion produit plutôt la somnolence, surtout si elle est considérable. Le sommeil peut devenir invincible. Il est difficile et même souvent impossible de réveiller le malade. A un plus haut degré, c'est le coma le plus absolu qui existe, et par suite un anéantissement complet des facultés intellectuelles. Le coma peut même se produire dès le début et instantanément, comme si le sujet était frappé d'apoplexie foudroyante. Quand l'action dépressive est moins prononcée, les troubles intellectuels consistent dans de l'apathie et dans la difficulté de la pensée. Toutes les opérations de l'intelligence, la formation des idées, le réveil des souvenirs, les raisonnements se font avec une extrême lenteur. Il semble que l'état de pléthore, auquel les cellules sont soumises, les engourdit et les gêne dans leur fonctionnement. Les idées, lorsqu'elles se manifestent, restent circonscrites dans un cercle très-étroit, parce que sans doute cette pléthore ne se montre moins prononcée que dans une région très-restreinte de l'encéphale.

En clinique, on voit à chaque instant les mêmes effets être produits par les causes les plus opposées. C'est ainsi que l'anémie du cerveau peut déterminer, de même que la congestion, de l'insomnie, de l'agitation et du délire. Celui-ci peut même se manifester par des accès de fureur intenses et dégénérer parfois en véritable manie. Ce dernier résultat s'observe surtout lorsque l'anémie provient de la privation d'aliments et de boissons. Il se rencontre encore, mais moins fréquemment, à la suite d'hémorrhagies abondantes ou de maladies longues et débilitantes. Si on comprend que le cerveau devienne le siége d'une véritable indigestion intellectuelle lorsqu'il reçoit un surcroît de sang, on ne s'explique pas comment celle-ci peut avoir lieu quand l'aliment sanguin fait défaut à cet organe. Jaccoud se contente de poser, à ce sujet, une loi qui exprime la chose mais qui n'explique rien. Il dit que, lorsque les éléments nerveux sont privés de leur liquide nutritif, ils sont toujours et partout d'abord surexcités, pour tomber ensuite dans l'inertie. D'autres auteurs ont émis l'hypothèse que, pour fonctionner convenablement, les cellules ont besoin de présenter un degré de tension déterminé, et que leur fonctionnement devenait irrégulier toutes les fois que cette tension était changée, soit en plus par une congestion, soit en moins par une anémie. Ne serait-ce pas plutôt parce que dans les cas où le délire apparaît, la privation de sang n'est pas absolue et parce que la faible portion de ce liquide affectée au cerveau est irrégulièrement répartie et ne baigne que certaines parties ? Il y aurait alors comme des congestions partielles et relatives, et le désordre résulterait du défaut d'une juste pondération sanguine et fonctionnelle. Ce qui donne à penser qu'il en est ainsi, c'est que lorsque la cause de l'anémie est telle que le cerveau est tout à coup complétement privé de sang, c'est une perte de connaissance et l'abolition absolue de l'intelligence que l'on observe, comme dans l'apoplexie dite nerveuse, par exemple. D'ailleurs, à la suite des hémorrhagies et des maladies débilitantes, le délire n'apparaît en général que par paroxysmes dus sans doute à des congestions relatives et irrégulières. Dans les intervalles, les facultés intellectuelles se montrent au contraire déprimées.

Lorsqu'il se produit une anémie partielle sous l'influence d'une thrombose, le malade devient apathique, indifférent. Il s'assoupit facilement ; mais son sommeil est troublé par des rêves. Sa mémoire, son jugement, s'affaiblissent. Dans ce cas, l'influence sur l'intelligence tend à se généraliser, tout justement parce que le caillot formé sur place indique toujours une altération artérielle et parce que celle-ci envahit constamment plusieurs artérioles à la fois. La circulation se trouve donc compromise dans plusieurs points à des degrés différents. C'est pour cela aussi que le sommeil s'accompagne de rêves qui sont dus à une dérivation congestionnelle dans les îlots restés perméables. La partie fonctionnante du cerveau est comme un jeu de patience, auquel il manquerait un grand nombre de pièces. C'est aussi parce que le sang manque çà et là qu'on voit apparaître l'oubli de certains mots, de certaines choses. Les notions se trouvent comme effacées dans quelques points épars, tandis que les idées enfantées par les régions qui fonctionnent offrent une certaine surexcitation due à ce que le terrain correspondant possède une plus grande richesse d'irrigation. Ce plus grand afflux de sang dans les parties restées saines n'est pas une hypothèse. MM. Prévot et Cottard ont cherché à déterminer des obstructions des vaisseaux de l'encéphale en injectant dans la carotide, tantôt de la poudre de lycopode, tantôt des grains de tabacs. Ils ont provoqué ainsi des anémies et des ramollissements partiels, et ils ont constaté qu'autour de la partie ramollie il y avait toujours une hypérémie manifeste. Du reste, le même fait a été observé sur l'espèce humaine dans les cas de ramollissement spontané. Il est vrai que les anatomistes ne sont pas d'accord sur la cause de cette hypérémie ambiante. Oppolzer prétend que c'est là un processus inflammatoire identique à celui qui se fait autour des parties gangrenées. Rokitanski ne voit là qu'un effet purement mécanique; le sang, ne pouvant plus passer par l'artère oblitérée, ferait effort contre les parois de l'artère et dilaterait les collatérales. Les recherches de MM. Prévot et Cottard tendent à justifier ces deux interprétations. Au début, il se fait toujours une congestion qui est réellement mécanique, mais elle n'est jamais considérable. Plus tard, il se fait une congestion beaucoup plus intense et qui est de nature inflammatoire. Quoi qu'il en soit, il est évident que ces deux espèces de congestions, et surtout la dernière, doivent contribuer, avec les lacunes dues à l'anémie, à troubler les opérations psychiques, et à leur donner un caractère mixte.

L'embolie trouble beaucoup moins souvent l'intelligence, ou ne la trouble que d'une manière moins apparente, parce qu'elle ne vient agir que sur un petit département du cerveau, et la suppression de ce compartiment peut ne se traduire que par la perte de quelques notions ou de quelques mots. Toutefois, il arrive souvent qu'au moment de son arrivée, le caillot produit une perte de connaissance complète ou un affaissement général de l'intelligence qui se dissipent bientôt. Niemeyer attribue cet effet de saisissement à l'œdème collatéral déterminé par le caillot et, par suite, à la compression que la partie gonflée ferait subir à tout l'encéphale. Mais il est bien plus probable que l'arrivée brusque du caillot produit dans le système vasculaire cérébral une impression qui provoque une contraction réflexe de tous les capillaires et, par suite, une anémie absolue et passagère de l'organe. Les embolies pigmentaires et capillaires déterminent très-souvent un délire assez général. Cela tient évidemment à ce que les petits dépôts de pigment sont très-disséminés et criblent ainsi la substance corticale de points infiniment petits, dont les uns sont privés de sang, tandis que les autres sont obligés de recevoir les portions de sang qui n'ont pas pu passer ailleurs.

Lorsqu'une congestion générale et irritative, loin de rétrograder, s'est engagée dans la période d'inflammation; lorsque ce travail inflammatoire a envahi brusquement toute la substance corticale, lorsqu'il existe ce que Calmeil a appelé *périencéphalite diffuse*, on est alors, plus que jamais, à même de juger du rôle intellectuel de la couche grise du cerveau; parce que c'est surtout dans les affections qui n'intéressent qu'elle, et qui l'intéressent dans une grande étendue qu'il faut en aller chercher la preuve. Sous l'influence de cette inflammation diffuse et aiguë, on voit survenir de tels troubles, que bien des malades de ce genre ont été enfermés à tort comme étant de véritables aliénés. Il y a une insomnie opiniâtre, une pétulance turbulente, une mobilité que les malades ne peuvent réprimer. Ils sont incapables d'attention, ils lancent des mots au hasard qui se succèdent avec la plus grande incohérence. Ils vocifèrent, frappent ceux qui les entourent, ils ont des hallucinations, quelques-uns ont un délire partiel et des hallucinations invariables, sans doute lorsque l'inflammation prend plus de développement dans un point déterminé. Lorsque l'inflammation persiste et prend des allures moins rapides, elle détruit par places les éléments nerveux, et on voit alors l'affaiblissement des facultés mentales s'allier avec des conceptions ambitieuses ridicules, ou avec des conceptions mélancoliques obstinées, ou bien encore avec des élans d'exaltation ou de fureur.

Quand le travail inflammatoire reste circonscrit, tout en envahissant à la fois de la substance grise et de la substance blanche; lorsqu'il est, comme on dit, *local,* on peut observer aussi, pendant la période d'acuité, une grande agitation, du délire maniaque, une grande exaltation intellectuelle et même de la fureur. Il faut évidemment attribuer ces effets si considérables à ce que, dans ses premières phases, le noyau d'inflammation est accompagné d'une congestion presque générale de l'encéphale. Plus tard, c'est, au contraire, de la stupeur et de l'hébétude que l'on observe, en même temps qu'une grande propension au sommeil. C'est qu'en effet le travail inflammatoire finit par produire la dégénérescence graisseuse des cellules, et l'incapacité doit être la conséquence naturelle de la détérioration de l'élément élaborateur. Cet état d'affaissement est accompagné de quelques manifestations de délire mal accusées qui doivent être mises sur le compte de la zone vascularisée qui entoure le foyer d'inflammation. La paralysie intellectuelle se trouve enveloppée d'une atmosphère délirante, comme la masse dégénérée est entourée d'une atmosphère de congestion.

Dans tout ce qui précède nous ne mettons pas en doute que les altérations des cellules de la couche corticale entraînent forcément des troubles intellectuels. Nous semblons faire ainsi assez bon marché des observations d'Andral, de Lallemand, de Rostan, dont ces auteurs ont conclu que : si, le plus souvent, le ramollissement de la couche corticale entraîne une altération notable de l'intelligence, par contre il est des cas où toutes les facultés restent intactes, malgré la destruction plus ou moins complète de cette couche, et il en est d'autres où l'intelligence se montre troublée alors que le travail de ramollissement a respecté la substance grise périphérique du cerveau. Mais ces médecins écrivaient à une époque où on ne connaissait pas la véritable nature du ramollissement, ni son mécanisme. On ne savait constater son existence que dans les cas très-avancés, et de plus, on se laissait tromper par des apparences cadavériques. On déclarait qu'un point était atteint de ramollissement, exclusivement et toujours, lorsqu'il était réduit à peu près en bouillie. Or, cette consistance n'est qu'une conséquence du véritable travail de ramollissement, qui peut fort bien manquer sans changer les résultats fonctionnels. Les éléments histologiques sont réellement morts, bien avant. De plus, cette même bouillie peut être produite, *post mortem,* par le fait d'un commencement de putréfaction. Il y avait donc là des causes d'erreurs qui expliquent très-bien les anomalies signalées. Ainsi que nous l'avons dit à propos de l'anatomie pathologique de la protubérance, le ramollissement consiste, en réalité, dans la dégénérescence graisseuse des éléments histologiques du centre nerveux. Celle-ci peut se produire de deux manières : ou bien elle est la conséquence d'une inflammation vive du tissu nerveux ; c'est alors une terminaison de cette inflammation. C'est comme la terminaison par gangrène. Elle est du moins une gangrène physiologique. C'est la mort du fonctionnement des éléments, leur *nécrobiose,* comme on l'a dit heureusement. Ou bien elle est due à l'obstruction du vaisseau nourricier de la région ; c'est une nécrobiose par défaut d'alimentation. Dans les deux cas, les cellules du moment où des granulations graisseuses se substituent à leurs granulations normales, perdent de leurs aptitudes et de leur activité, et elles finissent par devenir tout à fait inertes. Plus tard, l'ensemble peut se dessécher ou se liquéfier. Mais c'est là un phénomène moléculaire très-variable, comme vous voyez, qui n'ajoute rien à la manifestation, ou plutôt au défaut de manifestation ; ce défaut peut précéder et précède tout justement l'état qui, autrefois, caractérisait seul le ramollissement, de sorte que les cas négatifs d'Andral et autres n'ont aucune valeur. Le microscope seul peut faire reconnaître le ramollissement en temps utile : or, depuis qu'on se sert de cet instrument, on ne rencontre plus d'anomalies.

Dans la sclérose, les troubles intellectuels sont constants. C'est un affaissement graduel de la mémoire, de la mélancolie, des déterminations non motivées, une impressionnabilité émotionnelle excessive, parfois du délire ambitieux. Ces résultats se comprennent, si l'on songe que la sclérose dans le cerveau est toujours disséminée. Là seulement où elle est arrivée à son dernier terme, elle a détruit les éléments nerveux ; là, seulement, elle peut faire disparaître toute manifestation fonctionnelle. Les zones voisines de ces noyaux sont dans la période inflammatoire qui précède et amène la sclérose, et elles doivent faire naître là des effets fonctionnels exagérés. De là vient le mélange des symptômes de dépression et d'exaltation.

Si on considère d'une manière générale les cas où l'existence d'un foyer hémorrhagique a coïncidé avec des troubles intellectuels, on constate que ceux-ci peuvent précéder l'épanchement lui-même et consister soit dans de l'engourdissement, soit dans de l'excitation des facultés ; que, chez beaucoup de sujets, il y a, au moment de l'accident, une perte absolue de l'intelligence qui dure plus ou moins longtemps ; qu'après le retour à la connaissance, l'intelligence reste souvent à jamais affaiblie et peut même tomber dans la démence la plus complète ; qu'enfin plusieurs individus ont parfois des paroxysmes de délire. Les troubles prodromiques sont évidemment les résultats d'une congestion préparatoire à laquelle la couche corticale peut prendre part, quel que soit le siège de l'épanchement. La perte totale de l'intelligence, qui coïncide avec le moment où se forme l'hémorrhagie, trouve son explication soit dans une anémie, soit dans une congestion. L'impression brusque subie par l'encéphale provoquerait ou une contraction ou une paralysie réflexe des vaisseaux. Si elle persiste jusqu'à la mort, elle peut être due exceptionnellement, comme dans deux observations d'Andral, à ce que les foyers hémorrhagiques se trouvent disséminés dans la substance corticale elle-même ; ou bien, ce qui est plus fréquent, elle tient à ce que l'épanchement est tellement considérable, qu'il paralyse par compression la couche intellectuelle. L'affaiblissement de l'intelligence qui persiste ou qui se montre tardivement à la suite des apoplexies tient d'une part à ce que l'effet de compression, tout en décroissant, ne disparaît pas complétement, d'autre part, au travail de ramollissement qui se fait autour du foyer ; enfin, aux dégénérescences secondaires qu'éprouvent forcément les cellules qui, par la rupture des fibres convergentes, se trouvent séparées de la couche optique. C'est à cette dernière cause surtout qu'on doit attribuer la démence d'origine apoplectique. Quant au délire, il traduit les poussées congestionnelles et inflammatoires que l'épine, caillot, peut provoquer.

Les tumeurs déterminent peut-être moins souvent des troubles psychiques que les hémorrhagies. En raison même de la lenteur de leur développement, elles font échapper la substance corticale aux conséquences de la pression, et surtout à celles du saisissement qui fait effacer brusquement tous les capillaires de l'encéphale. Elles peuvent plus facilement produire des dégénérescences secondaires des cellules, en supprimant certains rapports et stimulants fonctionnels. Encore cet effet reste toujours très-faible, parce que ces produits pathologiques écartent plutôt les fibres qu'ils ne les déchirent. C'est à ces dégénérescences secondaires qu'on doit attribuer l'apathie cérébrale, l'affaissement de la mémoire, le défaut d'attention qu'on observe chez plusieurs malades ; car cet affaiblissement de l'intelligence se montre toujours tardif. Chez quelques-uns, cette apathie intellectuelle est souvent interrompue par des accès d'agitation ou de délire. Ceux-ci sont évidemment dus à des congestions actives provoquées par les moments d'effervescence de la tumeur. C'est surtout dans ce genre de productions pathologiques qu'on trouve la démonstration du rôle spécial de la couche corticale. Car les autopsies montrent qu'il n'y a jamais de troubles intellectuels que lorsque cette couche est elle-même compromise. C'est quand la maladie principale y a pris élection de domicile, comme dans le cas de cysticerques, ou bien quand l'épine considérable, implantée dans la masse encéphalique, a provoqué une méningite et une inflammation de la substance grise sous-jacente, ou bien encore quand les cellules sont devenues des feuilles mortes par suite de la disette de leur stimulant fonctionnel.

Ajoutons, en terminant ce qui concerne ce premier genre de troubles, qu'il ressort incontestablement de l'examen des diverses maladies matérielles du cerveau que s'il peut apparaître des modifications des facultés réflectives sans altération de la couche corticale, l'oubli des mots est particulièrement en rapport avec les lésions corticales et que la perte de la mémoire indique toujours une destruction des cellules de cette région. On peut aussi déclarer, avec Jaccoud, qu'en raison de l'enchaînement fonctionnel existant entre les couches optiques et le cerveau, les perversions intellectuelles qui ont été précédées de troubles sensoriels, peuvent coïncider avec l'intégrité de la couche corticale, l'altération de la couche optique suffisant pour les produire et les expliquer, mais que les troubles de l'intelligence qui ont apparu avant ou qui existent sans les symptômes de sensibilité, indiquent toujours une modification matérielle ou vasculaire de cette couche corticale.

TRENTE-HUITIÈME LEÇON.

Messieurs,

Nous avons dû nous étendre longuement sur les symptômes intellectuels auxquels peuvent donner lieu les maladies du cerveau, tout justement parce qu'eux seuls sont réellement en rapport avec le rôle spécial de cet organe. Nous consacrerons moins de temps à l'étude physiologique des autres symptômes, parce qu'ils ne sont que des conséquences accessoires de ce rôle spécial.

Troubles de la motilité. — La physiologie nous montre que les centres du mouvement existent en dehors du cerveau proprement dit et que celui-ci n'intervient dans la production de leurs actes que pour leur donner des ordres. Cela étant, il semble que les affections cérébrales, en fait de troubles de la motilité, ne devraient produire qu'un manque de détermination, ou bien traduire seulement par des actes désordonnés le désordre de la pensée. Il ne paraît pas en être ainsi en clinique, du moins au premier abord : car, dans les maladies du cerveau, on constate souvent, et même presque toujours, des troubles de la motilité tout à fait identiques à ceux que produisent les affections des centres locomoteurs eux-mêmes. Cela tient à ce que les causes morbides, qui sont capables de compromettre le centre intellectuel, agissent presque toujours en même temps sur les organes nerveux du mouvement. Tantôt c'est une congestion qui ne saurait être facilement limitée au cerveau, puisqu'en général les effets vaso-moteurs procèdent par région et s'étendent à tous les vaisseaux qui relèvent du même foyer d'innervation vaso-motrice, et, au cas particulier, tout l'encéphale dépend, sous ce rapport, du sympathique cervical ; tantôt c'est une tumeur, une hémorrhagie dont l'action comprimante ou excitante va retentir à la fois dans toutes les directions ; tantôt c'est une dégénérescence athéromateuse des artères qui détermine des caillots et des ramollissements consécutifs à la fois dans la protubérance, le cervelet et le cerveau. Cette communauté de destinées pathologiques pour toutes les parties de l'encéphale est telle, que tous les traités de médecine donnent, sous les titres de congestion, d'hémorrhagie et de tumeurs cérébrales, des descriptions tout à fait générales, s'appliquant à la fois à l'isthme de l'encéphale, au cervelet et au cerveau. Les différences considérables qui existent entre ces organes en anatomie et en physiologie, tendent à s'effacer en clinique. Rencontrant constamment des faits complexes et forcé de baser ses classifications sur ce qu'il observe dans son terrain particulier, le pathologiste a dû nécessairement faire ses individualités nosologiques avec des mélanges; mais cet état de choses n'implique l'existence d'aucun désaccord entre la physiologie et la pathologie. Car, quand l'affection cérébrale est de telle nature qu'elle respecte les centres locomoteurs, on a alors sous les yeux la reproduction exacte de ce que la théorie physiologique nous enseigne devoir exister. Il en est ainsi dans la folie où la lésion matérielle, quand on peut l'apprécier, reste exclusivement localisée dans la couche corticale en respectant l'indépendance des autres parties. Il n'y a point de paralysies, point de convulsions; il y a seulement des actes musculaires irrésistibles et injustifiables qui ne sont que le reflet et l'application des pensées erronées nées dans le cerveau. Si, dans la paralysie générale des aliénés, la motilité s'affaiblit, cela tient à ce que les modifications anatomiques qui lui sont propres se propagent en dehors du cerveau. Dans la démence pure, ce n'est pas de la paralysie que l'on observe, c'est de l'inertie due à ce que les muscles n'ont plus à satisfaire des pensées qui ne se forment pas. Aussi on peut dire hardiment que toutes les fois que les troubles intellectuels s'accompagnent de paralysies, de contractures ou de convulsions, c'est que les centres locomoteurs se trouvent compromis ou mis en jeu en même temps que le cerveau, mais que celui-ci n'est nullement responsable de ces symptômes d'ordre mécanique. Ceci posé, il nous sera facile de nous rendre compte des troubles du mouvement qui peuvent accompagner les différentes altérations anatomiques que nous avons prises pour base de la physiologie pathologique générale du cerveau.

Dans la congestion, on a signalé, comme troubles particuliers du mouvement, le besoin qu'éprouvent certains malades de se jeter de côté et d'autre dans le lit. Mais c'est là en réalité une altération de la volonté, ou plutôt c'est là un résultat d'une action plus impérieuse des cellules de l'idéation sur les cellules motrices. Des symptômes, qu'on rencontre aussi souvent et qui appartiennent réellement au département de la motilité, sont des tressaillements subits, des grincements de dents, des cris perçants n'exprimant pas de la douleur véritable, des mouvements automatiques des extrémités et enfin des convulsions générales qui offrent de l'analogie avec la période convulsive de l'épilepsie. C'est surtout chez les enfants que ce dernier genre de manifestation se rencontre fréquemment, sans doute à cause de la grande prédominance fonctionnelle que présentent leurs centres locomoteurs. Chez l'adulte, ainsi que chez l'enfant, les tressaillements, les spasmes musculaires sont dus à ce que la congestion exalte directement le pouvoir réflexe des foyers de motilité. Les accès épileptiformes indiquent très-probablement l'effet toxique de l'acide carbonique du sang veineux sur ces mêmes centres. Il est à remarquer en effet qu'ils apparaissent surtout dans les congestions qui résultent d'une entrave à la circulation veineuse. Du reste, quelle que soit la cause de la congestion, les spasmes musculaires peuvent amener cette intoxication stimulante en gênant la respiration et en comprimant les jugulaires. Ces convulsions s'accompagnent de perte de connaissance, absolument comme dans l'épilepsie véritable, de sorte que la suppression de l'influence modératrice du cerveau vient encore favoriser la production du phénomène. Il est peu probable, vu l'aspect du visage, que cette perte de connaissance soit, comme dans l'épilepsie, due à une anémie des hémisphères. Elle tient sans doute à ce que la congestion a pris des proportions suffisantes pour engourdir le fonctionnement de la couche corticale, sans toutefois empêcher celui des centres locomoteurs. On comprend du reste qu'un même degré de compression puisse paralyser des éléments aussi délicats que les cellules intellectuelles et exalter au contraire les éléments plus résistants, plus grossiers, pour ainsi dire, des foyers du mouvement. Ces derniers cèdent souvent eux-mêmes, sans doute lorsque la compression est plus forte encore et est de nature à enrayer à la fois tous les points de l'encéphale. Dans ce cas, la perte de connaissance s'accompagne d'un collapsus général de tout le système musculaire. C'est alors un coma dans toute l'acception du mot. Je dois dire toutefois que plusieurs auteurs nient la possibilité de la compression par congestion, en prétendant que le départ du liquide céphalo-rachidien est en raison de l'afflux du sang. Mais je regarde cette objection comme étant sans valeur, parce qu'après avoir chassé ce liquide, le sang peut encore arriver en telle quantité, qu'il refoule le tissu nerveux lui-même.

Dans l'anémie brusque et complète, il y a paralysie de tous les mouvements. Parfois cette paralysie est précédée de phénomènes convulsifs; mais, dans ces conditions, les convulsions sont beaucoup plus rares chez l'homme que chez les animaux. La perte du mouvement s'explique par le défaut de l'aliment indispensable au fonctionnement de tous les organes; mais les convulsions ne sont pas d'une explication aussi facile. Il semble que les centres locomoteurs restant, comme dans les congestions, solidaires des modifications cérébrales, devraient être aussi exsangues que le cerveau lui-même, et par conséquent ne pas pouvoir donner des signes d'exaltation. Henle attribue ce résultat au vide même que l'anémie du cerveau doit produire dans le crâne. D'après les lois de la physique, le liquide céphalo-rachidien et le sang qui se trouve dans les riches plexus veineux intra-rachidiens doivent refluer dans la cavité crânienne. Les veines du bulbe rachidien et de la protubérance qui se trouvent à l'entrée de la boîte encéphalique et près de la sortie de la cavité du rachis, subissent naturellement, les premières et même les seules, l'effet de ce reflux veineux. Elles s'engorgent, et le liquide si chargé d'acide carbonique qu'elles renferment, excite ces centres convulsifs. Jaccoud applique ici encore la loi dont nous avons déjà parlé, à savoir : que la privation de sang exalte d'abord l'excitabilité des centres nerveux avant de l'éteindre tout à fait. Mais il y aurait toujours à se demander comment il se fait que la couche corticale se trouve paralysée quand les centres du mouvement sont, eux, en exaltation. Je crois que les expériences de Kussmaul et de Tenner nous fournissent l'interprétation la plus probable. Ils ont provoqué chez des animaux l'anémie cérébrale par la ligature des artères de l'encéphale et, à l'autopsie, ils ont constaté que toujours il restait une certaine quantité de sang dans les vaisseaux de la base du crâne; de sorte qu'en réalité les centres locomoteurs n'étaient pas le siége d'une anémie absolue, et que le peu de sang reçu par eux, en raison même de la suppression d'action du cerveau, suffisait pour provoquer leur exaltation. Peut-être la cause invoquée par Henle vient-elle encore contribuer à développer les phénomènes convulsifs. Lorsque l'anémie générale se produit d'une manière lente, la paralysie musculaire qui finit par en résulter est encore précédée de phénomènes convulsifs.

Dans l'anémie partielle par thrombose, il y a parfois quelques secousses musculaires involontaires suivies d'une paralysie circonscrite plus ou moins étendue. On peut observer aussi des apparitions et des disparitions successives de paralysies limitées à de petites régions. Elles disparaissent, grâce à l'établissement ultérieur de circulations collatérales. De l'aveu des pathologistes, de Niemeyer en particulier, lorsque l'altération artérielle ne s'est pas généralisée, et lorsqu'elle ne détermine le ramollissement que d'une portion restreinte de la substance blanche des hémisphères, il peut n'y avoir aucune modification de la motilité, et il n'y a de paralysie persistante et surtout d'hémiplégie complète que quand le corps strié est lui-même compromis, soit directement dans son artère nourricière, soit indirectement par un œdème collatéral. C'est là une observation d'une très-grande valeur pour toutes nos localisations physiologiques. On a signalé aussi de la paralysie dans les cas où un grand nombre de petites artères se trouvent atteintes. On comprend du reste que, dans ces circonstances, les ordres de la volonté éprouvent de grandes difficultés à se frayer un passage. D'ailleurs, il est probable que le corps strié est lui-même atteint dans ces faits de généralisation. Presque toujours la paralysie, quels que soient son siége et son étendue, se développe lentement, en raison même du mode de formation des caillots qui a lieu par stratification. Quelquefois cependant, l'hémiplégie apparaît brusquement, comme dans une apoplexie. C'est sans doute lorsqu'un caillot s'est produit sur place en une seule fois dans une artère de premier ordre, et lorsque le sang destiné au corps strié se voit tout à coup dans l'impossibilité d'arriver à destination.

L'embolie produit au contraire ses effets d'une manière brusque. C'est là, avec l'unité du caillot, ce qui fait le cachet de ce genre d'obstruction. Au moment de son arrivée dans le cerveau, il se produit presque toujours une hémiplégie qui, de plus, siége à peu près constamment à droite, parce que l'embolie s'engage de préférence dans l'artère cérébrale moyenne gauche. Il peut même y avoir momentanément du coma, comme dans les hémorrhagies, parce que, ici encore, l'instantanéité de l'impression produite provoque une contraction réflexe de tous les vaisseaux et détermine ainsi une anémie momentanée et générale. C'est plutôt là la cause du coma que l'œdème invoqué par Niemeyer. L'embolie pigmentaire, lorsqu'elle est très-étendue, produit souvent des convulsions. Ces grains de pigment, qui n'empêchent pas complétement la circulation de se faire, sont comme des corps étrangers qui titillent les cellules.

L'encéphalite, lorsqu'elle est limitée aux lobes cérébraux eux-mêmes, est loin de donner lieu souvent à des troubles de la motilité, comme on l'avait prétendu. Dans la plupart des cas de Durand Fardel, la paralysie a fait défaut et le trouble des fonctions intellectuelles accusait seul la formation d'un travail morbide. Calmeil, de son côté, déclare que les lésions du mouvement manquent tellement souvent, qu'on ne peut pas les faire figurer parmi les moyens de diagnostic. Andral conclut presque dans le même sens. Enfin la lecture de toutes les observations conduit à penser que la motilité ne souffre que lorsque les centres moteurs prennent part, à un titre quelconque, à l'effort pathologique, et presque toujours les symptômes de la motilité offrent les allures qu'ils ont dans les maladies ataxiques. Au début, pendant la période inflammatoire, ce sont des contractures, des secousses involontaires, des mouvements incertains, hésitants. Puis plus tard, lorsque la prolifération des noyaux commence à exercer de la compression, des paralysies plus ou moins étendues et plus ou moins prononcées apparaissent, et elles deviennent permanentes quand la désagrégation s'est établie.

La sclérose, en raison même de son état de diffusion, donne lieu d'abord à des paralysies partielles et disséminées; puis les îlots primitivement atteints se fusionnent peu à peu par l'envahissement des points intermédiaires qui se fait parallèlement dans l'encéphale et dans le système musculaire. La paralysie d'origine scléreuse s'accompagne de tremblements musculaires. Ceux-ci apparaissent lorsque le malade veut faire un mouvement, ou sous l'influence d'émotions morales. Mais, dans toutes ces circonstances, la sclérose n'est pas limitée aux hémisphères cérébraux, et si, parfois, on a cru qu'il en était ainsi, c'est qu'on s'est contenté d'un examen superficiel. Du reste, on signale souvent du nystagmus, des accès épileptiformes, tous symptômes qu'on rencontre aussi dans la sclérose de la protubérance.

Il est admis généralement en clinique qu'une hémorrhagie cérébrale, quand elle n'est pas par trop légère, détermine toujours une hémiplégie qui est en outre constamment croisée; qu'exceptionnellement, en raison de ses faibles proportions, elle ne paralyse qu'un bras, qu'une jambe, ou même qu'un seul muscle, sans qu'il soit possible toutefois d'établir une corrélation entre ces paralysies partielles et le siége de l'hémorrhagie. Cette conviction des cliniciens tient à ce que, dans les hôpitaux, on a conservé l'habitude de rapporter aux hémisphères cérébraux eux-mêmes les hémorrhagies si fréquentes des corps striés. Cette confusion est des plus regrettables, car elle a conduit à des conclusions trop absolues et souvent fausses. Une lecture attentive des faits publiés montre que l'hémorrhagie qui siége exclusivement dans la substance corticale est loin de déterminer toujours une paralysie. Rien que l'inconstance de ce résultat suffirait pour prouver que, lorsqu'il existe, c'est que la lésion peut agir d'une manière quelconque sur une autre partie de l'encéphale. Niemeyer n'hésite pas à l'attribuer dans ces circonstances à une compression du corps strié. Toutefois, il croit devoir expliquer cette compression par un œdème de ce centre dû à l'effacement de la plupart des capillaires, mais il est tout aussi naturel d'en accuser le foyer sanguin lui-même. Je suis persuadé que quand on saura mieux appliquer à l'économie humaine les lois de la mécanique, on arrivera à expliquer mathématiquement pourquoi telle cause de pression retentit sur le noyau de l'encéphale, tandis que telle autre le respecte. Les épanchements corticaux produisent beaucoup plus souvent des convulsions que la paralysie. C'est évidemment par irritation réflexe des centres locomoteurs. Du reste, les épanchements sont si voisins des méninges qu'il y a presque toujours une méningite qui tend à se généraliser et à gagner la partie qui enveloppe les centres moteurs. Il en est ici comme dans la méningite des enfants, qui produit toujours des convulsions.

Les hémorrhagies qui se font dans la substance blanche des hémisphères déterminent ordinairement, il est vrai, de la paralysie. Mais quand on fait des autopsies complètes, qui n'ont pas seulement pour but de vérifier un diagnostic porté pendant la vie et dans lesquelles on ne se contente pas d'examiner uniquement l'organe désigné par ce diagnostic, on s'aperçoit bien vite qu'un grand nombre d'hémorrhagies de cette substance ont passé inaperçues en n'apportant aucun trouble apparent. De plus, il est démontré que les paralysies qui reconnaissent cette origine sont souvent partielles, et qu'en outre elles tendent à s'effacer rapidement. Il n'y a de permanentes et de complètes que celles qui proviennent du corps strié. La disparition de la paralysie tient-elle à ce que des fibres détruites peuvent se régénérer et rétablir ainsi un moyen de transmission momentanément supprimé ? La possibilité d'une régénération est établie par les recherches de Serres, mais je crois que ce n'est pas elle qui, au cas particulier, rétablit le mouvement; elle ne pourrait pas le faire aussi vite. Il est évident que le retour de la motilité tient uniquement à la résorption lente et incessante de l'épanchement qui rétrécit de plus en plus la sphère d'action comprimante du foyer. C'est tellement vrai qu'en scrutant les observations publiées, je suis arrivé à me persuader que l'hémiplégie est d'autant plus constante et persistante que le foyer est plus rapproché du noyau de l'encéphale. Notez que cet effet du rapprochement peut même être double. D'une part, le corps strié se trouve plus engagé dans la sphère d'action du foyer ; d'autre part, en vertu de la disposition en rayons de roue des fibres convergentes, celles-ci se trouvent de plus en plus tassées et englobées dans l'épanchement au fur et à mesure qu'on se rapproche du centre où elles convergent. Enfin il est encore un fait qui prouve que l'hémorrhagie agit par compression à distance, c'est que, quel que soit son siége, elle peut donner lieu au même résultat. Ce n'est donc pas en supprimant le point cérébral qu'elle accapare, qu'elle agit.

On a dit que les hémorrhagies cérébrales paralysaient non pas en supprimant la production dynamique des centres locomoteurs, mais en empêchant les ordres de la volonté d'arriver à ceux-ci; en d'autres termes, que la paralysie était due, non pas à l'impossibilité du fonctionnement de ces centres, mais à l'absence de leur stimulant naturel, la volonté, qui est pour le mouvement volontaire ce qu'est l'impression sensitive pour le mouvement réflexe ; ce qu'est l'électricité pour le nerf moteur qu'on met en jeu directement. On en a donné pour preuve la persistance de tous les mouvements réflexes, en particulier de ceux de la respiration. Cet argument n'est pas suffisant, car pour qu'il y ait des mouvements réflexes isolés, il faut seulement que la moelle échappe à la compression; et pour qu'il y ait respiration, il suffit qu'il en soit de même pour le bulbe. Or, ces deux parties de l'axe sont assez éloignées pour échapper à l'action du foyer. Mais il n'en est plus de même pour le corps strié et peut-être pour la protubérance. Elles sont dans les conditions voulues pour subir presque forcément les effets de la cause de compression, et il y a réellement suppression physiologique de un ou de deux des anneaux de la chaîne nerveuse motrice. C'est là la véritable cause de la paralysie ou du moins sa cause principale. Il suffit, pour s'en convaincre, de se rappeler ce qu'indique la physiologie expérimentale. Quand on enlève la presque totalité d'un lobe cérébral, l'animal ne perd pas la motilité volontaire du côté opposé du corps, et cependant l'organe de la volonté auquel obéit ordinairement ce côté, n'est plus là. L'autre hémisphère suffit pour donner des ordres à tous les muscles de droite et de gauche. Que le même animal ait une hémorrhagie dans son crâne clos, et cette suppléance ne pourra plus se réaliser, pas plus que chez l'homme. C'est donc que l'inextensibilité du crâne, en comprimant en tout ou en partie l'appareil locomoteur, rend celui-ci incapable d'obéir aux ordres de ce suppléant comme à ceux de son chef habituel. Dans la paralysie hémorrhagique, c'est donc l'ouvrier qui fait défaut avant tout et non le maître. Mais quand l'épanchement siége dans le cerveau lui-même, l'ouvrier est moins lésé que lorsque l'hémorrhagie occupe le corps strié ou la protubérance. C'est pour cela que la paralysie est moins absolue que dans ce dernier cas.

Il est un fait qui paraît assez singulier au premier abord, c'est que les cellules affectives conservent encore un pouvoir qui est refusé à la volonté, c'est-à-dire aux cellules d'idéation. Lorsque les muscles faciaux d'un côté sont paralysés et qu'il est impossible au malade de les faire contracter quand on le lui demande ou qu'il le désire lui-même, ces mêmes muscles se contractent involontairement pour prendre part au rire ou aux pleurs, si ces modes de manifestations sont commandés par des émotions réelles. Je crois que cela tient à l'existence des fibres commissurantes qui réunissent les deux noyaux des nerfs faciaux. Les fibres encéphaliques qui se rendent à l'hémisphère sain sont seules mises en jeu. Elles provoquent le noyau qui leur correspond à exciter l'ensemble des mouvements spasmodiques. Ce noyau va à son tour, par les fibres commissurantes, solliciter la mise en activité de l'autre noyau qui, grâce à sa situation dans le bulbe, échappe à la compression.

Les tumeurs qui siégent dans la substance grise ou dans la substance blanche des hémisphères, provoquent très-souvent des convulsions épileptiformes par une excitation réflexe du mésocéphale. C'est aussi par le même mécanisme qu'elles déterminent parfois des contractures partielles. En raison même de la lenteur avec laquelle elles se développent, ce qui rend la pression presque nulle, elles produisent rarement de l'hémiplégie complète, et quand celle-ci s'établit, elle ne le fait que très-graduellement. Par contre, elles paralysent assez souvent les muscles qui sont animés par les nerfs crâniens, soit en agissant sur les noyaux centraux de ces nerfs, soit en envahissant les troncs nerveux eux-mêmes avant leur sortie du crâne.

Dans le premier cas, l'effet paralytique est toujours croisé, tandis qu'il est direct dans le second. Les raisons anatomiques qui amènent ce résultat sont trop faciles à saisir pour qu'il soit nécessaire de les indiquer.

Troubles de la sensibilité. — Une modification sensorielle, qui est commune à presque toutes les altérations du cerveau, consiste dans de la céphalalgie. Elle prouve une fois de plus que l'état pathologique peut développer de la sensibilité dans les organes qui, normalement, en sont dépourvus. Le cerveau paraît en effet insensible à toutes les mutilations artificielles ou accidentelles qu'on peut lui faire subir. Aussi Niemeyer est-il convaincu qu'on ne doit pas l'attribuer au cerveau lui-même, mais aux filets que le trijumeau distribue à la dure-mère. La simple congestion en développe même une très-intense. Quand je songe aux vives douleurs que déterminent les méningites en irritant les nerfs au moment où ils se dégagent de l'encéphale, je suis porté à faire une certaine part à l'état congestionnel des méninges. Les branches extracrâniennes peuvent même subir une influence directe de l'afflux de sang, puisque la congestion porte ordinairement sur toute la tête. Un fait singulier, c'est que l'état opposé, c'est-à-dire l'anémie, amène un résultat analogue. On ne peut voir là que la conséquence de la plus grande excitabilité qu'acquiert le système nerveux au moment où l'anémie n'est pas absolue et qu'accuse, d'une manière incontestable, la vive impressionnabilité des organes des sens. Mais on est obligé d'accepter l'existence de cette plus grande impressionnabilité, sans pouvoir l'expliquer d'une manière satisfaisante.

La céphalalgie qui accompagne l'anémie partielle par thrombose ou par embolie se comprend beaucoup mieux, puisque, dans le premier cas, il y a un travail pathologique qui, à son début, est de nature inflammatoire et qui envahit un assez grand nombre d'artères, et puisque, dans le second, il y a un corps étranger arrivant brusquement et ensuite congestion active autour de la région en voie de mortification. Elle se comprend encore mieux dans l'encéphalite puisque l'inflammation est plus étendue, plus franche, et portée à son summum. Elle est assez rare dans la sclérose, sans doute parce que celle-ci procède par noyaux très-petits et très-disséminés. Cependant on peut en observer pendant sa période fluxionnaire. Ce genre d'altération détermine plutôt des douleurs périphériques dans les membres; mais elles doivent être attribuées aux plaques scléreuses de la moelle qui coïncident presque constamment avec celles du cerveau. Quant à la céphalalgie des hémorrhagies, si elle les précède, elle tient à la congestion initiale; si elle apparaît après elles, elle tient à l'inflammation des couches nerveuses voisines.

C'est dans les tumeurs que ce symptôme acquiert son plus haut degré d'intensité. Elle est alors excessivement aiguë, lancinante; on sent qu'elle est due à la présence d'une épine considérable. Elle se montre souvent persistante et peut durer des semaines entières sans cesser. Parfois elle apparaît ou s'exaspère par paroxysmes qui correspondent sans doute aux moments où le néoplasme, prenant un nouvel essor, provoque un afflux de sang autour de lui; elle est exagérée par tout ce qui peut ébranler le cerveau, par les mouvements de la tête, la lumière, le bruit. Pour la même raison, les déplacements que les phénomènes de la respiration font éprouver à l'encéphale la ravivent. Romberg a même prétendu qu'on pouvait par là arriver à diagnostiquer le siége de la tumeur. Selon lui, toutes les fois qu'elle occupe la convexité des hémisphères, la douleur augmente à chaque expiration, parce que, à ce moment, le cerveau s'épanouit et vient même frôler la production morbide contre la voûte du crâne. Quand elle siége à la base, la recrudescence coïncide au contraire avec l'inspiration, parce que le cerveau, en s'affaissant, vient appuyer sur le plancher crânien. C'est encore par un afflux de sang que le travail intellectuel peut l'augmenter. La tumeur est-elle, elle-même, le foyer de la douleur? C'est peu probable, puisque les mêmes productions morbides n'en provoquent pour ainsi dire pas quand elles siégent dans d'autres organes. D'après ce qui précède, elle semble agir plutôt ici comme un corps dur qui vient frapper des parties sensibles voisines. C'est comme un névrôme sur un nerf, comme une pointe qui, enfoncée dans la plante du pied, arrache des cris à chaque pression sur le sol. La tumeur est le corps frappant, et c'est la partie sensible qui est le corps frappé. Quant à celle-ci, il est peu probable qu'elle soit particulièrement représentée par les centres de sensibilité de l'encéphale, puisqu'ils sont naturellement tout aussi insensibles que le reste. Je pense qu'elle consiste avant tout dans la partie crânienne des nerfs sensitifs qui émanent du cerveau; que les filets propres de la dure-mère peuvent y être pour quelque chose; mais qu'il faut aussi tenir compte de la partie encéphalique qui entoure la tumeur. Qu'elle soit motrice ou sensitive, peu importe. L'inflammation dont elle devient le siége peut lui octroyer une sensibilité morbide.

La congestion donne souvent lieu à une hyperesthésie générale qui tient évidemment à ce que la couche optique et la protubérance prennent part au phénomène vasculaire. Cette hyperesthésie se traduit surtout par un agacement et par la facilité avec laquelle les moindres impressions fatiguent. Dans cet état de pléthore sanguine, ces centres engendrent même des sensations subjectives consistant en éblouissements, scintillements, bourdonnements d'oreille, fausses impressions de frôlement, fourmillements, douleurs vagues. L'anémie incomplète, c'est-à-dire l'insuffisance d'alimentation sanguine, produit des effets subjectifs analogues. Il en est de même dans la période prodromique de la thrombose, alors que le processus irritatif des artères est dans son plein. Comme toujours, cet effet doit être attribué non pas au cerveau, mais à la couche optique qui prend part alors au travail pathologique. Dans les hémorrhagies, c'est au contraire de l'anesthésie que l'on observe et qui siége du même côté que la paralysie. Du reste, elle disparaît très-vite, ce qui indique qu'elle résulte de la compression à distance de la couche optique. Il est vrai que, dans le cas où le foyer sanguin existe dans la substance blanche, le corps strié est aussi soumis, lui, à une compression indirecte et que la paralysie du mouvement persiste. Mais, anatomiquement, le corps strié est toujours plus rapproché du corps comprimant que la couche optique. De plus, celle-ci est plus susceptible de fuir un peu dans l'espace libre du ventricule. L'anesthésie qu'on rencontre parfois dans la sclérose semble provenir exclusivement de l'envahissement de la moelle. Parmi les sens spéciaux, la vue seule s'est montrée compromise, sans doute au même titre que dans la sclérose de la moelle. L'inflammation du cerveau produit rarement des paralysies de la sensibilité spéciale ou générale, ce qui donne à penser que les anesthésies sont dues, dans ce cas, à ce que les centres sensitifs prennent part au travail pathologique. Du reste, les détails nécroscopiques consignés dans la science tendent à le démontrer.

Dans les tumeurs, on observe fréquemment de l'hyperesthésie, des sensations de fourmillements, des douleurs spontanées, particulièrement dans le domaine des nerfs cérébraux, des éblouissements et des bourdonnements. Ces symptômes sont évidemment dus à une irritation et à des congestions de voisinage, ou même à l'envahissement des troncs nerveux par le néoplasme. Par suite des progrès de la lésion, ces phénomènes d'exaltation de la sensibilité finissent par céder la place à de l'anesthésie dans la sphère de distribution du trijumeau. De leur côté, les bourdonnements d'oreille font place à de l'affaiblissement de l'ouïe, puis à de la surdité; les éblouissements à de l'amblyopie et de l'amaurose. C'est la perte de la vision qu'on rencontre le plus souvent dans les tumeurs cérébrales. Ce résultat s'explique parfaitement dans les cas où la production morbide a détruit soit la couche optique, soit les bandelettes ou le chiasma, ou les nerfs optiques, ainsi que dans ceux où la tumeur est située de façon à exercer sur ces parties une compression incontestable. Mais il est bon nombre de faits où ces deux causes font complétement défaut. Dans ce dernier cas, Græfe attribue l'amaurose à la compression du sinus caverneux. Il en résulterait un obstacle au retour du sang veineux du globe oculaire, et par suite une congestion passive de la rétine. Libreich a, du reste, constaté plusieurs fois l'exactitude de ce mécanisme. A l'ophthalmoscope et à l'autopsie il a trouvé une stagnation de la circulation rétinienne, une infiltration séreuse de son tissu cellulaire. La papille apparaissait trouble et d'un rouge grisâtre. Toutefois, cette explication n'est pas encore applicable à tous les cas, vu qu'il en est où la tumeur n'est pas située dans le voisinage du sinus caverneux, et où, n'augmentant pas le volume général de l'encéphale, elle ne pouvait même pas le comprimer à distance. Les recherches de Lancereaux permettent d'attribuer alors l'amaurose à une dégénération secondaire de l'appareil nerveux de la vision.

Troubles nutritifs. — La science n'est pas encore assez avancée pour qu'on puisse rapporter toujours, dans les maladies de l'encéphale, tel ou tel trouble nutritif à telle ou telle partie de la masse encéphalique. C'est pourquoi j'ai cru devoir attendre le moment où je m'occuperais du cerveau, pour signaler et grouper ensemble certains faits dont quelques-uns ont pu être engendrés par des affections du cervelet ou de l'isthme de l'encéphale.

Les hémorrhagies du cerveau et des autres parties de l'encéphale paralysent souvent les nerfs vaso-moteurs en même temps que les nerfs moteurs. L'hémiplégie vaso-motrice est alors croisée absolument comme l'hémiplégie des muscles de la vie animale. Sous l'influence de la flaccidité de leurs parois, les vaisseaux paralysés se rompent avec la plus grande facilité, et il peut se produire des ecchymoses et des noyaux apoplectiques dans les différents points du corps. Les mêmes effets peuvent aussi être engendrés par les autres genres d'altérations du cerveau, capables d'enrayer son fonctionnement. C'est Charcot, qui, le premier, a attiré l'attention sur les ecchymoses péricrâniennes et cervicales qui accompagnent si souvent les maladies du cerveau. Depuis, il a été constaté, par lui et par plusieurs auteurs, que les mêmes accidents pouvaient se produire aussi dans la plupart des viscères. Dans ses leçons sur les maladies du système nerveux, Charcot rapporte le fait d'une femme atteinte d'hémiplégie due à une hémorrhagie récente dans le corps strié. Cette femme avait de nombreuses ecchymoses dans l'épaisseur de la plèvre de l'endocarde et de la muqueuse stomacale. Muron a observé trois cas d'altérations rénales chez des hémiplégiques. Dans un travail spécial, Baréty a établi que les apoplexies et les ramollissements circonscrits produisent très-souvent des ecchymoses sous-pleurales, des extravasations sanguines dans l'épaisseur de la muqueuse bronchique, des congestions et des apoplexies pulmonaires. M. Olivier vient de soumettre à la Société de biologie une série d'observations qui démontrent la relation incontestable qui existe entre les maladies du cerveau et ces lésions pulmonaires. Du reste, quand on jette un regard rétrospectif sur les anciennes collections de maladies cérébrales, on rencontre à chaque pas la mention d'altérations viscérales de ce genre, dont on a méconnu la nature, et qui ont été considérées comme des coïncidences accessoires. Schiff et Brown Sequard sont venus en outre apporter une confirmation expérimentale à ces données de la clinique. En lésant artificiellement soit le cerveau, soit la protubérance, soit le noyau de l'encéphale, ils ont déterminé, tantôt une simple hypérémie, tantôt des ecchymoses, tantôt des foyers d'apoplexie dans les poumons et dans les reins. D'après Olivier, si le siége de la lésion cérébrale paraît être indifférent chez les animaux, il ne le serait pas autant dans l'espèce humaine, vu que le résultat est beaucoup plus constant lorsque l'hémorrhagie se trouve dans le voisinage d'un ventricule et peut y faire irruption. Il faut, de plus, qu'elle soit considérable. Peut-être faut-il, d'après cela, que le foyer exerce une certaine action sur le bulbe, centre principal de la vie végétative. Une chose remarquable, c'est la rapidité avec laquelle se produisent ces lésions viscérales. Dans un cas cité par Liouville, elles semblent s'être formées en moins de dix heures. D'après les observations de Cruveilhier et de Benett, il peut y avoir plus que de la congestion pulmonaire, une véritable hépatisation. Schrœder Vanderkolk prétend même que les diverses formes de la pneumonie et même la tuberculisation peuvent être dues à des lésions du cerveau. En ce qui concerne la pneumonie, j'ai été conduit à émettre une opinion semblable dans la physiologie pathologique générale du bulbe. Je ne comprends pas, du reste, pourquoi Charcot nie la possibilité d'une inflammation pulmonaire sous l'influence d'une maladie cérébrale. Car, si la compression ou la destruction d'un centre nerveux peut amener une congestion en paralysant les vaso-moteurs du poumon, son irritation peut, de son côté, amener une contraction spasmodique de vaisseaux du même organe, et, par suite, y réaliser les conditions vasculaires de l'inflammation.

La paralysie vaso-motrice due aux maladies cérébrales peut aussi donner lieu à de l'hydropisie. Baréty, Olivier et Labousbène ont signalé à l'attention des médecins les épanchements de sérosité dans les mailles du tissu cellulaire et dans la plèvre, qui se rencontrent souvent du côté atteint d'hémiplégie. Du reste, les expériences de Ranvier viennent encore à l'appui. Ce micrographe a montré que, contrairement à ce qui est admis généralement, l'œdème ne doit pas être considéré comme étant le résultat d'un obstacle à la circulation veineuse, mais comme étant une conséquence de la paralysie des vaso-moteurs. Il a lié chez des animaux, un grand nombre de veines, les jugulaires, la fémorale, même la veine cave inférieure, sans déterminer de l'œdème. Il en a, au contraire, toujours produit en coupant le nerf sciatique qui, comme on sait, apporte avec lui des filets vaso-moteurs. Le zona se développe quelquefois sous l'influence des maladies du cerveau, sans doute par suite d'un retentissement irritatif sur les nerfs spinaux. Duneau cite une femme hémiplégique chez laquelle une éruption de zona apparut sur la cuisse paralysée. Cette éruption se forma en même temps que la paralysie et disparut avec elle. Le docteur Payne a soigné un enfant qui présenta du zona sur le trajet des branches superficielles du nerf crural antérieur, trois jours après le développement d'une hémiplégie du même côté. La production d'escharres se rencontre aussi dans les mêmes circonstances, particulièrement à la suite des hémorrhagies et du ramollissement partiel du cerveau. D'après Charcot, l'érythème initial se montre ordinairement du deuxième au quatrième jour après l'attaque. Au lieu de siéger à la région sacrée comme dans les affections spinales, il apparaît vers le centre de la région fessière et du côté correspondant à l'hémiplégie. Dès le lendemain ou le surlendemain, on aperçoit des vésicules, puis la tache ecchymotique habituelle; mais le travail de mortification devient rarement complet. On ne peut pas attribuer la production de l'escharre à la pression, puisqu'elle n'existe que d'un côté et puisqu'elle se produit encore quand on a soin de faire coucher le malade de l'autre côté. Elle n'est pas due non plus à l'urine, Charcot ayant eu soin de mettre ce liquide hors de cause. On ne peut en accuser que l'irritation du cerveau. On peut rencontrer aussi des arthropathies limitées au côté paralysé. Elles siégent surtout dans le membre supérieur et se voient plus souvent dans le ramollissement que dans l'hémorrhagie. Elles débutent quinze jours ou un mois après l'accident cérébral. La tuméfaction, la rougeur et la douleur sont telles qu'on peut croire avoir affaire à un véritable rhumatisme articulaire. Les gaînes tendineuses sont souvent aussi malades que les articulations. Scott et Alison prétendent que ces arthropathies sont dues au sang et non au cerveau, au diabète ou à la goutte qui accompagnent si souvent les affections cérébrales. Pour eux, elles sont dues aux efforts que fait le sang pour se débarrasser des produits morbides spéciaux à ces maladies. Mais le fait s'observe en dehors du diabète et de la goutte. De plus, Charcot a montré qu'il s'agit ici d'une véritable synovite avec végétations, multiplication des éléments nucléaires et fibroïdes de la séreuse articulaire, augmentation des capillaires, exsudation sérofibrineuse avec leucocytes. Mais les cartilages articulaires et les ligaments restent intacts.

Messieurs, en analysant physiologiquement les conséquences des tumeurs cérébrales, des apoplexies, des congestions et des ramollissements du cerveau, nous avons rencontré des phénomènes variables dans leur aspect, mais qui avaient entre eux, dans toutes ces circonstances, une certaine analogie. Cette analogie est telle, que parfois le clinicien se trouve embarrassé de déterminer la nature de la cause matérielle des phénomènes dont il est témoin. C'est pour cette raison que j'ai cru devoir faire rentrer toutes ces maladies dans une même étude générale, ce qui a, en outre, permis d'établir des rapprochements utiles au point de vue du mécanisme. Les maladies qu'il nous reste à interpréter ont, au contraire, et conservent à peu près toujours une physionomie bien caractéristique, ce qui autorise à les rapporter à l'étude de la physiologie pathologique spéciale. Parmi ces affections, celles qui appartiennent le plus en propre au cerveau sont incontestablement les maladies dites *mentales*. Aussi est-ce par elles que nous allons commencer.

PHYSIOLOGIE PATHOLOGIQUE SPÉCIALE.

Maladies mentales.

On comprend sous le nom générique de maladies mentales toutes les affections à marche chronique, caractérisées par un dérangement des facultés intellectuelles et morales, dérangement qui existe à titre d'état morbide indépendant, et non à titre de complication accidentelle d'une maladie préexistante. (Foville.)

Nous n'avons pas ici à prendre en considération toutes les variétés que les médecins aliénistes ont été conduits à adopter, ni à entrer dans la discussion que leur classification a soulevée parmi les auteurs; mais, au point de vue physiologique, il nous faut considérer à part, tout au moins, les états suivants : *la folie proprement dite, la démence, l'idiotie* et *la paralysie générale des aliénés.*

Folie.

Elle comprend elle-même, tout au moins, les variétés dites : *manie, monomanie* et *lypémanie.* Nous les différencierons dans l'analyse des symptômes de la folie; mais, pour le moment, il nous faut tout d'abord nous placer à un point de vue général et traiter les questions de la nature et de la genèse du phénomène morbide.

La folie a de tout temps préoccupé les médecins et les philosophes. Dans l'antiquité, les médecins sérieux, comme Hippocrate, l'attribuaient à l'action de la bile et de la pituite. Les philosophes et le monde, de leur côté, la regardaient comme le résultat d'une inspiration supérieure. Pour les anciens, les fous étaient des inspirés. Ils les entouraient de respect et de protection. Au moyen âge, on regarda encore la folie comme la conséquence d'une influence surhumaine. Mais se plaçant à un point de vue diamétralement opposé, on crut non plus à une influence divine, mais à une influence démoniaque. Les fous cessèrent d'être des inspirés, ils devinrent des possédés. Malheureusement, de ces idées erronées dépendait le sort des aliénés. Dans les premiers temps, on les entourait d'un culte qui les mettait pour ainsi dire en quarantaine, mais qui n'avait rien de cruel. Au moyen âge, on les torturait, on les brûlait, on les emprisonnait. Il appartenait à la médecine moderne de mettre un terme aux cruautés de tant de siècles. Aujourd'hui il est bien établi que les fous sont des malades méritant d'être soignés avec bonté et intelligence. Mais, au point de vue théorique, les médecins ne sont pas encore complétement d'accord. Il y a, à ce sujet, trois écoles : la spiritualiste, la somatique et l'éclectique.

Pour la première, la folie est une maladie de l'âme et non du cerveau ou du corps. C'est l'âme qui, primitivement, se trouve dans un état de souffrance. Les lésions qui peuvent apparaître ne sont que la conséquence de la situation morbide de l'âme. Elles sont un effet et non une cause. L'étiologie de la folie est tout à fait distincte de celle des maladies ordinaires. Elle n'appartient jamais à l'ordre physique ou organique. Elle puise toujours son origine dans les déviations des lois de la morale et de la raison, dans l'influence funeste exercée par les passions. L'école somatique, qui rallie aujourd'hui la plupart des médecins, pense que la folie a toujours son point de départ dans un état morbide du corps. Elle inscrit sur sa bannière : *Mens sana in corpore sano.* Cette école se subdivise elle-même en deux camps : celui des matérialistes purs, pour lesquels l'âme n'existe pas, pour qui les actes intellectuels sont, si ce n'est la sécrétion, du moins l'œuvre du mouvement moléculaire du cerveau, et qui ne voient, par conséquent, dans la folie, que le mauvais travail d'une machine en mauvais état ; celui des spiritualistes instruits par l'observation médicale, qui ne nient pas l'existence de l'âme, mais qui reconnaissent que le cerveau lui est indispensable pour ses manifestations et qui trouvent même qu'il est impossible d'admettre que l'âme soit malade, que ce serait l'abaisser. L'école éclectique admet que, dans quelques cas, les maladies mentales proviennent de l'âme, et dans quelques autres du corps.

Je vous ai dit que l'école somatique ralliait la plupart des médecins. Elle fait en ce moment de grands progrès, même sous sa forme matérialiste. Jusque dans ces dernières années, les autopsies faites à l'œil nu n'avaient fourni, la plupart du temps, en dehors des congestions accidentelles, que des résultats négatifs. L'absence de lésions matérielles semblait tellement bien établie, que même les médecins matérialistes en étaient réduits à regarder les diverses espèces de folies comme des névroses du cerveau. Mais depuis que le maniement du microscope s'est vulgarisé et perfectionné chez les médecins aliénistes, la situation a complétement changé. L'Angleterre s'est particulièrement distinguée dans ce genre de recherches. L'Allemagne a fourni son appoint dans la personne de Rindfleisch. La France se lance en ce moment avec ardeur dans la même voie, et on peut assurer qu'elle y brillera bientôt. Les résultats obtenus ne permettent pas encore d'attribuer telle ou telle espèce de lésion à tel ou tel genre de folie ; mais on peut à peu près certifier que la folie n'est pas une maladie *sine materia* et que l'intelligence est liée de la manière la plus intime à l'état d'intégrité du cerveau. Les diverses altérations qu'on peut rencontrer sur le cerveau des aliénés, soit mélangées, soit isolées, sont les suivantes :

1° La plus fréquente est la sclérose, qui tend à décolorer la substance grise et à teinter en gris la substance blanche, double résultat qui aboutit à la fusion des deux substances. Celles-ci finissent par n'être qu'à grand'peine distinguées l'une de l'autre à l'œil nu. Cette sclérose a quelque chose de particulier et ne ressemble en rien à celle qui est décrite dans les traités de pathologie ordinaire. Elle change beaucoup plus la couleur que la consistance. Elle est générale et non en noyaux disséminés. C'est une altération plus délicate et plus intime. On dirait une gelée grise qui s'est infiltrée dans tous les interstices laissés par les éléments nerveux. Il serait utile de lui attribuer spécialement la dénomination de *dégénérescence grise* que lui donnent les Anglais. Au microscope on constate une multiplication des noyaux et des fibrilles de la névroglie, mais surtout des noyaux. Les vaisseaux prennent part à cette exubérance du tissu conjonctif ; leurs parois s'épaississent. Les noyaux se multiplient dans leur intérieur, au point de diminuer leur calibre. Il en résulte pour les éléments nerveux, d'abord une certaine surexcitation, puis ils tendent à disparaître sous l'influence, à la fois, de la pression que leur fait subir la névroglie, et de l'insuffisance de nutrition due à la gêne de la circulation capillaire. Les dégâts sont toujours beaucoup plus considérables dans la substance blanche.

2° Chez certains aliénés on trouve un autre genre d'altération que les Anglais appellent *sclérose miliaire*. Cette lésion consiste en des plaques blanchâtres ressemblant à de petits grains de millet. Elle est limitée presque exclusivement à la substance blanche. Arrivée à son maximum, elle est appréciable à l'œil nu. Chaque plaque est formée d'une matière grasse, demi-opaque, située au milieu de

quelques fibres incolores. Elles ne paraissent pas puiser leur origine
dans la multiplication des noyaux de la névroglie ou des vaisseaux,
mais dans les myélocytes. Rindfleisch prétend que, pour les former,
les myélocytes commencent par se multiplier, puis dégénèrent et
enfin se fusionnent en une série de petites masses. Les Anglais
n'admettent pas la multiplication. Selon eux, il y a un myélocyte
central qui s'entoure d'une substance grasse exhalée par lui. Dans
tous les cas, il est évident que le processus morbide est bien différent de la sclérose, et qu'on devrait lui assigner une autre dénomination. Ces petites masses refoulent les tubes qui se montrent
incurvés. 3° Dans la matière blanche des circonvolutions, on rencontre souvent des *excavations* qui peuvent avoir jusqu'à $\frac{1}{80}$ de pouce
de largeur. Leurs parois paraissent comme déchirées, ce qui est dû
à la terminaison brusque des éléments nerveux. Il est probable que
pendant la vie elles renferment une matière liquide quelconque,
résultant d'une désagrégation du tissu nerveux. Un œil exercé constate que ce ne sont pas là les analogues des *lacunes de Clarke*.
4° Chez beaucoup de sujets les cellules des circonvolutions se
montrent atrophiées. Elles sont d'un huitième au-dessous de la
normale, mais sans apparence de dégénérescence granuleuse.
Parfois elles sont le siége d'une dégénérescence pigmentaire. Les
grains de pigment s'accumulent, envahissent les prolongements et
transforment le tout en une masse ovoïde et distendue. Ces granulations sont brunes ou rougeâtres. Elles apparaissent d'abord dans le
noyau qui ressemble alors à une tache noire. Quelquefois les cellules sont entourées d'un espace clair. Enfin on en trouve qui ont
éprouvé la dégénérescence colloïde. 5° Les tubes peuvent être aussi
atrophiés et même renfermer du pigment. 6° La pie-mère, qui
revêt les circonvolutions, est souvent parsemée de petits grains
blancs formés par des cristaux de phosphate de chaux. Des
grains analogues existent sur les parois des ventricules, mais
ils renferment en outre des cellules épithéliales. Entre la première et le cerveau se trouve un dépôt abondant de lymphe.
7° Sur les vaisseaux en dehors de la sclérose dont nous avons
déjà parlé, on observe souvent de la dégénérescence graisseuse qui
siége surtout aux angles de bifurcation, la présence de nombreux
cristaux d'hématoïdine dans leurs parois et dans le manchon lymphatique, des dilatations anévrysmales constantes sous forme d'anévrysmes miliaires, l'hypertrophie de la couche musculaire, enfin

même des anomalies de direction. 8° Chez les anciens aliénés on rencontre ordinairement de nombreux corps amyloïdes. Ils semblent être de deux sortes. Les uns se colorent rapidement par le carmin, les autres ne se laissent point pénétrer par cette substance. Les Anglais pensent devoir donner à ces derniers le nom de *corps colloïdes.*

Il paraît donc à peu près certain que la folie est toujours liée à une lésion des lobes cérébraux, de sorte que l'école somatique gagne de plus en plus du terrain ; et il est évident qu'elle finira même par rester tout à fait maîtresse du champ de bataille. Une observation judicieuse m'a été faite par l'un de vous, comme pouvant offrir une planche de salut à l'école spiritualiste. On m'a demandé si on rencontrait des cas de folie chez les animaux. Oui, on en rencontre. Mais la plupart du temps la véritable situation des animaux fous passe inaperçue, parce qu'ils ne peuvent manifester leur folie que par des actes et non par des paroles. De plus, leurs actes sont très-restreints, en raison même de l'exiguïté de leur vie de relation. Ils ne peuvent que paraître tristes, ou agités, ou furieux. Si c'est un cheval, on le regarde comme trop vicieux, et on l'abat. Si c'est un chien, on est porté à le regarder comme enragé, et on s'empresse de le faire tuer. Mais la folie se rencontre réellement chez les animaux, et il n'y a pas lieu de chercher là une preuve en faveur de l'existence d'une maladie de l'âme. Il est à remarquer que les lésions que je vous ai signalées sont souvent plus avancées et plus générales dans la substance blanche que dans la grise. Or, tout justement, c'est la première qui renferme les principaux moyens de communication et d'association des cellules. On comprend dès lors pourquoi ce sont souvent les phénomènes de jugement et de raisonnement qui font défaut chez les fous, tandis que les idées, auxquelles les cellules de la substance grise sont indispensables, continuent à affluer avec surabondance et suractivité. L'altération des fibres commissurales est bien plus apte à produire le désordre intellectuel que l'altération des cellules. Dans la folie, les lésions ne siégent pas exclusivement dans les lobes cérébraux, elles s'étendent souvent aux corps striés, aux couches optiques, à la protubérance, au bulbe et à la moelle, ce qui permet d'expliquer les troubles moteurs sensitifs et végétatifs qui se joignent souvent aux aberrations intellectuelles.

Pour comprendre le mécanisme de la formation de la folie, considérée en général, il faut se rappeler le mode d'enchaînement des phénomènes psychiques normaux. Dans la vie normale, le point de départ des idées et des actes se trouve dans les sensations. Une impression vient du dehors. Elle est sentie dans la couche optique dont les cellules vont à leur tour solliciter le travail des cellules intellectuelles, qui transforment la sensation perçue en pensée. Les cellules superficielles de la substance corticale sollicitent ultérieurement les grosses cellules de la couche profonde, qui ont, elles, pour mission de donner naissance par leur travail spécial à une détermination, une impulsion volontaire ou d'apparence volontaire. Leur ébranlement, en se propageant à travers les parties motrices de l'axe, va provoquer en dernière analyse des actes en rapport avec l'idée et par suite avec l'impression reçue. Telle est la filiation des trois opérations : sensation, idéation et action ; filiation résultant de l'ordre d'agencement des cellules sensitives, idéogènes et motrices. Quand même on n'accepterait pas ces localisations anatomiques, on serait encore obligé de reconnaître l'existence distincte et indépendante des trois ordres d'opérations. Le philosophe pur les admet lui-même sous les noms de : perception, pensée et volition. Dans la pathologie mentale, ces trois phénomènes se montrent à la fois aussi distincts et aussi enchaînés entre eux qu'à l'état physiologique. Ils peuvent être tous trois le point de départ du trouble général, le premier pas de la folie, et on peut avoir à l'origine la folie de la perception, celle de la pensée et celle de la volition ; ou même la folie des cellules sensorielles, celle des cellules intellectuelles, et celle des cellules à détermination motrice.

Nous avons déjà indiqué dans la physiologie pathologique générale que les altérations du centre sensoriel pouvaient amener des troubles intellectuels passagers et même la folie. Il nous faut encore revenir ici sur ce sujet, afin de mieux apprécier encore ce premier mode de formation de l'aliénation mentale. Pour qu'une hallucination engendre de la folie et même un simple moment de délire, il faut qu'elle rencontre dans la couche intellectuelle des conditions particulières qui en fassent un terrain propre à leur développement. Quand ces conditions n'existent pas, l'hallucination vient en vain ébranler le siége de l'intelligence, elle n'arrive pas à la faire dévier. C'est ce qui a eu lieu par exemple dans les faits devenus classiques du libraire de Berlin, Nicolaï, et d'Andral. Le premier voyait le soir, avec toute la vigueur de la réalité, tout un cortége de personnages bizarres défiler sur la muraille de son cabinet. Quoique poursuivi par cette vision, il restait convaincu qu'il était victime d'une hallucination, et il ne se laissait entraîner à aucune idée délirante. Andral raconte qu'un jour s'étant approché, à son lever, de sa cheminée, pour rallumer son feu, il vit nettement le cadavre d'un enfant à demi-rongé par les vers, dont l'aspect l'avait vivement impressionné la veille à l'amphithéâtre. Non-seulement il le voyait nettement et malgré lui, mais il en sentait l'odeur insupportable. Au milieu de cette sensation persistante, il conserva néanmoins toute sa liberté d'intelligence. C'était une hallucination dont il ne pouvait pas se défaire, mais qu'il jugeait à sa véritable valeur. Au fond, le second acte, la transformation en idée, se faisait et se faisait faussement, puisqu'il y avait à la fois la sensation et l'idée de l'enfant. Mais cette pensée n'altérait en rien le travail automatique des autres cellules trop solidement éduquées pour se laisser dévier. Mais qu'une pareille hallucination survienne chez une tête moins bien organisée, arrive à un cerveau dont les cellules n'ont pas reçu une éducation suffisante, où les notions compensatrices ne sont pas là pour contre-balancer l'illusion, il en résultera une véritable conviction et toutes les conséquences inévitables d'une erreur bien enracinée. C'est ce qui arrive chez les gens du peuple, surtout chez ces paysannes qui veulent rendre tout le monde victime de leurs visions. Que cette hallucination intervienne maintenant chez un individu qui, pour une raison ou pour une autre, a sa couche corticale congestionnée ou bien surexcitée soit par une fièvre, soit par l'alcool, elle mettra le feu aux poudres, fera éclater l'incendie générale, et il se produira le délire. Qu'elle arrive enfin dans un de ces cerveaux qui, en vertu des lois de l'hérédité, se trouvent prédisposés à la folie, qui présentent même déjà, sous une forme plus ou moins latente, un commencement de dégénérescence grise ou de sclérose miliaire, alors l'impulsion sera donnée une fois pour toutes et le cerveau tournera désormais toujours dans son orbite de désordre. A ce moment, la folie virtuelle abandonnera l'état latent. Le second acte, celui de la conception, peut s'altérer seul, les deux autres conservant toute leur intégrité. Il est des aliénés qui n'ont ni hallucinations, ni illusions, qui ne commettent pas d'actes extravagants, mais qui engendrent continuellement des conceptions délirantes, dont ils sont assaillis malgré eux. Ce sont les cellules superficielles de la couche corticale qui sont entraînées dans un automatisme exagéré et irrégulier par le travail scléreux dont elles sont entourées. Leurs folles oscillations n'ont pas besoin d'être provoquées par celles des cellules optiques, et tout en oscillant, elles n'arrivent pas à entraîner dans le même travail morbide les cellules profondes, soit grâce au contre-poids des cellules restées normales, soit parce que l'inertie relative de la couche profonde l'empêche de se mettre à l'unisson avec la superficielle. Enfin, le troisième acte, celui de la détermination volontaire peut être seul intéressé. Il est des fous qui n'ont pas d'hallucinations, qui raisonnent juste, ont les idées nettes, possèdent toute leur intelligence, et qui commettent, malgré eux, irrésistiblement certains actes. Pour les médecins philosophes, c'est la folie de la volonté qui se trouve distincte de celle de l'intelligence et de celle des sensations. Pour Luys, ce serait le trouble isolé des cellules de détermination auquel pourrait contribuer l'incitation indirecte partie du cervelet. L'idée qui lâcherait la détente ne serait pas désordonnée, mais les cellules profondes amplifieraient considérablement les oscillations transmises par les cellules intellectuelles. Dans la folie des sensations, ce seraient les cellules optiques qui se montreraient montées; dans la folie de l'idéation, ce seraient les cellules superficielles de la couche corticale; dans la folie des volitions, ce seraient les cellules profondes.

Il faut toutefois le reconnaître, cet isolement est très-rare et quand il se rencontre, il est presque toujours temporaire. Les diverses parties de l'encéphale, et, par conséquent, les diverses facultés sont unies entre elles d'une manière tellement intime, que tôt ou tard elles réagissent les unes sur les autres. Les conceptions délirantes réveillent bientôt dans les couches optiques des hallucinations, et le premier acte peut se mêler au second. Ou bien ce sont les hallucinations qui finissent par détériorer les cellules intellectuelles, au point que celles-ci peuvent désormais dévier spontanément. Puis bientôt les cellules d'idéation communiquent aux cellules déterminantes une exaltation qui devient leur caractère propre. Très-souvent, du reste, la folie semble éclater par les trois voies à la fois.

Tel est le mécanisme intime, à la fois psychologique, physiologique et anatomique, suivant lequel s'engendrent toutes les espèces de folie. Quant à l'analyse des symptômes, il faut absolument considérer à part les principales variétés que nous avons admises: la manie, la monomanie, la lypémanie. Nous quitterons pour elle la marche que nous avons suivie jusqu'alors. Au lieu d'entrer dans la discussion physiologique seulement, après avoir présenté un tableau succinct de la symptomatologie, nous ferons marcher de front l'énumération des symptômes et leurs explications. Du reste, il serait assez difficile de donner un sommaire descriptif, car chaque aliéné nécessite presque une description spéciale. D'un autre côté, après les détails préliminaires dans lesquels nous sommes entrés, il ne peut plus y avoir matière à des discussions de longue haleine, et il sera plus pratique de placer en regard de chaque symptôme son interprétation. Ce sera comme une série de réponses suivant immédiatement les questions. De toutes les variétés indiquées, la plus répandue est la manie. C'est à son étude que nous consacrerons la prochaine leçon.

TRENTE-NEUVIÈME LEÇON.

Messieurs,

La manie est la forme la plus fréquente et la plus apparente de
la folie. Les gens du monde ne considèrent même comme fous que
les maniaques. La plupart du temps ils ne s'aperçoivent pas de la véritable situation des monomaniaques et des lypémaniaques. Elle est
avant tout caractérisée par une grande surexcitation de l'intelligence,
une confusion considérable de toutes les opérations intellectuelles,
et, enfin, par une grande mobilité dans tous les sentiments. Elle peut
débuter brusquement et présenter d'emblée sa période d'état. Mais
le plus souvent le malade passe par des phases préparatoires qui
peuvent remonter jusqu'à la première enfance. Les futurs maniaques
se montrent, dès les premières années de leur vie, d'un caractère
violent, ayant des goûts bizarres, indisciplinables et peu susceptibles
d'éducation. Ce sont là les premiers tressaillements d'un volcan qui
ne fera irruption que beaucoup plus tard. Il semble que leurs cellules sont peu susceptibles de se laisser imprégner par les impressions qui arrivent ; qu'elles ne cèdent que difficilement aux sollicitations des cellules optiques, et lorsqu'elles y cèdent, elles ne le font
qu'un instant et imparfaitement, de façon à ne fournir que des produits incomplets et de peu de durée. On dirait aussi que, comme
elles n'arrivent à entrer en travail que çà et là, les autres continuant
à se montrer rebelles, la formation des idées manque forcément
de méthode et la mosaïque des notions acquises présente de nombreuses lacunes. Ils ont fréquemment mal à la tête et ont parfois des
crises nerveuses, ce qui semble indiquer que leur système nerveux
est déjà le siége d'un certain travail pathologique qui nous échappe,
parce qu'il est encore à l'état d'ébauche. Il se fait sans doute, à
certains moments, des congestions irritatives siégeant particulière-

ment, si les idées physiologiques de Luys sont vraies, dans les cellules déterminantes et dans le cervelet. Elles expliqueraient ainsi les accès de colère et de violence qui se montrent de temps en temps. C'est aussi à des congestions fréquentes de la couche optique qu'il faut attribuer les rêves et les cauchemars qui troublent constamment le sommeil de ces enfants. Au moment où la manie va se déclarer, le malade, devenu le plus souvent adulte, tombe dans une tristesse profonde. Il est abattu. Il éprouve des inquiétudes vagues qu'il ne peut pas préciser. Les maux de tête sont continuels, ce qui prouve bien que le processus morbide, qui était resté jusqu'alors presque latent, est entré dans une période d'inflammation aiguë, et que la dégénérescence grise doit s'accentuer de plus en plus. Ce travail morbide semble même absorber toute l'économie. Car, dans cette période initiale, l'aliéné est plongé dans une véritable stupeur morale et physique. Il se passe là quelque chose d'analogue au délire des pyrexies. En effet, au début des fièvres ataxiques, il y a d'abord affaissement général, puis le délire éclate tout à coup. Dans la folie, ces deux phases seraient seulement de plus longue durée, et à marche plus chronique. On dirait qu'il y a une anémie initiale qui pourrait bien correspondre à la contraction et à l'effacement des vaisseaux qui précèdent leur dilatation active dans toute espèce d'inflammation. Il semble que le cerveau concentre ses forces, et se prépare ainsi à l'énorme activité qu'il va déployer. Quoi qu'il en soit, l'aliéné devient incapable de penser et d'agir. Les fonctions végétatives tombent elles-mêmes dans une inertie relative. Le malade n'a aucun goût pour les aliments. Sa bouche est pâteuse. Il y a une constipation opiniâtre. La respiration et la circulation se font avec moins de vigueur. Il y a une angoisse respiratoire analogue à celle qui existe chez les chlorotiques et les anémiés. C'est au point que certains médecins prétendent que c'est l'arrêt de la nutrition qui ouvre la marche, et que c'est l'inanition qui déprime l'intelligence. Il existe bien un délire d'inanition, mais alors il est aigu et passager, il semble plutôt que c'est là le résultat des relations intimes qui existent entre les deux systèmes nerveux, végétatif et animal. Les besoins de nutrition se mettent pour ainsi dire à l'unisson avec les besoins de la dépense dynamique et intellectuelle. Ayant peu d'activité, l'aliéné en ce moment use peu et, par suite, a besoin de peu de matière. En ce qui concerne la respiration, il est bien certain que le centre intellectuel peut agir d'une manière réflexe sur le bulbe, puisqu'une simple émotion suffit pour provoquer de l'angoisse respiratoire. Du reste, il y a parfois plus qu'une action réflexe, puisque l'anatomie pathologique nous montre que le bulbe peut prendre part à la sclérose cérébrale. Au fond, la folie, considérée dans sa cause première, n'est pas une maladie du cerveau, c'est une maladie du système nerveux qui, suivant les points de l'axe où elle prend le plus grand développement, donne lieu soit aux diverses névroses de la motilité et de la sensibilité, soit à l'aliénation mentale.

Tout à coup, à cette période de dépression succède une phase d'expansion qui va bientôt jusqu'à l'agitation. On les voit déployer une activité inaccoutumée qui devient rapidement excessive. Ils sont tourmentés d'un besoin continuel de marcher ou d'agir avec leurs mains. Ils acquièrent une élocution surprenante. Ils parlent avec une aisance qui aboutit à une volubilité extraordinaire. Le même essor se montre dans les conceptions. Sous prétexte de vues plus larges, ils se livrent à des dépenses inutiles et au-dessus de leurs moyens. Ils se lancent dans des spéculations hasardées. La vie végétative éprouve des changements analogues. Ils ont un appétit vorace, digèrent parfaitement. La capacité nutritive semble augmenter pour suffire à cette dépense considérable de manifestations. On dirait que partout l'anémie a fait place à la surabondance du moteur liquide de la vie, et que la dilatation active des vaisseaux vient de succéder tout à coup à la constriction, qui était comme l'élan préparateur du saut gigantesque qui s'exécute. Bientôt ce qui n'était qu'une suractivité non motivée devient de l'exaltation, qui ne peut même plus laisser de doute dans l'esprit du vulgaire.

Les uns, ce sont les mieux partagés, se trouvent en possession d'une mémoire surprenante. Ils récitent avec exactitude des choses qu'ils ont lues rapidement autrefois et qu'ils avaient oubliées depuis longtemps. L'inflammation fait vibrer des cellules qui restaient endormies, que rien avant ne pouvait mettre en activité. Dans cet état de surexcitation morbide seulement, elles arrivent à manifester leur puissance qui restait latente. On dirait que ces choses étaient inscrites avec une encre sympathique qui ne se colore que dans certaines conditions. L'imagination acquiert une activité surprenante. Les vibrations deviennent tellement amplifiées que le produit est centuplé, et dépasse les limites de la vérité. L'automatisme est tellement excité que les vibrations spontanées éclatent à la fois sur tous les points. Aussi les idées pullulent. Ils deviennent éloquents. Le plus prosaïque devient poëte. C'est une machine chauffée à toute vapeur, qui dévore l'espace, mais qui ne déraille pas encore. C'est là la forme que les aliénistes appellent la *manie exaltée*.

D'autres ont la forme dite *manie incohérente*. Les idées abondent autant. Il règne la même activité et la même dépense intellectuelle, mais les pensées sont disparates et se produisent sans ordre. Elles se heurtent, c'est le chaos. Le même désordre existe dans le langage. La machine, dans ce cas, abandonne ses rails et va follement semer le désordre partout. Le cerveau est comme un bâtiment qui a perdu son gouvernail et dont l'hélice tourne avec furie. Les médecins psychologues expliquent l'incohérence en disant : « L'harmonie des fa-« cultés intellectuelles est détruite. Les facultés syllogistiques et « dirigeantes, l'attention, le jugement, la réflexion, sont affaiblies et « semblent dominées par les facultés conceptives, la perception, la « mémoire, l'imagination. » Griesinger prétend que l'incohérence tient à la précipitation avec laquelle s'accomplissent tous les phénomènes psychiques; que les idées naissent et se succèdent si vite qu'elles n'ont pas le temps de s'associer d'une manière régulière. Falret donne de son côté une interprétation très-ingénieuse. L'incohérence n'existerait pas dans la pensée du malade, mais uniquement dans son langage. Elle ne serait qu'apparente. Les idées seraient créées tellement vite, elles se suivraient d'une manière tellement serrée, que le langage, qui est d'un mécanisme plus lent, n'aurait pas le temps de les traduire toutes. Quelques-unes seraient exprimées, et il resterait beaucoup de chaînons intermédiaires non exprimés et qui resteraient inconnus de l'observateur, tout en étant connus du malade. Il y aurait de l'ordre dans la pensée, mais de l'ordre qui resterait caché. Il s'appuie sur des faits qui semblent assez probants. « Après leur guérison, dit Falret, certains maniaques « rendent un compte très-exact des moindres détails de leur délire, « et montrent le vigoureux enchaînement de leurs idées et l'inflexi-« ble logique de leurs actes les plus extravagants. » Malgré ce que cette explication peut avoir de séduisant, je crois qu'elle ne suffit pas, car les fous exaltés ont aussi la même exubérance de pensées et cependant ils ne sont pas incohérents. Les exaltés et les incohérents forment deux catégories bien distinctes. Il faut donc qu'il y ait chez ces derniers quelque chose qui n'est pas chez les premiers, et ce quelque chose est probablement une destruction plus complète des moyens matériels d'association, c'est-à-dire des fibres commissurantes. Les cellules qui sont surexcitées entrent en action, çà et là, irrégulièrement, sans relations possibles, puisque matériellement elles sont devenues isolées les unes des autres. C'est dans cette désorganisation du cerveau que les spiritualistes eux-mêmes doivent aller chercher la cause de la folie. L'âme, tout en conservant sa pureté primitive, ne saurait enfanter des pensées harmonisées avec un instrument aussi détérioré, de même qu'un grand artiste ne saurait produire des sons harmonieux avec un clavecin mal accordé.

Qu'il soit incohérent ou non, le maniaque présente ordinairement une loquacité extraordinaire. C'est la conséquence même de cet état d'ébullition des cellules intellectuelles qui vient solliciter l'action de la machine parlante du bulbe. C'est ce pianiste effréné qui force son instrument à produire le flot de notes en rapport avec ses inspirations. Il est des malades qui répètent pendant plusieurs heures la même phrase. L'idée musicale enfantée par un groupe de cellules intellectuelles frappe sans relâche sur les mêmes touches. La voix a une raucité particulière qui existe dès le début, ce qui indique qu'il n'y a pas là une conséquence de la fatigue. Elle est plutôt l'expression d'un état nerveux, d'un état spasmodique des muscles de la glotte. Les gestes sont tumultueux parce qu'ils sont la traduction du délire intellectuel. Les moyens de mimique sont, comme la voix, un instrument sur lequel frappe sans cesse l'artiste en délire. La face est très-animée, les yeux sont injectés et brillants : sans doute qu'ils prennent part au haut degré de vascularisation que doit présenter à ce moment le cerveau. Les forces musculaires participent à la suractivité générale. Bien des aliénés ont une vigueur presque surhumaine. Ils soulèvent des fardeaux que leur conformation physique semblerait devoir mettre hors de leur portée. Les centres locomoteurs sont alors très-probablement dans le même état de subinflammation. L'anatomie pathologique nous montre du reste la sclérose miliaire parsemant souvent la protubérance et le cervelet, en même temps que le cerveau. On voit aussi nettement l'espèce de déterminisme qui résulte des connexions existant entre les cellules intellectuelles et les motrices. Les mouvements sont automatiquement destructeurs. Ils déchirent leurs vêtements, se déshabillent, courent, sautent, brisent tout sur leur passage, et cela sans qu'il y ait hallucination. L'intensité de l'idée ne rend même pas compte de la vigueur de l'impulsion. Il y a évidemment, à côté de la connexion indiquée, l'exaltation propre des centres moteurs. Luys serait en droit d'invoquer ici la surexcitation du cervelet. Le sommeil est souvent nul, et on a la preuve que la quantité de sang afférente au cerveau n'est pas la condition fondamentale de ce phénomène physiologique. Car ici l'insomnie, quelles que soient les variations de vascularisation, a lieu uniquement parce que les cellules cérébrales sont tellement irritées, qu'elles ne peuvent rester un seul moment inertes. Malheureusement ce travail forcé ne fait qu'aggraver leur situation matérielle, augmenter par suite la folie et précipiter la démence finale que prépare l'usure.

En raison même de la tendance à la généralisation des altérations anatomiques chez les aliénés, la sensibilité générale est souvent amoindrie ou éteinte, même en dehors des cas où l'anesthésie a pu être le point de départ de la folie. C'est ce qui explique pourquoi les maniaques peuvent se faire eux-mêmes toutes les mutilations possibles sans paraître en souffrir, sans même paraître s'en douter. Marcé attribue à cette anesthésie, qui existe aussi la plupart du temps pour les viscères, le peu de troubles qu'apportent, dans l'économie des maniaques, des maladies telles que la pneumonie, la pleurésie, la péritonite. Toutes ces affections passent chez eux presque inaperçues et ne donnent pas lieu au moindre retentissement sur les autres fonctions. Il est à remarquer, du reste, qu'en dehors des aliénés, ce retentissement va en s'affaiblissant à mesure que l'éducation, la classe et le régime tendent à donner moins de perfectionnement à la sensibilité. Les nerfs sensitifs sont le lien qui donne de la solidarité pathologique à tous les organes par l'intermédiaire des centres de réflexion. La folie, en détruisant la sensibilité, donne presque aux organes une vie indépendante. Cette anesthésie a encore d'autres conséquences. Elle rend la déglutition difficile, amène l'incontinence urinaire et fécale, en supprimant la donnée sensitive qui doit régler les muscles du pharynx et tenir éveillées les sentinelles, sphincters. Chez quelques aliénés il y a, concurremment avec l'anesthésie, des points névralgiques qui siègent de préférence dans les plexus viscéraux. Les sens spéciaux sont au contraire généralement exaltés, grâce sans doute à l'état de congestion des couches optiques. Cette différence d'état, qui existe entre les sensibilités générale et spéciale, donne à penser que l'anesthésie doit trouver sa cause ailleurs que dans la couche optique, peut-être dans la protubérance qui prend si souvent part à la dégénérescence. Quoi qu'il en soit, l'exaltation des sens existe au point que les maniaques sentent des odeurs imperceptibles. Ils peuvent même avoir des hallucinations. Mais elles ne sont pas constantes dans la manie. Elles sont un élément surajouté. De plus elles sont excessivement mobiles, tandis que, dans la monomanie, elles sont constantes. Au début, les fonctions génésiques semblent excitées. Elles se calment ultérieurement. Une chose remarquable et qui montre bien l'influence que le cerveau exerce sur la vie de nutrition par l'intermédiaire des nerfs vaso-moteurs et peut-être même des trophiques, c'est que les maniaques présentent des variations brusques et considérables d'embonpoint, et cela sans que l'alimentation soit changée comme quantité et qualité. Les sécrétions sont abondantes. Tout s'épanouit en même temps que l'intelligence. Très-souvent il se fait des dépôts de pigment dans la peau de la face et des mains, qui devient brune. Ce fait est à rapprocher de la pigmentation des cellules cérébrales et de la présence de pigment dans les gaînes lymphatiques. On voit aussi des chutes et des reproductions de cheveux d'une rapidité surprenante. Suivant Lailler, les aliénés sont plus sujets au diabète que les hommes sains d'esprit.

A côté de cette analyse physiologique générale, ajoutons qu'il y a des cas assez spéciaux pour que les aliénistes aient cru devoir créer des espèces particulières de manie que nous allons seulement mentionner : 1° la manie *raisonnante*, dans laquelle l'intelligence reste intacte, et où le délire porte seulement sur les facultés affectives et morales, ce qui prouve que les cellules sentimentales sont réellement distinctes des cellules intellectuelles; 2° la manie *intellectuelle*, celle que nous avons eue surtout en vue dans la description générale; 3° la manie *impulsive*, où l'intelligence reste intacte, où la mémoire, l'imagination, sont parfaites, et où le malade commet irrésistiblement des actes criminels : c'est la folie des actes, des déterminations, des grosses cellules, dans laquelle intervient peut-être le cervelet, suivant les idées de Luys. Prichard la regarde comme étant la folie de la couche des instincts; 4° la manie *épileptique*, où les centres locomoteurs jouent un rôle capital, motivé, du reste, par l'état anatomique; car les recherches des Anglais ont démontré que, chez les fous épileptiques, la protubérance était criblée de sclérose miliaire.

Les relevés faits en vue de déterminer l'étiologie de la manie ont mis hors de doute certaines influences qu'il nous faut encore chercher à interpréter. Cette affection se manifeste surtout entre 20 et 35 ans, c'est-à-dire à l'âge où le cerveau déploie plus de vigueur et fournit à des dépenses plus considérables. On comprend que, dans ces conditions, il soit plus que jamais apte à devenir le siége d'un processus irritatif, d'un travail subinflammatoire. — En province, elle se rencontre beaucoup plus souvent chez les hommes que chez les femmes. L'inverse semble exister à Paris. Le premier rapport s'explique parfaitement par la plus grande activité cérébrale que l'homme est obligé de déployer, par les préoccupations des affaires auxquelles il se livre à peu près seul, par toutes les circonstances qui mettent les passions plus souvent en jeu chez lui. Le second étonne moins quand on songe qu'à Paris le sexe féminin sort, sous tous les rapports, du rang qui lui est assigné dans la machine sociale, et que, de plus, les causes d'excitation produisent des effets d'autant plus désastreux qu'elles viennent ébranler des cerveaux moins préparés par l'éducation et les conditions initiales à subir un pareil choc. A Paris se rencontrent, pour la femme, tous les excitants de la vie artistique et de la vie déréglée qui peuvent déterminer la folie par voie sensorielle. — L'hérédité prend ici une part considérable, car elle intervient dans la moitié des cas. Les ascendants aliénés, déments, imbéciles, épileptiques, paralytiques, aveugles-nés, sourds et muets, ou même simplement névropathes à un titre quelconque, transmettent à leurs descendants un système nerveux apte à la dégénérescence grise et aux diverses altérations des centres nerveux que nous avons mentionnées. Suivant des circonstances que l'état actuel de la science ne nous permet pas encore d'apprécier, cette aptitude reste pour ainsi dire étouffée à sa naissance, et il en résulte une simple susceptibilité névropathique, ou bien elle reste circonscrite dans des centres locomoteurs et se traduit par l'épilepsie, ou la chorée, ou la paralysie ; ou bien elle envahit le cerveau lui-même, et alors la scène pathologique appartient plus spécialement à l'ordre psychique. — L'influence de la température est tout aussi incontestable que les précédentes; car c'est pendant les trois mois de grande chaleur que la folie éclate surtout, et il est aussi certain que l'insolation la provoque très-souvent. Sans doute qu'en congestionnant le cerveau, qu'en le baignant d'une plus grande quantité de sang, la chaleur lui fournit les moyens d'entrer dans un travail pathologique très-actif.— Les chutes et les coups sur la tête peuvent déterminer la folie, quoi qu'on en ait dit; et ce fait vient encore accuser la nature matérielle de l'affection. — En fait d'idiosyncrasie, la prédominance physiologique du système nerveux dans l'économie est, comme l'a dit Griesinger, un premier pas vers l'aliénation mentale. C'est ainsi que tout ce qui perfectionne l'homme moral, l'homme intellectuel, l'homme artiste, tend à le pousser vers la folie. Il faut absolument que la vie matérielle et bestiale vienne apporter un certain contre-poids à toutes ces occupations qui élèvent l'esprit, mais qui peuvent le transporter dans une atmosphère pernicieuse pour la frêle machine cérébrale. — Toutes les professions et toutes les circonstances de la vie capables d'ébranler considérablement le cerveau et de constituer pour lui une véritable épine, une blessure qui aura pour résultat d'y faire naître une déviation de la nutrition, peuvent amener l'explosion de la folie, surtout lorsque le terrain se trouve préparé soit par l'hérédité, soit par les conditions antérieures de l'existence. C'est ainsi qu'elle peut apparaître chez le spéculateur auquel une perte considérable ou un gain inespéré font éprouver une émotion trop vive et trop instantanée ; chez le soldat qui est vivement impressionné par le péril de la bataille, après avoir été préalablement miné par les fatigues et les privations; chez l'homme de lettres qui voit échouer une œuvre qui a tant coûté à son centre intellectuel ; chez un artiste, par le succès d'une composition qui avait déjà, antérieurement, imposé à son système nerveux un si haut degré de tension. — Sans tenir compte de la profession, nous voyons signalée une longue série de circonstances dont l'efficacité est incontestable; les travaux intellectuels, quels qu'ils soient, qui congestionnent le cerveau et irritent les cellules : elles s'échauffent par un travail qui a lieu sans trêve ni repos ; — les émotions morales, les chagrins prolongés, qui modifient les conditions vasomotrices du cerveau; les passions contenues, qui concentrent l'ébranlement dans le cerveau et l'empêchent d'aller s'user en manifestations extérieures ou viscérales; — les commotions politiques, qui produisent un ébranlement beaucoup plus considérable que les émotions ordinaires et une grande exaltation fonctionnelle; — le mysticisme religieux exagéré, qui porte aux fictions et qui équilibre mal le travail; — l'alcool, qui produit à la fois la congestion du cerveau et l'éréthisme des cellules. En général, il ne fait que préparer la folie véritable pour la génération suivante. Le père alcoolisé transmet à son fils un état latent, un nervosisme qui deviendra folie. Il sème la folie dans le cerveau de ses descendants, et le germe se développe surtout lorsqu'il est, en outre, arrosé par les excès alcooliques du fils Il semble que l'aliénation est une œuvre de longue main, et qu'elle doit compter plusieurs aïeux dans la grande famille des maladies du système nerveux; mais l'alcool peut créer d'emblée une variété particulière d'aliénation mentale qu'on appelle *delirium tremens,* dont nous nous occuperons spécialement dans des leçons finales où nous traiterons des intoxications et des agents thérapeutiques du système nerveux. Alors aussi nous analyserons les effets des narcotiques, qui peuvent encore produire la folie en congestionnant et en irritant la substance cérébrale, mais qui agissent surtout par la couche optique et la voie des hallucinations. —La fièvre typhoïde, qui, nous l'avons vu, entraîne parfois des altérations secondaires du système nerveux; celles-ci donnent lieu à des paraplégies lorsqu'elles restent localisées dans la moelle; à des convulsions, lorsqu'elles envahissent les centres locomoteurs encéphaliques; à la folie, lorsqu'elles prennent le cerveau pour le théâtre de leurs dévastations. — Les fièvres intermittentes prolongées, qui, suivant Baillarger, agiraient en produisant l'anémie et en augmentant, par suite, la prédominance du système nerveux sur le système sanguin; et, suivant Guislain, en vertu de la cachexie et de l'appauvrissement du sang. Je crois qu'il faut tenir un très-grand compte des milliers d'embolies pigmentaires qu'enfante l'intoxication paludéenne. — Le rhumatisme, qui peut transporter son effort anatomique des articulations sur les méninges et sur le cerveau. — Les helminthes, qui, par action réflexe, peuvent provoquer aussi bien un travail inflammatoire du cerveau qu'une explosion motrice, comme les convulsions. — La menstruation peut aussi exercer une influence incontestable sur la production de la folie. Il y a alors une impression viscérale qui, même dans les conditions ordinaires, vient assez titiller le cerveau pour provoquer des troubles passagers dans le caractère et l'intelligence. Que le système nerveux présente la prédisposition anatomique voulue, et une irrégularité quelconque de la fonction menstruelle pourra faire éclore la folie. C'est aussi par l'action réflexe des viscères génitaux que l'aliénation peut être engendrée, par la grossesse ou l'état puerpéral, ou l'allaitement. On a voulu voir dans la folie puerpérale le résultat de l'albuminurie, qui apparaît si souvent dans ces conditions. Mais il est évident que la modification de la sécrétion urinaire et l'aliénation sont ici deux effets concomitants d'une même cause, l'exaltation du système nerveux par une impression commune partie des organes de la génération. — Les diverses productions viscérales et osseuses de la syphilis peuvent déterminer la folie lorsqu'elles prennent pour siége soit le cerveau, soit le crâne. — Elle peut aussi, de même que le diabète, l'asthme et l'albuminurie, être liée à ce que les médecins appellent le vice dartreux, ce qui vient à l'appui de la thèse que nous avons défendue à propos du bulbe.

Monomanie.

Ce mot donne à penser que le genre de folie que les aliénistes désignent ainsi est surtout caractérisé par un délire qui porte sur un seul point déterminé, l'intelligence se montrant intacte sur tous les autres points. Il n'en est rien; les monomanes ne présentent pas un délire aussi circonscrit. Toutefois, ils se renferment dans un cercle d'idées assez étroit. Mais ce qui caractérise, avant tout, cette variété d'aliénation, c'est l'exagération du sentiment de personnalité, c'est l'immense orgueil dont le malade est rempli, et qu'il accuse par ses paroles, son maintien et par tous ses actes. Il marche la tête haute, parle d'une manière impérieuse, recherche la solitude, mais uniquement par dédain de ses semblables. Il se croit un délégué de Dieu, un grand génie, un général illustre, etc. C'est là son idée fixe, et toutes ses autres idées délirantes ne sont que les satellites de la première. Tandis que, chez le maniaque, l'éréthisme cellulaire est très-mobile et très-instable; tandis qu'il parcourt en tous sens et rapidement toute la substance corticale, de façon à produire une grande incohérence dans les idées et une grande mobilité dans les sentiments, chez le monomaniaque, au contraire, il reste fixe dans un point déterminé, envoyant seulement autour de lui des courants dérivés, de façon à faire naître des idées secondaires qui sont toujours les conséquences parfaitement logiques de l'idée mère. Ainsi limité, le travail pathologique prend nécessairement des proportions plus grandes, et le délire partiel qu'il engendre n'en a que plus de vigueur et plus de ténacité. Par suite, la réflexion des cellules intellectuelles malades sur les cellules de détermination se trouve être plus puissante, et les actes qui sont la conséquence de l'idée sont beaucoup plus irrésistibles. Le retentissement sur la couche optique est tout aussi puissant et provoque des hallucinations en rapport avec l'idée dominante, qui viennent apporter au malade la sanction de l'existence de ce qu'il croit être. Il se crée un monde extérieur de personnes, d'objets, de paroles entendues qui, pour lui, viennent confirmer la haute idée qu'il a de lui-même. Ici, c'est l'idée folle qui engendre l'hallucination, et non pas celle-ci qui engendre la folie. Ce phénomène secondaire est beaucoup plus constant dans la monomanie que dans la manie, où il manque même la plupart du temps, tout justement parce que, dans ce dernier cas, l'ébranlement en se disséminant dans toute la couche corticale, a beaucoup moins de tendance à en franchir les limites. Dans l'étiologie de ce genre d'aliénation mentale, on retrouve exactement les mêmes causes que pour la manie; mais il est évident que sa forme spéciale doit tenir à ce que la cause déterminante a agi d'une façon à la fois intense et exclusive, et a concentré ainsi l'éréthisme dans un département déterminé du cerveau. Car, si les monomanies peuvent provenir de toutes les causes capables de faire éclater la folie, il est bien certain qu'une monomanie donnée est toujours le résultat d'une seule de ces causes, qui s'est montrée à la fois persistante ou répétée et violente.

Lypémanie.

Elle est caractérisée par des idées tristes. C'est une folie dépressive. Il y a une période d'incubation où les malades se montrent taciturnes; ils recherchent la solitude. A cette tristesse sans délire succède la véritable folie lypémaniaque. Ils se croient ruinés, poursuivis ou damnés, suivant les préoccupations antérieures. Ils s'imaginent avoir commis des crimes atroces. La lypémanie engendre le dégoût de la vie et conduit au suicide. Tandis que, dans la manie, il y a, pour ainsi dire, exubérance de la vie non-seulement intellectuelle, mais même physique, puisque les sécrétions et toutes les autres fonctions nutritives se trouvent activées; dans la lypémanie, au contraire, tous les actes de la vie se montrent affaiblis. Les sécrétions diminuent; le tissu adipeux disparaît; la peau devient sèche et aride. L'appétit manque; les digestions se font mal. On retrouve même les aliments non digérés dans les excréments, qui, du reste, sont très-rares. La respiration se fait avec une mollesse extrême. Elle semble n'être plus qu'un simulacre de la fonction normale. Les mouvements du thorax sont superficiels et irréguliers; ils se font souvent par saccades. On dirait qu'ils n'ont plus pour but d'introduire de l'air dans les poumons, et qu'ils ne sont plus qu'un mode d'expression d'un sentiment moral pénible. C'est un spasme émotionnel. L'hématose se fait incomplétement, même indépendamment des échanges qui s'opèrent dans le poumon. C'est là une preuve incontestable que le système nerveux a réellement de l'influence, sans doute par l'intermédiaire des glandes vasculaires sanguines et de leurs nerfs excitateurs, sur ce phénomène qu'on regarde comme de nature purement chimique. Le cœur a une impulsion lente et faible; il est sujet à de grandes irrégularités. Il est de la dernière évidence que le pneumogastrique, le bulbe et la moelle, établissent une solidarité de souffrance entre le centre affectif et les organes respiratoires et circulatoires. Ces troubles finissent par amener une teinte cyanosique de la peau, des infiltrations séreuses et des congestions passives. La motilité, qui n'est au fond qu'une des conséquences de la vivacité et de l'activité des pensées, se sent naturellement de l'affaissement des causes qui peuvent la mettre en jeu. Les mouvements sont lents et manquent d'énergie, de même que les idées. Les vibrations sont si faibles et si paresseuses dans les cellules intellectuelles, qu'elles ne peuvent éveiller que des vibrations du même caractère dans les cellules déterminantes. Aussi il y a de l'indécision dans tous les actes comme dans toutes les pensées. La sensibilité elle-même peut être éteinte. Dans tous les cas, elle est amoindrie. Les lypémaniaques paraissent n'être plus impressionnés par le froid ni par la chaleur.

Les cellules affectives semblent, seules, être dans un état d'exaltation. Car, au point de vue des sentiments, ces malades sont d'une susceptibilité excessive. Les circonstances les plus insignifiantes les impressionnent d'une manière douloureuse. Tout les froisse. L'effet émotionnel se trouve considérablement multiplié. Le moindre bruit les fait tressaillir. Dans leur éréthisme, ces cellules engendrent surtout des passions dépressives, telles que la haine, la défiance, la crainte, le soupçon. C'est pourquoi la vie de nutrition se trouve enrayée. Les sentiments doivent être considérés comme étant les sensations internes de la couche corticale du cerveau. Les cellules affectives sont les organes des sens, la couche optique des sensations psychiques. Les sentiments normaux sont les sensations vraies, nées dans le cerveau; les sentiments morbides de la lypémanie sont les hallucinations de ces cellules spéciales; de même que les cellules sensorielles, les éléments affectifs peuvent, dans leur éréthisme, aller ébranler les cellules intellectuelles et provoquer ainsi des idées déraisonnables. On a dit à tort que le lypémaniaque pensait beaucoup et que son calme extérieur cachait un violent délire intérieur. En réalité, toutes ses pensées se reportent sur la cause de son chagrin imaginaire. Les cellules intellectuelles sont devenues les esclaves de l'automatisme morbide des cellules affectives. C'est le sentiment fixe qui fait ici l'idée fixe. Ces mêmes cellules affectives, qui ébranlent leurs congénères intellectuelles et qui absorbent pour elles le travail qu'elles leur font exécuter, peuvent aussi aller retentir sur les cellules optiques, et y faire naître des hallucinations des sens qui, comme les idées, ne sont que le reflet du sentiment éprouvé. Le moindre bruit devient pour lui la parole ou un acte de l'être par lequel il se croit poursuivi. Au milieu de son apathie habituelle, le lypémaniaque a parfois des moments de fureur, des impulsions violentes. C'est la congestion de réaction qui se fait de temps en temps. En appliquant ici les idées de Luys, on pourrait dire que l'épine affective va aussi retentir de temps en temps sur le cervelet, comme, à d'autres moments, elle va exciter la couche optique ou la couche intellectuelle. Je suis tenté de regarder la lypémanie comme étant, à son point de départ, la folie des cellules affectives, la manie et la monomanie celle des cellules intellectuelles, l'hallucination celle des cellules optiques ou sensorielles, l'épilepsie celle des cellules motrices. L'étiologie vient elle-même à l'appui de cette idée, car la lypémanie est ordinairement engendrée par les chagrins domestiques, les revers de fortune, les inclinations contrariées. Les cellules affectives sont irritées, plongées dans un éréthisme morbide par ces stimulants spéciaux, comme les cellules intellectuelles le sont par un travail exagéré. Ces stimulants amènent non-seulement leur exaltation fonctionnelle, mais même leur altération nutritive qui matérialise et rend la maladie permanente. Il est aussi à remarquer que la lypémanie est beaucoup plus fréquente dans le sexe féminin. Or, chez la femme, les sentiments et, par suite, les cellules affectives sont prédominantes. Du reste, la couche affective subit aussi, elle-même, les conséquences des corrélations que le sympathique et le pneumo-gastrique établissent entre elle et les viscères. Si elle retentit sur ceux-ci lorsqu'elle est souffrante, elle peut à son tour le devenir lorsque les viscères se trouvent être primitivement malades. La lypémanie peut avoir deux origines, une origine sentimentale ou une origine viscérale.

Nous devons rapprocher de cette affection, comme en étant un degré moindre, une maladie très-répandue et rentrant, par conséquent, dans le domaine du praticien ordinaire, l'*hypochondrie*. C'est de la lypémanie portant exclusivement sur l'état de santé du sujet.

C'est la terreur des maladies. Dans les premiers temps, le sujet se sent vaguement malade. Il ne peut rien préciser. Mais il commence déjà à s'étudier constamment. Il regarde sans cesse sa langue dans la glace. Il examine ses urines, ses excréments dont il décrit, avec une minutie incroyable, toutes les variations. Il compte son pouls, palpe à chaque instant son abdomen. Il achète et dévore tous les livres de médecine, et il se croit successivement atteint de toutes les maladies. Par le retentissement des cellules affectives et des cellules sensorielles affectées aux viscères sur celles de la couche intellectuelle, son jugement se fausse complétement, mais uniquement au sujet de sa santé. Le médecin n'arrive jamais à le convaincre de son erreur. Les raisonnements les plus puissants, la logique la plus serrée, n'aboutissent à rien. Les hypochondriaques éprouvent de nombreuses hallucinations d'origine viscérale. Ils sentent que le cœur cesse de battre, que les membres se dessèchent, que le corps entre en putréfaction. Du reste, malheureusement, il n'y a de faux que l'interprétation. Ils ont réellement un viscère malade et la folie est presque toujours engendrée par la sensation viscérale. Dans l'état normal, les impressions parties des organes végétatifs n'arrivent pas à ébranler le cerveau, et elles passent inaperçues. Mais, lorsque ces viscères sont malades et donnent lieu à des impressions trop vives, celles-ci viennent troubler, à l'insu du sujet, sa raison et son jugement, surtout si, pour cause d'hérédité ou autre, son cerveau est prédisposé aux altérations matérielles spéciales à l'aliénation mentale. Niemeyer n'hésite pas à déclarer, avec la plupart des pathologistes, que les causes, au moins occasionnelles, de l'hypochondrie sont les maladies des organes abdominaux, surtout le catarrhe gastro-intestinal chronique, certains états morbides de l'appareil génito-urinaire, enfin, la blennorrhagie et la syphilis. En vertu même de son origine sensorielle, cette maladie s'accompagne d'une certaine hyperesthésie générale; le moindre contact agace le malade. Pour lui, la plus petite douleur acquiert des proportions considérables. Pour la même raison, le travail de la digestion exagère l'état mental. Mais l'hypochondrie peut aussi avoir une origine cérébrale. Ainsi, une cause fréquente est la lecture des ouvrages de médecine.

Parmi les maladies mentales, il en est deux qui doivent être mises au pôle opposé à celui qu'occupe la folie, ce sont la *démence* et l'*idiotie*. Dans la folie, il y avait surexcitation, ou tout au moins déviation de l'intelligence. Dans la démence et l'idiotie, il y a suppression ou absence d'intelligence. Dans le premier cas, c'est une machine qui fonctionne, mais qui le fait d'une manière déréglée. Dans le second, c'est une machine qui est incapable de fonctionner. Si, malgré cette nature commune, la démence et l'idiotie doivent être regardées comme entités distinctes, cela tient aux conditions d'apparition. La démence constitue une perte d'intelligence survenue chez un individu qui jouissait auparavant de toutes ses facultés intellectuelles. Dans l'idiotie, l'intelligence n'a jamais existé. Dans la démence, la perte des facultés intellectuelles, affectives et morales est acquise. Dans l'idiotie, elle est congéniale. Suivant l'heureuse expression d'Esquirol, l'homme en démence est privé des biens dont il jouissait autrefois. C'est un riche devenu pauvre. L'idiot a toujours été dans l'infortune et la misère. Occupons-nous d'abord de la démence.

Démence.

Elle démontre beaucoup mieux encore que la folie que le cerveau est l'instrument indispensable des manifestations intellectuelles, et elle constitue l'arme la plus puissante des matérialistes. Ici les lésions anatomiques sont connues depuis longtemps, et constantes. Elles sont, par leur nature, tout à fait en rapport avec les phénomènes qu'on observe pendant la vie. Aussi allons-nous commencer par les indiquer, et les symptômes ne seront plus ensuite que des conséquences tout à fait naturelles, des modifications matérielles de l'organe.

Le fait qui saute le plus aux yeux est l'atrophie éprouvée par les circonvolutions. Non-seulement celles-ci diminuent de volume, mais elles changent de forme. Leur sommet est aplati, comme si elles avaient été pincées entre les doigts. Leur base n'est plus qu'un pédicule. Elles sont, en outre, très-pâles et plus résistantes. On sent que l'irrigation sanguine leur a manqué. Les sillons, par le fait même de l'amincissement des circonvolutions, deviennent plus larges et moins profonds. Le vide qui en résulte provoque sans doute l'exhalation de la sérosité des capillaires de la pie-mère, car toutes les lacunes sont comblées par un liquide jaunâtre. Une autre conséquence de l'atrophie du cerveau est la dilatation des ventricules, qui profitent, comme les sillons, du retrait apparent éprouvé par la substance cérébrale. Une chose digne de remarque : la substance blanche ne prend qu'une faible part à l'émaciation; elle devient seulement un peu grise et plus consistante. C'est surtout la partie génératrice de l'intelligence qui s'anéantit. En outre de l'atrophie, on constate pour les circonvolutions, à l'œil nu, un état rugueux et une teinte jaune. C'est là le produit de la somme totale des altérations éprouvées par les unités histologiques. C'est dû, ainsi que le démontre le microscope, à la dégénérescence graisseuse des cellules, des tubes et des capillaires.

On comprend parfaitement qu'une pareille lésion entraîne la perte des facultés intellectuelles, puisqu'elle consiste dans la nécrobiose des agents matériels de la pensée. On comprend aussi que cet anéantissement des facultés s'opère d'une manière lente et graduelle, puisque la dégénérescence graisseuse et l'atrophie, résultant de la résorption de la graisse, se produisent aussi peu à peu. La mémoire, disent les auteurs, est la première faculté atteinte. Cela devait être, puisque ce sont les cellules, dépositaires des notions, qui disparaissent les premières complétement. On a remarqué aussi que le souvenir s'éteignait d'abord pour les faits récents, et ne le faisait que plus tard pour les anciens. Cela tient sans doute à ce qu'au moment où les faits nouveaux ont été enregistrés, les cellules réceptacles étaient déjà en partie malades et ne se prêtaient déjà plus à une imprégnation solide et ferme. Il est des déments qui se souviennent bien du passé, mais qui ne peuvent plus fixer rien de nouveau dans leur mémoire. On dirait que, chez eux, la dégénérescence est suffisante pour rendre les cellules incapables de recevoir de nouvelles empreintes, mais n'est pas assez profonde pour effacer les anciennes. Les déments paraissent incapables d'attention, ou plutôt ils ont, suivant l'expression du vulgaire, la tête dure. Les cellules intellectuelles agonisantes n'entrent que très-difficilement en vibration, malgré les sollicitations venues de l'extérieur. Le jugement et le raisonnement, malgré l'intégrité apparente de la substance blanche, s'affaiblissent, tout au moins pour le groupement de certaines idées, parce que cette substance ne saurait combiner des idées qui n'existent pas, ou qui n'ont qu'un rudiment d'existence. La dégénérescence doit atteindre aussi les cellules affectives, car, sous le rapport des sentiments, les malades se montrent de la plus grande indifférence. Comme toujours, les déterminations sont en raison de la vitalité des idées. Leurs actes sont vagues, incertains, sans but. Quelques-uns sem-

blent avoir perdu l'aptitude à harmoniser la mimique avec leurs pensées. Ils prennent un air triste quand ils éprouvent et qu'ils expriment
des idées gaies. Ils sont moins impressionnables à tous les excitants
physiques et moraux. Peut-être le système nerveux périphérique
est-il déjà altéré lui-même, et ne remplit-il que d'une manière imparfaite son rôle de transmission. Mais s'ils sentent moins, cela tient
surtout à l'état du cerveau. C'est, avant tout, la consécration psychique qui fait défaut. La sensation brute persiste ou n'est qu'amoindrie. La démence peut être absolue, ou bien s'accompagner de
délire. C'est que, sans doute, les quelques parties restées intactes
fonctionnent d'une manière irrégulière et parfois exagérée. Elles
dérivent, pour ainsi dire, sur elles le sang qui ne rencontre plus,
dans les parties voisines, des conduits d'irrigation suffisants. Chez
quelques-uns, c'est un délire systématisé, qui reste toujours le même,
parce qu'il n'y a qu'une seule et même partie restée intacte et qui se
trouve, par conséquent, toujours en scène. Les hallucinations sont
très-fréquentes. La couche optique prend une moindre part à l'altération et elle reçoit un apport plus considérable dans la distribution
du liquide sanguin. Au fur et à mesure que l'animal baisse, le végétal
semble prendre plus d'essor. Ils ont un appétit exigeant. L'assimilation s'exécute bien. Ils acquièrent un embonpoint notable.

La démence se produit dans plusieurs circonstances différentes.
Elle peut résulter presque physiologiquement des progrès de l'âge.
C'est ce qu'on appelle la *démence sénile*. Le cerveau se raréfie à sa
manière, comme les parties osseuses. Elle peut être le dernier terme
de la folie. C'est la *démence vésanique*. Le travail exagéré des
cellules pendant la folie les épuise, les use et les tue. Elle peut être
produite par l'alcool qui, de son côté, a fait travailler outre mesure
les cellules cérébrales, et qui, de plus, provoque peut-être chimi-
quement la formation de granulations graisseuses. Elle représente
aussi parfois la conséquence des pyrexies ataxiques, des congestions répétées, des inflammations du cerveau, toutes causes qui
exaltent et détériorent aussi les cellules.

Idiotie.

Cette affection, qui tient à un arrêt de développement de l'organe
de l'intelligence, peut se présenter sous des degrés nombreux, qui

correspondent à des lésions matérielles équivalentes. Ces lésions se trahissent même à l'extérieur, parce que les os du crâne y prennent part. Les proportions de la tête ne sont jamais normales. Toujours elle est, ou trop petite, ou trop grosse. Parfois les sinus frontaux prennent un développement exorbitant, comme chez certains animaux, et communiquent à l'ensemble l'aspect d'un type intelligent. Les os sont très-épais. Les sutures se soudent beaucoup plus vite qu'à l'état normal et s'opposent ainsi au développement ultérieur de l'encéphale. En général, le front est bas, étroit et fuyant. Le crâne est déprimé en certains points, très-saillant en d'autres, ce qui correspond à un défaut d'équilibre des diverses parties encéphaliques. Ordinairement, c'est le diamètre vertical qui présente le raccourcissement le plus considérable, et la courbure frontale qui s'efface le plus. Il y a souvent un défaut de symétrie. Tantôt c'est un pariétal, tantôt un des côtés du frontal qui forme voussure. Virchow attribue toutes ces difformités à l'ossification prématurée des sutures et à l'interposition d'os wormiens. Griesinger dit que les unes tiennent à une pénurie de dépôt calcaire, par suite d'un vice constitutionnel; les autres à un état maladif et inflammatoire des bords des sutures. Il fait observer, ce qui est juste, du reste, qu'une réunion prématurée dans un point peut arrêter le développement des autres parties du crâne; tandis que d'autres fois il se fait au contraire ailleurs un développement compensateur. On comprend, en effet, que là où le sang peut trouver de la place pour fixer de nouvelles molécules, là où le tissu encéphalique naissant rencontre moins de résistance, l'organe s'agrandit, de même que certaines branches d'un arbre prennent plus de développement lorsque d'autres sont gênées par un obstacle quelconque. Celles qui trouvent de l'espace libre devant elles profitent de la séve que les autres ne peuvent pas utiliser. C'est ainsi que certaines régions de l'encéphale et certaines fonctions cérébrales peuvent présenter une exubérance morbide que l'atrophie et l'inertie des parties voisines rendent plus apparente. Karl Stahl n'accorde pas un rôle aussi important aux sutures, et il regarde les déformations du crâne comme n'étant que des conséquences des anomalies de développement de l'encéphale. L'ossification prématurée des sutures ne ferait que maintenir et rendre invariable une déformation communiquée antérieurement par le cerveau. Parmi les faits cités par cet auteur, il en est qui ont une portée physiologique toute particulière, parce qu'ils plaident contre l'idée générale de

Gall, que professent encore plusieurs médecins, et qui consiste à localiser l'intelligence proprement dite dans la partie antérieure du cerveau. Ces faits démontrent que les déformations du crâne ne retentissent sur les fonctions psychiques qu'autant qu'il ne s'établit pas une compensation de développement dans un autre point. Lorsque la partie postérieure présente un développement capable de compenser l'atrophie de la région antérieure, les facultés n'en souffrent en rien. C'est bien là la preuve que la couche corticale est un réceptacle de notions, et que, pourvu que les notions trouvent à se placer, peu importe le point qu'elles peuvent occuper. Elles trouvent toujours, aussi, partout des fibres commissurantes capables de les associer et de réaliser les opérations de raisonnement.

Relativement aux lésions congéniales propres à l'idiotie, il y a donc deux opinions : l'une qui attribue les déformations du cerveau à celle du crâne ; l'autre qui fait, au contraire, engendrer les modifications de la boîte crânienne par les arrêts de développement de l'encéphale. Moi, je crois que, la plupart du temps, l'aberration de formation marche de front dans le contenant et dans le contenu. Quoi qu'il en soit, voici quelles sont les défectuosités présentées par l'encéphale lui-même : le poids du cerveau est notablement au-dessous de la moyenne. Parfois cet organe n'est pas déformé ; il est seulement très-petit, mais très-régulier : c'est une miniature d'un cerveau ordinaire. Mais, le plus souvent, il est irrégulier et même incomplet. Des parties entières peuvent manquer. En toutes circonstances, les circonvolutions sont peu développées, les anfractuosités peu profondes. Presque toujours il y a atrophie des corps striés et surtout des couches optiques. La consistance de la substance blanche est augmentée ; la grise est en moindre quantité. D'autres fois cette dernière se rencontre, sous forme d'îlots, dans des points où il n'en existe pas d'habitude. Les vaisseaux sont inégalement répartis et offrent un calibre diminué. Très-souvent on rencontre une sclérose presque générale ou bien les traces incontestables d'une méningo-encéphalite. Avec un état anatomique aussi accentué et aussi général, il nous sera facile d'expliquer les diverses situations fonctionnelles des idiots. Tout à fait au bas de l'échelle de cette catégorie, on trouve des êtres qui, non-seulement sont incapables d'acquérir la moindre notion ; qui, non-seulement n'ont ni intelligence ni sens moral, mais qui n'ont même pas les instincts de la bête. Ce sont des masses inertes ; ils ne peuvent même pas manger seuls. Il faut leur porter les aliments jusque dans l'arrière-gorge pour provoquer la déglutition. Ils sont absolument dans la même situation que les animaux auxquels on a enlevé les lobes cérébraux. L'intégrité fonctionnelle ne commence qu'au bulbe. Tout ce qui est en avant est comme non avenu, parce qu'il est représenté par une masse informe et impropre même à un fonctionnement rudimentaire. Si on s'élève dans la série de ces êtres disgraciés par la nature, on se trouve en présence de toutes les combinaisons possibles de fonctions qui se dessinent plus ou moins bien à côté d'autres qui restent tout à fait plongés dans le néant, suivant que l'atrophie ou l'absence congéniales portent sur telle ou telle partie de l'encéphale. Ne pouvant passer en revue successivement toutes ces combinaisons, prenons une moyenne pour la soumettre à l'analyse physiologique.

Les sens sont à peine ébauchés ou manquent tout à fait. Beaucoup sont sourds et aveugles. Le toucher est des plus obtus. Le goût et l'odorat doivent être très-faibles, car les idiots ingèrent les choses les plus nauséabondes. L'état d'atrophie à peu près constant de la couche optique nous explique parfaitement toutes ces paralysies sensorielles. Celles-ci contribuent, à leur tour, à empêcher le développement de l'intelligence. La formation des idées ne peut pas se faire ou se fait mal, parce que les sens n'apportent que des données insuffisantes sur le monde extérieur. Du reste, l'atrophie et l'imperfection du centre enregistreur le rendraient incapable d'enregistrer même des impressions vigoureuses. C'est ainsi que le bagage d'idées contingentes se trouve être à peu près nul. Les facultés jugement et raisonnement sont tout aussi impossibles, d'abord parce que leur base fondamentale, la formation des idées, fait défaut; et parce que les fibres commissurantes sont elles-mêmes compromises. Les idiots n'ont point de langage; ils sont muets et ne poussent que des sons gutturaux et indéterminés. N'ayant point d'idées, ils n'ont rien à exprimer. Il en est, toutefois, qui peuvent articuler un certain nombre de phrases. C'est surtout chez les idiots qu'on voit nettement la preuve que l'organe de l'instinct n'est pas le même que celui de l'intelligence ; car, la plupart du temps, ce genre de manifestations psychiques persiste, mais il est perverti. Ils sont voleurs, gloutons, paresseux, irascibles. Dans leur colère, ils déchirent tout, se déchirent eux-mêmes. C'est cet isolement des instincts et de l'intelligence qui a autorisé Bourillon à placer les instincts dans le cervelet, qui semble subir moins le travail d'atrophie que les lobes cérébraux. Mais les vivisections n'autorisent pas cette localisation, puisque les animaux perdent les instincts avec les lobes cérébraux. Les centres locomoteurs sont, du reste, si mal organisés, qu'ils servent mal même les instincts restés normaux. Ils tettent mal et apprennent difficilement à mâcher et à avaler. Parfois certains actes machinaux semblent présenter un perfectionnement extraordinaire. Je ne peux m'empêcher de vous citer un fait qui s'est passé à Maréville, et qui indique bien que la délicatesse et l'aptitude à l'association de certaines touches de l'instrument cérébral peuvent se transmettre par voie d'hérédité. Un idiot, complétement dépourvu d'intelligence, ayant aperçu un tambour, se précipita vers cet instrument, fit, pendant quelques instants, des efforts inutiles pour réaliser une marche orthodoxe; puis, tout à coup, comme par enchantement, se mit à exécuter toutes les batteries possibles avec un art irréprochable. Or, son père et son grand-père avaient été tambours de régiment. Presque toujours la motilité est naturellement restreinte comme l'intelligence. Ils restent immobiles ou ne se déplacent que pour se rendre à la place où ils ont l'habitude de fixer leur inertie. Quelquefois ils se livrent à un balancement monotone, à l'instar des animaux du désert. Ils n'ont pas le sentiment de la locomotion ni de l'équilibre. Ils marchent en glissant les pieds sur le sol. Ils ne donnent pas à leur tronc la direction nécessaire pour rendre les diverses stations solides; aussi tombent-ils souvent. Leurs allures sont disgracieuses, et ils saisissent mal les objets. Lorsque les centres locomoteurs sont intacts ou peu altérés, l'inertie musculaire est d'origine purement intellectuelle. La force motrice est là, mais elle n'est pas employée, faute d'incitation volontaire; et quand elle est utilisée, elle l'est d'une manière défectueuse, à cause de l'imperfection de la machine locomotrice elle-même. Lorsque cette machine est tout à fait compromise, l'impuissance musculaire est réelle, et il y a des paralysies. Quand elle présente un développement trop considérable, soit absolu, soit relatif, elle donne lieu à des phénomènes de surexcitation, d'autant plus qu'elle n'est pas contre-balancée par le cerveau, son modérateur indispensable. Les phénomènes consistent en un tic spasmodique de la face, en spasmes divers, et même en convulsions générales. Cela se remarque surtout lorsque des causes comprimantes, comme le forceps, les coutumes des peuplades, les serre-tête de la Normandie, ont gêné le développement de la partie antérieure du crâne, en laissant, au contraire, les régions inférieures et postérieures s'épanouir.

Chez les idiots, l'encéphale n'est pas seul victime d'un arrêt de développement. La cause première est plus générale. C'est un vice héréditaire transmis par l'ovule ou le sperme. C'est peut-être, parfois, une chute, un coup subi par la mère pendant la grossesse, qui a décollé le placenta et diminué les moyens de nutrition. Parfois même, c'est une apoplexie survenue chez l'enfant pendant la vie intra-utérine, qui, produite au moment de la formation de l'encéphale, ne se contente pas, comme chez l'adulte, d'entraver le fonctionnement, mais qui gêne l'édification encore incomplète de l'organe. Dans les deux premiers cas, comme la cause est générale, il en résulte que la construction se trouve aussi être mauvaise et imparfaite pour d'autres organes. Quant au troisième, il semble attester l'influence que le système nerveux exerce sur la nutrition. Ce qui se passe après la naissance abonde dans le même sens. La seconde dentition ne se fait pas. Les idiots restent petits et conservent toujours les caractères physiques de l'enfance. Ils sont rachitiques; le système musculaire est peu développé, et finit même par éprouver la dégénérescence graisseuse, par suite de l'inaction. La puberté ne s'établit pas.

Au-dessus des idiots existent des individus très-mal favorisés encore qu'on appelle des *imbéciles*. Ils sont bien conformés, se développent bien, acquièrent même une haute taille; leur système musculaire est vigoureux; la conformation de la tête laisse seule légèrement à désirer; et encore, il en est qui présentent l'harmonie la plus parfaite dans les traits et les formes de toute la tête. Ils parlent, ont des facultés intellectuelles et morales, mais elles sont inférieures à la moyenne normale. Ils apprennent encore à lire et à compter, mais ils sont incapables de s'élever à des idées abstraites. Ils ne peuvent rien produire. Ce qui leur manque surtout, c'est la faculté attention. Leurs cellules sont incapables d'un travail sérieux et profitable. Elles semblent ne pas pouvoir vibrer assez et suffisamment longtemps. Les vibrations de l'une sont aussitôt remplacées par celles d'une autre. Ce qu'il y a de remarquable, c'est qu'au milieu de cette insuffisance générale, ils ont des reparties spirituelles. Les allures superficielles et fugaces du travail des cellules font, comme par mégarde, saillir çà et là des étincelles imprévues. Il est probable que l'imbécillité, comparée à l'idiotie, est le résultat d'un vice héréditaire moindre ou déjà un peu effacé. Dans ces dispositions organiques, les imbéciles sont à la porte de la manie ou de la mélancolie. Leurs cellules ne sont pas assez éteintes pour qu'elles ne puissent pas être entraînées dans un travail mauvais.

On désigne sous le nom d'*enfants arriérés* des êtres qui sont susceptibles d'une certaine éducation intellectuelle n'atteignant jamais, du reste, un très-haut degré, mais qui n'acquièrent cette éducation, même restreinte, qu'au prix d'une très-longue étude. C'est un instrument cérébral qui a tous ses rouages, mais mal graissés. Ils ne peuvent tourner qu'avec une extrême lenteur. Dans l'ordre hiérarchique, ces individus sont au-dessus des idiots et des imbéciles, mais ils sont toujours entachés du même vice, qui est seulement sur le point de s'éteindre. Ils sont, comme les précédents, d'un tempérament lymphatique et scrofuleux.

Quel peut être ce vice héréditaire commun ? Si on consulte les statistiques, on constate qu'il puise son origine aux sources suivantes : 1° L'alcoolisme des parents, qui semble retentir avec la plus grande facilité sur le système nerveux de leurs descendants. Il peut amener le travail scléreux de la folie, mais ce n'est là ordinairement qu'un effet de longue main : c'est à travers les générations qu'il prépare le terrain à ce genre d'altération. A un plus haut degré, il peut arrêter le produit de la conception dans son développement. Chose remarquable ! cet effet a lieu surtout lorsque la conception s'opère dans l'état d'ivresse. L'alcool entre pour ainsi dire en combinaison avec le vitellus et le sperme. 2° L'aliénation et l'épilepsie des parents, ce qui prouve bien la nature commune des différentes manifestations morbides de l'encéphale. 3° Les mariages consanguins. Leur influence est démontrée, mais son mécanisme est inconnu. Je me demande si le fait ne rentre pas tout simplement dans le cas ordinaire du vice héréditaire précédent ; car, en général, les parents conçoivent l'idée de ces unions lorsqu'ils ne sont pas arrivés à placer leurs enfants d'une autre manière, en raison même de certains *desiderata* physiques et intellectuels. 4° Les mariages disproportionnés comme âges respectifs. C'est, pour les deux éléments de la génération, une combinaison chimique qui s'opère dans des conditions contraires à la loi des équivalents.

Nous devons encore rapprocher des idiots une classe d'individus qui sont dits atteints de *crétinisme*. Au plus haut degré, les crétins sont complétement dépourvus d'intelligence. La faculté langage leur fait entièrement défaut. Ils ne peuvent pousser qu'un cri rauque et inarticulé. La sensibilité, tant générale que spéciale, est toujours plus ou moins obtuse. Ils n'ont qu'une vie purement végétative. En un mot, ils ont tous les attributs de l'idiotie ; mais ils se distinguent des simples idiots par certains caractères surajoutés. Ils sont d'abord stériles ; il semble qu'ils sont les derniers êtres ayant le droit de représenter l'espèce humaine. Ils sont déjà venus hors nature. Ce sont des hybrides, une aberration de la nature qui doit être effacée de la création et ne doit pas se propager. Ils ont une physionomie caractéristique par leur laideur et leur aspect d'abrutissement. Les paupières sont épaisses ; la mâchoire supérieure et les pommettes sont saillantes, le nez est aplati, déprimé à sa racine ; la bouche démesurément grande ; la lèvre inférieure pendante ; le regard stupide. Les extrémités sont disproportionnées ; les membres inférieurs sont grêles, surtout lorsqu'on les compare avec le développement du tronc et des membres supérieurs. Les mains et les pieds sont souvent difformes. L'ossification offre une marche des plus irrégulières et présente, parfois, une exubérance extraordinaire. Les trous de la base du crâne sont souvent rétrécis. C'est ce qui a conduit M. Bach à considérer le crétinisme comme le rachitisme des os du crâne. Selon lui, l'atrophie des nerfs résultant de ce rétrécissement des orifices de sortie, serait la cause première du manque de perceptions. Les dents présentent aussi une évolution tardive et anormale. Les altérations des centres nerveux ne sont pas non plus identiques avec celles des idiots. Les hémisphères sont bien, comme chez ces derniers, insymétriques, diminués de poids, à circonvolutions mal dessinées et à cellules rudimentaires ; mais ils ont, de plus, la moelle et le bulbe considérablement atrophiés. Là se trouve évidemment la cause de la dégradation physique du tronc et des membres, ainsi que du caractère chancelant de leur démarche. Un fait bien remarquable, c'est que le tissu cellulaire sous-cutané est hypertrophié comme chez les monstres acéphales. Le tissu connectif possède bien une certaine vitalité morbide ; il est bien le foyer qui donne naissance à la plupart des productions pathologiques de la nutrition, mais, au point de vue physiologique, il est un terrain vague, d'une utilité secondaire et tout à fait générale ; il sert d'atmosphère, d'étui irrigateur aux véritables éléments militants de la vie. Tout ce qui, dans la masse embryonnaire, n'a pas pu s'élever à la hauteur d'un de ces éléments, devient cette gangue ambiante. C'est dans cette loi d'histogénie que se trouve la véritable cause de l'hypertrophie du tissu cellulaire chez les crétins. Comme leurs centres nerveux sont réduits à la plus simple expression, les muscles, qui représentent les moyens d'action et de réaction de ces centres, s'arrêtent à des proportions qui les mettent à l'unisson avec celles de leur chef; et, dès lors, une grande partie du tissu embryonnaire en est réduit à prendre le rang de masse conjonctive. Enfin, les crétins ont pour cachet particulier d'être affectés d'un goître plus ou moins volumineux. Comme cette affection règne d'une manière endémique dans les étroites vallées des Alpes, on avait d'abord pensé devoir l'attribuer au défaut d'insolation ; mais elle se rencontre aussi dans les vallées les plus larges et les mieux éclairées. D'autres auteurs ont invoqué la misère et la réunion de toutes les mauvaises conditions hygiéniques. Il est incontestable qu'elles ont le pouvoir de donner plus d'extension à l'envahissement de cette maladie; mais elles ne peuvent pas seules la créer, car elle ne respecte aucune des classes de la société. Plusieurs médecins ont accusé soit l'absence d'iode dans l'air et l'eau de la boisson, soit la présence dans celle-ci de sels magnésiens, d'aluminium, de chaux, de pyrites ferrugineuses ; mais les relevés statistiques ont donné des résultats contradictoires sous ce rapport. A une époque antérieure, une opinion de Maignien a compté un grand nombre de partisans. Partant de ce fait que le goître et le crétinisme sont liés entre eux de la manière la plus intime, il pense que l'hypertrophie de la glande thyroïde est la cause unique des troubles intellectuels; qu'en comprimant les carotides, elle empêche la nutrition de la partie antérieure de l'encéphale et détermine ainsi un arrêt de développement. L'existence de nombreux crétins non goîtreux fit facilement renoncer à cette idée. Après avoir épuisé toutes les argumentations possibles, on en est généralement venu aujourd'hui à attribuer le crétinisme à une intoxication miasmatique, comparable à celle qui produit la cachexie paludéenne, à un principe organique dont le développement serait favorisé par l'humidité et une certaine température. Ce poison, après s'être introduit dans le sang par les boissons ou l'air inspiré, agirait surtout sur le système nerveux central. Il exercerait sur lui une action stupéfiante et arrêterait son développement. L'évolution incomplète du système nerveux réagirait ensuite sur l'économie tout entière. M. le professeur Tourdes a prêté à cette théorie l'appui de sa haute autorité scientifique. Je suis loin de nier la possibilité de cette intoxication miasmatique; je suis même loin de nier l'intervention possible de certaines eaux, puisqu'il est démontré qu'il en est qui peuvent engen-

drer le.goître; mais je crois que celui-ci, lorsqu'il existe, a une certaine
part à réclamer dans l'état d'atrophie et d'incapacité du cerveau.
Des recherches que j'ai entreprises sur les fonctions de la glande thyroïde, et dont je dois réserver la communication pour un mémoire
spécial déjà en voie de publication, m'ont conduit à regarder cette
glande vasculaire sanguine comme préparant avec le sang les principes immédiats de l'encéphale et de la génération. En supprimant ce
laboratoire, certains goîtres destructeurs peuvent, comme cela a
lieu chez les crétins, rendre impuissants à la fois le sperme et le cerveau. J'ajouterai encore que j'ai acquis la preuve que la thyroïde
peut être altérée et incapable de fournir son produit sans que cette
incapacité se traduise à l'extérieur, de même que certains goîtres,
véritables hypertrophies, ne font qu'augmenter sa puissance fonctionnelle.

QUARANTIÈME LEÇON.

Messieurs,

Pour terminer l'analyse physiologique des maladies mentales, il nous reste encore à examiner, à notre point de vue, une entité morbide dont l'entrée dans le cadre nosologique a soulevé de nombreuses discussions ; c'est celle qui a reçu le nom de *paralysie générale des aliénés*.

PARALYSIE GÉNÉRALE DES ALIÉNÉS.

Sommaire descriptif. — C'est une maladie mentale qui s'accompagne de paralysie musculaire et qui aboutit toujours à la démence. Dans la période prodromique, le caractère des malades se montre changé, irritable ; ils commettent tout à coup des actes d'indélicatesse et de débauche auxquels on ne s'attendait pas de leur part. Bientôt ils sont pris d'un délire dit *ambitieux*. Ils ont la manie des grandeurs et des folles dépenses. D'autres sont moins bruyants ; ils restent plongés dans une béatitude silencieuse et vivent dans un contentement d'eux-mêmes que rien ne peut altérer. Ils sont convaincus qu'ils sont de grands poëtes ou de grands artistes ou qu'ils sont superbes de beauté. Ils sont continuellement à s'admirer devant une glace. Mais, en même temps qu'il y a cette exaltation dans les aspirations, contrairement aux fous ambitieux ordinaires, leur puissance intellectuelle ne s'élève pas au niveau de leurs prétentions. Ils n'entreprennent jamais ce qu'ils annoncent toujours vouloir faire. Ils se vantent de choses qu'ils n'ont jamais réalisées. Ils n'ont pas la logique et la vigueur des fous ambitieux ; ils sont inconséquents dans leurs idées et leurs convictions. C'est que, chez eux, la démence se mêle à la folie ambitieuse. Même dès le début, les cellules commencent déjà à éprouver la dégénérescence graisseuse. Les prétentions folles sont l'œuvre de la congestion, l'impuissance et la démence sont celles de la dégénérescence. Concurremment avec ces désordres intellectuels, on remarque (et c'est ce qui fait le cachet de la maladie pour les cliniciens) des troubles du côté de la motilité et de la sensibilité. Il y a un tremblement et une contraction irrégulière des muscles de la langue, des lèvres, de la face et de la mâchoire inférieure, d'où une grande difficulté dans l'articulation des sons. Dès le début, il y a aussi une inégalité des pupilles, symptôme dont je me servirai pour appuyer ma manière de comprendre un des modes de genèse de la maladie. Les muscles des membres sont moins rapidement altérés dans leur fonctionnement. Cependant, on remarque de bonne heure que les malades marchent avec une certaine difficulté. Ils sont aussi comme entraînés par leur propre poids. Ils trébuchent, ils sont maladroits de leurs mains et ne peuvent plus ni écrire ni dessiner. Il en est chez lesquels ces symptômes musculaires du début sont plus marqués et semblent exister seuls. Il faut une observation bien attentive pour constater çà et là quelques traces de délire. Quelques-uns ont, en outre, une anesthésie générale. Dans une seconde période, les symptômes paralytiques se prononcent de plus en plus, tandis que l'excitation intellectuelle diminue pour faire place peu à peu à la démence. Ils ont bien une légère surexcitation, qui éclate même par moment en paroxysmes. La congestion continue, mais elle ne vient plus que stimuler plus ou moins un terrain qui a perdu la plus grande partie de ses moyens d'action. En revanche, ils ne marchent plus qu'avec beaucoup de difficulté. Ils ne peuvent plus porter leurs aliments à leur bouche. L'appétit est toutefois vorace, et ils mangent gloutonnement. Bientôt il y a incontinence d'urine et de matières fécales. La parole devient tout à fait inintelligible. Ils ne peuvent plus se tenir debout ; mais la force musculaire n'est jamais complétement éteinte. La démence s'accentue de plus en plus, et ils meurent, soit au milieu du coma, soit par épuisement résultant des escarres, soit sous l'influence d'une maladie intercurrente, soit enfin par l'introduction d'un bol alimentaire dans le larynx.

Si on tient compte de toutes les assertions émises par les auteurs, les altérations qu'on peut rencontrer à l'autopsie sont les suivantes : 1° une congestion très-intense du cuir chevelu, qui s'accompagne même très-souvent de bosses sanguines ; 2° une grande vascularisation avec opacité de la pie-mère ; 3° l'adhérence intime de cette membrane avec la couche corticale ; 4° la diminution de la consistance cérébrale ; 5° son changement de coloration. Dans les premiers temps, la substance grise a une teinte rosée ou même lie de vin, qui est due au développement du réseau vasculaire. Plus tard, la teinte rouge est remplacée par une coloration jaunâtre qui tient à la dégénérescence graisseuse ; 6° la transformation en granulations graisseuses des granulations normales des cellules, absolument comme dans la démence ; 7° un certain épaississement des parois des vaisseaux, une prolifération de leur tissu conjonctif, une sclérose vasculaire. Telles sont les altérations indiquées classiquement, et que les uns veulent limiter au cerveau, les autres étendre à tout l'encéphale et même à la moelle. Au moment où M. le docteur Bonnet était à la tête d'un des services de Maréville, j'ai eu l'occasion de faire avec lui des recherches nombreuses sur ce sujet. Nous avons pu constater l'état congestionnel du début et l'état graisseux des cellules, qui était d'autant plus marqué et général que l'affection était plus ancienne. Mais nous n'avons jamais rencontré la sclérose des vaisseaux. Ce qui nous a frappés, c'est la présence, dans leurs parois et dans les manchons lymphatiques, d'amas de pigment et de cristaux d'hématoïdine. Il y a en outre, dans ces gaînes, de nombreux globules de graisse, résultant sans doute du travail de résorption qui s'opère. Mais nous avons trouvé du côté du grand sympathique des altérations non signalées antérieurement et qui nous ont toujours paru plus avancées que celles de l'encéphale lui-même. Tous les anneaux de la chaîne ganglionnaire, sans exception, présentent à un faible grossissement une multitude de petites taches de rouille d'un brun foncé. A un plus fort grossissement, on reconnaît que ces taches sont dues à la pigmentation anormale des cellules. Elle est toujours beaucoup plus prononcée dans la région cervicale que dans toutes les autres.

Analyse physiologique. — Bayle a attribué cet ensemble de symptômes à une méningite chronique. Anatomiquement, ce n'était voir que la surface des choses ; physiologiquement, c'était ne pas voir que les méninges ne peuvent produire des troubles psychiques qu'à la condition de mettre en jeu le cerveau lui-même. Parchappe en a fait l'expression du ramollissement de la couche corticale. C'était plus rationnel, mais insuffisant. Calmeil, comprenant qu'en raison de leurs relations vasculaires la substance corticale est inséparable de la pie-mère, sa membrane nourricière, a marié les deux opinions précédentes et a appelé l'affection *méningo-encéphalite chronique superficielle et diffuse*. Cette manière de voir avait en outre le mérite d'étendre à tout l'encéphale l'altération anatomique et de permettre au physiologiste d'expliquer les symptômes nombreux et variés de la maladie. Tout en maintenant le siége indiqué par ce dernier, d'autres auteurs ont cherché à spécialiser l'affection par une lésion anatomique particulière et distincte d'une inflammation ordinaire. C'est ainsi que Rokitansky a indiqué l'hypertrophie de la substance interstitielle des tissus cérébraux, comme s'il pouvait y avoir une inflammation quelconque sans que la névroglie n'y joue le plus grand rôle et ne devienne turgescente; que Weyld a joint l'hypertrophie des appendices des petites artères et veines de l'encéphale; que Salomon a vu une caractéristique dans une espèce de sclérose des vaisseaux conduisant à leur obstruction plus ou moins complète; que Lockhart Clarcke signale avant tout une accumulation de pigment dans les cellules. Enfin Magnan, généralisant une idée émise d'une manière partielle par le précédent auteur, met la moelle en scène en même temps que l'encéphale. Il pense même que le processus suit le plus souvent une marche ascendante et n'envahit le cerveau qu'après avoir exercé ses premiers ravages sur le terrain médullaire. Frappé de la constance et de la physionomie particulière des troubles de la motilité dans la paralysie générale, et donnant la priorité à ce genre de symptômes qu'on avait un peu trop perdus de vue avant lui, Luys a transporté la cause principale de cette maladie dans le cervelet. Il fait même dériver presque tous les autres symptômes du trouble initial des fonctions des appareils cérébelleux. Il fait observer avec raison que, du côté du mouvement, tout se passe absolument comme dans le cas de tumeur ou de ramollissement du cervelet; qu'il y a, non une paralysie dans l'acception du mot, mais un affaiblissement progressif de la force musculaire; que, dans les deux cas, les malades ont une marche difficile et vacillante, qu'ils font souvent des faux pas et des chutes, qu'enfin ils finissent par rester tout à fait au lit; que, dans les deux cas, l'articulation est gênée et s'accompagne d'un tremblement particulier des muscles qui entourent la bouche; qu'on observe de part et d'autre du strabisme et une inégale dilatation des pupilles. Étendant son système jusqu'à la sphère psychique, il attribue les troubles intellectuels à l'ébranlement plus ou moins considérable que l'influx cérébelleux transmet aux cellules corticales par l'intermédiaire du corps strié. Au début, le cervelet est surexcité, et il y a surabondance de cet influx. Ayant le sentiment inconscient de leur plus grande richesse en force motrice, les malades « se sentent « en effet plus forts, plus puissants, plus infatigables que jamais, et « exaltent, avec une jactance caractéristique, leur force, l'intégrité « de leur santé. » De là les idées ambitieuses rudimentaires, d'origine cérébelleuse, qui vont éveiller indirectement d'autres idées dans la couche corticale. En s'éloignant de plus en plus de son point de départ, le travail intellectuel se dépouille constamment de ses caractères primordiaux. Ces idées consécutives « s'associent les unes « avec les autres, se systématisent de plus en plus et, par une sorte « de prolifération incessante, engendrent une multitude de concep- « tions nouvelles et subordonnées qui, empruntant aux habitudes de « l'esprit, aux tendances du caractère et aux influences du milieu so- « cial, leur cachet propre, se déroulent successivement sous les mille « apparences du délire des grandeurs..... Lorsque la tension de l'in- « nervation cérébelleuse vient à s'atténuer, il en résulte une sorte « d'asthénie générale dans l'ensemble des manifestations psychiques. « De là cette nature spéciale de certains délires qui se révèlent « au début par une sensation d'épuisement, une faiblesse extrême « et des tendances mélancoliques plus ou moins accusées. De là ces « idées erronées qui se métamorphosent en conceptions hypochon- « driaques et qui sont graduellement systématisées. »

A mes yeux, ce qui caractérise la paralysie générale des aliénés, c'est la généralisation du processus pathologique, c'est son extension à la plupart des départements du système nerveux. C'est cette irradiation dans toutes les directions qui en fait le cachet. Je ne nie pas que le feu puisse prendre immédiatement, tantôt dans le cerveau, tantôt dans la moelle, tantôt dans le cervelet, et rendre ainsi prédominants soit les symptômes psychiques, soit les symptômes paraplégiques, soit les troubles locomoteurs. Peu importe le point de départ : la seule condition indispensable à la physionomie particulière de l'affection, c'est l'extension consécutive à tout le système nerveux. Cette réserve, motivée par des réflexions ultérieures, étant faite, je maintiens l'opinion que nous avons émise, M. Bonnet et moi; et je crois que très-souvent les phénomènes morbides s'enchaînent de la manière suivante : Le sympathique est atteint le premier, ce que semble indiquer l'état plus avancé de ses lésions. Comme la région cervicale, où l'altération paraît portée à son maximum, préside à l'innervation vaso-motrice de toute la tête, il en résulte d'abord, pendant la période irritative, une contraction spasmodique des vaisseaux de cette extrémité, c'est-à-dire une congestion active ; puis, plus tard, lorsque le fonctionnement des ganglions cervicaux se trouve enrayé ou supprimé, une paralysie de ces mêmes vaisseaux et, par suite, une congestion passive. Sous l'influence de ces conditions de vascularisation, l'encéphale s'altère à son tour. Dans les premiers moments, les cellules corticales se trouvent être surexcitées. De là le délire ambitieux. Il en est de même des cellules du cervelet et de la protubérance ; de là l'exaltation des forces musculaires. Plus tard, les cellules, s'étant trouvées surmenées, éprouvent la dégénérescence graisseuse, et la démence remplace le délire, la paralysie l'exubérance des forces musculaires. Le paralysé général serait une expérience naturelle correspondant à celle que Cl. Bernard créait artificiellement par la section du sympathique cervical, avec cette différence, toutefois, qu'au lieu d'une simple paralysie, il y aurait un état d'irritation des ganglions prédisposant aux processus inflammatoires. Il existe en effet une analogie des plus frappantes entre ce qui se passe chez les animaux en expérience et chez les paralysés généraux. Ceux-ci ont le visage congestionné. La température de leur tête est plus élevée. Leurs yeux sont injectés et larmoyants. Ils sont même plus saillants ; ils ont surtout la même expression que chez les opérés. Ils offrent aussi les mêmes modifications pupillaires. Comme chez les animaux, on trouve à l'autopsie le cuir chevelu et les méninges gorgés de sang. Ils ont des bosses sanguines dans l'épaisseur du pavillon de l'oreille. L'envahissement des autres régions du sympathique explique d'autre part quelques-uns des troubles nutritifs que présentent les paralysés ; l'hypersécrétion de tous les sucs digestifs et, par suite, la rapidité de la digestion et l'abondance des selles ; l'épaississement de la muqueuse intestinale, les congestions passives du poumon, les irrégularités des battements du cœur, les troubles de la sécrétion urinaire. Comment, maintenant, le sympathique devient-il malade le premier ? C'est ce que je ne peux dire. Il est à remarquer toutefois qu'une des causes les plus fréquentes de la paralysie générale est l'alcoolisme. Or, l'alcool se répand partout avec la masse sanguine, aussi bien sur le sympathique que dans l'encéphale. Il y a même pour lui une influence anticipée. C'est lui qui anime les viscères qui reçoivent directement l'alcool du dehors, qui l'absorbent après l'avoir conservé un certain temps comme contenu. Cet alcool titille les expansions nerveuses du sympathique et peut déjà retentir sur ses ganglions. C'est ainsi que peuvent agir aussi les excès de table, la cuisine excitante. La paralysie générale est, en effet, très-fréquente chez ceux qui, par leur position officielle, sont obligés d'accepter de nombreuses invitations. La même explication pourrait s'appliquer à l'influence incontestable des excitations désordonnées des vésicules séminales, des ovaires et de l'utérus.

Avant de quitter le domaine des maladies mentales, permettez-moi de vous mentionner encore une affection, appelée *pellagre*, qui est de nature à faire ressortir les liens qui rattachent le centre intellectuel aux phénomènes de nutrition. On y voit marcher de front, avec la plus grande solidarité, la formation d'un érythème d'apparence érysipélateuse ou scarlatineuse, de la diarrhée et des vomissements, de la faiblesse musculaire et de l'incertitude de la marche, analogues à celles que l'on remarque dans la paralysie générale; enfin des troubles psychiques, de nature dépressive, constituant une véritable lypémanie. A chaque printemps, ces trois ordres d'accidents, cutanés, digestifs et intellectuels, s'aggravent simultanément.

Aphémie ou aphasie.

Sommaire descriptif. — Cette maladie est essentiellement caractérisée par l'impossibilité où se trouve le malade d'exprimer sa pensée. Lorsqu'elle se présente dans toute sa pureté, le sujet n'a pas seulement perdu l'usage de la parole, mais aussi celui de l'écriture et de la lecture. De plus, cette impossibilité est générale et porte sur tous les mots possibles. Le malade est entièrement privé de la fonction expression. Mais, dans la pratique, cet état complet se rencontre rarement, et on se trouve en présence d'une infinité de variétés. Chaque malade a, pour ainsi dire, sa forme particulière. Toutefois on peut arriver, avec Falret, à les classer dans un des principaux groupes suivants : 1° les uns, tout en conservant l'intégrité de leur intelligence et des organes de la parole, ne peuvent pas se rappeler ni articuler spontanément certains mots; mais ils sont encore capables de les prononcer quand on les leur dicte. Parmi les malades de cette catégorie, il en est auxquels un seul mot fait défaut; d'autres, au contraire, sont incapables d'en exprimer un seul. Une dame, soignée par Crichton, était dans ce dernier cas, et cependant elle avait conservé une bonne mémoire des choses ; elle ne pouvait pas les nommer, voilà tout. Un jeune homme, observé par Gall, ne pouvait désigner nominativement aucun objet, et quand on en nommait devant lui, il les décrivait parfaitement. Bergmann a vu un jeune homme qui, devenu aphémique à la suite d'une chute par la fenêtre, ne pouvait dire spontanément aucun substantif et trouvait cependant tous les verbes. De là des phrases impossibles ou plutôt des périphrases. Quand il voulait parler de ciseaux, il disait : *Ce avec quoi on coupe;* d'une fenêtre : *Ce par où il fait clair.* Une dame était réduite à mettre tous les verbes à l'infinitif. Parmi les malades de cette catégorie, il en est qui mettent irrésistiblement toujours le même mot à la place de ceux qu'ils voudraient dire et qu'ils ont dans la pensée. Un homme demandait toujours ses bottes à la place de pain ; et cependant, quand on lui prononçait le mot pain, il le répétait tout de suite après. Un autre, à la place de tous les mots qu'il avait l'intention de dire, prononçait toujours *madame* ou *mon Dieu.* Un autre répondait à tout : *Sivona;* un troisième : *Juste Dieu!* Un ambassadeur français, à Saint-Pétersbourg, n'avait perdu que la faculté de dire son nom. Dans les visites de l'an, il fut obligé de donner sa carte à lire à tous les huissiers. 2° Dans une deuxième catégorie, les individus peuvent encore prononcer spontanément certains mots, mais ceux qu'ils sont dans l'impossibilité de dire d'eux-mêmes, ils ne peuvent plus, comme les précédents, les répéter quand on les prononce devant eux ; mais ils conservent la faculté d'écrire ou de lire. Lallemand a vu un homme qui écrivait parfaitement, dans des termes toujours appropriés et souvent élevés, toutes ses pensées, mais qui ne pouvait prononcer que quelques syllabes, même quand on lui épelait les mots. Martinet en a vu un autre qui répondait par écrit à toutes les questions, sans hésitation, et qui ne pouvait produire que des sons vocaux tout à fait inintelligibles. Sous les yeux de Trousseau, un mathématicien faisait les calculs les plus compliqués, et il ne pouvait même pas prononcer les chiffres. Un artilleur lisait très-bien, et si on lui retirait rapidement le livre, il ne pouvait pas même immédiatement répéter sans le livre le dernier mot qu'il venait de lire. On pourrait multiplier ces exemples, mais les précédents suffisent pour vous faire saisir la nuance de cette catégorie. 3° Dans une troisième catégorie, les malades ont nonseulement perdu l'aptitude de prononcer spontanément, soit tous les mots, soit un certain nombre de mots, non-seulement l'aptitude de les répéter quand on les leur épelle, mais même de les lire et de les écrire :

c'est le type complet. Dans cette forme, on trouve aussi des individus qui, irrésistiblement, quand ils veulent parler ou lire, ou écrire, disent toujours le même mot ou une même syllabe. L'un disait et lisait toujours *ba ba*; un autre, *eo*; un autre, *sinner*; un autre, *par le commandement*; un autre, *cheval*. Notez que ce dernier était devenu aphémique en recevant un coup de pied de cheval. L'ébranlement à la fois physique et moral subi au moment de l'accident avait sans doute hypéresthésié un point du centre intellectuel au détriment des autres. Il avait créé le mot fixe en même temps que l'idée fixe. L'aphémie, quelle que soit sa forme, peut exister seule, à l'exclusion de toute autre espèce de symptôme, ou bien elle est accompagnée de divers symptômes psychiques ou paralytiques. Dans un grand nombre de cas, ce mélange n'existe qu'au début. On assiste alors à une première période un peu confuse, où le trouble du langage est difficile à démêler et à suivre. Mais, au bout d'un certain temps, les troubles intellectuels disparaissent, les phénomènes paralytiques s'effacent de plus en plus et l'aphémie se manifeste dans toute sa netteté. Dans d'autres cas, l'aphémie semble n'être que le reste d'une affection cérébrale plus générale. Parfois, c'est à la suite d'une attaque épileptiforme qu'elle se montre, ou bien consécutivement à une apoplexie se traduisant par une hémiplégie siégeant presque toujours du côté droit. Mais on peut, sous ce rapport, rencontrer toutes les nuances. La paralysie peut être très-incomplète et disparaître au bout de quelques jours et même de quelques heures. A ce moment, le malade s'habille lui-même, va et vient, se conduit comme la plupart des hommes; mais, en fait de langage, il ne peut faire que des signes négatifs ou affirmatifs, soit avec la main, soit avec la tête.

Analyse physiologique. — En voyant les troubles de la parole susceptibles de s'isoler d'une manière aussi nette de toutes les autres manifestations morbides de l'intelligence, de la motilité et de la sensibilité, on s'est trouvé naturellement porté à supposer l'existence, dans l'encéphale, d'une portion exclusivement affectée à l'exercice de la parole, d'une portion qui pouvait être regardée comme l'organe nerveux central spécial du langage tant écrit que parlé. Le fait était trop favorable au système de la phrénologie pour n'être pas exploité par ses partisans. Aussi est-ce Gall qui, le premier, a attiré l'attention des médecins sur l'aphémie. En cela, il a tout au moins rendu un certain service à la médecine pratique, qui, n'étant pas stimulée par une idée préconçue, passe souvent à côté de faits vrais sans s'en apercevoir. La réprobation générale que rencontra bientôt la phrénologie fit enterrer avec elle l'idée de la localisation de l'organe de la parole. Mais l'observation clinique vint plus tard raviver l'idée en dehors même de toute tendance phrénologique. En 1825, Bouillaud, se basant sur ses autopsies, déclara que l'aphémie était toujours liée à une lésion matérielle, tumeur, apoplexie ou ramollissement du lobe antérieur de l'un des deux hémisphères, ou des deux à la fois. En 1836, Dax, d'après ses propres observations, crut devoir attribuer l'aphémie aussi bien au lobe postérieur qu'au lobe antérieur ; mais, faisant rompre l'organe nerveux de la parole avec la loi de symétrie, il assura que l'hémisphère gauche était seul capable de supprimer le langage et, par conséquent aussi, de l'engendrer. En 1861, Broca proposa, toujours d'après les résultats nécroscopiques, une localisation plus précise : il plaça le siége de l'élocution et, par suite, le foyer morbide de l'aphémie, exclusivement dans la troisième circonvolution frontale gauche. Il fit toutefois une réserve plus tard, et reconnut que la même circonvolution du côté droit pouvait donner lieu à cette maladie, mais à titre d'exception excessivement rare seulement. Il établit en outre que l'aphémie tient presque toujours à un ramollissement provoqué par une embolie de l'artère sylvienne. En 1866, M. de Font-Réaulx, cherchant à expliquer quelques faits qui paraissaient en contradiction avec la détermination précédente, a restreint encore le siége de l'organe nerveux de la parole à la moitié postérieure de la troisième circonvolution frontale, tout en admettant la possibilité de l'intervention d'une partie plus reculée de la circonvolution d'enceinte de la scissure de Sylvius et du lobule de l'*insula*. Cette dernière interprétation est restée peu connue ; celle de Broca a reçu seule une véritable consécration classique, non pas sans avoir eu toutefois à subir des attaques sérieuses.

On a fait observer que tous les organes sont doubles ou formés de deux parties mathématiquement symétriques, et qu'il serait assez singulier, en présence de cette loi générale, que le lobe gauche ait seul le droit de formuler la pensée. Pour répondre à cette objection, Broca a réuni un certain nombre d'arguments : 1° d'après l'examen de 40 cerveaux, il a déclaré que le lobe frontal gauche se distinguait du lobe frontal droit par un plus grand nombre de circonvolutions et par un poids plus considérable. Ce premier argument n'a peut-être pas la valeur que lui prête Broca ; car je trouve que, dans un autre ordre de recherches, Boyd a constaté sur 800 cerveaux que l'hémisphère gauche dépasse en poids l'hémisphère droit d'un huitième. N'est-il pas plus naturel d'attribuer cette différence à ce que l'hémisphère gauche est affecté au côté droit du corps, qui est plus développé et travaille plus que le côté gauche ? 2° D'après Gratiollet, dit Broca, les circonvolutions frontales de l'hémisphère gauche se montrent plus tôt chez le fœtus que celles de l'hémisphère droit. Les premières sont nettement figurées que les secondes sont encore à peine visibles. C'est probablement cet état plus avancé de l'hémisphère gauche qui nous rend droitiers. L'enfant se sert de la main droite parce qu'il sent qu'elle est plus habile, et elle est plus habile parce qu'elle est dirigée par un système nerveux plus perfectionné. Pour les mêmes raisons, l'enfant, quand il apprend à parler, se sert de l'hémisphère gauche, et il continue à parler avec cet hémisphère comme il continue à se servir de la main droite. Il est devenu, suivant l'expression de Broca, *gaucher du cerveau*. D'après cette manière de voir, l'organe de la parole existerait bien aussi dans l'hémisphère droit, mais il y resterait relativement comme rudimentaire; il serait même, au point de vue physiologique, comme non avenu. Il serait à celui du côté gauche comme le sein de l'homme est à celui de la femme; mais, au besoin, il pourrait se développer et fonctionner en l'absence de l'organe gauche. C'est ainsi que Broca explique le fait de Moreau : Un homme qui, à l'autopsie, présenta une absence congéniale de la troisième circonvolution gauche, avait joui de la parole jusqu'au moment de sa mort. Ce fait prouverait seulement qu'en cas d'absence de l'organe gauche, l'enfant apprend à parler avec l'organe droit, de même qu'il apprendrait à se servir de la main gauche s'il n'avait pas de main droite. Antérieurement à Broca, du reste, Moxon avait prétendu que l'éducation est en toutes choses unilatérale; que toujours le cerveau manque de symétrie chez les animaux les plus intelligents, et que c'est chez l'homme qu'il atteint son plus haut degré d'asymétrie. 3° Au premier abord, le cerveau du gorille, de l'orang-outang et du chimpanzé paraît, à part le volume, avoir la même conformation que celui de l'homme; mais, quand on regarde de plus près, on constate que la troisième circonvolution des singes anthropoïdes diffère essentiellement de la nôtre. Chez nous elle acquiert un développement considérable, au point qu'elle vient recouvrir en grande partie le lobule de l'*insula*; en revanche, les circonvolutions centrales transverses sont assez réduites. Chez les singes, au contraire, celles-ci prennent des proportions considérables, tandis que la troisième reste fort petite. Or, tout justement ces animaux ne sont privés que d'une seule chose, c'est de la parole. 4° Le même fait existe chez les microcéphales, qui ne parlent pas en réalité; ils peuvent seulement apprendre certains mots, qu'ils répètent comme des perroquets. La même incapacité de langage se rencontre chez certaines peuplades qui ont l'habitude de comprimer la partie antérieure de la tête des nouveaunés. 5° D'après Broadbent, la troisième circonvolution offre, surtout à gauche, une structure toute spéciale. Elle reçoit des fibres provenant d'un très-grand nombre d'autres circonvolutions. Elle semble être mise en rapport avec tous les points de la partie intellectuelle. 6° Broca eut l'occasion d'examiner, à l'hôpital Saint-Louis, un homme qui venait de se tirer un coup de pistolet au front. La balle avait enlevé le frontal d'une manière tellement nette, que les deux lobes antérieurs se trouvaient être mis à nu sans avoir subi eux-mêmes la moindre atteinte, sans avoir éprouvé la moindre lésion. Cet homme s'exprimait parfaitement bien et avait conservé toute son intelligence. Lorsque, pendant qu'il était en train de parler, on appliquait brusquement le plat d'une spatule sur le lobe gauche, aussitôt il s'arrêtait et se trouvait dans l'impossibilité d'achever sa phrase, même lorsque la pression était légère. Le mot commencé était même coupé en deux. Dès qu'on retirait la spatule, il recouvrait l'usage de la parole. La valeur de cette expérience a été toutefois contestée. On a dit que cette pression ne restait pas limitée au point touché et qu'elle s'étendait à tout l'encéphale. Ce à quoi Broca a répondu qu'en se généralisant, elle produirait forcément une perte de connaissance et de la paralysie, ce qui n'avait pas eu lieu dans son expérience. Plus tard, on rencontra des blessures ayant mis à nu d'autres parties du cerveau, et où la pression sembla amener le même résultat. Mais, vérification faite, Broca put facilement établir qu'on ne produisait, dans ces cas, l'aphémie qu'à la condition de déterminer en même temps une perte de connaissance, c'est-à-dire d'exercer une pression assez forte pour être générale. Du reste, sans intelligence, le langage est devenu impossible, même avec l'intégrité de l'organe de cette fonction. Malgré les escarmouches qui se renouvellent encore de temps en temps, Broca est resté relativement maître du champ de bataille : et, aujourd'hui, la plupart des médecins, sans même s'inquiéter des phases du débat, regardent la troisième circonvolution comme l'organe de l'élocution, et, pour beaucoup, la formule théorique de l'exercice de la parole est celle que Proust a naguère fixée sur le papier dans un mémoire spécial, et qu'on peut résumer ainsi qu'il suit : Dans l'exercice de la parole, il y a trois actes successifs : 1° l'idée est conçue dans des cellules cérébrales quelconques ; 2° elle fait appel à la troisième circonvolution, organe de l'élocution, qui la revêt de son signe sensitif, le mot ; 3° le signe trouvé et appliqué, le bulbe intervient à son tour pour instrumenter et traduire ce signe par un son, et, pour ce faire, le bulbe met en jeu l'organe direct de la phonation, le larynx. Comme le fait observer Proust, le dernier de ces actes suppose le second, et le second suppose le premier ; mais il n'en est plus de même dans l'ordre inverse. Le premier et le second peuvent exister sans que le dernier s'ensuive. Nous pouvons nous arrêter au moment de prononcer les paroles conçues et choisies. Le sourd et muet est obligé de s'arrêter au troisième, mais il peut exécuter les deux premiers. Le même enchaînement se reproduit dans l'état pathologique : tantôt le malade est dans la stupeur, l'hébétude ; il ne pense plus, il n'a plus d'idée. La partie intellectuelle du cerveau est seule malade. La troisième circonvolution, l'organe de l'élocution, est intact. Le malade serait capable d'exprimer une idée, mais il n'en exprime pas parce qu'il n'en a pas. Il y a *mutisme*. Tantôt, au contraire, l'idée est conçue ; mais le malade ne trouve pas l'expression appropriée, le signe conventionnel. La partie intellectuelle est intacte, la machine vocale du bulbe l'est aussi ; mais l'organe de l'élocution est altéré, fait défaut. Le malade pense, mais il ne parle pas : c'est l'*aphasie* ou *aphémie*. Tantôt l'idée est conçue, le malade trouve bien le signe convenable, mais le bulbe ou l'appareil local se refuse à réaliser ce signe : c'est de l'*aphonie* ou encore, comme on l'a dit, *alalie*. Charcot a pris sur le fait un cas d'alalie bulbaire. Le bulbe renfermait des corps granuleux au niveau du plancher du 4ᵉ ventricule, non loin des noyaux d'origine de l'hypoglosse, du spinal et du facial. Le tout avait été produit par une embolie de l'artère vertébrale. A ces trois modes d'abolition du langage, quelques médecins en admettent, avec Bonnafont, un quatrième qui devrait trouver place à côté du mutisme, parce qu'il puiserait sa source dans la partie intellectuelle du cerveau. Il serait une altération de la faculté mémoire qui aurait perdu le souvenir d'un plus ou moins grand nombre de mots et de noms. Ce serait l'*amnésie*. Quelques-uns veulent même ne voir qu'une perte de mémoire dans tous les prétendus cas d'aphasie.

Quand on examine avec impartialité tous les faits connus, on est obligé de reconnaître, qu'à part certaines exceptions qui trouveront leur explication tout à l'heure, l'aphasie est ordinairement liée à la lésion, sinon de la 3ᵉ circonvolution frontale, du moins de la partie antérieure du cerveau; et qu'il doit exister incontestablement une certaine corrélation entre cette région et la fonction du langage. Quelle est la nature de cette corrélation? Consiste-t-elle, comme on le lit dans l'esprit des partisans de la doctrine Broca, dans la création en ce point déterminé d'une force *sui generis* d'où résulterait la faculté et même le talent de l'élocution? Y aurait-il là un centre ayant pour mission de choisir l'expression appropriée à l'idée? Existe-t-il pour cette faculté ce que les phrénologues admettent pour les facultés mémoire, jugement, raisonnement, etc? Ce que nous savons du mécanisme de l'intelligence et de l'organisation du cerveau s'oppose déjà en principe à une pareille idée; et nous ne pouvons pas accorder au langage ce que nous avons cru devoir refuser aux autres aptitudes intellectuelles. Mais en outre, l'analyse clinique elle-même nous fait voir qu'il n'en est point ainsi, puisque l'incapacité du langage porte souvent uniquement sur un certain nombre de mots. Or, s'il s'agissait d'une aptitude générale, elle ne devrait pas comporter d'exceptions dans ses applications. Sa perte, complète ou incomplète, devrait se faire sentir pour tous les mots indistinctement. L'influence spéciale de cette partie de l'encéphale sur l'exercice de la parole doit donc tenir à autre chose, et cette autre chose, il est facile de la trouver en appliquant à la parole les lois du mécanisme cérébral. La parole suppose deux actes périphériques distincts mais inséparables et nécessaires : la production du son vocal au niveau du larynx et de son articulation dans les parties qui surmontent les lèvres de la glotte, le pharynx, la cavité buccale, etc. Ces actes consistent tous deux en des contractions et des mouvements exécutés par les muscles de ces diverses parties. Ces mouvements, comme tous les mouvements même volontaires, ont besoin d'être provoqués par des idées qui ont été elles-mêmes engendrées par des impressions sensorielles. Il faut ici, comme toujours, qu'une sensation soit venue ébranler une cellule intellectuelle; que celle-ci ait réagi sur une cellule déterminante agissant à son tour sur les cellules motrices dont relèvent les muscles de l'appareil de la phonation. Les impressions capables de mettre en jeu ce mécanisme particulier, sont incontestablement de nature auditive, puisqu'il est bien démontré que celui qui est né sourd, reste forcément muet. La surdité congéniale entraîne le mutisme. Pour apprendre à parler, aucun organe des sens ne peut remplacer l'oreille. Il n'y a pas plus de langage possible sans audition, qu'il n'y a d'entendement possible sans organes des sens. La formation du langage est l'œuvre psychique particulière des impressions auditives. La parole, c'est la réflexion motrice de ces impressions. Cela étant, on pourrait déjà supposer, comme l'a fait Piorry, que le langage dépend de l'intégrité des circonvolutions frontales, parce que c'est seulement dans cette portion de la substance corticale qu'aboutissent les ébranlements émanant du centre auditif; et que, par suite, la destruction de cette région suffit pour rendre impossible le moyen initial et indispensable de l'éducation du langage. Mais il faut renoncer à cette explication. Car le centre auditif paraît envoyer des fibres rayonnantes, non-seulement dans la partie antérieure, mais encore dans les autres régions de la substance corticale; et, d'autre part, il est bien certain que toutes les impressions auditives que nous recevons, ne vont pas se réfléchir sur les muscles phonateurs, et produire des mouvements paroles. Pour que l'ébranlement sensoriel reçu soit restitué sous forme de son vocal, il faut absolument qu'il vienne frapper les cellules particulières qui se rattachent directement aux muscles du larynx et du pharynx. Les impressions auditives peuvent arriver et rester limitées partout ailleurs; mais elles n'y réveillent que des idées restant intimes et elles ne provoquent, à titre réflexo-volontaire, que des actes non vocaux. Ce n'est que lorsqu'elles viennent retentir sur ces cellules particulières, qu'elles peuvent déterminer ce résultat. Or, les muscles de la phonation sont en nombre limité et groupés ensemble ainsi que les fibres et les cellules qui les rattachent au corps strié. Il en est de même des cellules qui les représentent dans ce centre moteur, de même des fibres cortico-striées qui relient celles-ci à la couche corticale, et enfin, des cellules corticales qui correspondent à cés fibres particulières. Pour qu'il y ait langage, il faut absolument que l'ébranlement aboutisse à ce groupe déterminé de cellules, c'est là seulement que la réflexion peut s'opérer. Voilà pourquoi la faculté langage paraît être circonscrite dans un point déterminé; voilà pourquoi il semble y avoir, pour l'aphasie, un foyer pathologique spécial. Cela tient non pas à la localisation des impressions auditives, mais à celle des éléments cellulaires affectés directement à la motilité des muscles de la phonation. La cause de l'aphasie se trouve habituellement, non pas dans le courant sensoriel, mais dans le courant moteur du phénomène réflexe. Luys, qui, le premier, a indiqué le véritable mécanisme du langage et de l'aphasie, a fait plus encore. Il a déterminé, le scalpel à la main, les fibres cortico-striées affectées à ce mécanisme, et nous les a montrées aboutissant dans les circonvolutions antérieures.

Messieurs, je viens de vous exposer à grands traits le mode de production probable du langage, afin de vous faire mettre immédiatement le doigt sur les conditions qui font que cette fonction et l'aphasie paraissent localisées dans un point déterminé. Permettez-moi de développer maintenant cet exposé succinct, afin de bien établir comment le mécanisme de l'élocution prend naissance chez l'enfant; ce qu'il devient, l'éducation première une fois faite; quels sont les rapports qu'il présente avec celui de l'écriture et celui de la lecture à haute voix. Nous trouverons ainsi des données qui nous mettront à même d'apprécier les différentes espèces d'aphasie.

L'enfant s'instruit à la fois par les yeux et les oreilles. L'image de l'objet vient se fixer sous forme d'idée dans une cellule en connexion avec le centre visuel de la couche optique. En même temps, le son mot qu'il entend prononcer comme désignant cet objet, vient se répandre dans différentes portions de l'encéphale. Les cellules qui reçoivent cet ébranlement acoustique et qui ne sont pas en rapport avec les muscles du larynx et du pharynx, transforment l'impression en l'idée du mot, qui s'associe avec l'idée de l'image et vient constituer avec elle la connaissance de l'objet. En recevant ce même ébranlement, les cellules antérieures qui sont en connexion directe avec les muscles phonateurs font contracter ceux-ci par réflexion et il en résulte la reproduction du mot entendu. C'est ainsi que l'enfant répète le son prononcé devant lui, absolument comme l'écho répète le bruit initial. Le mot prononcé par les parents ou par le maître, est le cri poussé par un individu qui veut entendre un effet d'écho; le mot prononcé par l'enfant est l'écho entendu, et l'organe de l'élocution de l'enfant est la montagne qui produit l'écho. L'enfant apprend à parler comme il apprend à chanter. Ce mécanisme naissant se perfectionne par l'exercice, et la réflexion vocale finit par suivre plus rapidement et reproduire plus exactement le son entendu. L'écho devient de plus en plus rapide et de plus en plus parfait. Mais le travail de ces cellules, à action vocale, reste indépendant de celui des cellules de pure idéation. Il nécessite pour son perfection-

nement un exercice particulier. C'est donc à tort que Boileau a dit :
« Ce que l'on conçoit bien s'énonce clairement, etc. » Il est vrai qu'on
ne peut guère exercer l'élocution sans mettre en jeu, en même
temps, le travail d'idéation, de sorte que ce dernier est, pour ainsi
dire, obligé de déployer une activité parallèle, et on pourrait dire
avec plus de raison : que ce qu'on exprime bien, on le comprend
parfaitement. Plus tard, l'enfant n'a plus besoin d'entendre le mot
pour le réaliser lui-même. Après avoir vibré un certain nombre
de fois sous l'impulsion acoustique, la cellule à connexion vocale
est devenue propriétaire de cette aptitude particulière. Désormais,
quand elle entrera en activité, elle provoquera toujours la formation
du même son, du même mot. Elle pourra même le faire dans une
foule de circonstances différentes. Tantôt elle le fera lorsqu'elle y
sera provoquée par une impression visuelle, par une autre cellule
recevant l'image de l'objet à nommer ; tantôt l'impulsion viendra
d'une impression et d'une cellule à relation soit olfactives, soit gustatives, soit tactiles. Les sensations auditives ont seules le droit de
présider à la formation du langage ; mais toutes les espèces de
sensations peuvent mettre en jeu le langage déjà acquis. Celui-ci
peut même se passer d'une sensation quelconque. La cellule dépo-
sitaire de l'idée de l'objet a le pouvoir de forcer la cellule à
connexion vocale à produire le signe conventionnel. Lorsque celle-ci
a ainsi acquis l'aptitude à exécuter son travail particulier dans
ces différentes conditions, son éducation est terminée ; et lorsque,
par une longue série d'études, tous les mots du vocabulaire seront
venus imprégner suffisamment des cellules distinctes, ce sera l'éducation de toute la fonction élocution qui se trouvera être accomplie. Elle n'aura plus qu'à se perfectionner, c'est-à-dire à donner par
l'usage plus de souplesse et de célérité à toutes ces touches, dont
les rôles resteront dorénavant parfaitement dessinés. C'est ainsi que
l'homme fait son langage, comme il fait son intelligence. La nature
ne lui donne que des cellules sensorielles, intellectuelles et déterminantes, agencées entre elles de façon à pouvoir s'influencer mutuellement, et un certain groupe de cellules en connexions directes
avec les muscles de la phonation.

La pathologie nous montre qu'il existe une certaine solidarité
entre le langage écrit et le langage parlé, puisque ces deux modes
d'expression peuvent être simultanément compromis dans l'aphasie.
Il importe donc que nous recherchions encore quelles sont les con-

ditions particulières du phénomène écriture. Celle-ci s'exécute évidemment par un mécanisme réflexe semblable à celui de la parole. Seulement, la réflexion se fait sur les muscles de la main, au lieu de se faire sur ceux du larynx et au lieu de partir du département de l'audition, la sensation provocatrice provient de l'appareil de la vision. Pour apprendre à écrire, il faut d'abord voir les signes

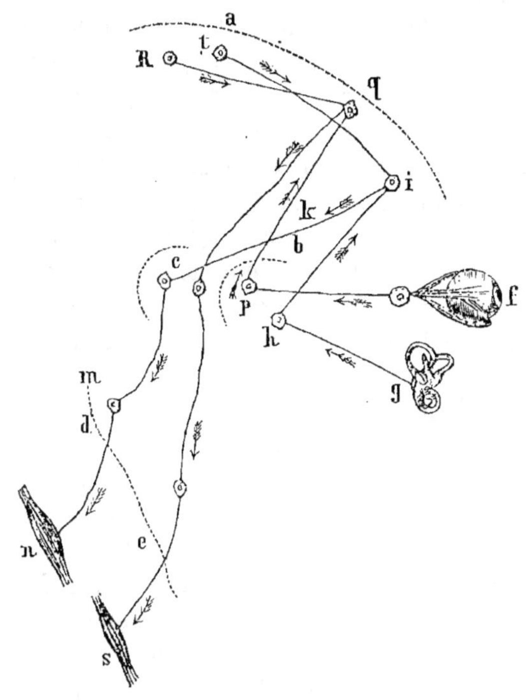

Fig. 48.

Schéma du langage parlé et écrit. — *a*, courbe de l'hémisphère cérébral. — *b*, courbe de la couche optique. — *c*, courbe du corps strié. — *d*, ligne limitante du bulbe. — *e*, ligne limitante de la moelle. — *f*, œil. — *g*, oreille interne.

Le son mot va de *g* dans le noyau auditif *h* de la couche optique. L'ébranlement va ensuite de *h* dans la cellule corticale *i* qui le renvoie, par la fibre cortico-striée *k*, dans le corps strié qui le communique aux noyaux du bulbe *m*, lequel met en jeu les muscles vocaux *n*.

L'image lettre va de *f* en *p* ou noyau visuel de la couche optique qui l'envoie à une cellule corticale *q*. De là, l'ébranlement est réfléchi par la fibre cortico-striée *r* dans le corps strié qui agit à son tour sur la moelle, laquelle met en jeu les muscles des doigts *s*.

Les deux courants centrifuges, restant les mêmes, peuvent être provoqués par des courants intellectuels partis des cellules *t-R*, les ébranlements corticaux se substituent aux ébranlements sensoriels, acoustique et visuel.

de l'écriture. L'audition apporte toutefois son concours au moment de l'éducation ; c'est par elle que nous apprenons que tel signe doit exprimer, suivant les conventions, telle ou telle chose. Mais c'est toujours l'impression optique qui va, seule, éveiller l'activité des cellules motrices qui sont en rapport avec les muscles de la main et qui, très-probablement, sont, comme celles de la phonation, groupées dans un point déterminé, de sorte qu'on pourrait tout aussi bien admettre un organe de l'élocution écrite que de l'élocution parlée. Dans tous les cas, on peut dire que si la parole produite est le son réfléchi par l'écho du centre du langage, l'écriture est l'image du signe vu, réfléchie par le miroir du centre du langage écrit. Dans la lecture à haute voix, qui peut aussi être altérée chez les aphasiques, l'impression acoustique est remplacée par l'impression visuelle, et l'audition n'intervient plus que pour juger le résultat. Elle vient ainsi jouer le rôle de la sensibilité musculaire dans la locomotion.

Munis des données physiologiques qui précèdent, nous allons pouvoir nous rendre facilement compte des aspects si multiples de l'aphasie et des exceptions qu'elle peut présenter sous le rapport du siége de la lésion anatomique. La production normale du langage nécessite évidemment l'intégrité de tous les éléments nerveux qui interviennent dans cet acte si complexe. Il faut que l'appareil nerveux périphérique de l'audition soit intact ; qu'il en soit de même du centre acoustique ; de la plupart des cellules intellectuelles, et particulièrement des cellules corticales qui correspondent d'une part avec ce centre et d'autre part avec les cellules motrices destinées aux muscles phonateurs ; des fibres cortico-striées qui réunissent ces deux ordres de cellules entre elles ; du corps strié qui renferme les dernières cellules ; de la machine instrumentale organisée dans le bulbe ; enfin, de tous les points de la protubérance et des nerfs qui renferment les fibres et les cellules destinées à relier les muscles phonateurs au point vocal du corps strié. Il suffit qu'un des anneaux de cette double chaîne, ascendante et descendante, vienne à manquer pour produire un trouble du langage, et on pourrait presque admettre autant d'espèces d'aphasie qu'il y a d'anneaux différents. Dans la chaîne sensorielle ou ascendante, nous trouvons d'abord l'aphasie-mutisme chez les individus atteints de surdité congéniale. Chez eux, le langage ne peut pas se manifester, par la raison qu'il n'a jamais pu se former. Lorsque, dans le cours de la vie, l'audition vient à être accidentellement compromise, soit dans sa partie labyrinthique, soit dans le nerf acoustique, soit dans le centre auditif de la couche optique, le langage n'est pas aboli parce qu'il a été créé antérieurement et parce qu'il peut être mis en jeu par les autres sensations ou par l'intelligence; mais il devient sujet à erreurs, parce que l'éducation, une fois faite, l'ouïe a encore une mission à remplir, c'est celle de vérifier, comme le sens musculaire, l'effet produit. Quand, pathologiquement, il existe des obstacles à ce mode de vérification, il peut en résulter une forme toute particulière de l'aphasie, une aphasie par *anesthésie auditive*. Il est, en effet, des malades qui ne donnent pas dans la conversation le terme approprié, uniquement parce qu'ils n'entendent pas ce qu'ils répondent, et qui arrivent à rectifier facilement leur erreur lorsqu'on la leur fait connaître par écrit.

Au sommet de la courbe, sur le terrain même de l'intelligence, on peut rencontrer différentes causes d'aphasie, et alors celle-ci peut prendre l'épithète d'intellectuelle. Chez l'idiot, l'arrêt de développement des cellules d'idéation est pour beaucoup dans le mutisme qu'il présente, souvent d'une manière presque absolue, même quand il n'y a pas de surdité concomitante. Ne comprenant rien, ne créant aucune idée, ils n'ont rien à traduire par la parole. Il est vrai que le point déterminé où peut s'opérer la réflexion sur les cellules à motricité vocale peut prendre part à l'imperfection générale de la machine cérébrale et que l'aphasie peut tenir au pivot même de l'instrument nerveux particulier de l'élocution. Mais là ne se trouve pas toujours la véritable cause du silence, car beaucoup d'idiots ont une certaine aptitude à reproduire exactement les sons rhythmiques d'une chanson dont on provoque l'écho chez eux comme chez des oiseaux. Quant à la parole elle-même, elle a besoin d'un certain travail intellectuel qui rattache le son mot à la connaissance de l'objet. Sans ce travail, en outre, l'enchaînement des mots ne saurait s'effectuer. Les cellules d'idéation ne peuvent provoquer aucune manifestation verbale en dehors de l'impression auditive. Les mêmes réflexions sont applicables aux déments qui, eux aussi, deviennent taciturnes par suite du néant intellectuel dans lequel ils sont plongés. Non-seulement il n'y a plus d'opérations psychiques, mais il existe une amnésie générale. La dégénérescence graisseuse a, pour ainsi dire, passé l'éponge sur tous les points de l'immense tableau des connaissances acquises. Le *libretto* à mettre en musique n'existe plus. L'embolie, en circonscrivant le travail de destruction à un certain groupe de cellules et de notions, donne lieu à ces aphasies partielles qui se contentent de rayer certains mots du vocabulaire usuel. — Il peut encore y avoir, dans le même ordre, une forme caractérisée par une véritable ataxie intellectuelle. Le malade peut voir parfaitement l'objet; il peut entendre et comprendre la question qu'on lui adresse. Mais, par suite d'un désordre dans la propagation de l'ébranlement, elle ne se fait plus suivant les lignes tracées par l'éducation; et la cellule intellectuelle, qui a la notion de la chose à énoncer, va frapper une touche quelconque non appropriée dans l'instrument vocal. C'est un pianiste qui, par erreur, fait vibrer une autre corde que celle qui est seule capable de fournir la note qu'il désire. Il y aurait là un mécanisme analogue à celui qu'un médecin a voulu appliquer indistinctement à tous les cas d'aphasie. Celle-ci, selon lui, serait toujours le résultat d'un trouble survenu dans l'association des idées.

La cause de l'aphasie siége plus souvent encore sur le trajet centrifuge ou moteur du phénomène langage. Cela tient évidemment à ce que les conditions du régime vasculaire du cerveau sont telles que les embolies ont une grande tendance à venir arrêter la circulation dans la partie antérieure du cerveau, d'où émane le faisceau de fibres cortico-striées à destination vocale. L'instrument nerveux de la parole se trouve alors atteint dans ses œuvres vives. Aussi est-ce dans ce cas que l'aphasie est le plus prononcée et qu'elle constitue réellement une maladie à physionomie spéciale. Le mot aphasie devrait même être réservé pour cette seule circonstance. Alors, malgré l'intégrité de la mémoire et de toutes les aptitudes intellectuelles, les expressions ont tendance à manquer toutes à la fois, parce que toutes les cordes de transmission se trouvent rapprochées. L'effet devient de plus en plus général à mesure que la lésion se rapproche du corps strié, parce qu'alors ces mêmes cordes sont concentrées dans un espace plus court encore. Il est absolu lorsque ce centre nerveux est intéressé dans la partie qui reçoit ces fibres cortico-striées particulières. Au milieu de cette destruction, il arrive parfois qu'une fibre ou qu'une cellule survit au désastre. C'est alors, sans doute, qu'on voit l'aphasique placer à tous propos un seul et même mot. Tous les ébranlements acoustiques ou intellectuels qui viennent aboutir à l'organe de l'élocution, viennent indistinctement faire vibrer la seule et unique corde que possède l'instrument. Cette corde répond toujours par la même note à toutes les pressions qu'elle subit. Au delà du corps strié, de nouveaux moyens de transmission se trouvent encore réunis en un faisceau qui peut parfois être englobé dans les altérations des milieux qu'il traverse. C'est ainsi qu'on a vu des maladies des pédoncules cérébraux et de la protubérance donner lieu à une véritable aphasie. Dans le bulbe, ce n'est plus une simple voie de passage que rencontre le courant vocal, mais les noyaux des faciaux, des glosso-pharyngiens, des spinaux et des grands hypoglosses qui, par leurs moyens d'association et par leur organisation préétablie, se prêtent aux effets d'harmonie du langage, isolent les cordes, les réfléchissent comme par des poulies de renvoi et leur assurent à la fois la solidarité et l'indépendance. C'est le dernier terme et le lieu de perfectionnement de la machine nerveuse de la parole. Aussi, l'aphasie bulbaire se présente-t-elle avec un cachet particulier. Elle ne consiste plus dans la perte de la mémoire des mots, ou dans le mauvais choix des expressions, ou dans l'impossibilité de transmission de l'ébranlement, mais elle porte sur le défaut de prononciation de tous les mots. C'est le bégayement ou les troubles d'articulation de la paralysie glosso-labio-laryngée.

Il est toutefois un fait qui semble plaider contre notre interprétation du mécanisme de la parole et indiquer qu'il existe réellement un centre présidant au choix de toutes les manifestations de la pensée, c'est que chez beaucoup d'aphasiques les troubles portent aussi bien sur le langage écrit que sur le langage parlé. Il est des malades qui tracent des lettres non appropriées, ou même de simples lignes droites, brisées ou circulaires, à la place des signes conventionnels. Il est naturel, en effet, de penser que, puisque l'aphasique, en perdant le plus souvent un seul et même point de son cerveau, se trouve privé de l'aptitude d'adapter à la fois, à une même idée, les différents modes de signe, il doit y avoir là le foyer d'une véritable faculté expression et non une simple réunion de tous les éléments à détermination vocale. Mais d'abord le fait n'est pas général. La parole peut disparaître sans l'aptitude à l'écriture, et celle-ci peut aussi être seule atteinte; ce qui paraît indiquer que ce ne sont pas les mêmes cellules ni les mêmes fibres qui, dans les deux cas, obéissent aux sensations sensorielles et intellectuelles. En outre, pour ceux chez lesquels la cause première de la maladie se trouve dans la mémoire et l'intelligence, on comprend que tous les moyens de manifestation se trouvent à la fois comme non avenus. Enfin, les éléments nerveux à détermination digitale ne sont probablement pas éloignés des éléments à action vocale dans la couche corticale, dans les fibres cortico-striées et dans les corps striés. Il reste à lever une dernière difficulté, qui est aussi embarrassante toutefois pour les autres théories de l'aphasie que pour la nôtre. Comment, avec une destruction unilatérale, peut-il y avoir une abolition complète de la parole, puisque le point homologue de l'hémisphère sain devrait encore pouvoir fonctionner? Sous ce rapport, il est encore plus rationnel, plutôt que de regarder, ainsi que l'a fait Broca, l'hémisphère droit comme un fonctionnaire en non-activité au point de vue de l'élocution, d'admettre que cette fonction exige absolument le concours simultané des deux agents similaires, et que, lorsque l'un fait défaut, l'autre se trouve, par le fait, réduit à l'inertie. Il y a peut-être une raison à ceci à laquelle on n'a pas songé. Le son et son articulation sont l'œuvre des modifications moléculaires des deux cordes vocales et du porte-voix dans son entier, c'est-à-dire de la totalité du larynx, du pharynx, de la cavité buccale, etc. Ce qu'il lui faut pour être produit, ce n'est pas une demi-gouttière, mais un tube; il lui faut l'activité harmonique des muscles congénères de cet instrument. Quand un de ses côtés est paralysé, cet instrument ne peut pas plus produire des sons articulés qu'une flûte qui serait coupée en deux suivant son axe longitudinal.

Hystérie.

Sommaire descriptif. — Dans l'esprit du monde, le mot hystérie n'éveille généralement que l'idée d'un état psychique qui touche de près à l'immoralité; et, sous le titre générique d'*attaques de nerfs*, on regarde comme étant tout à fait à part les convulsions hystériques. Celles-ci sont, au contraire, considérées comme la caractéristique de l'affection par bon nombre de praticiens. L'erreur est aussi grande de part et d'autre, car les tendances érotiques forment l'exception, et les phénomènes convulsifs sont loin d'être constants. En réalité, l'observation clinique démontre que, si on veut conserver l'entité morbide qui a reçu le nom d'hystérie, il faut absolument la regarder comme un vice de l'innervation, excessivement mobile dans ses effets, qui peuvent se montrer à la fois sur tous les points du système nerveux ou rester limités à un ou plusieurs de ses départements. C'est pourquoi les symptômes qu'elle est susceptible d'offrir se trouvent être de nature, les uns, sensitive; d'autres, motrice; d'autres, nutritive; enfin, d'autres, psychique. Les troubles de la sensibilité consistent, avant tout, en une hyperesthésie générale, qui fait que les malades apprécient des différences de poids, de température et de surface tout à fait imperceptibles. Ils reconnaissent tous les objets par le simple toucher. De là découlent, pour le public, une foule de faits qui prêtent considérablement au merveilleux. La même exaltation se retrouve dans les autres organes des sens. Une lumière faible, un bruit léger les incommodent. Il en est qui s'évanouissent sous l'influence du parfum d'une fleur. Ils peuvent toutefois avoir le bénéfice de ce perfectionnement morbide. Ils entendent des bruits non appréciables pour les autres. Transformés en véritables limiers, ils arrivent à distinguer les personnes par l'odorat. En même temps, des douleurs névralgiques spontanées apparaissent, particulièrement sur le trajet des nerfs trijumeau, sciatique, intercostaux et mammaire. Il existe surtout une céphalalgie assez fixe au sommet de la tête, sur un point de la suture sagittale; c'est là ce qu'on a appelé le *clou hystérique*. On constate aussi de fréquentes névralgies viscérales, siégeant dans l'estomac, l'intestin, le foie, l'utérus et les ovaires. Ce qu'il y a de singulier, c'est qu'au milieu de cette grande impressionnabilité du système nerveux sensitif, on peut voir apparaître de l'anesthésie plus ou moins prolongée, soit dans une seule région, soit dans la moitié inférieure du corps, soit dans sa moitié latérale, et, dans ce dernier cas, elle siége toujours à gauche. De plus, les muqueuses sont constamment atteintes en même temps que la peau. Les viscères seuls semblent lui échapper. La perte de la sensibilité générale peut ne porter que sur quelques-uns de ses modes, mais elle a lieu surtout pour le sens de la douleur et pour celui de la température. Les troubles de la motilité peuvent consister aussi en des phénomènes d'exaltation musculaire ou de paralysie. Les premiers affectent généralement la forme d'accès, et ceux-ci offrent deux variétés bien distinctes : dans l'une, le spasme musculaire est avant tout viscéral et reste limité à la sphère de distribution du grand sympathique et des nerfs crâniens. De là des contractions violentes du sphincter de la vessie, qui déterminent de l'ischurie; de l'estomac et de l'œsophage, qui produisent des vomissements; de l'intestin, qui se manifestent par des borborygmes; du cœur, qui donnent lieu à des palpitations violentes; de l'appareil respiratoire, qui se traduisent par des sanglots, de la dyspnée et une toux bruyante; des muscles de la face, qu'expriment le rire sardonique et le trismus. Dans l'autre, il envahit tous les muscles de la vie animale, et il constitue l'attaque, type de l'hystérie. On a alors sous les yeux une scène qui, au premier abord, rappelle celle du haut-mal de l'épilepsie. Une observation sérieuse fait bien vite constater de nombreuses différences. La chute n'est pas aussi brusque. La malade a le temps de choisir le lieu qui offre le moins de danger. Elle ne perd pas connaissance et entend tout ce qui se dit autour d'elle. Les secousses ont quelque chose de plus violent et amènent de grands déplacements. La salivation est assez exceptionnelle; l'asphyxie est loin d'être constante. En dehors des accès, on peut observer, surtout dans les cas anciens, des contractures des membres qui parfois persistent fort longtemps. La paralysie n'apparaît pas toujours avec les mêmes caractères. Elle peut s'établir lentement ou d'une manière tout à fait brusque, succéder à des accès convulsifs répétés ou précéder ceux-ci, constituer une paraplégie, une hémiplégie ou une paralysie régionale. Du côté de la nutrition, on constate des troubles digestifs variés, une exagération ou une diminution de la sécrétion urinaire, de l'aménorrhée, de la dysménorrhée ou des pertes de sang considérables, des flueurs blanches abondantes, des alternatives de pâleur et de rougeur des téguments, des arthropathies, se manifestant par un endolorissement souvent énorme de l'articulation atteinte. La fluxion articulaire devient parfois tellement violente, qu'on se croit en présence d'une inflammation grave ou d'une tumeur blanche. L'erreur a lieu très-souvent pour l'articulation coxo-fémorale. Toutes les hystériques sont dans un état intellectuel anormal. Les mieux favorisées se montrent encore très-versatiles, susceptibles, irascibles, entêtées et opiniâtres. Toutes les occupations un peu sérieuses les fatiguent. Leur sommeil est incomplet et tourmenté par des rêves pénibles. Par moments, elles sont mélancoliques et absorbées par des idées noires. Dans d'autres moments, elles sont d'une gaîté extravagante; elles pleurent et rient alternativement sans motif; elles semblent avoir des hallucinations d'origine viscérale; elles éprouvent dans la plupart des viscères des sensations subjectives les plus variées et les plus étranges. Même quand leurs digestions se font bien, elles accusent un sentiment de pression et de distension de l'estomac. Elles se plaignent de palpitations du cœur, alors que l'auscultation démontre qu'il n'en existe pas. Cela tient évidemment à ce qu'elles sentent plus que les autres personnes. Au moment des accès, les troubles psychiques deviennent momentanément plus graves. Il survient un délire bruyant et agité, mais sans incohérence et toujours relatif aux préoccupations de la personne : on dirait un rêve parlé. A un degré plus élevé et en dehors des accès, l'imagination sort des bornes normales. Les hystériques inventent des histoires romanesques et extravagantes; elles commettent des actes excentriques et éprouvent des hallucinations. Enfin, le trouble intellectuel peut acquérir des proportions telles qu'il devient une folie véritable, qui a reçu le nom particulier de *manie hystérique*. Les malades ont des idées d'empoisonnement, des scrupules absurdes; elles s'accusent de crimes qu'elles n'ont point commis. Quelques-unes ont la manie des remèdes et des médecins; elles ont surtout la folie des actes. Toutefois, les impulsions irrésistibles qu'elles éprouvent sont moins violentes que celles des épileptiques. Elles consistent simplement en un grand besoin de mouvement, de briser, de déchirer, de déplacer les objets, et en une tendance à commettre des actes extravagants et ridicules. Au milieu de la conversation la plus convenable, elles interposent, malgré elles, des jurons grossiers; elles se montrent méchantes pour leurs parents et leurs amis, tout en restant gracieuses pour les étrangers. Elles semblent réserver leur état mental pour leur famille. A la longue, cette manie peut conduire à la démence. L'anatomie pathologique de cette affection est encore à faire tout entière. On a bien signalé des plaques scléreuses des cordons antéro-latéraux chez des hystériques atteintes de contractures, mais ces altérations sont regardées comme consécutives et accidentelles. On en est réduit à maintenir l'hystérie dans ce groupe de névroses *sine materia* qui ne fait qu'afficher notre ignorance. Au point de vue de l'étiologie, on peut dire que cette maladie appartient presque exclusivement à la femme, mais que l'homme n'en est pas à l'abri; qu'elle se développe surtout à partir de la puberté; qu'elle est favorisée par l'absence d'exercice physique, la fatigue cérébrale, les lectures énervantes, une éducation par trop tolérante, la satisfaction de tous les caprices; par les émotions vives, les unions mal assorties, la chlorose et l'anémie, les maladies de l'utérus, l'onanisme.

Analyse physiologique. — Tous les médecins de l'antiquité plaçaient, sans la moindre hésitation, le point de départ de l'hystérie dans l'utérus et ses annexes. Cette conviction générale semblait pleinement justifiée par une série de faits d'observation qui ne manquaient pas d'une certaine valeur et qu'on avait seulement le tort d'admettre d'une façon par trop exclusive. On croyait alors que les femmes seules pouvaient être atteintes de cette affection; que celle-ci n'apparaissait jamais qu'entre les époques de la puberté et de la ménopause, et appartenait, par conséquent, à la période de la vie génitale de la femme ; qu'elle se rencontrait surtout chez les femmes lascives et chez celles que les conditions sociales condamnent à une continence absolue; que les accès hystériques se montraient surtout lorsque la menstruation se trouvait troublée à un titre quelconque ; que la plupart des maladies de l'utérus engendraient consécutivement l'hystérie. On avait aussi été frappé de l'espèce d'anologie qui semble exister entre la forme convulsive et le spasme cynique, et de la marche de la sensation, qui a été appelée depuis *boule hystérique*, et qui semble partir de la région hypogastrique. Pour toutes ces raisons, le doute ne semblait pas possible, et on s'attacha seulement à déterminer le mode d'action de l'appareil utérin dans ces circonstances. Les hypothèses ont varié suivant les idées dominantes des diverses époques pendant lesquelles la donnée fondamentale fut admise sans conteste. Pendant la période la plus grossière de l'évolution de la science médicale, on se laissa tromper par la sensation de la boule hystérique et par la rénitence due à des tympanites partielles. On crut à un déplacement ascensionnel de la matrice, que l'on disait partir à la recherche de l'humidité. Chez les femmes du peuple, vous trouverez encore la croyance à ces voyages au long cours de cet organe. Au temps où florissait la doctrine des humeurs morbides, on pensait que l'utérus était un foyer très-propre à l'absorption de produits nuisibles ou de vapeurs irritantes, capables de créer les troubles hystériques. Au moyen âge, tout en maintenant la scène première sur le théâtre utérin, on crut à une influence démoniaque. Plus tard, on abandonna les vues mystiques, et, revenant à des interprétations fonctionnelles, on accusa soit la rétention du sang menstruel, soit celle d'un prétendu sperme féminin. Lorsque les premiers linéaments de la physiologie du système nerveux commencèrent à se dessiner, on comprit qu'on devait lui attribuer ici le rôle principal, et on regarda l'utérus comme un grand centre d'irradiation nerveuse sympathique. D'autres virent dans les accès d'hystérie l'effet d'une véritable pléthore nerveuse. En l'absence de coïts, qui constitueraient de véritables saignées nerveuses, il y aurait une surabondance d'influx nerveux, qui donnerait lieu à de véritables explosions, faute de soupapes de sûreté. L'idée de l'origine utérine, que nous ramènerons tout à l'heure à sa véritable valeur, n'est pas encore complétement abandonnée aujourd'hui. Plusieurs médecins font procéder toutes les attaques d'hystérie des organes générateurs. Tels sont, entre autres, Robert de Latour et Saurel. Ce dernier prétend même avoir fait cesser une attaque en portant deux perles d'éther à l'ouverture du col de l'utérus. Chairon va plus loin : il systématise complétement la genèse utérine et interprète, avec ce point de départ, toutes les phases de la crise. Il pense que toute cause de compression, d'irritation ou d'inflammation de l'ovaire a pour effet spécial d'amener la paralysie du mouvement réflexe de l'épiglotte, qui, restant abaissée, donne lieu à une asphyxie brusque. Celle-ci, en accumulant l'acide carbonique dans le sang, produit une intoxication du système nerveux, qui se traduit par des mouvements convulsifs et des troubles de la sensibilité.

Villis, sous le nom de *diathesis nervosa*, a jeté les premiers fondements d'une doctrine générale que Bouchut devait développer plus tard avec tant d'autorité et de talent, en créant pour elle le mot de *nervosisme*. Dans la pensée de Villis, le *diathesis nervosa* signifiait un vice spécial du système nerveux, se localisant, çà et là, dans telle ou telle partie des centres nerveux, et revêtant une physionomie différente suivant les organes primitivement atteints. Pour Bouchut, le nervosisme, qui se traduit par l'excitabilité, l'ataxie et l'asthénie du système nerveux, la grande irritabilité du caractère, la perversion des sentiments instinctifs, l'exaltation du cœur, de l'intelligence et du langage, des alternatives de gaîté et de tristesse, des insomnies et des rêves, une grande faiblesse musculaire entrecoupée par des explosions passagères d'une grande puissance motrice, une vie végétative languissante, cet état, si répandu et si variable dans son intensité, constitue une maladie particulière, qui n'est pas encore l'hystérie, mais qui présente un terrain propre à son développement. Depuis, Beau a identifié complétement ces deux états de l'innervation. Selon lui, le nervosisme n'est que l'hystérie sans attaques convulsives. Il n'est autre que ce que les cliniciens appellent l'*hystérie vaporeuse*. Envisagé comme simple prédisposition ou comme constituant déjà l'hystérie elle-même, cet état a été attribué par les uns à un désordre dans la distribution de l'influx nerveux ou à une oscillation irrégulière des molécules nerveuses ; par d'autres, à une chloro-anémie qui placerait l'alimentation du système nerveux dans de mauvaises conditions. Beau, pour qui l'aglobulie est le générateur direct de l'hystérie, fait remonter la genèse beaucoup plus loin encore et voit, dans des troubles digestifs, la cause première de l'altération du liquide sanguin. L'opinion de Niemeyer et de Hasse se rapproche de la précédente, quoique ces auteurs ne se soient préoccupés que de l'hystérie confirmée et n'aient pas cherché à déterminer les conditions offertes par le sang lui-même. Ils font résulter la perversion fonctionnelle du système nerveux d'un trouble insaisissable survenu dans sa nutrition intime.

Beaucoup de médecins, sans prétendre préciser la nature des modifications matérielles capables d'engendrer les troubles hystériques, se sont attachés avant tout à déterminer le département du système nerveux qui se trouvait plus particulièrement mis en cause. Les uns ont fait choix de la moelle, dont le pouvoir réflexe se trouverait exalté et serait aussi en puissance de ce qu'on a appelé *irritation spinale*. D'autres ont transporté la scène dans l'encéphale. Georget, en particulier, a fait de l'hystérie une véritable *encéphalopathie* tout à fait comparable à l'encéphalopathie saturnine. Il s'appuie sur ce que ce sont surtout les causes morales qui engendrent cette affection, sur ce qu'elle présente toujours une modification plus ou moins profonde des facultés intellectuelles et affectives, sur ce qu'il existe une affinité incontestable entre elle et l'aliénation mentale, affinité qui se manifeste soit par transmission héréditaire, soit par une transformation chez la même personne. Quelques-uns, au contraire, se sont efforcés de localiser la maladie dans le système nerveux périphérique. Ce seraient les nerfs sensitifs qui auraient acquis un si haut degré d'excitabilité, qu'au moindre ébranlement subi par eux, ils forceraient les centres à réagir d'une manière anormale et exagérée. Beaucoup enfin, entre autres Axenfeld, Hasse, Niemeyer, étendent le siége de la maladie à tout l'appareil de l'innervation. Jaccoud, tout en admettant la même généralisation, attribue spécialement l'hystérie à un défaut d'équilibre dynamique entre l'activité spinale et l'activité cérébrale, à la déchéance de l'innervation volontaire et à la prédominance de l'innervation involontaire. Celle-ci ne serait plus maîtrisée, comme dans l'état normal, par l'intelligence et la volonté.

Négligeant le terrain anatomique et prenant seulement en considération les divisions fonctionnelles créées par eux, des médecins aliénistes ont, avec M. de Fleury, présenté l'hystérie comme étant essentiellement une névrose de la sensibilité physique et morale. Briquet, l'auteur de la meilleure monographie qui ait été publiée sur cette affection, est arrivé par une autre voie à une conception analogue. Pour lui, l'hystérie n'est qu'une manifestation passionnelle. Ses symptômes ne sont que des actes réflexes traduisant un état morbide de la partie de l'encéphale qui sert de foyer aux impressions morales et sensorielles ; c'est la névrose spéciale de ce département du cerveau. Il s'appuie sur la similitude parfaite qui existe entre les phénomènes de l'hystérie et les différents modes d'expression des passions. Le spasme interne ou hystérie vaporeuse semble, en effet, n'être qu'une amplification de ce qu'on observe chez une femme impressionnable qui vient d'éprouver une vive contrariété. Dans les deux cas, il y a angoisse, suffocation, sentiment de resserrement à l'épigastre, fréquence et grande intensité des battements du cœur, spasme de la glotte, qui produit une véritable strangulation qui empêche la phonation et la déglutition, inquiétude générale et un besoin impérieux d'agitation. Briquet a fait remarquer, en outre, que le spasme hystérique affecte des siéges et des aspects différents, qui sont toujours en rapport avec les habitudes expressives du sujet ; qu'il attaque principalement les muscles du cou chez les personnes qui ont l'habitude d'exprimer leurs sentiments par des mouvements de la tête ; qu'il provoque, au contraire, de la strangulation chez celles qui ressentent ordinairement au pharynx le retentissement sympathique des émotions ; qu'il s'empare des muscles du thorax chez celles qui traduisent leurs sentiments par une modification du rhythme de la respiration ; qu'il reste localisé au niveau de l'épigastre chez celles qui sentent dans cette région le contre-coup de toutes les impressions vives. La forme du spasme semble aussi n'être que le reflet du caractère des malades. Il consiste en un tremblement général chez les jeunes filles timides, en des mouvements rhythmiques du bassin chez les femmes à tempérament utérin, en danses et en chants chez les enfants enjoués. L'étiologie vient encore à l'appui de cette interprétation. L'accès provoqué par un chagrin est surtout marqué par de l'oppression et de la strangulation. Il se termine alors par des sanglots et des pleurs. Celui qui a été motivé par de mauvais traitements détermine des tremblements qui expriment la crainte. Celui qui a été engendré par la terreur consiste en du délire avec visions terrifiantes.

Luys circonscrit davantage le foyer central de l'hystérie. Tous les symptômes, quels qu'ils soient, dérivent des troubles survenus dans la sensibilité, tant générale que spéciale ; et une maladie dans laquelle tous les sens peuvent être compromis à la fois doit forcément avoir son siége anatomique dans le centre commun de toutes les sensibilités, c'est-à-dire dans la couche optique. C'est là seulement que vont retentir, en dernier ressort, les diverses impressions capables de provoquer les attaques d'hystérie, et c'est elle qui ensuite réfléchit l'ébranlement reçu vers le cervelet et le force à produire une explosion motrice. La couche optique ne donne lieu à des réactions si vives que parce qu'elle est malade et que, sentant plus, elle réagit plus. Cet état morbide fait naître en elle de grandes variations de vascularisation. Les congestions alternent ou se mélangent avec les anémies, et donnent lieu ainsi tantôt à des hyperesthésies, tantôt à des anesthésies, ou bien associent entre eux ces deux ordres de phénomènes. La rapidité avec laquelle les modifications des circulations locales peuvent s'effectuer, l'inconstance dont elles sont susceptibles, expliquent parfaitement l'apparition brusque et la disparition tout aussi inattendue des surdités, des amauroses, des anesthésies, des analgésies, qu'on rencontre à chaque pas chez les hystériques. Avec cette localisation, on comprend aussi pourquoi les muqueuses, animées par le trijumeau et les autres nerfs crâniens, prennent part à l'anesthésie. L'état de congestion de la couche optique se prête parfaitement aux hallucinations nombreuses qui assiégent ces malades. Les relations fonctionnelles qui enchaînent la couche corticale à la couche optique rendent aussi très-bien compte de la manie hystérique. Ce centre sensitif a autant de tendance à réfléchir vers le centre intellectuel que vers les centres locomoteurs les impressions qu'il a reçues, et qu'il a amplifiées sous l'influence de son état d'exaltation. Il titille d'une manière morbide les cellules intellectuelles et trouble le travail d'idéation. Enfin le voisinage du corps strié l'expose à prendre facilement part au processus morbide, et il vient, en stimulant à sa manière la couche corticale, provoquer des accès de fureur, des impulsions irrésistibles. Lorsque, au contraire, le processus déprime son action, il déteint d'une manière négative sur le centre intellectuel et il produit un abattement mélancolique avec tendances hypochondriaques.

Affection d'origine génitale; manifestation d'une véritable diathèse nerveuse produite elle-même, soit par une chloro-anémie, soit par un trouble de la nutrition intime du système nerveux, soit par une aberration dynamique de son mécanisme; irritation et exaltation du pouvoir réflexe de la moelle; encéphalopathie spéciale; ataxie cérébro-spinale résultant de la prépondérance de l'innervation involontaire sur l'innervation volontaire; maladie de la sensibilité morale et physique, exaltation des centres émotionnels; maladie propre de la couche optique : tels sont les nombreux points de vue sous lesquels l'hystérie a été envisagée. L'observateur impartial est obligé de reconnaître qu'il y a du bon dans presque toutes les théories qui précèdent. Cela tient peut-être à ce que l'hystérie ne saurait être considérée comme une entité morbide parfaitement définie et bien circonscrite. Elle se trouve réunir, sous une même étiquette, tous les cas de perversion de l'innervation qui restent vagues et ne sont pas assez accentués pour prendre rang dans les maladies à physionomie nette et constante du système nerveux, telles que l'épilepsie, la chorée et la catalepsie. L'hystérie est à celles-ci ce qu'est un mélange vis-à-vis les composés définis de la chimie. C'est un produit instable qui échappe à une analyse rigoureuse et qui défie les lois de la chimie. Je crois même qu'un médecin qui a beaucoup vu et réfléchi doit se sentir porté à se placer à un point de vue plus élevé et à comprendre, dans une même conception générale, presque toutes les manifestations morbides du système nerveux. Il semble que ce système peut acquérir une situation pathologique telle, qu'il est devenu apte à tous les genres de manifestations morbides, désignées en clinique sous le nom générique de névroses, et que ce sont des circonstances purement secondaires qui décident de la direction symptomatologique qu'il prendra. C'est pour cette raison que l'hystérie devient si facilement tantôt de la chorée, tantôt de la catalepsie, tantôt du somnambulisme, tantôt de la folie. C'est aussi pourquoi l'hérédité fait naître une hystérique d'une folle ou d'une choréique, ou d'une cataleptique, et réciproquement. Là se trouve la clef de toutes ces transformations, s'opérant soit chez le même individu, soit à travers les générations. Grâce à ce fond commun, ces névroses ont entre elles une telle parenté, que Georget a été conduit à déclarer que l'hystérie et l'épilepsie ne font qu'une seule et même maladie envisagée à des degrés différents. Moins hardi, Dunan s'est contenté de dire que les crises hystériques et épileptiques tendent à se confondre, qu'elles se pénètrent réciproquement.

Cette aptitude fondamentale répond parfaitement au nervosisme de Bouchut, et le mot est assez bien trouvé pour être conservé. Au point de vue du mécanisme de l'innervation, et si on fait abstraction des conséquences qui peuvent en résulter pour l'économie entière, on peut dire qu'elle constitue plutôt un perfectionnement qu'une maladie. Un système nerveux, en état de nervosisme, est un organe qui présente les défauts de ses qualités. C'est un instrument qui, à force d'avoir été manié, est devenu trop gai et trop facile. Il sent plus et réagit plus contre ce qu'il sent. Il répond trop vite et trop vigoureusement au doigt qui cherche à le mettre en jeu. C'est un coursier qui se cabre et s'emporte au moindre attouchement. Une hystérique est une sensitive tellement impressionnable, que le souffle le plus léger suffit pour provoquer un mouvement spasmodique de ses feuilles. Elle est devenue une plante plus que cultivée, qui, élevée dans une serre, s'est transformée en une variété artificielle et qui ne peut plus supporter aucune des conditions essentielles de la végétation. En cela, l'appareil de l'innervation ne fait qu'obéir aux lois qui régissent tous les organes vivants. Quand il a été trop souvent mis en activité, il devient prédominant sur les autres systèmes et se développe comme le fait le biceps d'un ouvrier. Tout ce qui tend à produire un raffinement partiel ou général des organes nerveux peut déterminer cet état. Avec cette manière d'envisager les choses, il est facile de comprendre le mode d'action de toutes les causes prédisposantes, c'est-à-dire de toutes les circonstances qui, à travers les générations et les âges, préparent le terrain au nervosisme et sèment, par conséquent, les germes de l'hystérie.

Le nervosisme et l'hystérie se rencontrent beaucoup plus fréquemment chez la femme que chez l'homme, parce que tout, dans la vie que lui créent les habitudes sociales, concourt à produire chez elle un raffinement de la sensibilité physique et morale. Le côté naturel et matériel de l'existence tend à s'effacer devant le côté poétique. A la ville, dans les hautes classes, ce sont les occupations artistiques avec tous leurs stimulants de la sensibilité. C'est la recherche constante de la finesse du langage qui tend à donner un caractère affectif à toutes les pensées. Dans le monde distingué, la conversation de la femme ne roule que sur des délicatesses de sentiments ; tous les actes de sa vie ne font qu'exalter l'impressionnabilité de son système nerveux. C'est un exercice perpétuel de cet instrument qui le rend la perfection du genre. Si elle se livre à un travail intellectuel, il est généralement faussé et entaché de sentimentalisme. Par sa vie sédentaire, elle restreint l'activité de la nutrition ; la respiration est amoindrie, le sang est appauvri. L'inertie du système musculaire y réduit l'assimilation à sa plus simple expression. Partout la plasticité est languissante. Le système nerveux, mis seul en action, profite presque exclusivement des éléments nutritifs que possède le sang, et vient ainsi ajouter une certaine prédominance matérielle à sa prédominance fonctionnelle. Habituée à des contacts légers et délicats, la femme se crée un épiderme imperceptible ou d'une finesse telle, que les filets sensitifs sont presque à découvert dans les papilles où ils s'épanouissent. Par le fait, les impressions périphériques se trouvent être très-vives dès leur entrée dans l'organisme, et les excitants les plus insignifiants déterminent les ébranlements les plus considérables. De leur côté, les molécules des nerfs, devenues plus mobiles par leur fréquente mise en activité antérieure, transmettent avec plus de rapidité, avec moins de déchet, et peut-être même avec amplification, ces vibrations initiales. Par les mêmes raisons, les centres sensitifs, la couche optique en particulier, ne font que renforcer encore l'effet et vont dès lors réagir avec une intensité morbide sur les centres moteurs et intellectuels. L'absence de beaucoup de ces conditions est compensée, chez les femmes des classes inférieures, par l'abus des plaisirs et des excitants sensoriels; chez la femme de la campagne, par un mysticisme grossier. Des circonstances analogues peuvent se rencontrer dans l'existence de l'homme, mais beaucoup moins souvent. Voilà pourquoi l'hystérie est rare chez lui. Toutefois, si la forme convulsive est tout à fait exceptionnelle pour lui, la forme spasmodique et vaporeuse est beaucoup plus fréquente qu'on ne le croit. Le nervosisme, dans sa forme la plus simple, est surtout très-répandu, grâce à l'éducation efféminée que reçoivent un grand nombre d'enfants du sexe masculin.

Il faut convenir que les conditions particulières des fonctions génératrices chez la femme sont loin d'être indifférentes ici, et qu'elles sont pour beaucoup dans la plus grande fréquence de l'hystérie chez elle et aussi dans la physionomie des symptômes. Le spasme musculaire, qui forme la base de tous les phénomènes de la menstruation et de la chute de l'œuf, et qui n'est lui-même que la conséquence d'un spasme nerveux périodique, crée pour la femme une période d'exaltation qui va retentir au loin et qui ébranle à la fois tout le système nerveux. Cette période expose d'autant plus à des déviations morbides de l'innervation, qu'il est une foule de circonstances, tant internes qu'externes, qui sont capables de troubler l'harmonie de son évolution. Le mécanisme même de cette fonction démontre que le département nerveux, spécial aux organes de la génération, est doué d'une grande vitalité, puisqu'il est capable de produire une contraction aussi énergique et aussi permanente que celle que nécessite un écoulement menstruel durant toujours plusieurs jours. Or, cette vitalité, cette prédominance, existe à tous les moments et sous tous les rapports, ainsi que l'influence considérable qu'elle est susceptible d'exercer sur le reste du système nerveux. Quand ces organes sont malades, l'impression pénible et inconsciente qui en résulte pour les plexus utéro-ovariens y entretient une vive excitabilité, qui va réfléchir ses effets sur les différents points de l'organisme. Il est à remarquer que, sous ce rapport, l'hystérie est surtout engendrée par les déplacements de la matrice, les granulations et les ulcérations du col, c'est-à-dire par les conditions anatomiques susceptibles de jouer le rôle d'épine et d'agacer continuellement les épanouissements périphériques des nerfs sensitifs. Les dégénérescences cancéreuses ou autres amènent moins ce résultat, parce qu'elles détruisent le tissu et ses ramifications nerveuses, ou tout au moins amoindrissent leur vitalité dans un assez grand rayon. En restant même dans l'ordre physiologique, on trouve encore d'autres circonstances où ce grand développement de l'innervation de l'appareil générateur de la femme peut faire éclater l'hytéricisme. C'est ainsi que tous les auteurs signalent, parmi les causes de cette maladie, l'abus du coït et l'onanisme, qui engendrent une hyperesthésie locale, plus efficace encore qu'une épine morbide quelconque; les coïts incomplets qui n'amènent pas la détente résultant soit de la rupture accidentelle d'une vésicule de Graff, soit de l'hypersécrétion des glandes de Bartholin, soit des mouvements rhythmiques et réflexes qui restituent et rejettent, pour ainsi dire, à l'extérieur, sous une forme mécanique, l'ébranlement apporté par les nerfs sensitifs. Lorsque cet ébranlement ne peut pas s'écouler par ses voies normales, il faut qu'il se porte ailleurs et qu'il s'épuise en d'autres effets. C'est ainsi que bien des femmes, sans aller jusqu'à l'hystéricisme, terminent la scène par des pleurs ou des rires sardoniques, ou par une espèce de délire passager, qui se substituent en réalité à l'excrétion des glandes de la vulve, aux phénomènes intimes des organes génitaux internes et aux mouvements rhythmiques. D'un autre côté, des excitations qui restent inachevées, et qui ne sont pas assez fortes pour provoquer l'explosion des phénomènes réflexes normaux, donnent lieu à des ébranlements qui s'éparpillent dans le système nerveux, y restent confinés et troublent son équilibre moléculaire. En se répétant, ces ébranlements finissent par lui créer un équilibre anormal, par l'altérer dans ses conditions moléculaires et lui donner les qualités du nervosisme et de l'hystérie confirmée. C'est pour toutes ces raisons que cette dernière affection est beaucoup plus fréquente chez la femme que chez l'homme. Les conditions anatomiques qu'elle reçoit en naissant, et qui sont ou sont devenues l'apanage de son sexe, son genre d'éducation, la nature de toutes les occupations de sa vie, tout développe en elle un système nerveux trop perfectionné, un terrain entaché de nervosisme qui ne demande qu'une circonstance pour fournir une explosion hystérique. De plus, elle porte en elle-même un appareil de reproduction qui, fatalement, entraîne de plus en plus ce terrain dans la même voie, et qui, en outre, est très-apte à mettre lui-même le feu aux poudres à un moment donné. Il y a là de quoi presque justifier le dicton grossier des médecins de l'antiquité : « La matrice est un animal enragé dans un autre animal plus enragé encore. »

C'est par un mécanisme analogue qu'agissent toutes les autres causes classiques de l'hystérie. Parmi celles-ci on a signalé les gastralgies de longue durée. Cette névralgie de l'estomac indique déjà par elle-même un état morbide du système nerveux. En outre, elle ne peut qu'aggraver de plus en plus cet état primitif, au même titre qu'une affection de l'utérus. Les filets stomacaux du grand sympathique et du pneumo-gastrique se trouvent périodiquement titillés par l'arrivée des bols alimentaires et soumettent ainsi les centres nerveux à des ébranlements incessants. L'imperfection de la nutrition qui en résulte amène une chloro-anémie, condition excessivement favorable à la prédominance de l'appareil de l'innervation et au nervosisme. C'est ainsi que l'estomac, de même que l'utérus, peut prendre une certaine part dans la formation de l'hystérie et que la théorie ancienne et celle de Beau se trouvent partiellement justifiées. On a noté aussi la faiblesse de caractère et la trop grande condescendance des parents qui, en cédant trop facilement aux caprices et aux exigences des enfants, en ne les habituant pas à se maîtriser, en les laissant entrer en fureur à propos des motifs les plus futiles, exercent par le fait leur système nerveux aux réactions émotionnelles, absolument comme s'ils leur apprenaient à jouer un air de musique. — Au delà de l'enfance, on voit figurer comme causes très-efficientes les émotions et particulièrement le désenchantement dans le mariage. Les ébranlements moraux titillent les cellules affectives, comme les ébranlements physiques titillent les cellules sensorielles, et les unes et les autres réfléchissent leur état vibratoire vers les cellules motrices capables de traduire extérieurement le sentiment éprouvé. La fréquence des émotions constitue pour le système nerveux un autre genre d'exercice qui finit par hyperesthésier les cellules affectives, assurer davantage leurs corrélations fonctionnelles avec les moyens d'expression et faire que ceux-ci leur obéissent d'une manière à la fois plus rapide et plus exagérée. Quant au désenchantement, il agit plutôt en préparant un état de tension du système nerveux qui aboutit forcément, un jour ou l'autre, à une explosion de manifestations. Comme les coïts incomplets, les froissements moraux amènent des mouvements moléculaires qui restent confinés dans le système nerveux sans s'épancher au dehors; ils y condensent un nervosisme puissant qui ne pourra pas rester indéfiniment à l'état latent. On a constaté l'influence de la fièvre typhoïde qui est certainement de toutes les maladies la plus capable d'ébranler le système nerveux ; qui lui fait même éprouver des dégénérescences secondaires, ainsi que nous l'avons vu dans l'étude de la moelle. — Il est incontestable que l'hystérie peut naître par l'effet d'une simple imitation. Ce mode de formation, qui, au premier abord, semble surnaturel, n'a cependant rien d'invraisemblable. Il y a là tout simplement le produit d'un phénomène réflexe ordinaire. La plupart des actes de la vie ne sont que l'image réfléchie des impressions sensorielles et du monde extérieur. Une jeune fille qui, par ses conditions personnelles et celles de son sexe, a un système nerveux impressionnable et obéissant plus facilement aux sollicitations sensorielles, voit les différents actes constituant l'accès. Ce spectacle ébranle considérablement ses cellules sensitives et intellectuelles. Celles-ci réagissent aussitôt d'une manière impérieuse sur les cellules déterminantes et motrices capables de reproduire exactement les actes impressionnants. Il en résulte une photographie en action du spectacle dont elle est témoin. Il n'y a rien là de particulier à l'hystérie. Que de personnes vomissent à la vue d'un vomissement, bâillent en voyant bâiller, éternuent en voyant éternuer, ressentent un violent agacement de dents en voyant manger des fruits acides. Ce mécanisme est d'autant plus probable que, dans ces épidémies par contagion, les détails des accès sont toujours identiques à ceux présentés par le sujet qui a servi d'étalon. Dans les cas isolés, il y a, du reste, ceci de remarquable qu'il suffit qu'une hystérique ait vu une

fois un geste ou un acte qui l'ait frappée, pour qu'elle l'imite rigou-
reusement dans ses accès. — Enfin l'hérédité joue ici un rôle aussi
bien démontré qu'il est facile à expliquer. On hérite du système
nerveux de sa mère comme de sa physionomie. On possède ainsi
en naissant un instrument d'innervation tout aussi sensible que s'il
avait déjà été soumis lui-même aux exercices subis par celui des
parents; et le plus souvent le genre de vie que l'on adopte à son
tour ne fait qu'agrandir de plus en plus le capital pathologique
qu'on a reçu. C'est surtout en faisant le dépouillement de ces suc-
cessions, que le médecin peut acquérir la preuve que les névroses
appartiennent à une seule et même famille qui se fait indifféremment représenter par l'un ou l'autre de ses membres.

QUARANTE ET UNIÈME LEÇON.

Messieurs,

Si de l'analyse des causes de l'hystérie nous passons à celle de ses symptômes, ou, pour rester dans le langage physiologique, si du mécanisme du courant centripète provocateur nous passons à celui des courants centrifuges qui constituent les manifestations réflexes de la maladie, nous trouverons encore la confirmation de notre interprétation générale.

La manifestation la plus caractéristique est sans contredit l'accès convulsif général. Il suppose, comme toutes les crises de ce genre, un certain degré de tension acquise par un système nerveux en puissance de nervosisme, et produisant tout à coup une explosion sous l'influence d'une circonstance accidentelle. Cette cause déterminante consiste soit dans une impression douloureuse, soit dans une émotion morale vive, qui viennent apporter la goutte d'eau dans le verre plein et le faire déborder. L'effort réflexe, comme dans l'épilepsie, semble se concentrer vers les centres locomoteurs, et l'exaltation dynamique du système nerveux s'écoule alors de préférence par les voies motrices. Il existe cependant, entre les convulsions de l'hystérie et celles de l'épilepsie, des différences notables qui paraissent peu justifier la base commune que nous avons admise. Chez l'épileptique, la crise est généralement provoquée par une cause interne, par un processus morbide qui sert d'épine irritante. Elle l'est rarement par une émotion morale, plus rarement encore par une sensation douloureuse. Elle n'est pas, comme l'hystérie, un reflet de l'extérieur. La perte de connaissance, qui est de fondation dans l'épilepsie, manque dans l'hystérie. Beaucoup d'auteurs prétendent même que toutes les hystériques ont parfaitement conscience de ce qui se passe autour d'elles pendant leurs accès. Le spasme vasculaire du cerveau qui produit l'anémie indispensable aux manifestations épileptiques ne se produit pas ou ne se produit que d'une manière incomplète et passagère. Il n'y a pas non plus, comme dans l'épilepsie, une contraction tétanique permanente avec des augmentations intermittentes. Ce sont des contractions cloniques, successives et espacées, entrecoupées de relâchements réels. Il semble que la force motrice ne se produit pas avec autant d'activité; qu'elle ne s'est pas accumulée en aussi grande quantité et que cette force s'écoule, sous forme de petites décharges, au fur et à mesure qu'elle prend naissance. Il y a, du reste, une autre raison qui motive cette différence. Dans l'épilepsie les mouvements convulsifs sont limités à un assez petit nombre de muscles. Par la raison que la dépense de force nerveuse s'opère dans un espace circonscrit, elle peut être plus intense. Chez les hystériques, qui se prêtent mieux à la diffusion des ébranlements nerveux, les convulsions sont plus générales, la dépense plus étendue et l'épuisement plus rapide.

Malgré ces différences, on comprend très-bien qu'une même prédisposition puisse amener les deux formes de manifestations convulsives. C'est un même mode de réaction s'opérant dans des conditions différentes, voilà tout. Aussi, non-seulement à travers les générations, les deux affections peuvent se substituer l'une à l'autre, mais chez d'anciennes hystériques on voit souvent des accès épileptiformes se mêler aux accidents ordinaires de l'hystérie. Le fait est assez fréquent pour que les pathologistes aient cru devoir créer une maladie mixte qu'ils appellent *hystéro-épilepsie*. Cependant Charcot établit une distinction entre l'épilepsie véritable et les accès épileptiformes des hystériques. Ceux-ci sont précédés d'avant-coureurs d'une assez longue durée. Il y a une *aura* qui part en général de l'ovaire et se propage lentement au cou et à la tête. L'*aura* épileptique part de tout autre point et gagne l'encéphale avec une vitesse comparable à celle de l'électricité. Les deux espèces de malades poussent un cri en tombant. Mais, tandis que celui de l'épileptique est à la fois très-court et strident, celui de l'hystéro-épileptique est prolongé et modulé. Le premier, au sortir de l'attaque, présente du coma avec respiration stertoreuse. Le second revient immédiatement à son état normal ou simplement à du délire. Sans doute, je n'ai pas l'intention d'assimiler l'hystérie à l'épilepsie, puisque j'ai déjà donné celle-ci comme une maladie spéciale, ayant un mécanisme parfaitement régulier et toujours identique, ayant même son anatomie pathologique particulière. Mais je prétends seulement que ces deux affections sont, pour ainsi dire, deux branches d'une même souche, qui leur est également indispensable ; que l'organisme en puissance de cette souche peut, suivant les circonstances ambiantes, s'engager dans l'une ou l'autre de ces voies morbides ; que celles-ci peuvent même se fusionner. L'épilepsie exige toutefois, outre cette base commune, des conditions anatomiques ou autres qui laissent les effets du nervosisme moins disséminés et qui les concentrent davantage dans les centres locomoteurs. Il y a là une épine surajoutée à l'état primitif qui circonscrit la réaction pathologique et lui donne une plus grande intensité. Chez l'homme, le nervosisme conduit beaucoup plus souvent à l'épilepsie qu'à l'hystérie, parce que son système nerveux se prête moins à la dissémination, à la propagation des ébranlements dans toutes les directions, aux retentissements sympathiques, que celui de la femme. Peut-être y a-t-il lieu de tenir compte aussi de l'opinion de Luys qui fait du cervelet, dans l'état physiologique, l'organe principal de la puissance motrice et l'agent indirect des impulsions énergiques ; dans l'état pathologique, le siége de l'épilepsie. L'homme, qui a une plus grande force musculaire et plus d'énergie de volonté que la femme, le devrait à une plus grande activité du cervelet qui le rendrait en même temps plus apte aux manifestations épileptiques. Chez les hystéro-épileptiques, il survient sans doute une circonstance intercurrente qui tend à concentrer l'effort réflexe du nervosisme sur les centres locomoteurs. Mais comme cette circonstance intervient dans un milieu où l'aptitude à la diffusion n'est pas effacée, la concentration reste incomplète et c'est pour cela que l'explosion épileptiforme est moins violente. Ce n'est pas seulement avec l'épilepsie que la fusion peut se faire. Elle s'opère aussi avec les autres branches qui semblent émerger de la souche commune. L'hystérie conduit aussi à des accès de catalepsie ou de chorée. Par suite d'influences spéciales, qu'il ne nous est pas permis de déterminer, la réaction motrice peut se traduire par les décharges rhythmiques de la chorée ou par le tonus énergique et permanent de la catalepsie. Ce caractère protéiforme des phénomènes moteurs chez les hystériques est la démonstration éclatante de la parenté que nous avons posée en principe.

En regard de l'accès convulsif vient naturellement se placer son diminutif, le spasme interne appelé *hystérie vaporeuse*. Il traduit un nervosisme moins prononcé ou une cause provocatrice moins énergique et de nature toujours émotionnelle. Le retentissement réflexe n'a plus assez de puissance pour aller ébranler tous les centres des mouvements de la vie animale; il se propage seulement dans les nerfs pneumo-gastriques et le grand sympathique qui, dans l'état normal, sont plus particulièrement mis en réquisition pour l'expression intime des sentiments. Engendré par une émotion, l'accès, ainsi réduit, ne sort pas du département qui est spécialement affecté aux retentissements émotionnels. Le nervosisme ne fait qu'une chose, c'est d'exagérer ce retentissement, de lui faire dépasser les limites de l'état normal, de grandir l'effet bien au delà de la cause. Les combinaisons sensitivo-motrices et idéo-motrices restent ce que le Créateur et l'éducation les ont faites; seulement elles ont lieu dans des proportions exagérées. L'hystérie vaporeuse, c'est l'hyperesthésie du retentissement émotionnel ; c'est l'exagération de la mimique interne des passions. Si on n'envisage que cette variété, on peut dire que Briquet et Axenfeld avaient également raison en prétendant, le premier, que l'hystérie n'est qu'une manifestation passionnelle; le second, que le spectacle de l'émotion n'est qu'une hystérie accidentelle ou en petit. Il est à remarquer aussi que cette forme se rencontre surtout chez les personnes qui ont les facultés affectives développées, et chez lesquelles la mimique passionnelle se trouve avoir été déjà depuis longtemps l'objet d'un exercice instinctif. On peut exercer sa machine affective comme on exerce sa machine intellectuelle, ou locomotrice, comme on exerce ses doigts à jouer machinalement un morceau de musique.

Une manifestation de tous les instants, et qui, sans être aussi apparente que les accès, a attiré cependant depuis longtemps l'attention des praticiens, ce sont les douleurs névralgiques, qui tantôt sont spontanées, tantôt n'apparaissent que lorsqu'on exerce une pression même légère dans des points déterminés, appelés *foyers névralgiques*. Parmi ceux-ci, il en est qui ont été l'objet d'une étude spéciale de la part de Valleix, ce sont ceux qui correspondent à la région de la colonne vertébrale. On a diversement interprété la cause de la douleur qu'on peut provoquer en touchant cette région. Suivant Briquet, elle serait due à l'hyperesthésie des muscles des gouttières vertébrales, explication non admissible, puisqu'en général les foyers siégent au sommet des apophyses épineuses. Hintemberger a supposé l'existence d'une arthrite des articulations vertébrales, dont personne n'a jamais pu trouver les traces, et qui se trouve déjà être peu probable par ce seul fait que la douleur vertébrale ne peut être provoquée par les mouvements. Olivier attribue cette douleur à une congestion des méninges ; Stilling, à une congestion de la moelle ; Nièse, à une myélite ; Valleix, à une névralgie qu'exalterait la pression d'une manière d'autant plus efficace que le tissu osseux viendrait offrir là un plan résistant. Il est infiniment probable que les nerfs ne font ici que servir de bras de levier à l'impression qui va éveiller l'hyperesthésie des centres sensitifs. Ce qui indique que la cause doit être centrale, c'est que souvent la douleur s'accompagne aussitôt d'un effet réflexe sur le cœur, qui devient le siège de palpitations. Cette rachialgie n'appartient pas en propre à l'hystérie ; elle est un des attributs du nervosisme et peut apparaître d'une manière isolée, sous le nom d'irritation spinale, ou accompagnée de toute autre névrose. Il en est de même du foyer qu'on constate souvent au creux épigastrique. Mais il est un autre point névralgique qui semble spécial à l'hystéricisme ; c'est celui qui correspond à l'hypogastre et que Charcot n'hésite pas à attribuer à l'ovaire, quoiqu'on trouve toujours cet organe situé beaucoup plus bas sur le cadavre. Il pense qu'en raison de la turgescence érectile des annexes, il est placé beaucoup plus haut pendant la vie. Ce qui appuie cette manière de voir, c'est que, chez les sujets qui sont morts par congélation, on constate en effet cette situation plus élevée. Ce foyer ovarien semble même être le point de départ de l'*aura* à marche lente des attaques convulsives des hystériques. Piorry, en cherchant à déterminer les différentes étapes de ce phénomène précurseur, plaçait là le premier nœud de l'*aura*, et le second au cou. Non-seulement, dans les accès spontanés, la sensation provocatrice semble partir de là, mais, ainsi que l'a établi Charcot, on peut en provoquer artificiellement en exerçant une pression moyenne sur cette région. En agissant graduellement, on arrive à décomposer nettement les différents phénomènes prodromiques de l'attaque. Dès le début, il se produit des irradiations douloureuses vers l'épigastre. Ces douleurs gastriques s'accompagnent de nausées et de vomissements. L'ébranlement initial se propageant plus loin, on voit apparaître des palpitations de cœur avec une extrême fréquence du pouls ; puis, lorsqu'il arrive à la région du cou, se montre la sensation du *globe hystérique*, à laquelle succèdent des sifflements d'oreille, une impression de coups de marteau sur la tempe, puis une obnubilation de la vue, marquée surtout à l'œil gauche ; enfin l'ébranlement gagne les centres locomoteurs, et les convulsions font

explosion. Il est toutefois permis de se demander si la boule hystérique est, sur tout son parcours, un phénomène purement sensitif; s'il
n'y a pas une contraction antipéristaltique qui, partie de l'estomac,
se propage ensuite du cardia jusqu'au pharynx. Lorsqu'on exerce
une pression très-forte pendant la crise, on la voit, au contraire,
cesser tout à coup, sans doute parce qu'alors on paralyse le foyer
névralgique en écrasant ses éléments nerveux. S'il en est ainsi, on
doit admettre que, dans les phénomènes d'innervation sensitive, ce
n'est pas un courant qui va devant lui sans laisser des traces là où
il a passé et qui, au fur et à mesure qu'il avance, laisse dans le
néant l'intervention des parties déjà parcourues, mais probablement
un va-et-vient d'oscillations qui fait que toutes les parties ébranlées continuent à vibrer à l'unisson pendant toute la durée du phénomène.

Un symptôme qui n'est pas toujours porté à un très-haut degré,
c'est l'hyperesthésie des sensibilités générale et spéciale, qui fait que
partout les impressions les plus légères sont senties d'une manière
exagérée. Cet état est des plus rationnels, puisque l'hystérie suppose
avant tout un grand perfectionnement des appareils sensitifs. Cette
hyperesthésie, à laquelle on doit attribuer les points névralgiques
vertébraux et autres, est regardée comme étant d'origine centrale et,
par Luys en particulier, comme étant due à un état de congestion
et d'irritation de la couche optique. Il est incontestable que c'est cette
portion de l'encéphale qui joue le rôle principal dans l'hystérie,
qu'elle est le point central d'où émanent tous les ébranlements réflexes qui vont retentir à la fois dans les différentes régions de l'économie. Ce qui le prouve, c'est que l'hyperesthésie reste souvent limitée à un seul côté et qu'elle envahit à la fois les téguments muqueux
et cutanés, ainsi que tous les organes des sens. La couche optique est
seule en situation d'agir ainsi en même temps sur tous les genres de
sensibilité d'une moitié du corps : sensibilité générale, visuelle, auditive, gustative, olfactive, musculaire et viscérale; car elle seule
concentre entre ses mains tous ces fils de conductibilité sensitive.
Elle seule peut se prêter à toutes ces variations qui combinent les
troubles sensitifs de mille manières, parce qu'elle est elle-même une
agglomération de tous les centres sensoriels, dans laquelle ceux-ci
peuvent être alternativement solidaires et indépendants. Mais tout en
reconnaissant que c'est là le quartier général où aboutissent toutes
les impressions provocatrices et d'où partent tous les ordres dont

l'exécution constitue les symptômes de l'hystérie ; qu'elle est le nœud de cette trame symptomatologique, je crois qu'elle n'est pas seule en voie d'irritation, que tout le système nerveux, central et périphérique, se trouve dans un état d'exaltation qui forme le nervosisme, et que, dans leurs fonctions autonomes, les nerfs, la moelle, le sympathique, sont tout autant hyperesthésiés que la couche optique.

Pendant longtemps, on a cru que l'hystérie ne pouvait produire dans la sensibilité et dans la motilité que des troubles d'exaltation ; aussi on était généralement convaincu que l'essence même de l'affection consistait dans une espèce de pléthore d'influx nerveux, un excès de vitalité de l'innervation. Mais cette névrose donne lieu tout aussi bien à de l'anesthésie qu'à de l'hyperesthésie, à de la paralysie qu'à des convulsions, et mélange même souvent ces déviations opposées du système nerveux. Ce fait a conduit les partisans de la pléthore quand même à admettre la possibilité d'évanouissements partiels et passagers de l'innervation.

De même que l'hyperesthésie, l'anesthésie occupe mathématiquement toute une moitié du corps. C'est une *hémianesthésie* qui s'arrête nettement sur la ligne médiane. Elle envahit non-seulement les membres et le tronc, mais encore la tête ; ce qui démontre bien que la cause doit être encéphalique. Elle occupe toujours la moitié gauche du corps, ce qui indique que cette cause se trouve dans l'hémisphère droit et, par conséquent, dans la couche optique droite. M. de Fleury donne à ce sujet une explication qui n'est peut-être pas à dédaigner, si elle est bien ce qu'elle paraît être à travers le langage un peu trop philosophique de cet auteur. Le côté droit du corps possède une puissance musculaire supérieure à celle du côté gauche. L'hémisphère gauche, qui correspond à la moitié droite du corps, est donc un agent nerveux de la motilité plus important que l'hémisphère droit. Par contre, celui-ci doit gagner en activité sensitive ce qu'il n'a pas en activité motrice. Son rôle sensitif étant prépondérant, il doit se prêter plus que son congénère aux névroses de la sensibilité. Cette interprétation peut parfaitement se concilier avec nos idées physiologiques si, aux mots hémisphères gauche et droit, on substitue ceux de corps striés et couches optiques de gauche et de droite. L'hémianesthésie hystérique peut porter à la fois sur tous les modes de la sensibilité générale ou en respecter quelques-uns. Ce sont la sensibilité à la douleur et à la température qui font le plus sou-

vent défaut. Les membranes muqueuses y prennent aussi bien part
que la peau. Les organes des sens sont aussi affectés et toujours du
même côté ; la perte du goût s'arrête juste à la moitié de la langue ;
l'affaiblissement de l'odorat et de la vision est aussi unilatéral. Tous
ces faits viennent encore attester que le point de départ siége dans
l'encéphale. Il y a aussi anesthésie des muscles et des os. Jusqu'à
présent, celle des os n'a encore été observée que chez les hystériques. Suivant Charcot, les viscères semblent seuls échapper. Lebreton
prétend, au contraire, qu'il y a souvent des anesthésies viscérales.

Les différentes thèses soutenues à propos de la nature de l'hystérie considérée en général, se sont reproduites pour le symptôme
anesthésie en particulier. Macario a prétendu qu'il était dû à une
lésion purement périphérique qui donnerait lieu à une déperdition
de l'influx nerveux dans les branches terminales des nerfs. Lebreton,
dans sa thèse inaugurale, se prononce aussi pour une paralysie périphérique, du moins en ce qui concerne l'anesthésie cutanée. Il s'appuie, pour rejeter l'existence d'une cause centrale, sur la facilité
avec laquelle les excitations thérapeutiques de la peau ramènent la
sensibilité. Les partisans de cette manière de voir, qui sont assez
nombreux, ont même cherché à trouver dans la terminaison cutanée
des nerfs l'explication de l'indépendance que manifestent dans l'anesthésie les différents modes de la sensibilité générale. Les uns attribuent des fonctions spéciales à la couche superficielle et à la couche
profonde de la peau. Turck, Mesnet et Briquet ont apporté une preuve
expérimentale à l'appui de cette vue de l'esprit. Ils ont constaté, disent-ils, qu'en faisant traverser par une épingle un pli fait à la peau
anesthésiée, les malades ne perçoivent la piqûre qu'alors que l'épingle, après avoir perforé la première moitié du pli, arrive au contact
de la face interne de la seconde moitié. Jaksch prétend que les nerfs
cutanés sont de deux ordres : les uns, se terminant dans les corpuscules du tact, présideraient à la sensation du contact et de la température ; les autres, à terminaison inconnue, présideraient à la douleur.
Les houppes terminales des deux nerfs seraient seules malades ; les
cordons conserveraient leurs propriétés physiologiques ; l'anesthésie
serait la conséquence d'un changement survenu dans l'ordre physique ou dans la constitution chimique de ces houppes. A côté de ces
spéculations de cabinet, on doit toutefois placer, comme abondant
dans le même sens, les expériences positives de Bastien. En exerçant
sur les cordons nerveux des pressions graduées et agissant sur un

plus ou moins grand nombre des couches concentriques d'un même nerf, il a constaté l'existence de conducteurs spéciaux pour le tact, la température et la douleur, formant dans chaque nerf des plans distincts et emboîtés les uns dans les autres. De son côté, Liégeois a démontré l'existence d'une circonstance plus favorable encore. Il a fait voir que les régions anesthésiées étaient froides et exsangues ; qu'on pouvait y enfoncer une épingle sans donner lieu à l'issue de la moindre goutte de sang. Cette anémie complète, qui laisse les nerfs dans un véritable état d'inanition, ne leur enlève-t-elle pas en même temps toutes leurs propriétés physiologiques? Il faudrait admettre alors que les mêmes conditions ne se retrouvent pas dans les muscles, puisque la paralysie musculaire ne concorde pas toujours avec l'anesthésie. Il serait à rechercher si l'épingle enfoncée dans les muscles eux-mêmes n'y détermine pas de petites hémorrhagies. Dans le cas de résultat négatif, il faudrait évidemment renoncer à trouver là la cause de la perte de la sensibilité, car le défaut de sang devrait aussi bien paralyser les nerfs moteurs que les nerfs sensitifs. Enfin, un fait à mettre encore à l'actif des partisans du mécanisme périphérique est celui signalé par Galezowski. Dans un cas d'amaurose hystérique, il a constaté une congestion capillaire de la rétine, une infiltration péripapillaire. Il faut dire toutefois que, dans des cas analogues, Kock n'a rien trouvé.

Henrot et Benedikt pensent que dans l'anesthésie hystérique les nerfs et les centres sont à la fois malades. Eichmann attribue le phénomène à une altération de nutrition des centres nerveux seuls. Luys n'hésite pas à mettre tout sur le compte de la couche optique. En éprouvant elle-même des troubles de vascularisation, en passant de la congestion à l'anémie, elle enfante successivement de l'hyperesthésie et de l'anesthésie. Suivant que ces modifications portent sur tel ou tel point de sa substance grise, elle arrive à anesthésier tantôt le sens du tact, tantôt celui de la température, etc.; et c'est ainsi qu'elle arrive à décomposer la sensibilité générale en ses différents facteurs. Pour moi, je répéterai ici ce que j'ai dit tout à l'heure : oui, c'est la couche optique qui prend la part la plus importante et la plus efficace dans la production de l'anesthésie; mais elle est aidée par les modifications fonctionnelles des autres parties du système nerveux. Si elle est un centre anesthésié ou hyperesthésié, les nerfs sensitifs sont, de leur côté, des conducteurs anesthésiés ou hyperesthésiés dans leur genre particulier d'activité.

J'ai éloigné à dessein l'étude des paralysies hystériques de celle des accès convulsifs, parce que ces deux ordres de troubles de la motilité, quoique diamétralement opposés, ne sont pas à mettre ici directement en opposition, comme l'anesthésie relativement à l'hyperesthésie. Ces modifications de la sensibilité alternent ou se mélangent entre elles pendant la période du calme relatif qui sépare les crises convulsives. Elles sont des éléments de la phase chronique de l'affection. Il n'en est plus de même pour les troubles de la motilité ; ils appartiennent à des périodes parfaitement distinctes. Les convulsions constituent la période aiguë ; les paralysies se montrent, comme les altérations de la sensibilité, pendant la période chronique. Elles doivent donc prendre rang à côté d'elles.

La paralysie hystérique affecte tantôt la forme paraplégique, tantôt la forme hémiplégique ; tantôt elle est plus partielle encore. Ce qui la caractérise avant tout, c'est la facilité avec laquelle elle se déplace et la rapidité avec laquelle elle apparaît ou disparaît. Les théories que nous avons mentionnées dans l'étude des névroses de la moelle s'appliquent aussi bien aux hémiplégies et aux paralysies partielles qu'aux paraplégies. Ainsi Piorry, Macario, Leroy d'Étiolles, Landouzy, les attribuent à la déperdition d'influx nerveux qui suit les attaques ; opinion qui se trouve condamnée par ce seul fait que des hystériques qui n'ont jamais eu d'accès convulsifs peuvent être atteintes de paralysie. Brown Sequard les fait rentrer, comme les paraplégies, dans le groupe des paralysies réflexes. La cause sensitive provoquerait une contraction permanente des capillaires de certaines régions des centres moteurs. Valérius vient encore, pour les hémiplégies, placer la cause de la paralysie dans le système musculaire, et la faire consister dans un affaiblissement de la polarité électrique des fibres musculaires. En commentant antérieurement cette théorie, j'ai fait observer qu'il serait plus naturel encore d'accuser une diminution de la polarité électrique des centres nerveux eux-mêmes. J'ai trouvé, depuis, cette interprétation adoptée dans la thèse de M. Lasalle. Ce médecin pense que l'opinion de Valérius ne saurait être soutenable, par la raison que, dans la paralysie hystérique, la contractibilité musculaire reste intacte ; ce qui tend à prouver que la cause doit résider en dehors du système musculaire. Brodie et Jaccoud, qui faisaient remonter la cause des paraplégies jusque dans le centre intellectuel et la faisaient consister dans un défaut de volonté, se sont naturellement trouvés plus autorisés encore à faire dépendre les hémiplégies de cette cause psychique. A toutes ces théories, qui ont déjà été développées dans le premier volume (pages 246 et 247), je dois en ajouter d'autres qui, quoique d'une application générale, ont été surtout enfantées à propos des paralysies relevant du cerveau d'après leur forme. Eichman n'hésite pas à supposer l'existence d'une altération matérielle d'un des hémisphères, non accessible à nos moyens d'investigation. Se basant sur la mobilité des paralysies hystériques, Niemeyer pense qu'il n'y a que des troubles de nutrition faciles à réparer. Collineau, pensant qu'il ne peut pas y avoir de paralysie sans cause matérielle, et ne pouvant admettre une altération des centres nerveux pour un symptôme aussi mobile, tranche la difficulté en s'adressant à une influence matérielle indirecte. Il attribue la perte du mouvement à l'aglobulie du sang. Le système nerveux ne fonctionnerait pas convenablement parce qu'il serait mal nourri. Dans les leçons sur la moelle, j'ai émis la pensée que les paralysies hystériques pourraient bien être l'œuvre de congestions partielles du système nerveux, analogues aux congestions viscérales si fréquentes chez les femmes atteintes d'hystérie. Pour les paraplégies, elles siégeraient dans la moelle ; pour les hémiplégies, dans le corps strié. Mais j'ajoutais que ce n'était là qu'une hypothèse à mettre en ligne à côté des autres. Un fait signalé par Lasalle est de nature à en faire surgir encore une nouvelle. Il a constaté que toujours, chez les individus atteints de paralysie hystérique, le sens musculaire était aboli ou diminué. La perte du mouvement ne serait-elle que secondaire et serait-elle due simplement au défaut de renseignements nécessaires à toute motricité régulière? L'hystérique serait-elle paralysée uniquement au même titre que la grenouille dont on a coupé les racines postérieures ou sensitives, en respectant les antérieures ou motrices ?

Enfin, un dernier genre de trouble de la motilité, apparaissant aussi spontanément dans l'intervalle des accès, consiste en des contractures. Boddaert les attribue à une excitation exercée sur la moelle par l'utérus, et il paraît disposé à en conclure que l'hystérie a surtout son siége dans la moelle épinière. Mais les quelques autopsies qui ont pu être faites jusqu'alors autorisent à les rapporter à une sclérose en plaques des cordons antéro-latéraux. Il semble que les congestions variables dont nous avons parlé peuvent, à force de se répéter, produire un processus inflammatoire de la névroglie, qui se présente avec ses phases et ses conséquences ordinaires.

Dans l'hystérie, il y a une grande irrégularité, une excessive mobilité et un défaut de mesure dans le fonctionnement des cellules motrices et sensitives. Il n'y a pas lieu de s'étonner qu'il en soit de même pour les cellules intellectuelles, puisque la modification moléculaire ou dynamique qui constitue le nervosisme s'étend à l'ensemble du système nerveux. De là la bizarrerie et la versatilité qu'on constate dans l'intelligence et les sentiments moraux de presque toutes les hystériques ; de là la facilité avec laquelle le délire peut accompagner les accès convulsifs. D'autre part, la couche optique, dont l'état morbide forme l'élément principal de l'affection, puisqu'elle est avant tout constituée par des troubles sensoriels, fournit, à certains moments de plus grande irritation, des hallucinations qui viennent alimenter le désordre intellectuel. L'impressionnabilité exagérée des cellules affectives vient, de son côté, ajouter de véritables hallucinations émotionnelles aux hallucinations des sens. C'est ainsi que l'incohérence des idées se trouve faire pendant à l'incohérence des sens et des mouvements. Lorsque l'exaltation du système nerveux, devenue moins disséminée pour une raison ou pour une autre, arrive à se concentrer dans la couche corticale, au détriment des centres locomoteurs, l'altération intellectuelle prend plus de consistance, et elle devient la manie hystérique.

Sur ce nouveau terrain, on assiste encore à la démonstration de la parenté des soi-disant névroses. L'état du système nerveux, qui, dans l'ordre des mouvements, peut se traduire soit par les convulsions hystériques, soit par les secousses choréiques, se prête aussi aux déviations psychiques, quelle que soit celle des deux formes de mouvements qu'il ait adoptée pour se manifester. La chorée a, en effet, ses symptômes intellectuels, que nous ne pouvions pas encore examiner quand nous avons fait l'histoire spéciale de cette maladie ; et ces symptômes sont tout à fait analogues à ceux qu'on rencontre dans l'hystérie. De même que dans celle-ci on observe des hallucinations qui n'offrent qu'une seule particularité, c'est qu'elles sont le plus souvent limitées au sens de la vue et qu'elles se produisent surtout au crépuscule. Comme les hystériques, les choréiques ont un sommeil difficile et tourmenté par des cauchemars ; ils sont très-impressionnables, faciles à émouvoir ; ils ont des vertiges, des suffocations et d'autres symptômes hystériformes ; ils sont tantôt d'une gaieté folle, tantôt d'une tristesse non motivée ; ils sont extravagants, bizarres dans leurs allures ; leur idéation est très-mobile ;

leurs facultés mémoire et attention sont considérablement diminuées. Ils peuvent enfin aussi présenter un véritable délire de maniaque. Il n'y a qu'un fait qui ne se retrouve pas dans l'hystérie, c'est l'aspect de la physionomie ; ils ont un air niais caractéristique.

Dans une maladie aussi complétement générale que l'hystérie, il ne faut pas s'étonner non plus de voir survenir des troubles dans l'innervation nutritive, d'autant plus que son étiologie et sa symptomatologie se rapportent principalement aux phénomènes de l'ordre émotionnel, et que les modifications nutritives sont surtout liées sympathiquement aux émotions. Par l'intermédiaire des vaso-moteurs, les centres nerveux en état d'hystéricisme provoquent ces alternatives de pâleur et de rougeur, si fréquentes chez les hystériques, et ces congestions viscérales non moins fréquentes et non moins mobiles. Ce sont des convulsions et des paralysies vasculaires qui ont le même mécanisme réflexe que celles qu'on observe dans les muscles de la vie animale. Par l'intermédiaire des nerfs sécréteurs, ils déterminent, toujours à titre de réponse réflexe à l'impression provocatrice, de la salivation, de la polyurie ou de l'ischurie. En paralysant la tunique musculeuse de l'intestin, ils produisent la constipation et ces tympanites aussi brusques que considérables. En ne faisant pas contracter les fibres musculaires des ligaments larges, ou en les faisant contracter irrégulièrement, ils rendent nulle ou incomplète la menstruation. Lebreton a attribué l'aménorrhée à l'anesthésie vulvaire et utérine. L'ovule, dont le passage ne serait plus senti par la muqueuse, n'exciterait plus l'écoulement du sang. Cela me paraît une erreur. Ce qui manque ici, c'est le spasme nerveux et régulier, qui, en faisant comprimer les veines par les muscles des annexes, assure à la fois l'adaptation de la trompe, la rupture de la vésicule de Graff et la pluie sanguine de la muqueuse utérine. L'ovule ne sort pas, et c'est pour cela qu'il y a en même temps stérilité. Généralement le spasme est plutôt irrégulier que nul. De là les irrégularités et les interruptions dans l'écoulement, le défaut d'adaptation et les hémorrhagies rétro-utérines, les mouvements antipéristaltiques de la trompe et les grossesses extra-utérines.

Extase.

On désigne ainsi un état du système nerveux dans lequel le malade, absorbé entièrement par une idée dominante de nature contemplative, reste complétement immobile et étranger à tout ce qui l'entoure. Les conditions physiologiques les plus apparentes sont la suspension des mouvements volontaires et de l'exercice des sens. Les malades sont, en effet, complétement immobiles et insensibles; ils ne voient ni les personnes ni les objets environnants; ils n'entendent plus, ils ne sentent plus les contacts et même les impressions les plus douloureuses. C'est grâce à cette anesthésie absolue dans l'extase, que bien des martyrs ont pu mourir au milieu des plus atroces souffrances sans paraître rien éprouver. La physionomie a quelque chose de caractéristique : les yeux restent ouverts et fixes, comme plongeant dans l'espace ; la bouche entr'ouverte. C'est là, du reste, la mimique instinctive qui exprime la contemplation idéale du ciel et des choses célestes. La figure est pâle ; le sujet est transformé en une statue expressive. Il semble comme transporté dans un nouveau milieu où les excitants sensoriels ordinaires n'ont plus accès. Suivant l'expression heureuse de Calmeil, les extatiques n'ont plus que des *sensations cérébrales*; ils n'ont plus que celles que vont éveiller dans la couche optique les conceptions de leurs cellules intellectuelles. Ils entendent des voix célestes; ils assistent, par anticipation, aux splendides spectacles réservés à la vie éternelle. Rien ne peut égaler, selon eux, les jouissances élevées et surhumaines qu'ils éprouvent alors. C'est la concentration de la vie dans un seul département de l'organisme, dans la couche corticale du cerveau. Tout le reste de l'économie demeure plongé dans le néant. On comprend parfaitement qu'un pareil état puisse faire naître l'idée d'une séparation momentanée de l'âme et du corps. On dirait une expérience destinée à donner à l'homme un aperçu de ce que doit être la séparation éternelle marquée par la mort. L'extatique ne vit plus que par son imagination. Celle-ci concentre même son activité sur un très-petit cercle d'idées. De là la puissance naturelle dont ses œuvres portent le cachet. On peut presque dire que c'est une maladie de la faculté imagination, qui, dans son exaltation passive, amène la mort apparente des autres fonctions.

De même que l'hystérie convulsive, cette maladie procède par accès d'une durée variable, qui se terminent aussi par des pleurs et laissent à leur suite un sentiment d'oppression et de courbature générale. Je n'hésite pas, du reste, à regarder l'extase comme un des nombreux produits du nervosisme et comme pouvant se substituer à eux. On a vu très-souvent des hystériques tomber subitement dans une extase plus ou moins complète. Il semble même y avoir plus de parenté entre cette affection et l'hystérie qu'entre celle-ci et l'épilepsie. C'est un accès d'hystérie dans lequel il se produit une anesthésie et une paralysie générale, et dans lequel l'activité nerveuse est accaparée par un certain ordre d'idées qui, avec le concours des couches optiques, engendrent un groupe régulier de fictions. C'est une convulsion de quelques cellules intellectuelles qui se substituent aux convulsions des muscles, ou plutôt il y a un tel degré de tension des cellules mises en travail qu'elles sont, pour ainsi dire, immobilisées dans ce travail et que le mot catalepsie serait plus vrai que celui de convulsion. Les oscillations de l'effort intellectuel manquent comme celles de la contraction normale dans la catalepsie. Le courant est continu au lieu d'être rémittent. La comparaison a, du reste, déjà été faite par Maury. Il a dit : « Chez l'extatique, l'esprit « tombe dans une sorte de tension involontaire ; il ne peut plus passer d'une idée à une autre. Il est *cataleptisé.* »

Au point de vue de la médecine mentale, l'extase est une idée fixe qui ne retentit pas sur les cellules déterminantes et motrices, qui reste avec un effet purement contemplatif. L'esprit se complaît dans l'admiration passive de ce qu'il croit apercevoir à travers ses pensées, et la seule manifestation réflexe de cet état des cellules intellectuelles consiste dans le maintien de la pose et de la physionomie en rapport avec cette contemplation. C'est presque une forme particulière de la folie. D'ailleurs, les accès d'extase trop répétés finissent par conduire à la folie véritable, qui n'est que l'expression la plus élevée du nervosime concentré dans la couche corticale. En circonscrivant le champ de l'exaltation du système nerveux dans le centre intellectuel, elle ne peut qu'en préparer le terrain à des altérations plus complètes et permanentes.

Les conditions dans lesquelles l'extase paraît prendre naissance sont bien de nature à produire ces idées fixes à effet purement contemplatif. Ce sont toujours des pensées capables d'absorber l'esprit, qui sont pures de toute attache matérielle. En général, elle apparaît chez les personnes exclusivement préoccupées des choses célestes et mystiques. Elle est d'une extrême fréquence chez les anachorètes et les ermites de toutes les religions du monde. Elle se montre parfois chez les jeunes soldats atteints de nostalgie, qui ont le regard et les pensées sans cesse tournés vers le pays. Elle peut puiser sa source dans un amour platonique porté à ses dernières limites ; mais, pour peu que cet amour porte en lui une tache imperceptible d'érotisme, il ne produit jamais l'extase. Elle est aussi l'œuvre des méditations trop prolongées et trop exclusives sur des sujets abstraits. C'est ainsi qu'Archimède et Socrate sont devenus extatiques. En un mot, ce qu'il faut, c'est un travail intellectuel plongeant un certain groupe de cellules dans un éréthisme morbide, et ne faisant appel ni aux sens ni aux actes musculaires. Il est cependant encore un autre mode de genèse qui suppose un mécanisme analogue à celui dont nous avons déjà parlé dans l'hystérie, c'est l'imitation. La vue de la scène morbide provoque par action réflexe la reproduction d'un état semblable du système nerveux. Enfin, il est des substances, l'opium et surtout le haschich, qui peuvent produire une véritable extase artificielle, qui sont les poisons de l'imagination, comme le curare et la strychnine sont ceux de la motilité, comme le chloroforme est celui de la sensibilité. Ils exaltent cette faculté au point de lui faire dominer et suspendre tous les autres actes de la vie. Le haschich vient compléter l'arsenal de l'expérimentateur, qui peut ainsi, à son gré, produire des imitations de la plupart des maladies spontanées du système nerveux. Nous analyserons cette extase toxique dans nos leçons sur les modificateurs de l'innervation.

Un individu qui est, suivant l'expression adoptée, absorbé, se trouve dans un état qui est une fraction d'extase. Dans l'extase véritable, l'absorption va jusqu'à paralyser complétement le sentiment et le mouvement ; elle fait taire tout à fait ce qui n'est pas l'acte intellectuel qui l'a motivée. L'état de simple absorption ne fait que rendre l'économie un peu sourde à toute autre sollicitation. Un absorbé ne sent d'abord pas les contacts, n'entend pas les bruits ; mais, pour peu que ces excitations soient intenses ou répétées, il revient à la vie générale. L'extatique ne se rend à aucune sensation. L'absorption, c'est un simple oubli du sentiment et du mouvement ; l'extase, c'est une paralysie de ces modes d'innervation. On dirait que la force nerveuse a abandonné tout le système nerveux et s'est retirée dans une région du cerveau.

Sommeils pathologiques.

Toutes les affections que nous avons analysées jusqu'à présent constituent des modes pathologiques du système nerveux, considéré dans l'état de veille. Il nous faut maintenant envisager les différents modes pathologiques que ce même système peut offrir dans l'état de sommeil. Ce sont : l'insomnie, le cauchemar, le somnambulisme, l'hypnotisme, la maladie du sommeil et la léthargie.

Insomnie. — Vous rencontrerez dans le monde une foule de personnes dont le sommeil est toujours très-incomplet, quoiqu'il ne faille jamais prendre à la lettre leurs assertions qui sont très-souvent entachées d'une espèce d'amour-propre inexplicable. Mais il en est quelques-unes chez lesquelles l'insomnie atteint des proportions pathologiques, est réellement absolue et peut durer ainsi des semaines, des mois et même des années. L'absence de sommeil implique toujours un état d'éréthisme du système nerveux, qui rend impossible sa rupture avec le monde extérieur, et qui fait qu'une de ses parties tient tout le reste en arrêt. Partout les éléments nerveux sont maintenus en activité. Il leur est défendu de s'abandonner à l'inertie. Presque toujours la partie qui remplit ici le rôle de la mouche du coche siége dans la couche corticale des hémisphères, car l'insomnie est généralement engendrée par les grandes préoccupations morales ou intellectuelles. Dans les conditions ordinaires, c'est l'inertie des nerfs sensoriels qui condamne au silence les cellules d'idéation. Ici ce sont ces dernières qui, dans leur état de surexcitation, tiennent éveillés les sens et le système nerveux, malgré eux et malgré leur fatigue. Leurs vibrations entretiennent un état d'agitation moléculaire qui rayonne dans tous les sens, et qui retentit jusque dans les dernières ramifications du système nerveux. Le foyer d'ébranlements insolites et, par suite, la cause de l'insomnie peuvent, du reste, se trouver ailleurs. Il suffit que la nappe d'eau soit remuée en un point quelconque pour que sa surface se ride partout à la fois et qu'elle perde son immobilité. C'est ainsi que les sens, quand ils ont reçu des impressions trop vives, peuvent atteindre un état d'exaltation comparable à celui d'un cheval qui, trop excité, s'emporte malgré ses fatigues antérieures, et ils viennent, à leur tour, forcer à un travail continuel le centre intellectuel. La cause de cette surexcitation sensorielle est plus souvent encore interne. Les maladies de l'oreille et du nerf acoustique donnent lieu, fréquemment, à des bourdonnements qui produisent des insomnies que rien n'arrive à vaincre. La titillation qui s'oppose au sommeil a aussi parfois une origine viscérale, une maladie du foie, de l'estomac, de la matrice, etc. Certains aliments et certaines boissons, comme le thé, le café et l'alcool, agissent d'une façon plus générale, en produisant une véritable inflammation fonctionnelle de toutes les parties du système nerveux. Enfin, les convalescences amènent encore ce résultat. Sans doute parce que les centres nerveux renaissent, pour ainsi dire, et commencent à reprendre leur vigueur normale, alors que le défaut d'exercice rend encore la dépense presque nulle. Quelle que soit la cause qui la produise, à l'exception du dernier cas, l'insomnie constitue toujours un véritable état morbide, ainsi que l'atteste le malaise général auquel on est en proie. On ne trouve pas une bonne place; on est oppressé; on a la tête chaude et lourde. Il y a un sentiment d'ardeur et de chaleur général. On dirait que le système nerveux tend à restituer sous forme de calorique une partie de la force de tension qu'il possède. Une pareille situation ne saurait se prolonger sans produire de fâcheuses conséquences. Elle peut conduire à la folie, parce que tout éréthisme produit par action réflexe une dilatation active des capillaires du cerveau, qui est rendue, du reste, indispensable, par la dépense qu'il entraîne. Cette congestion finit par aller au delà du but, et un travail de sclérose peut s'établir.

Cauchemar. — C'est un rêve de nature morbide qui trouve son point de départ dans une impression douloureuse à siége le plus souvent viscéral, et qui, à titre de réactions centrales, consiste en des hallucinations effrayantes, un sentiment de vive oppression, un violent besoin en même temps qu'une impuissance absolue de crier et de se mouvoir. C'est, comme l'a dit Maury, le délire du rêve.

Le mécanisme de ce phénomène morbide du sommeil a préoccupé les médecins à toutes les époques, et a fait éclore, à travers les âges, trois théories : 1° la théorie *des vapeurs morbides*, qui est celle de l'antiquité. Suivant elle, le cauchemar serait dû à une accumulation de vapeurs épaisses et froides dans les ventricules du cerveau. Celles-ci empêcheraient les esprits vitaux de se répandre dans les nerfs. De là la paralysie des muscles de la respiration, de la phonation et de la locomotion. Quant aux vapeurs, leur origine pourrait varier. Tantôt elles émaneraient de l'estomac, dans le cas de digestion laborieuse ; tantôt de la bile, dans les maladies du foie; tantôt du sperme ; 2° la théorie *mystique*, celle du moyen âge. Elle mettait le cauchemar sur le même rang que la folie, et l'attribuait, comme elle, à l'influence du démon. Mais ce n'était, pour ainsi dire, de la part de Satan, qu'une tentative passagère de possession ; 3° la théorie *physiologique*, qui a pris mille formes, mais dont la formule fondamentale est à peu près celle-ci : La cause du cauchemar est toujours une sensation pénible, vaguement perçue, qui vient solliciter un travail intellectuel, lequel ne peut être que faussé à cause du peu d'activité que possède alors la couche corticale, et à cause de l'absence de renseignements positifs apportés par les organes des sens. C'est dans ces conditions que les cellules intellectuelles et la couche optique enfantent des idées et des images subjectives effrayantes, en rapport avec la donnée douloureuse qui leur sert de germe ou de thème.

Cette formule, que je viens de traduire dans un langage approprié à ma manière d'interpréter la mécanique cérébrale, a besoin d'être appuyée par quelques développements. Le cauchemar apparaît ordinairement dans la première moitié de la nuit, parce qu'il est lié le plus souvent aux impressions digestives. Le sujet éprouve un malaise considérable qui a sa cause principale dans un état spasmodique du pneumo-gastrique et de tous les nerfs de la respiration. Ce spasme engendre des suffocations qui sont comme la mimique, considérablement amplifiée, d'une impression morale excessivement pénible. Les hallucinations les plus fantasques se produisent. Il croit à l'existence d'un monstre quelconque qui le terrasse et l'écrase. Il voit des torrents qui l'entraînent, des gouffres béants dans lesquels il tombe. L'hallucination et l'idée qui l'a fait naître ou qui en découle sollicitent, d'une manière impérieuse, les cellules motrices capables de provoquer les mouvements nécessaires pour fuir le danger. Mais celles-ci, devenues inertes, restent sourdes à ces sollicitations, et le sentiment d'impuissance qui résulte de cet état de choses constitue peut-être, pour le patient, la cause la plus efficace de souffrance. Cette lutte contre l'inertie détermine bientôt un tel degré de tension, qu'elle provoque des manifestations réflexes émotionnelles qui se substituent à la réaction musculaire, devenue impossible du côté des muscles de la vie animale. Elles consistent en des battements de cœur très-violents et en une hypersécrétion de sueur. Celle-ci, en s'évaporant brusquement en partie, refroidit la portion restante et la peau. De là l'expression de *sueurs froides,* qu'on regarde toujours comme étant produites par une grande terreur. Cette tension est telle aussi que, presque aussitôt, elle force tout le système nerveux à sortir de l'état de sommeil. Au moment de ce réveil brusque, l'innervation motrice étant rendue à elle-même, tout le système musculaire se raidit spasmodiquement, comme pour résister enfin à la chute imminente. De là la secousse violente qui coïncide avec le réveil. Tous ces phénomènes ne sont que la réflexion de l'impression viscérale.

Cela est tellement vrai que la nature du rêve et de l'hallucination offre toujours un certain rapport avec l'origine de l'impression. Ainsi l'idée d'un corps pesant ou d'un monstre reposant sur le thorax et l'estomac, coïncide ordinairement avec les maladies des voies pulmonaires et digestives. Les idées de lutte et de combat, la sensation de blessure reçue à la région du cœur, se rattachent plutôt aux maladies de la circulation ; celles de viol, à certaines dispositions des organes génitaux.

Le nervosisme est une condition des plus favorables pour la production des cauchemars, en ce sens qu'il assure le retentissement des impressions viscérales. L'enfant y est plus prédisposé à cause de la plus grande activité de la partie sensitive de son système nerveux. Pour les mêmes raisons, le cauchemar est fréquent chez les hystériques. Comme causes déterminantes, il est évident qu'une digestion trop laborieuse tient le premier rang, parce que les impressions parties de l'estomac sont de toutes les plus capables de retentir sur l'encéphale. Il suffit même de manger quelque chose de lourd, ou de prendre une quantité un peu trop considérable d'aliments, ou encore de manger peu de temps avant de se coucher, pour que le phénomène morbide se montre presque à coup sûr. Je crois que, dans ces circonstances, l'impression ne résulte pas seulement de l'excès d'activité que l'estomac est obligé de déployer, mais surtout de la distension subie par l'estomac, et du refoulement consécutif du diaphragme et des ganglions semilunaires. Il y a lieu aussi de tenir un grand compte de l'impossibilité où les gaz, résultant du travail digestif, sont de sortir, parce qu'en vertu des lois de la pesanteur, ils se trouvent accumulés contre la paroi antérieure de l'estomac, qui est alors le point le plus élevé de cette cavité. Ce dernier élément joue certainement ici un grand rôle ; car il semble qu'il faut la position horizontale pour que l'état de plénitude de l'estomac amène des cauchemars. Quelques médecins ont prétendu que le travail de la digestion ne devait être pour rien dans le phénomène, puisqu'il pouvait être aussi bien engendré par la diète. Mais il est évident que tout ce qu'il faut pour lui donner naissance, c'est une impression viscérale pénible, quelle qu'elle soit ; et l'état de vacuité peut être tout aussi douloureux que l'état de plénitude. Les sensations externes peuvent, de leur côté, produire des cauchemars. La piqûre d'une puce provoqua chez Descartes un cauchemar, pendant lequel il se croyait traversé d'un coup d'épée. Un malade de Galien est subitement atteint de paralysie d'une jambe pendant la nuit, et il éprouve aussitôt un rève pénible dans lequel il est persuadé qu'il a une jambe de pierre. Il est des femmes qui, pendant leurs règles, sont poursuivies par des cauchemars, où les meurtres, avec effusion considérable de sang, jouent un grand rôle. Il est à remarquer aussi qu'il suffit parfois de prendre, en dormant, un décubitus auquel on n'est pas habitué. On comprend que la position sur le côté gauche puisse gêner les contractions du cœur. Du reste, dans toutes les positions affectées pour le sommeil, le cœur n'est pas exactement dans la même place et dans la même direction que pendant la station verticale. Le décubitus dorsal peut aussi apporter des troubles de vascularisation dans diverses régions de la moelle épinière. Enfin le point de départ n'est pas toujours dans les viscères ou dans les téguments. Il peut se trouver dans le centre intellectuel lui-même, et être occasionné par la fatigue de l'intelligence, par les veilles prolongées, les contes fantastiques et les préoccupations tristes.

Somnambulisme. — Il est des personnes qui, au milieu du sommeil le plus normal, éprouvent tout à coup un peu d'agitation générale, puis se lèvent, marchent avec une adresse incroyable au milieu des obstacles les plus invincibles et des causes de chute les plus inévitables, se livrent à leurs occupations habituelles, ou à des actes qui semblent dictés par leurs préoccupations de la veille, ou enfin à des actes qui devaient être exécutés le lendemain ; et tout cela en conservant les caractères généraux de l'homme endormi. Leurs yeux sont tantôt ouverts, tantôt fermés, fixes et sans regard, ou bien mobiles comme si la vision s'exécutait normalement. Le plus souvent la pupille est dilatée et invariable, ce qui semble indiquer qu'elles ne voient pas réellement. Au réveil, elles ne se doutent nullement de ce qui s'est passé. Ce sont là ce qu'on appelle des somnambules. En général, ces personnes se sont montrées, dès leur enfance, malingres et nerveuses. L'éducation qu'elles ont reçue n'a fait qu'exalter leur système nerveux, particulièrement certaines portions de leurs facultés affectives et intellectuelles ; ou bien encore leur cerveau et leur intelligence ont éprouvé un arrêt de développement qui a rétréci considérablement le cercle de leurs notions et qui a laissé un champ trop libre à la crédulité et au sentiment de la peur. Les causes occasionnelles qui provoquent les accès sont les troubles de la digestion, la surexcitation cérébrale par les préoccupations morales ou intellectuelles.

Cette aberration du sommeil a été diversement interprétée. Haller, Van Swieten, Frédéric Hoffmann, admettent que, dans ces circonstances, les sens sont complétement inactifs, que les somnambules voient et agissent uniquement en vertu de leurs souvenirs et de leur imagination exaltée. Ils dorment réellement; leur imagination seule veille et appelle à son secours la mémoire. Wolff, Meiner, Darwin, ne voient là qu'un sommeil incomplet où un restant d'activité sensoriale vient se combiner avec un certain degré d'exaltation de la mémoire et de l'imagination. Michéa veut qu'il y ait plus qu'un reste de sensibilité sensoriale. Selon lui, certains sens se trouvent au contraire exaltés, tandis que d'autres sont complétement abolis; et c'est ainsi qu'il explique l'habileté et l'adresse souvent surnaturelles qu'on remarque chez la plupart des somnambules. Ceux qui ont les yeux ouverts et mobiles peuvent voir dans l'obscurité en raison du haut degré d'hyperesthésie de leur rétine. Ceux qui marchent les yeux fermés suppléent au défaut de vision par l'hyperesthésie de leur sens tactile. Il s'appuie sur ce qu'on observe chez les animaux eux-mêmes. Les hiboux, les chats et les rats ont la rétine si impressionnable qu'ils distinguent parfaitement tous les objets au milieu de la plus profonde obscurité. De leur côté, les chauves-souris à l'aide de leur membrane interdigitale, certains insectes à l'aide de leurs antennes, sentent à distance les objets, uniquement par la perception des ondulations imperceptibles que ces objets communiquent à l'air. L'espèce humaine, du reste, même en dehors de l'état de somnambulisme, nous fournit des exemples de ce que peut produire un sens hyperesthésié. Certains aveugles lisent des caractères en relief même quand ceux-ci leur sont appliqués sur le dos. Il en est qui distinguent les couleurs par les imperceptibles inégalités de surface qui varient avec la coloration des objets. Les individus atteints de nyctalopie ne peuvent lire que dans les ténèbres. Tous ces faits permettent d'expliquer le côté merveilleux du somnambulisme, et celui-ci, considéré en lui-même, constitue un sommeil incomplet dans lequel un sens hyperesthésié vient provoquer un travail intellectuel partiel et des actes musculaires exclusivement en rapport avec le département d'idées tenues en éveil. Sandras ne voit aucune différence fondamentale entre le sommeil ordinaire et le somnambulisme. Il fait observer que dans la production du sommeil physiologique les sens s'endorment les uns après les autres; que tantôt l'un, tantôt l'autre reste incomplétement supprimé et peut être remis en activité même par un excitant faible ; que presque toujours les fonctions intellectuelles se réveillent incomplétement de temps en temps ; que très-souvent les dormeurs entendent ce qu'on dit autour d'eux et y répondent ; qu'à chaque instant nous déplaçons nos membres tout en dormant ; qu'on a même vu des individus dormir en marchant. Pour Sandras, toutes ces manifestations, pendant le sommeil normal, constituent autant de somnambulismes partiels ; et le somnambulisme pathologique n'est que la collection de toutes ces nuances du sommeil incomplet. Il ajoute, toutefois, que les somnambules ont, comme condition première, un état d'exaltation du système nerveux qui donne plus de finesse à leurs sensations, plus de promptitude à leurs réactions intellectuelles et affectives, plus de ténacité à leurs instincts. Suivant Albert Legrand, il y a là un état intermédiaire entre la veille et le sommeil ; et les somnambules sont plutôt assoupis qu'endormis. Pour Lélut, c'est un état de rêve dans lequel quelques-uns des sens sont non seulement plus éveillés que cela n'a lieu dans les songes ordinaires, mais ont même une énergie plus grande que pendant la veille, en raison de l'inertie dans laquelle les autres sont plongés. Maury adopte l'opinion de Lélut, mais il admet qu'il faut en outre une extrême excitation du système nerveux, un état voisin de l'hystérie et de la catalepsie. Bertrand ne peut pas voir dans le somnambulisme un sommeil imparfait et, sans prononcer le mot de fluide, il suppose pour cette maladie quelque chose de spécial, identique avec le magnétisme animal. Pellizari de Florence entre dans cet ordre d'idées et il prétend avoir guéri 18 somnambules en entourant une de leurs jambes avec un fil de cuivre dont l'autre extrémité communiquait avec le sol. Sans vouloir pénétrer la nature intime du phénomène, Ferrus admet deux formes de somnambulisme, dont l'une, la plus légère, n'est qu'un rêve en action et un simple accident du sommeil ordinaire ; dont l'autre constitue une véritable maladie appartenant à la même famille que l'hystérie, la catalepsie et l'extase. Une commission formée dans le sein de la Société des sciences physiques de Lausanne, après de nombreuses recherches, est arrivée à la formule suivante : « Le somnambulisme est une affection nerveuse qui nous saisit et nous quitte pendant le sommeil, durant laquelle l'imagination nous représente les objets qui l'ont frappée à l'état de veille avec autant de vivacité que s'ils affectaient réellement nos sens, tandis qu'elle n'est frappée de ceux qui sont en effet sous les sens qu'autant qu'ils ont rapport aux idées dont elle est occupée. » Au point de vue de la physiologie pathologique, c'est vague et peu compromettant. Le docteur Liébeault a eu l'idée originale d'en faire une maladie de la faculté attention. Pour lui, le sommeil est caractérisé par l'accumulation volontaire de l'attention sur une idée mémorielle, volontairement évoquée, celle de se livrer au repos. L'attention, c'est à ses yeux toute la force nerveuse, et le somnambulisme n'est qu'une des évolutions de cette faculté. Si on met de côté le langage un peu nuageux qui règne dans son travail, on peut exprimer plus simplement sa pensée en disant : qu'il suffit de vouloir avec une ferme attention pour obtenir ce que l'on veut ; qu'on dort quand on a la volonté inébranlable de dormir, et qu'on exécute certains actes en dormant, quand on a aussi la volonté impérieuse de les exécuter. Se plaçant aussi à un point de vue plutôt philosophique que physiologique, Despine prétend que, dans le somnambulisme, l'esprit dort et que les centres nerveux automatiques sont seuls en activité ; que le moi ne prend aucune part aux actes exécutés par les somnambules, puisque ceux-ci ne se rappellent rien. Luys pense que, pendant l'accès, la couche optique et ses fibres radiées restent en pleine inertie et ferment ainsi complétement l'entrée aux impressions du dehors ; qu'une portion déterminée de la couche corticale est seule en activité, engendrant ainsi spontanément des idées assez puissantes pour provoquer le travail automatique des cellules motrices en rapport avec la nature de ces pensées.

Il est d'abord une chose incontestable, c'est qu'on n'observe le somnambulisme que chez des personnes dont le système nerveux est en tout temps hors de la normale et manifeste cette situation, soit par une exaltation de la sensibilité, soit par un développement exagéré des facultés affectives, soit par une intelligence trop vive ou trop affaiblie. Il est tout aussi évident que cet état de choses est le même que celui qui donne naissance à l'hystérie, l'extase et la catalepsie. Car souvent ces différentes affections se mélangent entre elles ou se substituent l'une à l'autre chez une même personne. Au fond, ce sont là des symptômes complexes d'un vice général et unique du système nerveux, vice qu'ils sont appelés à traduire, suivant les circonstances personnelles et ambiantes, soit isolément, soit tour à tour, soit ensemble. C'est donc le mécanisme spécial d'un symptôme et non celui d'une maladie qu'il nous faut chercher ici.

Dans l'hystérie vaporeuse, la scène de la réaction morbide n'occupe que le terrain des manifestations émotionnelles. Dans l'hystérie convulsive et la catalepsie, elle peut envahir tout le domaine de la motilité. Dans l'extase, la diffusion est moins grande ; elle est même nulle, tout se passe entre un point très-restreint de la couche corticale et un point aussi restreint de la couche optique. L'intervention du système moteur consiste uniquement dans la contraction imperceptible que nécessite l'expression contemplative de la pose et de la physionomie. Dans le somnambulisme, la statue cesse d'être immobile ; elle s'anime ; elle devient un automate ; c'est la Galathée de Pygmalion. Ici la sphère d'activité, tout en étant restreinte, est beaucoup plus complète. Elle produit toute une fraction de la vie ordinaire, ou plutôt elle reproduit une scène de la vie qui reste isolée et indépendante des autres, mais qui se montre complète dans tous ses détails. Chaque accès met en jeu un représentant des différents ordres de rouages de l'innervation, avec conservation de la hiérarchie qui leur est imposée. L'économie en somnambulisme peut être comparée à une administration qui, à un moment donné, ne s'occuperait que d'une seule question, mais qui emploierait à sa solution une série d'employés pris dans toutes les catégories. Les connexions fonctionnelles qui existent entre les cellules sensitives, intellectuelles et motrices, sont beaucoup mieux respectées que dans toutes les autres affections nerveuses. Mais l'activité n'appartient plus qu'à un nombre très-limité de ces trois ordres de cellules. On dirait qu'on a détaché du corps humain une petite plaque de la couche corticale du sol cérébral avec sa part de racines sensitives et de tiges motrices ; que ce petit ensemble, vivant dès lors de sa vie autonome, nous donne le spectacle curieux d'une fraction d'intelligence, d'une fraction de sensibilité, et d'une fraction de motilité, toutes trois parfaitement coordonnées et associées ensemble. Ce fragment, ce secteur de la machine animale, s'isole non-seulement du reste de l'économie momentanément condamné à l'inertie, mais il se taille même dans le monde extérieur un milieu exclusif. Il restreint son atmosphère à ses propres proportions. Pour lui, il n'existe que les choses relatives au petit groupe d'idées qu'il crée. Tout le reste est non avenu. Je regarde le somnambulisme comme constituant l'idéal de l'idée fixe. Un fou qui a une idée fixe exécute bien aussi automatiquement certains actes en rapport avec cette idée. Mais comme ses sens sont encore accessibles aux impressions du dehors, l'idée fixe et les actes automatiques qu'elle provoque sont un peu masqués par un nuage d'actions secondaires en rapport avec les sensations reçues. Chez le somnambule l'idée fixe, avec toutes ses conséquences, apparaît dans toute sa pureté. Elle est parfaitement isolée, sans le moindre cadre. Tout ce qui ne lui appartient pas reste plongé dans le néant. Toute l'innervation se résume et se concentre dans ce petit département du système nerveux.

Dans la pathologie et surtout dans celle du système nerveux, il n'y a jamais rien d'absolu. Si le vice général peut produire des affections aussi différentes d'aspect que l'hystérie, la catalepsie, l'extase et le somnambulisme, à plus forte raison chacun de ces divers modes de manifestation peut-il prendre des allures excessivement variables. Aussi faut-il accorder à l'interprétation qui précède une certaine élasticité pour qu'elle puisse s'appliquer à tous les cas. On comprend dès lors que plusieurs questions de détail ne puissent pas trouver une solution exclusive. C'est ainsi, par exemple, que, sous le rapport de l'exercice des sens chez les somnambules, on se trouve en présence des assertions les plus opposées ; les uns prétendent que ces malades voient et entendent, les autres qu'ils sont complétement insensibles aux impressions visuelles et auditives venues du dehors. Cette dernière opinion compte en sa faveur beaucoup plus de faits que la première. Car il est bien certain que, chez la plupart des somnambules, la sphère d'activité de la sensibilité reste limitée à la couche optique et laisse dans l'inertie la plus complète les nerfs et les organes des sens. C'est ce qui a fait dire qu'ils ne voient qu'avec les yeux de l'imagination. La plupart du temps, ils reproduisent leurs occupations habituelles. La connaissance qu'ils ont des choses leur permettrait parfaitement, à l'état de veille, de les exécuter dans l'obscurité la plus complète et ils éviteraient tout aussi bien les obstacles. C'est ainsi que les cuisiniers nettoient leurs ustensiles, que les palefreniers pansent leurs chevaux. Le fait du postillon de Cahors prouve bien que certains somnambules n'ont absolument qu'une vision subjective. Son service ne se faisait que la nuit, et au moment de partir, il accrochait toujours à sa diligence une lanterne allumée. Pendant son sommeil, qui avait lieu habituellement le jour, il fut pris tout à coup d'un accès de somnambulisme ; il attela ses chevaux et eut bien soin d'allumer sa lanterne en plein midi. Il est de la dernière évidence que cet homme était complétement insensible à la lumière solaire. Sa couche optique, mise au service de son idée professionnelle, lui créait d'elle-même la sensation d'obscurité ambiante, faisant partie du programme de ses occupations. Le fait cité par Castelli prouve aussi sous une autre forme que le somnambule n'a que les sensations qui sont logiquement liées aux actes qu'il exécute. Il s'agit d'un ecclésiastique qui, au milieu de son sommeil, se leva automatiquement pour composer un sermon, alluma une bougie et se mit à écrire. On plaça près de lui plusieurs bougies allumées, et on éteignit la sienne. Quoique la table fût encore beaucoup plus éclairée qu'avant, il cessa d'écrire et alla à tâtons rallumer sa bougie dans l'office. Même chose se passe pour l'audition. Si on interroge, même d'une faible voix, un somnambule sur les objets dont il est occupé et qui constituent son petit monde particulier, il répond parfaitement. Toute question portant sur un autre sujet reste sans réponse, et il ne paraît pas entendre les bruits les plus intenses qu'on peut produire autour de lui.

Je ne nie pas le fonctionnement de l'œil chez tous les somnambules, car cet état doit présenter des nuances à l'infini. Mais ce doit être là une exception et je crois même que c'est à tort qu'on a dit qu'ils ne voyaient que les choses en rapport avec leur idée. Il n'est pas nécessaire de le supposer pour comprendre comment ils agissent avec assurance au milieu des meubles et des objets. Ils en connaissent depuis longtemps la place et la disposition. Ils les voient par le souvenir, ou plutôt leur couche optique les leur peint en conservant leurs rapports habituels. C'est tellement vrai que si on a soin de les déplacer, ils viennent se heurter contre eux. Tous les somnambules, du reste, ne marchent sûrement que dans les lieux qu'ils connaissent bien. Ils avancent en tâtonnant dans ceux qu'ils ne connaissent pas. Ce fait, qu'ils tâtonnent dans cette circonstance, prouve qu'il y a tout au moins un sens qui veille et qui peut jusqu'à un certain point suppléer à la vision, c'est le sens tactile aidé de son complément, le sens musculaire. C'est aussi évidemment cette appréciation par le contact, qui leur permet de marcher sur le bord étroit d'un toit, et ils ne vont avec tant de hardiesse que parce que la vue ne leur fait pas entrevoir l'abîme qu'ils ont au-dessous d'eux. Ils n'ont pas conscience du danger. Ils sont rassurés et guidés par la résistance des points sur lesquels ils posent les pieds.

Beaucoup de médecins se sont aussi préoccupés de rechercher comment il se fait que les somnambules ont, à leur réveil, perdu complétement le souvenir de ce qui s'est passé pendant leur accès.

Despine, dont les opinions spiritualistes sont très-accentuées, attribue ce non-souvenir à ce que le moi ne prend aucune part aux actes des somnambules, qui sont exclusivement l'œuvre des centres nerveux automatiques. Mais ces actes mettent certainement en jeu la mémoire, puisqu'ils supposent toujours un certain nombre de connaissances acquises. D'ailleurs, au moment d'un nouvel accès, le somnambule parle et se souvient des choses qu'il a faites pendant les crises précédentes. Dugald Stewart l'attribue à l'inattention des somnambules. Mais tout dans leur manière d'agir semble indiquer, au contraire, qu'ils apportent une grande force de volonté, ainsi qu'une attention ferme et soutenue dans ce qu'ils exécutent. Lemoine dit : « Quand le somnambule se réveille, c'est tout d'un « coup que ses organes passent de l'état extraordinaire et morbide « du somnambulisme à celui de la veille. Quel souvenir résisterait « à cette révolution complète et subite ? » Mais quand on est réveillé en sursaut au milieu d'un rêve, il arrive très-souvent qu'on peut raconter ce dernier dans tous ses détails. « D'autres fois, dit encore « Lemoine, le malade en sortant du somnambulisme dort d'un som- « meil ordinaire qui dure plusieurs heures et pendant lequel il fait « des rêves qui effacent le souvenir des premiers. »

Parmi ces explications aucune ne me paraît satisfaisante. Vous trouverez sans doute qu'il en est de même de la réflexion qui me vient en ce moment dans l'esprit et que je vais cependant vous communiquer. L'oubli ne tient-il pas à ce que, dans une phase de la vie, où la notion de l'ensemble du monde extérieur est effacée, où les sensations éprouvées ne sont pas là pour apporter des termes de comparaison, il ne saurait plus y avoir ni idée de temps, ni idée de lieu? Le sujet ne peut pas rapporter l'acte exécuté à un moment déterminé. C'est un acte qui n'a plus d'existence relative. Il n'y a ici que des cellules qui ont répété uniquement ce qu'elles avaient déjà dit avant, mais qui n'ont rien eu à enregistrer de nouveau, rien qui soit capable d'apporter une marque distinctive. Rien, en un mot, n'est venu dater cette répétition. Quand nous reproduisons un acte à l'état de veille, nous savons que nous l'avons exécuté deux fois, parce que nous éprouvons de nouveau des sensations qui sont déjà fixées à l'état de souvenir et parce que tout ce qui se passe autour de nous, nous apprend que les moments d'exécution ne sont pas les mêmes. Chez le somnambule rien ne peut lui faire savoir qu'il s'agit d'un nouveau moment.

Ayant fait paraître antérieurement une étude physiologique du somnambulisme artificiel ou magnétisme animal, je ne saurais traiter ici à fond la même question sans m'exposer à une longue répétition d'opinions déjà émises. Aussi, vais-je me contenter de fixer en quelques mots la véritable nature de cet état et la place qu'il doit occuper dans le cadre nosologique. Il n'est nullement besoin de supposer l'existence d'un fluide spécial pour expliquer les phénomènes que peuvent provoquer les manœuvres des magnétiseurs. On crée ainsi une situation réellement pathologique, qui doit être placée sur le même rang que l'hystérie, la catalepsie, l'extase et le somnambulisme naturel ; et qui offre, surtout avec cette dernière maladie, une telle analogie qu'on peut même admettre une identité complète. On n'arrive en effet à la provoquer que sur des personnes dites impressionnables, mais qui, en réalité, présentent toutes les conditions d'innervation que nous avons exprimées par le mot nervosisme. Toutes sont au moins sujettes à l'hystérie vaporeuse. Beaucoup ont même eu antérieurement des accès convulsifs, ou de l'extase ou de la catalepsie, et souvent les pratiques du magnétisme ne font que provoquer des manifestations de ce genre. Les magnétiseurs ont bien soin de s'adresser toujours au sexe féminin dont le système nerveux est généralement entaché de nervosisme à un haut degré ; et encore ils ne réussissent que sur des sujets qu'ils appellent des croyants, mais qui en réalité se signalent par une imagination exaltée et dont le jugement a été faussé par une éducation mal comprise. Il leur faut, en un mot, une sensitive très-apte à recueillir les ébranlements et à les multiplier. Quant à eux-mêmes, ils ont besoin de posséder certaines qualités, qu'ils parent de noms pompeux, mais qui au fond ont simplement pour but de leur donner la valeur d'un excitant extérieur d'une grande puissance. Ils doivent être doués, disent-ils, d'une volonté ferme ; avoir un air imposant ; exercer un grand pouvoir de fascination ; posséder un regard qui pénètre, qui exprime la force et qui affirme une grande supériorité sous tous les rapports. Ces conditions premières une fois remplies, viennent ensuite les pratiques spéciales qui, tout bien considéré, consistent uniquement à fatiguer les sens, à user leur activité et à les plonger dans un certain état de torpeur. Tantôt on agit particulièrement sur la vue en forçant le sujet à fixer exclusivement et longtemps les yeux brillants et expressifs du magnétiseur, soit ses mains qui exécutent un geste uniforme, soit un objet quelconque.

Tantôt on agit sur le toucher qu'on soumet à des contacts alternativement doux et agaçants, parfois même lascifs. Plus brusques, plus intenses et moins monotones, ces sensations extérieures pourraient, chez des personnes nerveuses, provoquer par action réflexe le spasme ou la convulsion hystérique. Par leur légèreté et leur continuité fatigante, elles produisent un sommeil artificiel, comme pourrait le faire le bruit d'un moulin ou les chansons d'une nourrice. C'est à tort que Garnier a dit que le somnambulisme artificiel ne diffère du naturel que parce qu'il n'a pas besoin d'être précédé de sommeil. Celui-ci a lieu au même degré dans les deux cas. Seulement ici il est produit en même temps que l'accès et c'est pour cela qu'il semble ne pas le précéder. Mais ce sommeil est pathologique à un double titre, à cause de la nature du terrain et en raison même de son mode de production. Aussi n'est-il pas complet. Le sujet peut entendre et répondre comme certaines personnes endormies naturellement. Le sommeil est assez accentué pour que rien dans l'innervation de relation n'entre spontanément en activité ; mais il reste assez léger pour que le sujet puisse entendre une question, l'élaborer, et formuler une réponse. Voilà pourquoi les magnétisés ne paraissent pas avoir d'initiative et être devenus la chose du magnétiseur qui peut à son gré leur imposer telle ou telle idée et par suite telle ou telle conversation ; qui peut, pour ainsi dire, jouer du cerveau de sa victime comme on joue d'un instrument quelconque. Elle obéit uniquement parce que, dans ses centres nerveux, il ne s'établit d'autres ébranlements que ceux que leur communique volontairement l'opérateur. L'idée qu'on éveille ainsi en lui n'est que l'écho du mot prononcé, écho qui est d'autant plus éclatant qu'il retentit seul au milieu du silence de toute l'économie. Il peut ainsi développer largement ses ondes et donner à l'idée mère et à ses dérivées une puissance plus grande qui frise le surnaturel. Cette idée transmise acquiert ainsi la force de l'idée fixe du somnambule naturel. La seule différence c'est que chez ce dernier elle naît spontanément, tandis que chez le premier elle a été communiquée par une parole et choisie par l'expérimentateur. C'est celui-ci qui taille lui-même dans le système nerveux le secteur exclusivement mis en jeu. Le somnambule artificiel, comme le somnambule naturel, a ses sens tantôt hyperesthésiés, tantôt endormis, tantôt seulement assoupis. La plupart de ses sensations sont subjectives et produites directement par la couche optique, mise en œuvre par les idées que son centre intellectuel se forme ou reçoit. C'est ainsi qu'il trouve à l'eau la saveur de la liqueur qu'il croit ou a l'intention de boire. Quand bien même les faits de vue à distance et de divination, avec lesquels on alimente et on exploite encore aujourd'hui la crédulité humaine, auraient reçu une consécration scientifique, ils n'autoriseraient pas encore à croire à l'existence d'un pouvoir surnaturel. Car les quelques renseignements qu'on fournit au magnétisé suffisent, son imagination aidant, à faire naître en lui une série d'idées qui se rapprochent toujours plus ou moins de ce qui existe et que la bonne volonté des croyants transforme ensuite facilement en la reproduction exacte de la réalité. Ces idées, une fois nées et systématisées, réagissent immédiatement sur la couche optique et y évoquent des images subjectives qui font croire au sujet lui-même qu'il voit réellement. La vue et l'audition par l'épigastre, si elles étaient démontrées, ne seraient même pas complétement incompatibles avec les lois de l'innervation. Un ébranlement apporté par le plexus solaire peut s'étendre jusque dans la couche optique, se répandre dans toute son étendue et ne faire entrer en activité que les cellules du noyau visuel ou celles du noyau auditif, toutes les autres parties de ce foyer général de toutes les sensibilités se trouvant, ainsi que le reste du système nerveux, plongées momentanément dans l'inertie par suite de l'état morbide dit somnambulisme.

Hypnotisme. — On donne ce nom à un sommeil artificiel qui est identique avec celui du magnétisme animal et qui n'en diffère que parce qu'il a été provoqué par des manœuvres en apparence différentes et dans le but d'obtenir l'anesthésie et non pas les manifestations intellectuelles plus ou moins bizarres du somnambulisme artificiel. C'est un médecin de Manchester, Braïd, qui, en 1841, apprit au monde médical qu'il suffit de regarder, à une distance de quelques centimètres du nez, pendant 20 ou 30 minutes, très-fixement, un corps brillant pour s'endormir, devenir insensible et pouvoir subir des opérations sans en éprouver la moindre douleur. Le fait était loin d'être nouveau cependant, car, depuis longtemps, les voyageurs avaient déclaré que les moines du mont Athos tombent à volonté en catalepsie, en fixant leur nombril; que les fakirs des Grandes-Indes s'endorment et deviennent complétement insensibles en regardant le bout de leur nez. Depuis bien des siècles, les *endormeurs égyptiens* déterminent le sommeil en faisant fixer soit une boule de cristal, soit une assiette blanche sur laquelle sont tracés deux triangles croisés, le tout étant rendu plus brillant par une couche d'huile. Dans nos pays, l'expérience du vulgaire avait aussi précédé la science; car, dans bien des localités, les gens du peuple ont l'habitude de placer au-dessus du berceau de leurs enfants des boules ou des objets brillants pour leur faciliter l'arrivée du sommeil. Qui ne sait encore qu'on endort très-vite une poule en lui tenant le bec fixé à l'extrémité d'une ligne blanche tracée sur le sol? L'idée de l'application à la chirurgie n'était elle-même nouvelle qu'en Europe. Car, avant cette époque, le docteur Esdarte, dans les Indes, endormait ses malades en les forçant à fixer la figure de son domestique nègre, lequel avait pour mission d'incliner sa tête par-dessus le chevet du lit. Toutefois, il faut le reconnaître, c'est Braïd qui a donné à ce fait un véritable passe-port scientifique pour l'Occident; mais sa croyance dans la valeur de la phrénologie l'a entraîné au delà des limites du positif et même du vraisemblable. Il a prétendu qu'en pressant certaines parties du crâne, on pouvait suggérer les idées correspondantes aux protubérances phrénologiques. Une autre observation qui résulte de ses recherches sur les divers affluents du même sujet, et qui a été sanctionnée depuis, c'est que si on place un cataleptique dans une pose exprimant l'orgueil, ou l'humilité, ou la colère, immédiatement le sujet éprouve ces divers sentiments. Il y a là une preuve bien remarquable de l'influence réciproque qu'exercent entre elles les parties périphériques et centrales du système nerveux, puisque, si le sentiment provoque la mimique, celle-ci peut engendrer, à son tour, l'acte affectif. En France, M. Azam, de Bordeaux, a repris les expériences de Braïd et a tenté de substituer la pratique de l'hypnotisme à l'emploi du chloroforme. Sa tentative a échoué, à cause de la grande inconstance des résultats et parce que l'ébranlement qu'on donne alors au système nerveux expose à des dangers presque aussi sérieux que ceux qui sont inhérents au chloroforme.

Dégagé de ses applications, le phénomène de l'hypnotisme n'est en définitive qu'un mode de manifestation du nervosisme, spécialement déterminé par la fatigue des yeux soumis à une impression vive, constante et exclusive, et placés artificiellement dans les conditions du strabisme convergent. Cette titillation particulière de l'appareil de la vision n'arrive à troubler l'innervation d'une façon réellement appréciable que chez les individus qui possèdent un système nerveux exalté; ce qui explique l'inconstance des résultats qu'Azam a eu le tort de vouloir généraliser. Quand des troubles se manifestent, ils peuvent fort bien consister en de la catalepsie, de l'extase et même dans de l'hystérie convulsive, ce qui prouve bien que l'excitant ne fait ici que développer les aptitudes personnelles de nervosisme. Si ces troubles ne prennent pas ces formes spéciales, alors seulement ils constituent le véritable appareil symptomatique de l'hypnotisme proprement dit. Il survient une anesthésie générale qui est remplacée plus tard par de l'hyperesthésie. Toutefois, cette dernière n'apparaît pas pour l'œil. Elle porte surtout sur le sens musculaire et sur celui de la température. L'ouïe acquiert une telle finesse qu'une conversation peut être entendue d'un étage à l'autre. La seule chose qui semble au premier abord établir une ligne de démarcation entre les hypnotisés et les somnambules, c'est que, chez les premiers, l'anesthésie et l'hyperesthésie peuvent exister, l'intelligence restant intacte ; tandis que, chez les seconds, les facultés intellectuelles sont en même temps perverties et exaltées. Mais ce n'est pas là une différence réelle. Tout dépend de la direction que l'on donne à l'excitant. Chez l'hypnotisé, il n'y a que des troubles des sens, parce que l'excitant s'adresse uniquement aux organes des sensations. C'est, au contraire, à l'intelligence et surtout à l'imagination des somnambules que l'on parle ; et les questions que l'on adresse pendant l'accès ne font qu'entretenir le trouble intellectuel provoqué par les passes et le jeu de physionomie. La découverte de l'hypnotisme a eu, du moins, le mérite de démontrer l'absurdité de la théorie du fluide magnétique et de ramener le magnétisme animal à sa juste valeur.

Léthargie. — L'activité de la vie se présente avec des degrés infinis à l'état de veille. La période active de certains individus serait presque du sommeil pour d'autres. La même richesse de nuances se rencontre dans la période opposée, celle du repos. Le sommeil oscille autour d'une moyenne physiologique dont il peut s'éloigner assez pour donner naissance à des nuances pathologiques. Les unes sont en deçà, les autres au delà de cette moyenne. Les états que nous venons d'examiner sont des spécimens des premières. Les autres se présentent avec des physionomies moins nombreuses et moins caractéristiques. Jusqu'à présent, la pathologie classique n'a même envisagé que les plus extrêmes, dont elle a fait une seule maladie, la léthargie. Au plus haut degré, l'économie présente toutes les apparences de la mort. Elle n'est plus une statue animée comme dans le somnambulisme ; elle n'est même plus une statue expressive comme dans l'extase. Elle est devenue la statue du sommeil. L'immobilité est absolue. Les stimulants les plus violents n'arrivent pas à réveiller les sens. Rien ne peut sortir les muscles de leur inertie ; pas le plus léger frémissement fibrillaire à la face venant attester l'existence d'un moment de rêve. L'intelligence est aussi anéantie que le corps. La respiration et la circulation sont réduites à si peu de chose qu'il est presque impossible de constater la persistance de ces fonctions. Cet état est bien distinct du coma où la face est congestionnée, où le pouls vibre d'une manière exagérée et où la respiration se montre stertoreuse. L'accès de léthargie se produit, en général, brusquement, dure un plus ou moins grand nombre d'heures ou de jours et cesse tout aussi brusquement qu'il a commencé. L'homme, dans ces circonstances, semble copier les animaux inférieurs qui sont susceptibles de présenter le phénomène de la reviviscence. C'est une machine sans moteur, mais qui conserve son intégrité matérielle de façon à pouvoir entrer en fonctionnement dès qu'elle aura retrouvé l'impulsion qui lui fait défaut. La situation du système nerveux dans la léthargie est facile à comprendre. Son inertie n'est générale, ni dans le somnambulisme où une fraction des centres intellectuel, sensitif et moteur continue à fonctionner avec la plus parfaite harmonie, ni dans l'extase où il y a persistance de certains sentiments avec une mimique passive qui leur est appropriée, ni dans le sommeil où des vibrations spontanées viennent à chaque instant troubler le calme de la substance corticale et de la couche optique, et produire les rêves qui, eux-mêmes, peuvent réveiller incomplétement les centres moteurs de la phonation et de la locomotion partielle. Dans la léthargie, l'inertie est complète pour la totalité de l'axe cérébro-spinal. Pas la plus légère oscillation dans aucun point. C'est le *nec plus ultra* du repos. Aussi ne faut-il pas s'étonner de voir cet état se prolonger sans préjudice pour l'économie. Il n'y a plus d'usure et, à la fin, elle doit se retrouver telle qu'elle était au début de l'accès. Un seul point paraît ne faire que sommeiller, c'est le bulbe qui est l'*ultimum moriens* dans le sommeil comme dans les maladies. Il continue à réaliser comme un rudiment de respiration, de même qu'on entretient un feu léger dans les hauts-fourneaux qui sont momentanément éteints pour la production industrielle. Il est une autre forme de léthargie que Despine appelle incomplète et qui nous fait assister à un autre mode de fractionnement de l'activité nerveuse. Celle-ci est exclusivement limitée à la substance corticale et à la couche optique avec toutes ses dépendances périphériques. Tout le système moteur reste plongé dans l'inertie la plus absolue. L'appareil d'innervation n'est plus susceptible d'éprouver que des courants centripètes. Il sent les impressions, il les élabore même dans son cerveau, mais il est devenu incapable de la moindre réaction. Les spiritualistes pourraient considérer cet état comme une mort anticipée ou plutôt inachevée, dans laquelle l'âme aurait perdu tous ses droits sur le corps, tout en lui restant enchaînée. L'homme ainsi frappé jouit en effet de toutes ses facultés intellectuelles. Il voit, il entend, il comprend, il juge et raisonne d'une manière latente. Mais il ne peut rien manifester, ni par des jeux de physionomie, ni par des mouvements. Il a toutes les apparences de la mort.

Maladie du sommeil. — On a appliqué cette désignation à une affection épidémique qui fait de grands ravages parmi les populations nègres de l'Afrique. Beaucoup la regardent même comme ne figurant jamais dans la pathologie des autres races humaines. Mais, depuis les travaux de Griffon du Bellay et de Guérin sur ce sujet, quelques faits analogues ont été observés en Europe sur des blancs, et, tous les ans, les journaux de médecine enregistrent un ou plusieurs cas de ce genre. Chez les nègres, la maladie s'annonce pendant un plus ou moins grand nombre de jours par une légère céphalalgie occupant le plus souvent la région sus-orbitaire, et par une sensation de constriction aux tempes. Puis, à la fin de chaque repas, les malades sont saisis par un sommeil invincible d'une durée de plus en plus longue. Chacun de ces accès réguliers est précédé d'une sensation d'engourdissement du cuir chevelu et d'une pesanteur de la paupière supérieure, qui entraîne bientôt son prolapsus complet. Plus tard, l'état de plénitude de l'estomac n'est même plus nécessaire pour provoquer ces crises de sommeil. Elles surprennent le malade dans toutes les positions. Elles sont d'abord entrecoupées par des moments de veille. Mais il n'y a là encore qu'une veille relative. L'intelligence se montre bien alors intacte, mais elle est diminuée et surtout paresseuse. Le malade comprend toutes les questions, mais il est lent à les saisir et il y répond d'un air hébété. Les perceptions sensorielles sont exactes, mais elles s'exécutent avec une excessive lenteur. On dirait qu'il y a constamment une diminution considérable de vitesse de l'influx nerveux, ou plutôt que la propagation des ébranlements moléculaires se fait très-lentement et très-difficilement. Les éléments n'obéissent plus aussi bien et aussi vite aux impulsions reçues. Si on le force à marcher, on constate qu'il chancelle comme un homme ivre. Ses jambes fléchissent sous lui. Ses bras retombent lorsqu'on les lui a soulevés. Somme toute, sous le rapport de la motilité comme sous celui de la sensibilité et de l'intelligence, il se trouve dans l'état d'un homme qu'on vient d'éveiller au milieu d'un profond sommeil. Il en a toutes les allures et tout à fait la physionomie. Ces périodes de réveil se montrent de plus en plus rares, et il vient un moment où la léthargie est complète et constante. Le malade meurt insensiblement. A l'autopsie, on trouve les méninges congestionnées mais non enflammées. Parfois la substance cérébrale se montre ramollie; mais, dans ces cas, le sommeil s'était compliqué de paralysies alternant avec des convulsions.

Je ne crois pas qu'on puisse regarder, avec Griffon du Bellay, cette affection comme une espèce d'encéphalite; car le ramollissement du tissu cérébral semble être une exception et surajouter des symptômes étrangers à la maladie elle-même, comme des paralysies partielles et des convulsions. Je serais plutôt tenté de voir là, du moins en ce qui concerne les épidémies qui règnent en Afrique, le résultat d'une intoxication miasmatique du sang, une véritable pyrexie. Il est, du reste, dans les allures des pyrexies de produire de la somnolence. En tout cas, que la maladie du sommeil soit, ou non, le résultat d'une intoxication de ce genre, il y a lieu de la distinguer de la léthargie proprement dite. Celle-ci se rapproche beaucoup plus de la syncope et beaucoup moins du sommeil physiologique. Dans la syncope, tout est supprimé momentanément, même la vie végétative. Dans la léthargie, celle-ci n'est pas complétement éteinte. Il y a une ombre de respiration, de circulation et, par suite, de nutrition intime. Dans la maladie du sommeil, ces fonctions persistent au même degré que dans le sommeil ordinaire. Non-seulement l'inertie est moins étendue, mais elle ne s'établit pas non plus dans les mêmes conditions. Dans la léthargie, le système nerveux, dans son entier, est brusquement arrêté dans son fonctionnement, comme si ses éléments se trouvaient tout à coup congelés sur place, ou comme une machine à laquelle on aurait supprimé subitement la vapeur par un jeu de robinet, alors que cette machine ne serait nullement fatiguée, et qu'il y aurait encore en réserve une quantité de force motrice plus que suffisante. Dans la maladie du sommeil, il semble qu'il n'y a plus là une force passant momentanément à l'état latent, mais une force cessant de se manifester par suite d'épuisement ou de non-production. C'est en réalité un sommeil exagéré et permanent, mais motivé par une véritable incapacité. La léthargie est une abdication imposée à l'innervation alors qu'elle possède encore toute sa puissance. La maladie du sommeil c'est l'impuissance des agents de la vie de relation.

TABLE DES MATIÈRES

CONTENUES DANS LE SECOND VOLUME

Nancy. — Imp. Berger-Levrault et Cie

www.ingramcontent.com/pod-product-compliance
Lightning Source LLC
LaVergne TN
LVHW050830060726
842527LV00001BA/174